中国国家标准汇编

2014年修订-3

中国标准出版社 编

中国标准出版社

北 京

图书在版编目(CIP)数据

中国国家标准汇编:2014 年修订.3/中国标准出版社编.—北京:中国标准出版社,2015.12

ISBN 978-7-5066-7938-1

Ⅰ.①中… Ⅱ.①中… Ⅲ.①国家标准-汇编-中国-2014 Ⅳ.①T-652.1

中国版本图书馆 CIP 数据核字(2015)第 179696 号

中国标准出版社出版发行
北京市朝阳区和平里西街甲 2 号(100029)
北京市西城区三里河北街 16 号(100045)

网址 www.spc.net.cn
总编室:(010)68533533 发行中心:(010)51780238
读者服务部:(010)68523946

中国标准出版社秦皇岛印刷厂印刷
各地新华书店经销

*

开本 880×1230 1/16 印张 36.5 字数 1 131 千字
2015 年 12 月第一版 2015 年 12 月第一次印刷

*

定价 220.00 元

出 版 说 明

1.《中国国家标准汇编》是一部大型综合性国家标准全集。自1983年起，按国家标准顺序号以精装本、平装本两种装帧形式陆续分册汇编出版。它在一定程度上反映了我国建国以来标准化事业发展的基本情况和主要成就，是各级标准化管理机构，工矿企事业单位，农林牧副渔系统，科研、设计、教学等部门必不可少的工具书。

2.《中国国家标准汇编》收入我国每年正式发布的全部国家标准，分为"制定"卷和"修订"卷两种编辑版本。

"制定"卷收入上一年度我国发布的、新制定的国家标准，顺延前年度标准编号分成若干分册，封面和书脊上注明"20××年制定"字样及分册号，分册号一直连续。各分册中的标准是按照标准编号顺序连续排列的，如有标准顺序号缺号的，除特殊情况注明外，暂为空号。

"修订"卷收入上一年度我国发布的、被修订的国家标准，视篇幅分设若干分册，但与"制定"卷分册号无关联，仅在封面和书脊上注明"20××年修订-1，-2，-3，……"字样。"修订"卷各分册中的标准，仍按标准编号顺序排列(但不连续)；如有遗漏的，均在当年最后一分册中补齐。需提请读者注意的是，个别非顺延前年度标准编号的新制定的国家标准没有收入在"制定"卷中，而是收入在"修订"卷中。

读者配套购买《中国国家标准汇编》"制定"卷和"修订"卷则可收齐由我社出版的上一年度我国制定和修订的全部国家标准。

3.由于读者需求的变化，自1996年起，《中国国家标准汇编》仅出版精装本。

4.2014年我国制修订国家标准共1 611项。本分册为"2014年修订-3"，收入新制修订的国家标准8项。

中国标准出版社

2015年8月

目　　录

中华人民共和国国家标准

GB 2760—2014

食品安全国家标准
食品添加剂使用标准

2014-12-24 发布　　2015-05-24 实施

中华人民共和国
国家卫生和计划生育委员会　发布

前　　言

本标准代替 GB 2760—2011《食品安全国家标准　食品添加剂使用标准》。

本标准与 GB 2760—2011 相比，主要变化如下：

——增加了原卫生部 2010 年 16 号公告、2010 年 23 号公告、2012 年 1 号公告、2012 年 6 号公告、2012 年 15 号公告、2013 年 2 号公告，国家卫生和计划生育委员会 2013 年 2 号公告、2013 年 5 号公告、2013 年 9 号公告、2014 年 3 号公告、2014 年 5 号公告、2014 年 9 号公告、2014 年 11 号公告、2014 年 17 号公告的食品添加剂规定。

——将食品营养强化剂和胶基糖果中基础剂物质及其配料名单调整由其他相关标准进行规定。

——修改了 3.4 带入原则，增加了 3.4.2。

——修改了附录 A“食品添加剂的使用规定”：

a)　删除了表 A.1 中 4-苯基苯酚、2-苯基苯酚钠盐、不饱和脂肪酸单甘酯、茶黄色素、茶绿色素、多穗柯棕、甘草、硅铝酸钠、葫芦巴胶、黄蜀葵胶、酸性磷酸铝钠、辛基苯氧聚乙烯氧基、辛烯基琥珀酸铝淀粉、薪草提取物、乙萘酚、仲丁胺等食品添加剂品种及其使用规定；

b)　修改了表 A.1 中硫酸铝钾、硫酸铝铵、赤藓红及其铝色淀、靛蓝及其铝色淀、亮蓝及其铝色淀、柠檬黄及其铝色淀、日落黄及其铝色淀、胭脂红及其铝色淀、诱惑红及其铝色淀、焦糖色(加氨生产)、焦糖色(亚硫酸铵法)、山梨醇酐单月桂酸酯、山梨醇酐单棕榈酸酯、山梨醇酐单硬脂酸酯、山梨醇酐三硬脂酸酯、山梨醇酐单油酸酯、甜菊糖苷、胭脂虫红的使用规定；

c)　在表 A.1 中增加了 L(+)-酒石酸、*dl*-酒石酸、纽甜、β-胡萝卜素、β-环状糊精、双乙酰酒石酸单双甘油酯、阿斯巴甜等食品添加剂的使用范围和最大使用量，删除了上述食品添加剂在表 A.2 中的使用规定；

d)　删除了表 A.1 中部分食品类别中没有工艺必要性的食品添加剂规定；

e)　表 A.3 中增加了“06.04.01 杂粮粉”，删除了“13.03 特殊医学用途配方食品”。

——修改了附录 B 食品用香料、香精的使用规定：

a)　删除了八角茴香、牛至、甘草根、中国肉桂、丁香、众香子、莳萝籽等香料品种；

b)　表 B.1 中增加“16.02.01 茶叶、咖啡”。

——修改了附录 C 食品工业用加工助剂(以下简称“加工助剂”)使用规定：

a)　表 C.1 中增加了过氧化氢；

b)　表 C.2 中删除了甲醇、钯、聚甘油聚亚油酸酯品种及其使用规定。

——删除了附录 D 胶基糖果中基础剂物质及其配料名单。

——修改了附录 F 食品分类系统：

a)　修改为附录 E 食品分类系统；

b)　修改了 01.0、02.0、04.0、08.0、09.0、11.0、12.0、13.0、14.0、16.0 等类别中的部分食品分类号及食品名称，并按照调整后的食品类别对食品添加剂使用规定进行了调整。

——增加了附录 F“附录 A 中食品添加剂使用规定索引”。

食品安全国家标准
食品添加剂使用标准

1 范围

本标准规定了食品添加剂的使用原则、允许使用的食品添加剂品种、使用范围及最大使用量或残留量。

2 术语和定义

2.1 食品添加剂

为改善食品品质和色、香、味，以及为防腐、保鲜和加工工艺的需要而加入食品中的人工合成或者天然物质。食品用香料、胶基糖果中基础剂物质、食品工业用加工助剂也包括在内。

2.2 最大使用量

食品添加剂使用时所允许的最大添加量。

2.3 最大残留量

食品添加剂或其分解产物在最终食品中的允许残留水平。

2.4 食品工业用加工助剂

保证食品加工能顺利进行的各种物质，与食品本身无关。如助滤、澄清、吸附、脱模、脱色、脱皮、提取溶剂、发酵用营养物质等。

2.5 国际编码系统（INS）

食品添加剂的国际编码，用于代替复杂的化学结构名称表述。

2.6 中国编码系统（CNS）

食品添加剂的中国编码，由食品添加剂的主要功能类别（见附录 D）代码和在本功能类别中的顺序号组成。

3 食品添加剂的使用原则

3.1 食品添加剂使用时应符合以下基本要求：

a） 不应对人体产生任何健康危害；
b） 不应掩盖食品腐败变质；
c） 不应掩盖食品本身或加工过程中的质量缺陷或以掺杂、掺假、伪造为目的而使用食品添加剂；
d） 不应降低食品本身的营养价值；
e） 在达到预期效果的前提下尽可能降低在食品中的使用量。

3.2 在下列情况下可使用食品添加剂：

a) 保持或提高食品本身的营养价值；
b) 作为某些特殊膳食用食品的必要配料或成分；
c) 提高食品的质量和稳定性，改进其感官特性；
d) 便于食品的生产、加工、包装、运输或者贮藏。

3.3 食品添加剂质量标准

按照本标准使用的食品添加剂应当符合相应的质量规格要求。

3.4 带入原则

3.4.1 在下列情况下食品添加剂可以通过食品配料（含食品添加剂）带入食品中：

a) 根据本标准，食品配料中允许使用该食品添加剂；
b) 食品配料中该添加剂的用量不应超过允许的最大使用量；
c) 应在正常生产工艺条件下使用这些配料，并且食品中该添加剂的含量不应超过由配料带入的水平；
d) 由配料带入食品中的该添加剂的含量应明显低于直接将其添加到该食品中通常所需要的水平。

3.4.2 当某食品配料作为特定终产品的原料时，批准用于上述特定终产品的添加剂允许添加到这些食品配料中，同时该添加剂在终产品中的量应符合本标准的要求。在所述特定食品配料的标签上应明确标示该食品配料用于上述特定食品的生产。

4 食品分类系统

食品分类系统用于界定食品添加剂的使用范围，只适用于本标准，见附录 E。如允许某一食品添加剂应用于某一食品类别时，则允许其应用于该类别下的所有类别食品，另有规定的除外。

5 食品添加剂的使用规定

食品添加剂的使用应符合附录 A 的规定。

6 食品用香料

用于生产食品用香精的食品用香料的使用应符合附录 B 的规定。

7 食品工业用加工助剂

食品工业用加工助剂的使用应符合附录 C 的规定。

附 录 A

食品添加剂的使用规定

A.1 表 A.1 规定了食品添加剂的允许使用品种、使用范围以及最大使用量或残留量。

A.2 表 A.1 列出的同一功能的食品添加剂（相同色泽着色剂、防腐剂、抗氧化剂）在混合使用时，各自用量占其最大使用量的比例之和不应超过 1。

A.3 表 A.2 规定了可在各类食品（表 A.3 所列食品类别除外）中按生产需要适量使用的食品添加剂。

A.4 表 A.3 规定了表 A.2 所例外的食品类别，这些食品类别使用添加剂时应符合表 A.1 的规定。同时，这些食品类别不得使用表 A.1 规定的其上级食品类别中允许使用的食品添加剂。

A.5 表 A.1 和表 A.2 未包括对食品用香料和用作食品工业用加工助剂的食品添加剂的有关规定。

A.6 上述各表中的“功能”栏为该添加剂的主要功能，供使用时参考。

表 A.1　食品添加剂的允许使用品种、使用范围[1]以及最大使用量或残留量

β-阿朴-8′-胡萝卜素醛　　β-apo-8′-carotenal

CNS 号　08.018　　INS 号　160e

功能　着色剂

食品分类号	食品名称	最大使用量/(g/kg)	备注
01.02.02	风味发酵乳	0.015	以 β-阿朴-8′-胡萝卜素醛计
01.06.04	再制干酪	0.018	以 β-阿朴-8′-胡萝卜素醛计
03.0	冷冻饮品(03.04 食用冰除外)	0.020	以 β-阿朴-8′-胡萝卜素醛计
05.02	糖果	0.015	以 β-阿朴-8′-胡萝卜素醛计
07.0	焙烤食品	0.015	以 β-阿朴-8′-胡萝卜素醛计
12.10.02	半固体复合调味料	0.005	以 β-阿朴-8′-胡萝卜素醛计
14.0	饮料类(除外 14.01 包装饮用水)	0.010	以 β-阿朴-8′-胡萝卜素醛计，固体饮料按冲调倍数增加使用量

氨基乙酸(又名甘氨酸)　　glycine

CNS 号　12.007　　INS 号　640

功能　增味剂

食品分类号	食品名称	最大使用量/(g/kg)	备注
08.02	预制肉制品	3.0	
08.03	熟肉制品	3.0	
12.0	调味品	1.0	
14.02.03	果蔬汁(浆)类饮料	1.0	固体饮料按稀释倍数增加使用量
14.03.02	植物蛋白饮料	1.0	固体饮料按稀释倍数增加使用量

铵磷脂　　ammonium phosphatide

CNS 号　10.033　　INS 号　442

功能　乳化剂

食品分类号	食品名称	最大使用量/(g/kg)	备注
05.01.02	巧克力和巧克力制品、除 05.01.01 以外的可可制品	10.0	

巴西棕榈蜡　　carnauba wax

CNS 号　14.008　　INS 号　903

功能　被膜剂、抗结剂

食品分类号	食品名称	最大使用量/(g/kg)	备注
04.01.01	新鲜水果	0.000 4	以残留量计
05.0	可可制品、巧克力和巧克力制品(包括代可可脂巧克力及制品)以及糖果	0.6	

1)　在表 A.1 中使用范围以食品分类号和食品名称表示。

表 A.1（续）

白油（又名液体石蜡） **mineral oil, white（liquid paraffin）**

CNS 号 14.003 INS 号 905a

功能 被膜剂

食品分类号	食品名称	最大使用量/(g/kg)	备注
05.02.02	除胶基糖果以外的其他糖果	5.0	
10.01	鲜蛋	5.0	

L-半胱氨酸盐酸盐 **L-cysteine and its hydrochlorides sodium and potassium salts**

CNS 号 13.003 INS 号 920

功能 面粉处理剂

食品分类号	食品名称	最大使用量/(g/kg)	备注
06.03.02.01	生湿面制品（如面条、饺子皮、馄饨皮、烧麦皮）（仅限拉面）	0.3	
06.03.02.03	发酵面制品	0.06	
06.08	冷冻米面制品	0.6	

苯甲酸及其钠盐 **benzoic acid, sodium benzoate**

CNS 号 17.001, 17.002 INS 号 210, 211

功能 防腐剂

食品分类号	食品名称	最大使用量/(g/kg)	备注
03.03	风味冰、冰棍类	1.0	以苯甲酸计
04.01.02.05	果酱（罐头除外）	1.0	以苯甲酸计
04.01.02.08	蜜饯凉果	0.5	以苯甲酸计
04.02.02.03	腌渍的蔬菜	1.0	以苯甲酸计
05.02.01	胶基糖果	1.5	以苯甲酸计
05.02.02	除胶基糖果以外的其他糖果	0.8	以苯甲酸计
11.05	调味糖浆	1.0	以苯甲酸计
12.03	醋	1.0	以苯甲酸计
12.04	酱油	1.0	以苯甲酸计
12.05	酱及酱制品	1.0	以苯甲酸计
12.10	复合调味料	0.6	以苯甲酸计
12.10.02	半固体复合调味料	1.0	以苯甲酸计
12.10.03	液体复合调味料（不包括 12.03，12.04）	1.0	以苯甲酸计
14.02.02	浓缩果蔬汁（浆）（仅限食品工业用）	2.0	以苯甲酸计，固体饮料按稀释倍数增加使用量
14.02.03	果蔬汁（浆）类饮料	1.0	以苯甲酸计，固体饮料按稀释倍数增加使用量
14.03	蛋白饮料	1.0	以苯甲酸计，固体饮料按稀释倍数增加使用量

表 A.1（续）

食品分类号	食品名称	最大使用量/(g/kg)	备注
14.04	碳酸饮料	0.2	以苯甲酸计，固体饮料按稀释倍数增加使用量
14.05	茶、咖啡、植物(类)饮料	1.0	以苯甲酸计，固体饮料按稀释倍数增加使用量
14.07	特殊用途饮料	0.2	以苯甲酸计，固体饮料按稀释倍数增加使用量
14.08	风味饮料	1.0	以苯甲酸计，固体饮料按稀释倍数增加使用量
15.02	配制酒	0.4	以苯甲酸计
15.03.03	果酒	0.8	以苯甲酸计

冰结构蛋白　　**ice structuring protein**

CNS 号　00.020　　INS 号　—

功能　其他

食品分类号	食品名称	最大使用量	备注
03.0	冷冻饮品(03.04 食用冰除外)	按生产需要适量使用	

L-丙氨酸　　**L-alanine**

CNS 号　12.006　　INS 号　—

功能　增味剂

食品分类号	食品名称	最大使用量	备注
12.0	调味品	按生产需要适量使用	

丙二醇　　**propylene glycol**

CNS 号　18.004　　INS 号　1520

功能　稳定剂和凝固剂、抗结剂、消泡剂、乳化剂、水分保持剂、增稠剂

食品分类号	食品名称	最大使用量/(g/kg)	备注
06.03.02.01	生湿面制品(如面条、饺子皮、馄饨皮、烧麦皮)	1.5	
07.02	糕点	3.0	

丙二醇脂肪酸酯　　**propylene glycol esters of fatty acid**

CNS 号　10.020　　INS 号　477

功能　乳化剂、稳定剂

食品分类号	食品名称	最大使用量/(g/kg)	备注
01.0	乳及乳制品(01.01.01、01.01.02、13.0 涉及品种除外)	5.0	
02.0	脂肪，油和乳化脂肪制品	10.0	
03.0	冷冻饮品(03.04 食用冰除外)	5.0	

表 A.1（续）

食品分类号	食品名称	最大使用量/(g/kg)	备注
04.05.02.01	熟制坚果与籽类(仅限油炸坚果与籽类)	2.0	
06.03.02.05	油炸面制品	2.0	
07.02	糕点	3.0	
12.10	复合调味料	20.0	
16.06	膨化食品	2.0	

丙酸及其钠盐、钙盐 **propionic acid, sodium propionate, calcium propionate**

CNS 号 17.029,17.006,17.005 INS 号 280,281,282

功能 防腐剂

食品分类号	食品名称	最大使用量/(g/kg)	备注
04.04	豆类制品	2.5	以丙酸计
06.01	原粮	1.8	以丙酸计
06.03.02.01	生湿面制品(如面条、饺子皮、馄饨皮、烧麦皮)	0.25	以丙酸计
07.01	面包	2.5	以丙酸计
07.02	糕点	2.5	以丙酸计
12.03	醋	2.5	以丙酸计
12.04	酱油	2.5	以丙酸计
16.07	其他(杨梅罐头加工工艺)	50.0	以丙酸计

茶多酚(又名维多酚) **tea polyphenol(TP)**

CNS 号 04.005 INS 号 —

功能 抗氧化剂

食品分类号	食品名称	最大使用量/(g/kg)	备注
02.01	基本不含水的脂肪和油	0.4	以油脂中儿茶素计
04.05.02.01	熟制坚果与籽类(仅限油炸坚果与籽类)	0.2	以油脂中儿茶素计
06.03.02.05	油炸面制品	0.2	以油脂中儿茶素计
06.06	即食谷物,包括碾轧燕麦(片)	0.2	以油脂中儿茶素计
06.07	方便米面制品	0.2	以油脂中儿茶素计
07.02	糕点	0.4	以油脂中儿茶素计
07.04	焙烤食品馅料及表面用挂浆(仅限含油脂馅料)	0.4	以油脂中儿茶素计
08.02.02	腌腊肉制品类(如咸肉、腊肉、板鸭、中式火腿、腊肠)	0.4	以油脂中儿茶素计
08.03.01	酱卤肉制品类	0.3	以油脂中儿茶素计
08.03.02	熏、烧、烤肉类	0.3	以油脂中儿茶素计

表 A.1（续）

食品分类号	食品名称	最大使用量/(g/kg)	备注
08.03.03	油炸肉类	0.3	以油脂中儿茶素计
08.03.04	西式火腿（熏烤、烟熏、蒸煮火腿）类	0.3	以油脂中儿茶素计
08.03.05	肉灌肠类	0.3	以油脂中儿茶素计
08.03.06	发酵肉制品类	0.3	以油脂中儿茶素计
09.03	预制水产品（半成品）	0.3	以油脂中儿茶素计
09.04	熟制水产品（可直接食用）	0.3	以油脂中儿茶素计
09.05	水产品罐头	0.3	以油脂中儿茶素计
12.10	复合调味料	0.1	以儿茶素计
14.03.02	植物蛋白饮料	0.1	以儿茶素计，固体饮料按稀释倍数增加使用量
14.06.02	蛋白固体饮料	0.8	以儿茶素计
16.06	膨化食品	0.2	以油脂中儿茶素计

茶多酚棕榈酸酯 **tea polyphenol palmitate**

CNS 号 04.021 INS 号 —

功能 抗氧化剂

食品分类号	食品名称	最大使用量/(g/kg)	备注
02.01	基本不含水的脂肪和油	0.6	

赤藓红及其铝色淀 **erythrosine, erythrosine aluminum lake**

CNS 号 08.003 INS 号 127

功能 着色剂

食品分类号	食品名称	最大使用量/(g/kg)	备注
04.01.02.08.02	凉果类	0.05	以赤藓红计
04.01.02.09	装饰性果蔬	0.1	以赤藓红计
04.05.02.01	熟制坚果与籽类（仅限油炸坚果与籽类）	0.025	以赤藓红计
05.0	可可制品、巧克力和巧克力制品（包括代可可脂巧克力及制品）以及糖果（05.01.01 可可制品除外）	0.05	以赤藓红计
07.02.04	糕点上彩装	0.05	以赤藓红计
08.03.05	肉灌肠类	0.015	以赤藓红计
08.03.08	肉罐头类	0.015	以赤藓红计
12.05	酱及酱制品	0.05	以赤藓红计
12.10	复合调味料	0.05	以赤藓红计
14.02.03	果蔬汁（浆）类饮料	0.05	以赤藓红计，固体饮料按稀释倍数增加使用量

表 A.1（续）

食品分类号	食品名称	最大使用量/(g/kg)	备注
14.04	碳酸饮料	0.05	以赤藓红计，固体饮料按稀释倍数增加使用量
14.08	风味饮料(仅限果味饮料)	0.05	以赤藓红计，固体饮料按稀释倍数增加使用量
15.02	配制酒	0.05	以赤藓红计
16.06	膨化食品	0.025	仅限使用赤藓红

刺梧桐胶 **karaya gum**

CNS 号 18.010 INS 号 416

功能 稳定剂

食品分类号	食品名称	最大使用量	备注
02.02	水油状脂肪乳化制品	按生产需要适量使用	

刺云实胶 **tara gum**

CNS 号 20.041 INS 号 417

功能 增稠剂

食品分类号	食品名称	最大使用量/(g/kg)	备注
01.06	干酪和再制干酪及其类似品	8.0	
03.0	冷冻饮品(03.04 食用冰除外)	5.0	
04.01.02.05	果酱	5.0	
07.0	焙烤食品	1.5	
08.02	预制肉制品	10.0	
08.03	熟肉制品	10.0	
14.0	饮料类(14.01 包装饮用水除外)	2.5	固体饮料按稀释倍数增加使用量
16.01	果冻	5.0	如用于果冻粉，按冲调倍数增加使用量

醋酸酯淀粉 **starch acetate**

CNS 号 20.039 INS 号 1420

功能 增稠剂

食品分类号	食品名称	最大使用量	备注
06.03.02.01	生湿面制品(如面条、饺子皮、馄饨皮、烧麦皮)(仅限生湿面条)	按生产需要适量使用	

表 A.1（续）

单，双甘油脂肪酸酯（油酸、亚油酸、棕榈酸、山嵛酸、硬脂酸、月桂酸、亚麻酸） **mono-and diglycerides of fatty acids**

CNS 号　10.006　　INS 号　471

功能　乳化剂

食品分类号	食品名称	最大使用量/(g/kg)	备注
01.05.01	稀奶油	按生产需要适量使用	
02.02.01.01	黄油和浓缩黄油	20.0	
06.03.02.01	生湿面制品（如面条、饺子皮、馄饨皮、烧麦皮）	按生产需要适量使用	
06.03.02.02	生干面制品	30.0	
11.01.02	其他糖和糖浆[如红糖、赤砂糖、冰片糖、原糖、果糖（蔗糖来源）、糖蜜、部分转化糖、槭树糖浆等]	6.0	
12.09	香辛料类	5.0	
13.01	婴幼儿配方食品	按生产需要适量使用	
13.02	婴幼儿辅助食品	按生产需要适量使用	

单辛酸甘油酯　　**capryl monoglyceride**

CNS 号　17.031　　INS 号　—

功能　防腐剂

食品分类号	食品名称	最大使用量/(g/kg)	备注
06.03.02.01	生湿面制品（如面条、饺子皮、馄饨皮、烧麦皮）	1.0	
07.02	糕点	1.0	
07.04	焙烤食品馅料及表面用挂浆（仅限豆馅）	1.0	
08.03.05	肉灌肠类	0.5	

淀粉磷酸酯钠　　**sodium starch phosphate**

CNS 号　20.013　　INS 号　—

功能　增稠剂

食品分类号	食品名称	最大使用量	备注
02.02.01	脂肪含量 80%以上的乳化制品	按生产需要适量使用	
03.0	冷冻饮品（03.04 食用冰除外）	按生产需要适量使用	
04.01.02.05	果酱	按生产需要适量使用	
12.0	调味品	按生产需要适量使用	
14.0	饮料类（14.01 包装饮用水除外）	按生产需要适量使用	固体饮料按稀释倍数增加使用量

表 A.1（续）

靛蓝及其铝色淀 **indigotine, indigotine aluminum lake**

CNS 号 08.008 INS 号 132

功能 着色剂

食品分类号	食品名称	最大使用量/(g/kg)	备注
04.01.02.08.01	蜜饯类	0.1	以靛蓝计
04.01.02.08.02	凉果类	0.1	以靛蓝计
04.01.02.09	装饰性果蔬	0.2	以靛蓝计
04.02.02.03	腌渍的蔬菜	0.01	以靛蓝计
04.05.02.01	熟制坚果与籽类(仅限油炸坚果与籽类)	0.05	以靛蓝计
05.0	可可制品、巧克力和巧克力制品(包括代可可脂巧克力及制品)以及糖果(05.01.01 可可制品除外)	0.1	以靛蓝计
05.02.02	除胶基糖果以外的其他糖果	0.3	以靛蓝计
07.02.04	糕点上彩装	0.1	以靛蓝计
07.04	焙烤食品馅料及表面用挂浆(仅限饼干夹心)	0.1	以靛蓝计
14.02.03	果蔬汁(浆)类饮料	0.1	以靛蓝计，固体饮料按稀释倍数增加使用量
14.04	碳酸饮料	0.1	以靛蓝计，固体饮料按稀释倍数增加使用量
14.08	风味饮料(仅限果味饮料)	0.1	以靛蓝计，固体饮料按稀释倍数增加使用量
15.02	配制酒	0.1	以靛蓝计
16.06	膨化食品	0.05	仅限使用靛蓝

丁基羟基茴香醚(BHA) **butylated hydroxyanisole(BHA)**

CNS 号 04.001 INS 号 320

功能 抗氧化剂

食品分类号	食品名称	最大使用量/(g/kg)	备注
02.0	脂肪，油和乳化脂肪制品	0.2	以油脂中的含量计
02.01	基本不含水的脂肪和油	0.2	
04.05.02.01	熟制坚果与籽类(仅限油炸坚果与籽类)	0.2	以油脂中的含量计
04.05.02.03	坚果与籽类罐头	0.2	以油脂中的含量计
05.02.01	胶基糖果	0.4	
06.03.02.05	油炸面制品	0.2	以油脂中的含量计
06.04.01	杂粮粉	0.2	以油脂中的含量计

表 A.1（续）

食品分类号	食品名称	最大使用量/(g/kg)	备注
06.06	即食谷物，包括碾轧燕麦(片)	0.2	以油脂中的含量计
06.07	方便米面制品	0.2	以油脂中的含量计
07.03	饼干	0.2	以油脂中的含量计
08.02.02	腌腊肉制品类(如咸肉、腊肉、板鸭、中式火腿、腊肠)	0.2	以油脂中的含量计
09.03.04	风干、烘干、压干等水产品	0.2	以油脂中的含量计
12.10.01	固体复合调味料(仅限鸡肉粉)	0.2	以油脂中的含量计
16.06	膨化食品	0.2	以油脂中的含量计

对羟基苯甲酸酯类及其钠盐(对羟基苯甲酸甲酯钠，对羟基苯甲酸乙酯及其钠盐) ***p*-hydroxy benzoates and its salts (sodium methyl *p*-hydroxy benzoate, ethyl *p*-hydroxy benzoate, sodium ethyl *p*-hydroxy benzoate)**

CNS 号　17.032，17.007，17.036　　INS 号 219，214，215

功能　防腐剂

食品分类号	食品名称	最大使用量/(g/kg)	备注
04.01.01.02	经表面处理的鲜水果	0.012	以对羟基苯甲酸计
04.01.02.05	果酱(罐头除外)	0.25	以对羟基苯甲酸计
04.02.01.02	经表面处理的新鲜蔬菜	0.012	以对羟基苯甲酸计
07.04	焙烤食品馅料及表面用挂浆(仅限糕点馅)	0.5	以对羟基苯甲酸计
10.03.02	热凝固蛋制品(如蛋黄酪、松花蛋肠)	0.2	以对羟基苯甲酸计
12.03	醋	0.25	以对羟基苯甲酸计
12.04	酱油	0.25	以对羟基苯甲酸计
12.05	酱及酱制品	0.25	以对羟基苯甲酸计
12.10.03.04	蚝油、虾油、鱼露等	0.25	以对羟基苯甲酸计
14.02.03	果蔬汁(浆)类饮料	0.25	以对羟基苯甲酸计，固体饮料按稀释倍数增加使用量
14.04	碳酸饮料	0.2	以对羟基苯甲酸计，固体饮料按稀释倍数增加使用量
14.08	风味饮料(仅限果味饮料)	0.25	以对羟基苯甲酸计，固体饮料按稀释倍数增加使用量

二丁基羟基甲苯(BHT)　　**butylated hydroxytoluene(BHT)**

CNS 号　04.002　　INS 号　321

功能　抗氧化剂

食品分类号	食品名称	最大使用量/(g/kg)	备注
02.0	脂肪，油和乳化脂肪制品	0.2	以油脂中的含量计
02.01	基本不含水的脂肪和油	0.2	
04.02.02.02	干制蔬菜(仅限脱水马铃薯粉)	0.2	以油脂中的含量计

表 A.1（续）

食品分类号	食品名称	最大使用量/(g/kg)	备注
04.05.02.01	熟制坚果与籽类(仅限油炸坚果与籽类)	0.2	以油脂中的含量计
04.05.02.03	坚果与籽类罐头	0.2	以油脂中的含量计
05.02.01	胶基糖果	0.4	
06.03.02.05	油炸面制品	0.2	以油脂中的含量计
06.06	即食谷物，包括碾轧燕麦(片)	0.2	以油脂中的含量计
06.07	方便米面制品	0.2	以油脂中的含量计
07.03	饼干	0.2	以油脂中的含量计
08.02.02	腌腊肉制品类(如咸肉、腊肉、板鸭、中式火腿、腊肠)	0.2	以油脂中的含量计
09.03.04	风干、烘干、压干等水产品	0.2	以油脂中的含量计
16.06	膨化食品	0.2	以油脂中的含量计

N-[N-(3,3-二甲基丁基)]-L-α-天门冬氨-L-苯丙氨酸 1-甲酯(又名纽甜)　neotame

CNS 号　19.019　　　　INS 号　961

功能　甜味剂

食品分类号	食品名称	最大使用量/(g/kg)	备注
01.01.03	调制乳	0.02	
01.02.02	风味发酵乳	0.1	
01.03.02	调制乳粉和调制奶油粉	0.065	
01.05	稀奶油(淡奶油)及其类似品(01.05.01 稀奶油除外)	0.033	
01.06.05	干酪类似品	0.033	
01.07	以乳为主要配料的即食风味食品或其预制产品(不包括冰淇淋和风味发酵乳)	0.1	
02.03	02.02 类以外的脂肪乳化制品，包括混合的和(或)调味的脂肪乳化制品	0.01	
02.04	脂肪类甜品	0.1	
03.0	冷冻饮品(03.04 食用冰除外)	0.1	
04.01.02.01	冷冻水果	0.1	
04.01.02.02	水果干类	0.1	
04.01.02.03	醋、油或盐渍水果	0.1	
04.01.02.04	水果罐头	0.033	

表 A.1（续）

食品分类号	食品名称	最大使用量/(g/kg)	备注
04.01.02.05	果酱	0.07	
04.01.02.06	果泥	0.07	
04.01.02.07	除 04.01.02.05 外的果酱(如印度酸辣酱)	0.07	
04.01.02.08	蜜饯凉果	0.065	
04.01.02.09	装饰性果蔬	0.1	
04.01.02.10	水果甜品,包括果味液体甜品	0.1	
04.01.02.11	发酵的水果制品	0.065	
04.01.02.12	煮熟的或油炸的水果	0.065	
04.02.02	加工蔬菜	0.033	
04.02.02.03	腌渍的蔬菜	0.01	
04.03.02.03	腌渍的食用菌和藻类	0.01	
04.03.02.04	食用菌和藻类罐头	0.033	
04.03.02.05	经水煮或油炸的藻类	0.033	
04.03.02.06	其他加工食用菌和藻类	0.033	
04.05.02	加工坚果与籽类	0.032	
04.05.02.04	坚果与籽类的泥(酱),包括花生酱等	0.033	
05.0	可可制品、巧克力和巧克力制品(包括代可可脂巧克力及制品)以及糖果(05.02 糖果除外)	0.1	
05.02.01	胶基糖果	1.0	
05.02.02	除胶基糖果以外的其他糖果	0.33	
06.06	即食谷物,包括碾轧燕麦(片)	0.16	
06.09	谷类和淀粉类甜品(如米布丁、木薯布丁)	0.033	
07.0	焙烤食品	0.08	
07.04	焙烤食品馅料及其表面用挂浆	0.1	
09.03	预制水产品(半成品)	0.01	
09.05	水产品罐头	0.01	
10.04	其他蛋制品	0.1	
11.04	餐桌甜味料	按生产需要适量使用	
11.05	调味糖浆	0.07	
12.03	醋	0.012	
12.09.03	香辛料酱(如芥末酱、青芥酱)	0.012	

表 A.1（续）

食品分类号	食品名称	最大使用量/(g/kg)	备注
12.10	复合调味料	0.07	
14.02.03	果蔬汁(浆)类饮料	0.033	固体饮料按稀释倍数增加使用量
14.03.01	含乳饮料	0.02	固体饮料按稀释倍数增加使用量
14.03.02	植物蛋白饮料	0.033	固体饮料按稀释倍数增加使用量
14.03.03	复合蛋白饮料	0.033	固体饮料按稀释倍数增加使用量
14.04	碳酸饮料	0.033	固体饮料按稀释倍数增加使用量
14.05	茶、咖啡、植物(类)饮料	0.05	固体饮料按稀释倍数增加使用量
14.05.03	植物饮料	0.02	固体饮料按稀释倍数增加使用量
14.07	特殊用途饮料	0.033	固体饮料按稀释倍数增加使用量
14.08	风味饮料	0.033	固体饮料按稀释倍数增加使用量
15.03	发酵酒(15.03.01 葡萄酒除外)	0.033	
16.01	果冻	0.1	如用于果冻粉，按冲调倍数增加使用量
16.06	膨化食品	0.032	

二甲基二碳酸盐（又名维果灵）　　**dimethyl dicarbonate**

CNS 号　17.033　　INS 号　242

功能　防腐剂

食品分类号	食品名称	最大使用量/(g/kg)	备注
14.02.03	果蔬汁(浆)类饮料	0.25	固体饮料按稀释倍数增加使用量
14.04	碳酸饮料	0.25	固体饮料按稀释倍数增加使用量
14.05.01	茶(类)饮料	0.25	固体饮料按稀释倍数增加使用量
14.08	风味饮料(仅限果味饮料)	0.25	固体饮料按稀释倍数增加使用量
14.09	其他饮料类(仅限麦芽汁发酵的非酒精饮料)	0.25	固体饮料按稀释倍数增加使用量

表 A.1(续)

2,4-二氯苯氧乙酸　　**2,4-dichlorophenoxy acetic acid**

CNS 号　17.027　　INS 号　—

功能　防腐剂

食品分类号	食品名称	最大使用量/(g/kg)	备注
04.01.01.02	经表面处理的鲜水果	0.01	残留量≤2.0 mg/kg
04.02.01.02	经表面处理的新鲜蔬菜	0.01	残留量≤2.0 mg/kg

二氧化硅　　**silicon dioxide**

CNS 号　02.004　　INS 号　551

功能　抗结剂

食品分类号	食品名称	最大使用量/(g/kg)	备注
01.03	乳粉(包括加糖乳粉)和奶油粉及其调制产品	15.0	
01.08	其他乳制品(如乳清粉、酪蛋白粉)(仅限奶片)	15	
02.05	其他油脂或油脂制品(仅限植脂末)	15.0	
03.0	冷冻饮品(03.04 食用冰除外)	0.5	
05.01.01	可可制品(包括以可可为主要原料的脂、粉、浆、酱、馅等)	15.0	
06.01	原粮	1.2	
06.03.02.04	面糊(如用于鱼和禽肉的拖面糊)、裹粉、煎炸粉	20.0	
10.03.01	脱水蛋制品(如蛋白粉、蛋黄粉、蛋白片)	15.0	
11.06	其他甜味料(仅限糖粉)	15.0	
12.01	盐及代盐制品	20.0	
12.09	香辛料类	20.0	
12.10.01	固体复合调味料	20.0	
14.06	固体饮料	15.0	
16.07	其他(豆制品工艺)	0.025	复配消泡剂用,以每千克黄豆的使用量计

表 A.1（续）

二氧化硫，焦亚硫酸钾，焦亚硫酸钠，亚硫酸钠，亚硫酸氢钠，低亚硫酸钠 **sulfur dioxide, potassium metabisulphite, sodium metabisulphite, sodium sulfite, sodium hydrogen sulfite, sodium hyposulfite**

CNS 号 05.001，05.002，05.003，05.004，05.005，05.006 INS 号 220，224，223，221，222，—

功能 漂白剂、防腐剂、抗氧化剂

食品分类号	食品名称	最大使用量/(g/kg)	备注
04.01.01.02	经表面处理的鲜水果	0.05	最大使用量以二氧化硫残留量计
04.01.02.02	水果干类	0.1	最大使用量以二氧化硫残留量计
04.01.02.08	蜜饯凉果	0.35	最大使用量以二氧化硫残留量计
04.02.02.02	干制蔬菜	0.2	最大使用量以二氧化硫残留量计
04.02.02.02	干制蔬菜(仅限脱水马铃薯)	0.4	最大使用量以二氧化硫残留量计
04.02.02.03	腌渍的蔬菜	0.1	最大使用量以二氧化硫残留量计
04.02.02.04	蔬菜罐头(仅限竹笋、酸菜)	0.05	最大使用量以二氧化硫残留量计
04.03.02.02	干制的食用菌和藻类	0.05	最大使用量以二氧化硫残留量计
04.03.02.04	食用菌和藻类罐头(仅限蘑菇罐头)	0.05	最大使用量以二氧化硫残留量计
04.04.01.04	腐竹类(包括腐竹、油皮等)	0.2	最大使用量以二氧化硫残留量计
04.05.02.03	坚果与籽类罐头	0.05	最大使用量以二氧化硫残留量计
05.0	可可制品、巧克力和巧克力制品(包括代可可脂巧克力及制品)以及糖果	0.1	最大使用量以二氧化硫残留量计
06.03.02.01	生湿面制品(如面条、饺子皮、馄饨皮、烧麦皮)(仅限拉面)	0.05	最大使用量以二氧化硫残留量计
06.05.01	食用淀粉	0.03	最大使用量以二氧化硫残留量计
06.08	冷冻米面制品(仅限风味派)	0.05	最大使用量以二氧化硫残留量计
07.03	饼干	0.1	最大使用量以二氧化硫残留量计

表 A.1（续）

食品分类号	食品名称	最大使用量/(g/kg)	备注
11.01	食糖	0.1	最大使用量以二氧化硫残留量计
11.02	淀粉糖(果糖、葡萄糖、饴糖、部分转化糖等)	0.04	最大使用量以二氧化硫残留量计
11.05	调味糖浆	0.05	最大使用量以二氧化硫残留量计
12.10.02	半固体复合调味料	0.05	最大使用量以二氧化硫残留量计
14.02.01	果蔬汁(浆)	0.05	最大使用量以二氧化硫残留量计，浓缩果蔬汁(浆)按浓缩倍数折算，固体饮料按稀释倍数增加使用量
14.02.03	果蔬汁(浆)类饮料	0.05	最大使用量以二氧化硫残留量计，浓缩果蔬汁(浆)按浓缩倍数折算，固体饮料按稀释倍数增加使用量
15.03.01	葡萄酒	0.25 g/L	甜型葡萄酒及果酒系列产品最大使用量为 0.4 g/L，最大使用量以二氧化硫残留量计
15.03.03	果酒	0.25 g/L	甜型葡萄酒及果酒系列产品最大使用量为 0.4 g/L，最大使用量以二氧化硫残留量计
15.03.05	啤酒和麦芽饮料	0.01	最大使用量以二氧化硫残留量计

二氧化钛　　**titanium dioxide**

CNS 号　08.011　　INS 号　171

功能　着色剂

食品分类号	食品名称	最大使用量/(g/kg)	备注
04.01.02.05	果酱	5.0	
04.01.02.08.02	凉果类	10.0	
04.01.02.08.04	话化类	10.0	
04.02.02.02	干制蔬菜(仅限脱水马铃薯)	0.5	
04.05.02.01	熟制坚果与籽类(仅限油炸坚果与籽类)	10.0	
05.01	可可制品、巧克力和巧克力制品，包括代可可脂巧克力及制品	2.0	
05.02.01	胶基糖果	5.0	

表 A.1（续）

食品分类号	食品名称	最大使用量/(g/kg)	备注
05.02.02	除胶基糖果以外的其他糖果	10.0	
05.03	糖果和巧克力制品包衣	按生产需要适量使用	
05.04	装饰糖果（如工艺造型，或用于蛋糕装饰）、顶饰（非水果材料）和甜汁	5.0	
11.05	调味糖浆	5.0	
12.10.02.01	蛋黄酱、沙拉酱	0.5	
14.06	固体饮料	按生产需要适量使用	
16.01	果冻	10.0	如用于果冻粉，按冲调倍数增加使用量
16.06	膨化食品	10.0	
16.07	其他（仅限饮料浑浊剂）	10.0 g/L	
16.07	其他（仅限魔芋凝胶制品）	2.5	

二氧化碳　　**carbon dioxide**

CNS 号　17.014　　INS 号　290

功能　防腐剂

食品分类号	食品名称	最大使用量	备注
05.02.02	除胶基糖果以外的其他糖果	按生产需要适量使用	
14.0	饮料类	按生产需要适量使用	
15.02	配制酒	按生产需要适量使用	
15.03.06	其他发酵酒类（充气型）	按生产需要适量使用	

番茄红　　**tomato red**

CNS 号　08.150　　INS 号　—

功能　着色剂

食品分类号	食品名称	最大使用量/(g/kg)	备注
01.02.02	风味发酵乳	0.006	
14.0	饮料类（14.01 包装饮用水除外）	0.006	固体饮料按稀释倍数增加使用量

番茄红素　　**lycopene**

CNS 号　08.017　　INS 号　160d(i)

功能　着色剂

食品分类号	食品名称	最大使用量/(g/kg)	备注
01.01.03	调制乳	0.015	以纯番茄红素计
01.02.02	风味发酵乳	0.015	以纯番茄红素计

表 A.1（续）

食品分类号	食品名称	最大使用量/(g/kg)	备注
05.02	糖果	0.06	以纯番茄红素计
06.06	即食谷物，包括碾轧燕麦（片）	0.05	以纯番茄红素计
07.0	焙烤食品	0.05	以纯番茄红素计
12.10.01.01	固体汤料	0.39	以纯番茄红素计
12.10.02	半固体复合调味料	0.04	以纯番茄红素计
14.0	饮料类(14.01 包装饮用水除外)	0.015	以纯番茄红素计，固体饮料按稀释倍数增加使用量
16.01	果冻	0.05	以纯番茄红素计，如用于果冻粉，按冲调倍数增加使用量

蜂蜡 **beeswax**
CNS 号 14.013 INS 号 901
功能 被膜剂

食品分类号	食品名称	最大使用量	备注
05.02	糖果	按生产需要适量使用	
05.03	糖果和巧克力制品包衣	按生产需要适量使用	

富马酸 **fumaric acid**
CNS 号 01.110 INS 号 297
功能 酸度调节剂

食品分类号	食品名称	最大使用量/(g/kg)	备注
05.02.01	胶基糖果	8.0	
06.03.02.01	生湿面制品（如面条、饺子皮、馄饨皮、烧麦皮）	0.6	
07.01	面包	3.0	
07.02	糕点	3.0	
07.03	饼干	3.0	
07.04	焙烤食品馅料及表面用挂浆	2.0	
07.05	其他焙烤食品	2.0	
14.02.03	果蔬汁(浆)类饮料	0.6	固体饮料按稀释倍数增加使用量
14.04	碳酸饮料	0.3	固体饮料按稀释倍数增加使用量

表 A.1（续）

富马酸一钠 **monosodium fumarate**
CNS 号 01.311 INS 号 365
功能 酸度调节剂

食品分类号	食品名称	最大使用量	备注
05.02.01	胶基糖果	按生产需要适量使用	
06.03.02.01	生湿面制品（如面条、饺子皮、馄饨皮、烧麦皮）	按生产需要适量使用	
07.0	焙烤食品	按生产需要适量使用	
08.0	肉及肉制品（08.01 生、鲜肉类除外）	按生产需要适量使用	
09.0	水产及其制品（包括鱼类、甲壳类、贝类、软体类、棘皮类等水产及其加工制品等）（09.01 鲜水产除外）	按生产需要适量使用	
14.0	饮料类（14.01 包装饮用水除外）	按生产需要适量使用	固体饮料按稀释倍数增加使用量

甘草酸铵，甘草酸一钾及三钾 **ammonium glycyrrhizinate, monopotassium and tripotassium glycyrrhizinate**
CNS 号 19.012，19.010 INS 号 958
功能 甜味剂

食品分类号	食品名称	最大使用量	备注
04.01.02.08	蜜饯凉果	按生产需要适量使用	
05.02	糖果	按生产需要适量使用	
07.03	饼干	按生产需要适量使用	
08.03.08	肉罐头类	按生产需要适量使用	
12.0	调味品	按生产需要适量使用	
14.0	饮料类（14.01 包装饮用水除外）	按生产需要适量使用	固体饮料按稀释倍数增加使用量

甘草抗氧化物 **antioxidant of glycyrrhiza**
CNS 号 04.008 INS 号 —
功能 抗氧化剂

食品分类号	食品名称	最大使用量/(g/kg)	备注
02.01	基本不含水的脂肪和油	0.2	以甘草酸计
04.05.02.01	熟制坚果与籽类（仅限油炸坚果与籽类）	0.2	以甘草酸计
06.03.02.05	油炸面制品	0.2	以甘草酸计
06.07	方便米面制品	0.2	以甘草酸计
07.03	饼干	0.2	以甘草酸计

表 A.1（续）

食品分类号	食品名称	最大使用量/(g/kg)	备注
08.02.02	腌腊肉制品类（如咸肉、腊肉、板鸭、中式火腿、腊肠）	0.2	以甘草酸计
08.03.01	酱卤肉制品类	0.2	以甘草酸计
08.03.02	熏、烧、烤肉类	0.2	以甘草酸计
08.03.03	油炸肉类	0.2	以甘草酸计
08.03.04	西式火腿（熏烤、烟熏、蒸煮火腿）类	0.2	以甘草酸计
08.03.05	肉灌肠类	0.2	以甘草酸计
08.03.06	发酵肉制品类	0.2	以甘草酸计
09.03.02	腌制水产品	0.2	以甘草酸计
16.06	膨化食品	0.2	以甘草酸计

D-甘露糖醇 **D-mannitol**

CNS 号 19.017 INS 号 421

功能 甜味剂、乳化剂、膨松剂、稳定剂、增稠剂

食品分类号	食品名称	最大使用量	备注
05.02	糖果	按生产需要适量使用	

柑橘黄 **orange yellow**

CNS 号 08.143 INS 号 —

功能 着色剂

食品分类号	食品名称	最大使用量	备注
06.03.02.02	生干面制品	按生产需要适量使用	

高锰酸钾 **potassium permanganate**

CNS 号 00.001 INS 号 —

功能 其他

食品分类号	食品名称	最大使用量/(g/kg)	备注
06.05.01	食用淀粉	0.5	

谷氨酰胺转氨酶 **glutamine transaminase**

CNS 号 18.013 INS 号 —

功能 稳定剂和凝固剂

食品分类号	食品名称	最大使用量/(g/kg)	备注
04.04	豆类制品	0.25	来源同表 C.3

表 A.1（续）

瓜尔胶 **guar gum**

CNS 号 20.025 INS 号 412

功能 增稠剂

食品分类号	食品名称	最大使用量/(g/kg)	备注
01.05.01	稀奶油	1.0	
13.01.02	较大婴儿和幼儿配方食品	1.0 g/L	以即食状态食品中的使用量计

硅酸钙 **calcium silicate**

CNS 号 02.009 INS 号 552

功能 抗结剂

食品分类号	食品名称	最大使用量	备注
01.03	乳粉(包括加糖乳粉)和奶油粉及其调制产品	按生产需要适量使用	
01.06	干酪和再制干酪及其类似品	按生产需要适量使用	
05.01.01	可可制品(包括以可可为主要原料的脂、粉、浆、酱、馅等)	按生产需要适量使用	
06.05	淀粉及淀粉类制品	按生产需要适量使用	
11.01	食糖	按生产需要适量使用	
11.04	餐桌甜味料	按生产需要适量使用	
12.01	盐及代盐制品	按生产需要适量使用	
12.09.01	香辛料及粉	按生产需要适量使用	
12.10	复合调味料	按生产需要适量使用	
14.06	固体饮料	按生产需要适量使用	
16.04	酵母及酵母类制品	按生产需要适量使用	

果胶 **pectins**

CNS 号 20.006 INS 号 440

功能 乳化剂、稳定剂、增稠剂

食品分类号	食品名称	最大使用量/(g/kg)	备注
01.05.01	稀奶油	按生产需要适量使用	
02.02.01.01	黄油和浓缩黄油	按生产需要适量使用	
06.03.02.01	生湿面制品(如面条、饺子皮、馄饨皮、烧麦皮)	按生产需要适量使用	
06.03.02.02	生干面制品	按生产需要适量使用	

表 A.1（续）

食品分类号	食品名称	最大使用量/(g/kg)	备注
11.01.02	其他糖和糖浆[如红糖、赤砂糖、冰片糖、原糖、果糖（蔗糖来源）、糖蜜、部分转化糖、槭树糖浆等]	按生产需要适量使用	
12.09	香辛料类	按生产需要适量使用	
14.02.01	果蔬汁(浆)	3.0	固体饮料按稀释倍数增加使用量

海萝胶 **funoran (gloiopeltis furcata)**

CNS 号 20.040 INS 号 —

功能 增稠剂

食品分类号	食品名称	最大使用量/(g/kg)	备注
05.02.01	胶基糖果	10.0	

海藻酸丙二醇酯 **propylene glycol alginate**

CNS 号 20.010 INS 号 405

功能 增稠剂、乳化剂、稳定剂

食品分类号	食品名称	最大使用量/(g/kg)	备注
01.0	乳及乳制品(01.01.01、01.01.02、13.0 涉及品种除外)	3.0	
01.01.03	调制乳	4.0	
01.02.02	风味发酵乳	4.0	
01.04.01	淡炼乳(原味)	5.0	
02.01.01.02	氢化植物油	5.0	
02.02	水油状脂肪乳化制品	5.0	
02.03	02.02 类以外的脂肪乳化制品，包括混合的和(或)调味的脂肪乳化制品	5.0	
03.01	冰淇淋、雪糕类	1.0	
04.01.02.05	果酱	5.0	
05.01	可可制品、巧克力和巧克力制品，包括代可可脂巧克力及制品	5.0	
05.02.01	胶基糖果	5.0	
05.04	装饰糖果(如工艺造型，或用于蛋糕装饰)、顶饰(非水果材料)和甜汁	5.0	
06.03.02.01	生湿面制品(如面条、饺子皮、馄饨皮、烧麦皮)	5.0	

表 A.1（续）

食品分类号	食品名称	最大使用量/(g/kg)	备注
06.03.02.02	生干面制品	5.0	
06.07	方便米面制品	5.0	
06.08	冷冻米面制品	5.0	
11.05	调味糖浆	5.0	
12.10.02	半固体复合调味料	8.0	
14.0	饮料类(14.01 包装饮用水除外)	0.3	固体饮料按稀释倍数增加使用量
14.02.03	果蔬汁(浆)类饮料	3.0	固体饮料按稀释倍数增加使用量
14.03.01	含乳饮料	4.0	固体饮料按稀释倍数增加使用量
14.03.02	植物蛋白饮料	5.0	固体饮料按稀释倍数增加使用量
14.05.02	咖啡(类)饮料	3.0	固体饮料按稀释倍数增加使用量
15.03.05	啤酒和麦芽饮料	0.3	

海藻酸钠(又名褐藻酸钠)　　**sodium alginate**

CNS 号　20.004　　INS 号　401

功能　增稠剂

食品分类号	食品名称	最大使用量/(g/kg)	备注
01.05.01	稀奶油	按生产需要适量使用	
02.02.01.01	黄油和浓缩黄油	按生产需要适量使用	
06.03.02.01	生湿面制品(如面条、饺子皮、馄饨皮、烧麦皮)	按生产需要适量使用	
06.03.02.02	生干面制品	按生产需要适量使用	
11.01.02	其他糖和糖浆[如红糖、赤砂糖、冰片糖、原糖、果糖(蔗糖来源)、糖蜜、部分转化糖、槭树糖浆等]	10.0	
12.09	香辛料类	按生产需要适量使用	
14.02.01	果蔬汁(浆)	按生产需要适量使用	固体饮料按稀释倍数增加使用量

核黄素　　**riboflavin**

CNS 号　08.148　　INS 号　101(i)

功能　着色剂

食品分类号	食品名称	最大使用量/(g/kg)	备注
04.02.02.02	干制蔬菜(仅限脱水马铃薯)	0.3	
06.07	方便米面制品	0.05	
12.10.01	固体复合调味料	0.05	

表 A.1（续）

黑豆红 **black bean red**

CNS 号 08.114 INS 号 —

功能 着色剂

食品分类号	食品名称	最大使用量/(g/kg)	备注
05.02	糖果	0.8	
07.02.04	糕点上彩装	0.8	
14.02.03	果蔬汁(浆)类饮料	0.8	固体饮料按稀释倍数增加使用量
14.08	风味饮料(仅限果味饮料)	0.8	固体饮料按稀释倍数增加使用量
15.02	配制酒	0.8	

黑加仑红 **black currant red**

CNS 号 08.122 INS 号 —

功能 着色剂

食品分类号	食品名称	最大使用量/(g/kg)	备注
07.02.04	糕点上彩装	按生产需要适量使用	
14.04	碳酸饮料	0.3	固体饮料按稀释倍数增加使用量
15.03.03	果酒	按生产需要适量使用	

红花黄 **carthamins yellow**

CNS 号 08.103 INS 号 —

功能 着色剂

食品分类号	食品名称	最大使用量/(g/kg)	备注
03.0	冷冻饮品(03.04 食用冰除外)	0.5	
04.01.02.04	水果罐头	0.2	
04.01.02.08	蜜饯凉果	0.2	
04.01.02.09	装饰性果蔬	0.2	
04.02.02.03	腌渍的蔬菜	0.5	
04.02.02.04	蔬菜罐头	0.2	
04.05.02.01	熟制坚果与籽类(仅限油炸坚果与籽类)	0.5	
05.02	糖果	0.2	
06.04.02.01	杂粮罐头	0.2	
06.07	方便米面制品	0.5	
06.10	粮食制品馅料	0.5	
07.02.04	糕点上彩装	0.2	

表 A.1（续）

食品分类号	食品名称	最大使用量/(g/kg)	备注
08.02.02	腌腊肉制品类（如咸肉、腊肉、板鸭、中式火腿、腊肠）	0.5	
12.0	调味品(12.01 盐及代盐制品除外)	0.5	
14.02.03	果蔬汁(浆)类饮料	0.2	固体饮料按稀释倍数增加使用量
14.04	碳酸饮料	0.2	固体饮料按稀释倍数增加使用量
14.08	风味饮料(仅限果味饮料)	0.2	固体饮料按稀释倍数增加使用量
15.02	配制酒	0.2	
16.01	果冻	0.2	如用于果冻粉，按冲调倍数增加使用量
16.06	膨化食品	0.5	

红米红 **red rice red**

CNS 号 08.111 INS 号 —

功能 着色剂

食品分类号	食品名称	最大使用量	备注
01.01.03	调制乳	按生产需要适量使用	
03.0	冷冻饮品(03.04 食用冰除外)	按生产需要适量使用	
05.02	糖果	按生产需要适量使用	
14.03.01	含乳饮料	按生产需要适量使用	固体饮料按稀释倍数增加使用量
15.02	配制酒	按生产需要适量使用	

红曲黄色素 **monascus yellow pigment**

CNS 号 08.152 INS 号 —

功能 着色剂

食品分类号	食品名称	最大使用量	备注
07.02	糕点	按生产需要适量使用	
08.03	熟肉制品	按生产需要适量使用	
14.02.03	果蔬汁(浆)类饮料	按生产需要适量使用	
14.03	蛋白饮料	按生产需要适量使用	
14.04	碳酸饮料	按生产需要适量使用	
14.06	固体饮料	按生产需要适量使用	
14.08	风味饮料	按生产需要适量使用	
15.02	配制酒	按生产需要适量使用	
16.01	果冻	按生产需要适量使用	如用于果冻粉，按冲调倍数增加使用量

表 A.1(续)

红曲米,红曲红 **red kojic rice, monascus red**

CNS 号 08.119,08.120 INS 号 —

功能 着色剂

食品分类号	食品名称	最大使用量/(g/kg)	备注
01.01.03	调制乳	按生产需要适量使用	
01.02.02	风味发酵乳	0.8	
01.04.02	调制炼乳(包括加糖炼乳及使用了非乳原料的调制炼乳等)	按生产需要适量使用	
03.0	冷冻饮品(03.04 食用冰除外)	按生产需要适量使用	
04.01.02.05	果酱	按生产需要适量使用	
04.02.02.03	腌渍的蔬菜	按生产需要适量使用	
04.02.02.05	蔬菜泥(酱),番茄沙司除外	按生产需要适量使用	
04.04.02.01	腐乳类	按生产需要适量使用	
04.05.02.01	熟制坚果与籽类(仅限油炸坚果与籽类)	按生产需要适量使用	
05.02	糖果	按生产需要适量使用	
05.04	装饰糖果(如工艺造型,或用于蛋糕装饰)、顶饰(非水果材料)和甜汁	按生产需要适量使用	
06.07	方便米面制品	按生产需要适量使用	
06.10	粮食制品馅料	按生产需要适量使用	
07.02	糕点	0.9	
07.03	饼干	按生产需要适量使用	
07.04	焙烤食品馅料及表面用挂浆	1.0	
08.02.02	腌腊肉制品类(如咸肉、腊肉、板鸭、中式火腿、腊肠)	按生产需要适量使用	
08.03	熟肉制品	按生产需要适量使用	
11.05	调味糖浆	按生产需要适量使用	
12.0	调味品(12.01 盐及代盐制品除外)	按生产需要适量使用	
14.02.03	果蔬汁(浆)类饮料	按生产需要适量使用	
14.03	蛋白饮料	按生产需要适量使用	
14.04	碳酸饮料	按生产需要适量使用	
14.06	固体饮料	按生产需要适量使用	
14.08	风味饮料(仅限果味饮料)	按生产需要适量使用	
15.02	配制酒	按生产需要适量使用	
16.01	果冻	按生产需要适量使用	如用于果冻粉,按冲调倍数增加使用量
16.06	膨化食品	按生产需要适量使用	

表 A.1（续）

β-胡萝卜素 **beta-carotene**

CNS 号 08.010 INS 号 160(a)

功能 着色剂

食品分类号	食品名称	最大使用量/(g/kg)	备注
01.01.03	调制乳	1.0	
01.02.02	风味发酵乳	1.0	
01.03.02	调制乳粉和调制奶油粉	1.0	
01.05	稀奶油（淡奶油）及其类似品（01.05.01 稀奶油除外）	0.02	
01.06.01	非熟化干酪	0.6	
01.06.02	熟化干酪	1.0	
01.06.04	再制干酪	1.0	
01.06.05	干酪类似品	1.0	
01.07	以乳为主要配料的即食风味食品或其预制产品（不包括冰淇淋和风味发酵乳）	1.0	
02.02	水油状脂肪乳化制品（02.02.01.01 黄油和浓缩黄油除外）	1.0	
02.03	02.02 类以外的脂肪乳化制品，包括混合的和（或）调味的脂肪乳化制品	1.0	
02.04	脂肪类甜品	1.0	
02.05	其他油脂或油脂制品（仅限植脂末）	0.065	
03.0	冷冻饮品（03.04 食用冰除外）	1.0	
04.01.02.03	醋、油或盐渍水果	1.0	
04.01.02.04	水果罐头	1.0	
04.01.02.05	果酱	1.0	
04.01.02.07	除 04.01.02.05 外的果酱（如印度酸辣酱）	0.5	
04.01.02.08	蜜饯凉果	1.0	
04.01.02.09	装饰性果蔬	0.1	
04.01.02.10	水果甜品，包括果味液体甜品	1.0	
04.01.02.11	发酵的水果制品	0.2	
04.02.02.02	干制蔬菜	0.2	
04.02.02.03	腌渍的蔬菜	0.132	
04.02.02.04	蔬菜罐头	0.2	

表 A.1（续）

食品分类号	食品名称	最大使用量/(g/kg)	备注
04.02.02.05	蔬菜泥(酱)，番茄沙司除外	1.0	
04.02.02.08	其他加工蔬菜	1.0	
04.03.02.03	腌渍的食用菌和藻类	0.132	
04.03.02.04	食用菌和藻类罐头	0.2	
04.03.02.06	其他加工食用菌和藻类	1.0	
04.05.02	加工坚果与籽类	1.0	
05.01	可可制品、巧克力和巧克力制品，包括代可可脂巧克力及制品	0.1	
05.02	糖果	0.5	
05.03	糖果和巧克力制品包衣	20.0	
05.04	装饰糖果(如工艺造型，或用于蛋糕装饰)、顶饰(非水果材料)和甜汁	20.0	
06.03.02.04	面糊(如用于鱼和禽肉的拖面糊)、裹粉、煎炸粉	1.0	
06.03.02.05	油炸面制品	1.0	
06.04.02.01	杂粮罐头	1.0	
06.06	即食谷物，包括碾轧燕麦(片)	0.4	
06.07	方便米面制品	1.0	
06.08	冷冻米面制品	1.0	
06.09	谷类和淀粉类甜品(如米布丁、木薯布丁)	1.0	
06.10	粮食制品馅料	1.0	
07.0	焙烤食品	1.0	
07.04	焙烤食品馅料及表面用挂浆	0.1	
08.03	熟肉制品	0.02	
08.04	肉制品的可食用动物肠衣类	5.0	
09.02.03	冷冻鱼糜制品(包括鱼丸等)	1.0	
09.03	预制水产品(半成品)	1.0	
09.04	熟制水产品(可直接食用)	1.0	
09.05	水产品罐头	0.5	
10.03	蛋制品(改变其物理性状)(10.03.01、10.03.03 除外)	1.0	
10.04	其他蛋制品	0.15	

表 A.1（续）

食品分类号	食品名称	最大使用量/(g/kg)	备注
11.05	调味糖浆	0.05	
12.10.01	固体复合调味料	2.0	
12.10.02	半固体复合调味料	2.0	
12.10.03	液体复合调味料(不包括 12.03，12.04)	1.0	
14.02.03	果蔬汁(浆)类饮料	2.0	固体饮料按稀释倍数增加使用量
14.03	蛋白饮料类	2.0	固体饮料按稀释倍数增加使用量
14.04	碳酸饮料	2.0	固体饮料按稀释倍数增加使用量
14.05.01	茶(类)饮料	2.0	固体饮料按稀释倍数增加使用量
14.05.02	咖啡(类)饮料	2.0	固体饮料按稀释倍数增加使用量
14.05.03	植物饮料	1.0	固体饮料按稀释倍数增加使用量
14.07	特殊用途饮料	2.0	固体饮料按稀释倍数增加使用量
14.08	风味饮料	2.0	固体饮料按稀释倍数增加使用量
15.01	蒸馏酒	0.6	
15.03	发酵酒(15.03.01 葡萄酒除外)	0.6	
16.01	果冻	1.0	如用于果冻粉，按冲调倍数增加使用量
16.06	膨化食品	0.1	

琥珀酸单甘油酯 **succinylated monoglycerides**

CNS 号 10.038 INS 号 472g

功能 乳化剂

食品分类号	食品名称	最大使用量/(g/kg)	备注
01.01.03	调制乳	5.0	
01.06.05	干酪类似品	10.0	
01.07	以乳为主要配料的即食风味食品或其预制产品(不包括冰淇淋和风味发酵乳)	5.0	
02.0	脂肪，油和乳化脂肪制品(02.01 基本不含水的脂肪和油除外)	10.0	

表 A.1（续）

食品分类号	食品名称	最大使用量/(g/kg)	备注
07.0	焙烤食品	5.0	
14.02.03	果蔬汁(浆)类饮料	2.0	
14.03	蛋白饮料	2.0	
14.03.01	含乳饮料	5.0	
14.05	茶、咖啡、植物(类)饮料	2.0	
14.06	固体饮料	20.0	按稀释 10 倍计算

琥珀酸二钠 **disodium succinate**

CNS 号 12.005 INS 号 —

功能 增味剂

食品分类号	食品名称	最大使用量/(g/kg)	备注
12.0	调味品	20.0	

花生衣红 **peanut skin red**

CNS 号 08.134 INS 号 —

功能 着色剂

食品分类号	食品名称	最大使用量/(g/kg)	备注
05.02	糖果	0.4	
07.03	饼干	0.4	
08.03.05	肉灌肠类	0.4	
14.04	碳酸饮料	0.1	固体饮料按稀释倍数增加使用量

滑石粉 **talc**

CNS 号 02.007 INS 号 553iii

功能 抗结剂

食品分类号	食品名称	最大使用量/(g/kg)	备注
04.01.02.08.02	凉果类	20.0	
04.01.02.08.04	话化类	20.0	

槐豆胶(又名刺槐豆胶) **carob bean gum**

CNS 号 20.023 INS 号 410

功能 增稠剂

食品分类号	食品名称	最大使用量/(g/kg)	备注
13.01	婴幼儿配方食品	7.0	

表 A.1（续）

环己基氨基磺酸钠（又名甜蜜素），环己基氨基磺酸钙　　**sodium cyclamate，calcium cyclamate**

CNS 号　19.002　　INS　952

功能　甜味剂

食品分类号	食品名称	最大使用量/(g/kg)	备注
03.0	冷冻饮品（03.04 食用冰除外）	0.65	以环己基氨基磺酸计
04.01.02.04	水果罐头	0.65	以环己基氨基磺酸计
04.01.02.05	果酱	1.0	以环己基氨基磺酸计
04.01.02.08	蜜饯凉果	1.0	以环己基氨基磺酸计
04.01.02.08.02	凉果类	8.0	以环己基氨基磺酸计
04.01.02.08.04	话化类	8.0	以环己基氨基磺酸计
04.01.02.08.05	果糕类	8.0	以环己基氨基磺酸计
04.02.02.03	腌渍的蔬菜	1.0	以环己基氨基磺酸计
04.04.01.06	熟制豆类	1.0	以环己基氨基磺酸计
04.04.02.01	腐乳类	0.65	以环己基氨基磺酸计
04.05.02.01.01	带壳熟制坚果与籽类	6.0	以环己基氨基磺酸计
04.05.02.01.02	脱壳熟制坚果与籽类	1.2	以环己基氨基磺酸计
07.01	面包	1.6	以环己基氨基磺酸计
07.02	糕点	1.6	以环己基氨基磺酸计
07.03	饼干	0.65	以环己基氨基磺酸计
12.10	复合调味料	0.65	以环己基氨基磺酸计
14.0	饮料类（14.01 包装饮用水除外）	0.65	以环己基氨基磺酸计，固体饮料按稀释倍数增加使用量
15.02	配制酒	0.65	以环己基氨基磺酸计
16.01	果冻	0.65	以环己基氨基磺酸计，如用于果冻粉，按冲调倍数增加使用量

β-环状糊精　　**beta-cyclodextrin**

CNS 号　20.024　　INS 号　459

功能　增稠剂

食品分类号	食品名称	最大使用量/(g/kg)	备注
05.02.01	胶基糖果	20.0	
06.07	方便米面制品	1.0	
08.02	预制肉制品	1.0	

表 A.1（续）

食品分类号	食品名称	最大使用量/(g/kg)	备注
08.03	熟肉制品	1.0	
14.02.03	果蔬汁(浆)类饮料	0.5	固体饮料按稀释倍数增加使用量
14.03.02	植物蛋白饮料	0.5	固体饮料按稀释倍数增加使用量
14.03.03	复合蛋白饮料	0.5	固体饮料按稀释倍数增加使用量
14.03.04	其他蛋白饮料	0.5	固体饮料按稀释倍数增加使用量
14.04	碳酸饮料	0.5	固体饮料按稀释倍数增加使用量
14.05	茶、咖啡、植物(类)饮料	0.5	固体饮料按稀释倍数增加使用量
14.07	特殊用途饮料	0.5	固体饮料按稀释倍数增加使用量
14.08	风味饮料	0.5	固体饮料按稀释倍数增加使用量
16.06	膨化食品	0.5	

黄原胶(又名汉生胶)　　**xanthan gum**

CNS 号　20.009　　INS 号　415

功能　稳定剂、增稠剂

食品分类号	食品名称	最大使用量/(g/kg)	备注
01.05.01	稀奶油	按生产需要适量使用	
02.02.01.01	黄油和浓缩黄油	5.0	
06.03.02.01	生湿面制品(如面条、饺子皮、馄饨皮、烧麦皮)	10.0	
06.03.02.02	生干面制品	4.0	
11.01.02	其他糖和糖浆[如红糖、赤砂糖、冰片糖、原糖、果糖(蔗糖来源)、糖蜜、部分转化糖、槭树糖浆等]	5.0	
12.09	香辛料类	按生产需要适量使用	
13.01.03	特殊医学用途婴儿配方食品	9.0	使用量仅限粉状产品，液态产品按照稀释倍数折算
14.02.01	果蔬汁(浆)	按生产需要适量使用	固体饮料按稀释倍数增加使用量

表 A.1（续）

己二酸 **adipic acid**

CNS 号 01.109 INS 号 355

功能 酸度调节剂

食品分类号	食品名称	最大使用量/(g/kg)	备注
05.02.01	胶基糖果	4.0	
14.06	固体饮料	0.01	
16.01	果冻	0.1	如用于果冻粉，按冲调倍数增加使用量

4-己基间苯二酚 **4-hexylresorcinol**

CNS 号 04.013 INS 号 586

功能 抗氧化剂

食品分类号	食品名称	最大使用量	备注
09.01	鲜水产(仅限虾类)	按生产需要适量使用	残留量≤1 mg/kg

甲壳素(又名几丁质) **chitin**

CNS 号 20.018 INS 号 —

功能 增稠剂、稳定剂

食品分类号	食品名称	最大使用量/(g/kg)	备注
02.01.01.02	氢化植物油	2.0	
02.05	其他油脂或油脂制品(仅限植脂末)	2.0	
03.0	冷冻饮品(03.04 食用冰除外)	2.0	
04.01.02.05	果酱	5.0	
04.05.02.04	坚果与籽类的泥(酱)，包括花生酱等	2.0	
12.03	醋	1.0	
12.10.02.01	蛋黄酱、沙拉酱	2.0	
14.03.01.03	乳酸菌饮料	2.5	固体饮料按稀释倍数增加使用量
15.03.05	啤酒和麦芽饮料	0.4	

姜黄 **turmeric**

CNS 号 08.102 INS 号 100ii

功能 着色剂

食品分类号	食品名称	最大使用量/(g/kg)	备注
01.03.02	调制乳粉和调制奶油粉	0.4	以姜黄素计
03.0	冷冻饮品(03.04 食用冰除外)	按生产需要适量使用	
04.01.02.05	果酱	按生产需要适量使用	

表 A.1（续）

食品分类号	食品名称	最大使用量/(g/kg)	备注
04.01.02.08.02	凉果类	按生产需要适量使用	
04.01.02.09	装饰性果蔬	按生产需要适量使用	
04.02.02.03	腌渍的蔬菜	0.01	以姜黄素计
04.05.02.01	熟制坚果与籽类(仅限油炸坚果与籽类)	按生产需要适量使用	
05.0	可可制品、巧克力和巧克力制品(包括代可可脂巧克力及制品)以及糖果	按生产需要适量使用	
06.05.02.04	粉圆	1.2	以姜黄素计
06.06	即食谷物,包括碾轧燕麦(片)	0.03	以姜黄素计
06.07	方便米面制品	按生产需要适量使用	
07.0	焙烤食品	按生产需要适量使用	
12.0	调味品	按生产需要适量使用	
14.0	饮料类(14.01 包装饮用水除外)	按生产需要适量使用	固体饮料按稀释倍数增加使用量
15.02	配制酒	按生产需要适量使用	
16.01	果冻	按生产需要适量使用	如用于果冻粉,按冲调倍数增加使用量
16.06	膨化食品	0.2	以姜黄素计

姜黄素 **curcumin**

CNS 号 08.132 INS 号 100i

功能 着色剂

食品分类号	食品名称	最大使用量/(g/kg)	备注
03.0	冷冻饮品(03.04 食用冰除外)	0.15	
04.05.02.01	熟制坚果与籽类(仅限油炸坚果与籽类)	按生产需要适量使用	
05.0	可可制品、巧克力和巧克力制品(包括代可可脂巧克力及制品)以及糖果	0.01	
05.02	糖果	0.7	
05.04	装饰糖果(如工艺造型,或用于蛋糕装饰)、顶饰(非水果材料)和甜汁	0.5	
06.03.02.04	面糊(如用于鱼和禽肉的拖面糊)、裹粉、煎炸粉	0.3	

表 A.1（续）

食品分类号	食品名称	最大使用量/(g/kg)	备注
06.07	方便米面制品	0.5	
06.10	粮食制品馅料	按生产需要适量使用	
11.05	调味糖浆	0.5	
12.10	复合调味料	0.1	
14.04	碳酸饮料	0.01	固体饮料按稀释倍数增加使用量
16.01	果冻	0.01	如用于果冻粉，按冲调倍数增加使用量
16.06	膨化食品	按生产需要适量使用	

焦糖色(加氨生产)　　**caramel colour class Ⅲ-ammonia process**

CNS 号　08.110　　INS 号　150c

功能　着色剂

食品分类号	食品名称	最大使用量/(g/kg)	备注
01.04.02	调制炼乳(包括加糖炼乳及使用了非乳原料的调制炼乳等)	2.0	
03.0	冷冻饮品(03.04 食用冰除外)	2.0	
04.01.02.05	果酱	1.5	
05.0	可可制品、巧克力和巧克力制品(包括代可可脂巧克力及制品)以及糖果	按生产需要适量使用	
06.03.02.04	面糊(如用于鱼和禽肉的拖面糊)、裹粉、煎炸粉	12.0	
06.05.02.04	粉圆	按生产需要适量使用	
06.06	即食谷物，包括碾轧燕麦(片)	按生产需要适量使用	
07.03	饼干	按生产需要适量使用	
11.05	调味糖浆	按生产需要适量使用	
12.03	醋	1.0	
12.04	酱油	按生产需要适量使用	
12.05	酱及酱制品	按生产需要适量使用	
12.10	复合调味料	按生产需要适量使用	
14.02.03	果蔬汁(浆)类饮料	按生产需要适量使用	固体饮料按稀释倍数增加使用量
14.03.01	含乳饮料	2.0	固体饮料按稀释倍数增加使用量

表 A.1（续）

食品分类号	食品名称	最大使用量/(g/kg)	备注
14.08	风味饮料(仅限果味饮料)	5.0	固体饮料按稀释倍数增加使用量
15.01.03	白兰地	50.0 g/L	
15.01.04	威士忌	6.0 g/L	
15.01.06	朗姆酒	6.0 g/L	
15.02	配制酒	50.0 g/L	
15.03.01.03	调香葡萄酒	50.0 g/L	
15.03.02	黄酒	30.0 g/L	
15.03.05	啤酒和麦芽饮料	50.0 g/L	
16.01	果冻	50.0	如用于果冻粉，按冲调倍数增加使用量

焦糖色(苛性硫酸盐)　　**caramel colour class Ⅱ-caustic sulfite**

CNS 号　08.151　　INS 号　150b

功能　着色剂

食品分类号	食品名称	最大使用量/(g/L)	备注
15.01.03	白兰地	6.0	
15.01.04	威士忌	6.0	
15.01.06	朗姆酒	6.0	
15.02	配制酒	6.0	

焦糖色(普通法)　　**caramel colour class Ⅰ-plain**

CNS 号　08.108　　INS 号　150a

功能　着色剂

食品分类号	食品名称	最大使用量/(g/kg)	备注
01.04.02	调制炼乳(包括加糖炼乳及使用了非乳原料的调制炼乳等)	按生产需要适量使用	
03.0	冷冻饮品(03.04 食用冰除外)	按生产需要适量使用	
04.01.02.05	果酱	1.5	
05.0	可可制品、巧克力和巧克力制品(包括代可可脂巧克力及制品)以及糖果	按生产需要适量使用	
06.03.02.04	面糊(如用于鱼和禽肉的拖面糊)、裹粉、煎炸粉	按生产需要适量使用	
06.06	即食谷物，包括碾轧燕麦(片)	按生产需要适量使用	
07.03	饼干	按生产需要适量使用	

表 A.1(续)

食品分类号	食品名称	最大使用量/(g/kg)	备注
07.04	焙烤食品馅料及表面用挂浆(仅限风味派馅料)	按生产需要适量使用	
08.02.01	调理肉制品(生肉添加调理料)	按生产需要适量使用	
11.05	调味糖浆	按生产需要适量使用	
12.03	醋	按生产需要适量使用	
12.04	酱油	按生产需要适量使用	
12.05	酱及酱制品	按生产需要适量使用	
12.10	复合调味料	按生产需要适量使用	
14.02.03	果蔬汁(浆)类饮料	按生产需要适量使用	固体饮料按稀释倍数增加使用量
14.03.01	含乳饮料	按生产需要适量使用	固体饮料按稀释倍数增加使用量
14.08	风味饮料(仅限果味饮料)	按生产需要适量使用	固体饮料按稀释倍数增加使用量
15.01.03	白兰地	按生产需要适量使用	
15.01.04	威士忌	6.0 g/L	
15.01.06	朗姆酒	6.0 g/L	
15.02	配制酒	按生产需要适量使用	
15.03.01.03	调香葡萄酒	按生产需要适量使用	
15.03.02	黄酒	按生产需要适量使用	
15.03.05	啤酒和麦芽饮料	按生产需要适量使用	
16.01	果冻	按生产需要适量使用	如用于果冻粉,按冲调倍数增加使用量
16.06	膨化食品	2.5	

焦糖色(亚硫酸铵法) **caramel colour class Ⅳ-ammonia sulphite process**

CNS 号 08.109 INS 号 150d

功能 着色剂

食品分类号	食品名称	最大使用量/(g/kg)	备注
01.04.02	调制炼乳(包括加糖炼乳及使用了非乳原料的调制炼乳等)	1.0	
03.0	冷冻饮品(03.04 食用冰除外)	2.0	
05.0	可可制品、巧克力和巧克力制品(包括代可可脂巧克力及制品)以及糖果	按生产需要适量使用	

表 A.1（续）

食品分类号	食品名称	最大使用量/(g/kg)	备注
06.03.02.04	面糊（如用于鱼和禽肉的拖面糊）、裹粉、煎炸粉	2.5	
06.06	即食谷物，包括碾轧燕麦（片）	2.5	
06.10	粮食制品馅料（仅限风味派）	7.5	
07.03	饼干	50.0	
12.04	酱油	按生产需要适量使用	
12.05	酱及酱制品	10.0	
12.07	料酒及制品	10.0	
12.10	复合调味料	50.0	
14.02.03	果蔬汁（浆）类饮料	按生产需要适量使用	
14.03.01	含乳饮料	2.0	
14.04	碳酸饮料	按生产需要适量使用	
14.08	风味饮料（仅限果味饮料）	按生产需要适量使用	
14.05.01	茶（类）饮料	10.0	
14.05.02	咖啡（类）饮料	0.1	
14.05.03	植物饮料	0.1	
14.06	固体饮料	按生产需要适量使用	
15.01.03	白兰地	50.0 g/L	
15.01.04	威士忌	6.0 g/L	
15.01.06	朗姆酒	6.0 g/L	
15.02	配制酒	50.0 g/L	
15.03.01.03	调香葡萄酒	50.0 g/L	
15.03.02	黄酒	30.0 g/L	
15.03.05	啤酒和麦芽饮料	50.0 g/L	

金樱子棕　　**rose laevigata michx brown**

CNS 号　08.131　　INS 号　—

功能　着色剂

食品分类号	食品名称	最大使用量/(g/kg)	备注
07.02	糕点	0.9	
07.04	焙烤食品馅料及表面用挂浆	1.0	
14.04	碳酸饮料	1.0	固体饮料按稀释倍数增加使用量
15.02	配制酒	0.2	

表 A.1(续)

L(+)-酒石酸,*dl*-酒石酸　　L(+)-tartaric acid,*dl*-tartaric acid

CNS号　01.111,01.313　　INS号　334,—

功能　酸度调节剂

食品分类号	食品名称	最大使用量/(g/kg)	备注
06.03.02.04	面糊(如用于鱼和禽肉的拖面糊)、裹粉、煎炸粉	10.0	以酒石酸计
06.03.02.05	油炸面制品	10.0	以酒石酸计
12.10.01	固体复合调味料	10.0	以酒石酸计
14.02.03	果蔬汁(浆)类饮料	5.0	以酒石酸计,固体饮料按稀释倍数增加使用量
14.03.02	植物蛋白饮料	5.0	以酒石酸计,固体饮料按稀释倍数增加使用量
14.03.03	复合蛋白饮料	5.0	以酒石酸计,固体饮料按稀释倍数增加使用量
14.04	碳酸饮料	5.0	以酒石酸计,固体饮料按稀释倍数增加使用量
14.05	茶、咖啡、植物(类)饮料	5.0	以酒石酸计,固体饮料按稀释倍数增加使用量
14.07	特殊用途饮料	5.0	以酒石酸计,固体饮料按稀释倍数增加使用量
14.08	风味饮料	5.0	以酒石酸计,固体饮料按稀释倍数增加使用量
15.03.01	葡萄酒	4.0 g/L	以酒石酸计

酒石酸氢钾　　potassium bitartarate

CNS号　06.007　　INS号　336

功能　膨松剂

食品分类号	食品名称	最大使用量	备注
06.03	小麦粉及其制品	按生产需要适量使用	
07.0	焙烤食品	按生产需要适量使用	

菊花黄浸膏　　coreopsis yellow

CNS号　08.113　　INS号　—

功能　着色剂

食品分类号	食品名称	最大使用量/(g/kg)	备注
05.0	可可制品、巧克力和巧克力制品(包括代可可脂巧克力及制品)以及糖果	0.3	

表 A.1（续）

食品分类号	食品名称	最大使用量/(g/kg)	备注
07.02.04	糕点上彩装	0.3	
14.02.03	果蔬汁(浆)类饮料	0.3	固体饮料按稀释倍数增加使用量
14.08	风味饮料(仅限果味饮料)	0.3	固体饮料按稀释倍数增加使用量

聚二甲基硅氧烷及其乳液　　**polydimethyl siloxane and emulsion**

CNS 号　03.007　　INS 号　900a

功能　被膜剂

食品分类号	食品名称	最大使用量/(g/kg)	备注
04.01.01.02	经表面处理的鲜水果	0.000 9	
04.02.01.02	经表面处理的新鲜蔬菜	0.000 9	

聚甘油蓖麻醇酸酯(PGPR)　　**polyglycerol polyricinoleate (polyglycerol esters of interesterified ricinoleic acid) (PGPR)**

CNS 号　10.029　　INS 号　476

功能　乳化剂、稳定剂

食品分类号	食品名称	最大使用量/(g/kg)	备注
02.02	水油状脂肪乳化制品	10.0	
05.01	可可制品、巧克力和巧克力制品，包括代可可脂巧克力及制品	5.0	
05.03	糖果和巧克力制品包衣	5.0	
12.10.02	半固体复合调味料	5.0	

聚甘油脂肪酸酯　　**polyglycerol esters of fatty acids (polyglycerol fatty acid esters)**

CNS 号　10.022　　INS 号　475

功能　乳化剂、稳定剂、增稠剂、抗结剂

食品分类号	食品名称	最大使用量/(g/kg)	备注
01.01.03	调制乳	10.0	
01.03.02	调制乳粉和调制奶油粉	10.0	
01.05	稀奶油(淡奶油)及其类似品	10.0	
02.0	脂肪，油和乳化脂肪制品(02.01.01.01 植物油除外)	20.0	
02.01.01.01	植物油(仅限煎炸用油)	10.0	
03.0	冷冻饮品(03.04 食用冰除外)	10.0	
04.05.02.01	熟制坚果与籽类(仅限油炸坚果与籽类)	10.0	

表 A.1（续）

食品分类号	食品名称	最大使用量/(g/kg)	备注
05.01	可可制品、巧克力和巧克力制品，包括代可可脂巧克力及制品	10.0	
05.02	糖果	5.0	
06.03.02.04	面糊（如用于鱼和禽肉的拖面糊）、裹粉、煎炸粉	10.0	
06.06	即食谷物，包括碾轧燕麦（片）	10.0	
06.07	方便米面制品	10.0	
07.0	焙烤食品	10.0	
12.0	调味品（仅限用于膨化食品的调味料）	10.0	
12.10.01	固体复合调味料	10.0	
12.10.02	半固体复合调味料	10.0	
14.0	饮料类（14.01 包装饮用水除外）	10.0	固体饮料按稀释倍数增加使用量
16.01	果冻	10.0	如用于果冻粉，按冲调倍数增加使用量
16.06	膨化食品	10.0	

ε-聚赖氨酸 **ε-polylysine**

CNS 号 17.037 INS 号 —

功能 防腐剂

食品分类号	食品名称	最大使用量/(g/kg)	备注
07.0	焙烤食品	0.15	
08.03	熟肉制品	0.25	
14.02	果蔬汁类及其饮料	0.2 g/L	固体饮料按稀释倍数增加使用量

ε-聚赖氨酸盐酸盐 **ε-polylysine hydrochloride**

CNS 号 17.038 INS 号 —

功能 防腐剂

食品分类号	食品名称	最大使用量/(g/kg)	备注
04.0	水果、蔬菜（包括块根类）、豆类、食用菌、藻类、坚果以及籽类等	0.30	
06.02	大米及制品	0.25	
06.03	小麦粉及其制品	0.30	
06.04.02	杂粮制品	0.40	
08.0	肉及肉制品	0.30	
12.0	调味品	0.50	
14.0	饮料类	0.20	固体饮料按稀释倍数增加使用量

表 A.1（续）

聚葡萄糖 **polydextrose**
CNS 号 20.022 INS 号 1200
功能 增稠剂、膨松剂、水分保持剂、稳定剂

食品分类号	食品名称	最大使用量	备注
01.01.03	调制乳	按生产需要适量使用	
01.02.02	风味发酵乳	按生产需要适量使用	
03.0	冷冻饮品(03.04 食用冰除外)	按生产需要适量使用	
05.0	可可制品、巧克力和巧克力制品(包括代可可脂巧克力及制品)以及糖果	按生产需要适量使用	
07.0	焙烤食品	按生产需要适量使用	
08.03.05	肉灌肠类	按生产需要适量使用	
12.10.02.01	蛋黄酱、沙拉酱	按生产需要适量使用	
14.0	饮料类(14.01 包装饮用水除外)	按生产需要适量使用	固体饮料按稀释倍数增加使用量
16.01	果冻	按生产需要适量使用	如用于果冻粉，按冲调倍数增加使用量

聚氧乙烯木糖醇酐单硬脂酸酯 **polyoxyethylene xylitan monostearate**
CNS 号 10.017 INS 号 —
功能 乳化剂

食品分类号	食品名称	最大使用量/(g/kg)	备注
16.07	其他(发酵工艺)	5.0	

聚氧乙烯(20)山梨醇酐单月桂酸酯(又名吐温 20)， **polyoxyethylene (20) sorbitan monolaurate,**
聚氧乙烯(20)山梨醇酐单棕榈酸酯(又名吐温 40)， **polyoxyethylene (20) sorbitan monopalmitate,**
聚氧乙烯(20)山梨醇酐单硬脂酸酯(又名吐温 60)， **polyoxyethylene (20) sorbitan monostearate,**
聚氧乙烯(20)山梨醇酐单油酸酯(又名吐温 80) **polyoxyethylene (20) sorbitan monooleat**
CNS 号 10.025，10.026，10.015，10.016 INS 号 432，434，435，433
功能 乳化剂、消泡剂、稳定剂

食品分类号	食品名称	最大使用量/(g/kg)	备注
01.01.03	调制乳	1.5	
01.05.01	稀奶油	1.0	
01.05.03	调制稀奶油	1.0	
02.02	水油状脂肪乳化制品	5.0	
02.03	02.02 类以外的脂肪乳化制品，包括混合的和(或)调味的脂肪乳化制品	5.0	

表 A.1（续）

食品分类号	食品名称	最大使用量/(g/kg)	备注
03.0	冷冻饮品(03.04 食用冰除外)	1.5	
04.04	豆类制品	0.05	以每千克黄豆的使用量计
07.01	面包	2.5	
07.02	糕点	2.0	
12.10.01	固体复合调味料	4.5	
12.10.02	半固体复合调味料	5.0	
12.10.03	液体复合调味料(不包括 12.03，12.04)	1.0	
14.0	饮料类(14.01 包装饮用水及 14.06 固体饮料除外)	0.5	
14.02.03	果蔬汁(浆)类饮料	0.75	固体饮料按稀释倍数增加使用量
14.03.01	含乳饮料	2.0	固体饮料按稀释倍数增加使用量
14.03.02	植物蛋白饮料	2.0	固体饮料按稀释倍数增加使用量
16.07	其他(仅限乳化天然色素)	10.0	

聚乙二醇　　**polyethylene glycol**

CNS 号　14.012　　INS 号　1521

功能　被膜剂

食品分类号	食品名称	最大使用量	备注
05.03	糖果和巧克力制品包衣	按生产需要适量使用	

聚乙烯醇　　**polyvinyl alcohol**

CNS 号　14.010　　INS 号　1203

功能　被膜剂

食品分类号	食品名称	最大使用量/(g/kg)	备注
05.03	糖果和巧克力制品包衣	18.0	

决明胶　　**cassia gum**

CNS 号　20.045　　INS 号　427

功能　增稠剂

食品分类号	食品名称	最大使用量/(g/kg)	备注
01.02.02	风味发酵乳	2.5	
01.05.01	稀奶油	2.5	
01.07	以乳为主要配料的即食风味食品或其预制产品(不包括冰淇淋和风味发酵乳)	2.5	

表 A.1（续）

食品分类号	食品名称	最大使用量/(g/kg)	备注
03.01	冰淇淋、雪糕类	2.5	
06.03.02	小麦粉制品	3.0	
06.07	方便米面制品	2.5	
07.0	焙烤食品	2.5	
08.03.05	肉灌肠类	1.5	
12.10.02	半固体复合调味料	2.5	
12.10.03	液体复合调味料(不包括 12.03、12.04)	2.5	
14.03.01.03	乳酸菌饮料	2.5	固体饮料按稀释倍数增加使用量

咖啡因 **caffeine**

CNS 号 00.007 INS 号 —

功能 其他

食品分类号	食品名称	最大使用量/(g/kg)	备注
14.04.01	可乐型碳酸饮料	0.15	固体饮料按稀释倍数增加使用量

卡拉胶 **carrageenan**

CNS 号 20.007 INS 号 407

功能 乳化剂、稳定剂、增稠剂

食品分类号	食品名称	最大使用量	备注
01.05.01	稀奶油	按生产需要适量使用	
02.02.01.01	黄油和浓缩黄油	按生产需要适量使用	
06.03.02.01	生湿面制品(如面条、饺子皮、馄饨皮、烧麦皮)	按生产需要适量使用	
06.03.02.02	生干面制品	8.0 g/kg	
11.01.02	其他糖和糖浆[如红糖、赤砂糖、冰片糖、原糖、果糖(蔗糖来源)、糖蜜、部分转化糖、槭树糖浆等]	5.0 g/kg	
12.09	香辛料类	按生产需要适量使用	
13.01	婴幼儿配方食品	0.3 g/L	以即食状态食品中的使用量计
14.02.01	果蔬汁(浆)	按生产需要适量使用	固体饮料按稀释倍数增加使用量

表 A.1（续）

抗坏血酸(又名维生素 C)　**ascorbic acid (vitamin C)**
CNS 号　04.014　INS 号　300
功能　面粉处理剂、抗氧化剂

食品分类号	食品名称	最大使用量/(g/kg)	备注
04.01.01.03	去皮或预切的鲜水果	5.0	
04.02.01.03	去皮、切块或切丝的蔬菜	5.0	
06.03.01	小麦粉	0.2	
14.02.02	浓缩果蔬汁(浆)	按生产需要适量使用	固体饮料按稀释倍数增加使用量

抗坏血酸钙　**calcium ascorbate**
CNS 号　04.009　INS 号　302
功能　抗氧化剂

食品分类号	食品名称	最大使用量/(g/kg)	备注
04.01.01.03	去皮或预切的鲜水果	1.0	以水果中抗坏血酸钙残留量计
04.02.01.03	去皮、切块或切丝的蔬菜	1.0	以蔬菜中抗坏血酸钙残留量计
14.02.02	浓缩果蔬汁(浆)	按生产需要适量使用	固体饮料按稀释倍数增加使用量

抗坏血酸钠　**sodium ascorbate**
CNS 号　04.015　INS 号　301
功能　抗氧化剂

食品分类号	食品名称	最大使用量	备注
14.02.02	浓缩果蔬汁(浆)	按生产需要适量使用	固体饮料按稀释倍数增加使用量

抗坏血酸棕榈酸酯　**ascorbyl palmitate**
CNS 号　04.011　INS 号　304
功能　抗氧化剂

食品分类号	食品名称	最大使用量/(g/kg)	备注
01.03	乳粉(包括加糖乳粉)和奶油粉及其调制产品	0.2	以脂肪中抗坏血酸计
02.0	脂肪,油和乳化脂肪制品	0.2	
02.01	基本不含水的脂肪和油	0.2	
06.06	即食谷物,包括碾轧燕麦(片)	0.2	
06.07	方便米面制品	0.2	
07.01	面包	0.2	

表 A.1（续）

食品分类号	食品名称	最大使用量/(g/kg)	备注
13.01	婴幼儿配方食品	0.05	以脂肪中抗坏血酸计
13.02	婴幼儿辅助食品	0.05	以脂肪中抗坏血酸计

可得然胶 **curdlan**

CNS 号 20.042 INS 号 424

功能 稳定剂和凝固剂、增稠剂

食品分类号	食品名称	最大使用量	备注
04.04.01.01	豆腐类	按生产需要适量使用	
06.03.02.01	生湿面制品(如面条、饺子皮、馄饨皮、烧麦皮)	按生产需要适量使用	
06.03.02.02	生干面制品	按生产需要适量使用	
06.07	方便米面制品	按生产需要适量使用	
08.03	熟肉制品	按生产需要适量使用	
09.02.03	冷冻鱼糜制品(包括鱼丸等)	按生产需要适量使用	
16.01	果冻	按生产需要适量使用	如用于果冻粉，按冲调倍数增加使用量
16.07	其他(仅限人造海鲜产品，如人造鲍鱼、人造海参、人造海鲜贝类等)	按生产需要适量使用	

可可壳色 **cocao husk pigment**

CNS 号 08.118 INS 号 —

功能 着色剂

食品分类号	食品名称	最大使用量/(g/kg)	备注
03.0	冷冻饮品(03.04 食用冰除外)	0.04	
05.0	可可制品、巧克力和巧克力制品(包括代可可脂巧克力及制品)以及糖果	3.0	
07.01	面包	0.5	
07.02	糕点	0.9	
07.02.04	糕点上彩装	3.0	
07.03	饼干	0.04	
07.04	焙烤食品馅料及表面用挂浆	1.0	
14.03.02	植物蛋白饮料	0.25	固体饮料按稀释倍数增加使用量
14.04	碳酸饮料	2.0	固体饮料按稀释倍数增加使用量
15.02	配制酒	1.0	

表 A.1（续）

可溶性大豆多糖 **soluble soybean polysaccharide**

CNS 号 20.044 INS 号 —

功能 增稠剂、乳化剂、被膜剂、抗结剂

食品分类号	食品名称	最大使用量/(g/kg)	备注
02.04	脂肪类甜品	10.0	
03.0	冷冻饮品(03.04 食用冰除外)	10.0	
06.02.02	大米制品	10.0	
06.03.02	小麦粉制品	10.0	
06.05.02	淀粉制品	10.0	
06.07	方便米面制品	10.0	
06.08	冷冻米面制品	10.0	
07.0	焙烤食品	10.0	
14.0	饮料类(14.01 包装饮用水除外)	10.0	固体饮料按稀释倍数增加使用量

喹啉黄 **quinoline yellow**

CNS 号 08.016 INS 号 104

功能 着色剂

食品分类号	食品名称	最大使用量/(g/L)	备注
15.02	配制酒	0.1	

辣椒橙 **paprika orange**

CNS 号 08.107 INS 号 —

功能 着色剂

食品分类号	食品名称	最大使用量/(g/kg)	备注
03.0	冷冻饮品(03.04 食用冰除外)	按生产需要适量使用	
05.02	糖果	按生产需要适量使用	
07.02	糕点	0.9	
07.02.04	糕点上彩装	按生产需要适量使用	
07.03	饼干	按生产需要适量使用	
07.04	焙烤食品馅料及表面用挂浆	1.0	
08.03	熟肉制品	按生产需要适量使用	
09.02.03	冷冻鱼糜制品(包括鱼丸等)	按生产需要适量使用	
12.10.02	半固体复合调味料	按生产需要适量使用	

表 A.1（续）

辣椒红 **paprika red**

CNS 号 08.106 INS 号 —

功能 着色剂

食品分类号	食品名称	最大使用量/(g/kg)	备注
03.0	冷冻饮品(03.04 食用冰除外)	按生产需要适量使用	
04.02.02.03	腌渍的蔬菜	按生产需要适量使用	
04.05.02.01	熟制坚果与籽类(仅限油炸坚果与籽类)	按生产需要适量使用	
05.01	可可制品、巧克力和巧克力制品，包括代可可脂巧克力及制品	按生产需要适量使用	
05.02	糖果	按生产需要适量使用	
06.03.02.04	面糊(如用于鱼和禽肉的拖面糊)、裹粉、煎炸粉	按生产需要适量使用	
06.07	方便米面制品	按生产需要适量使用	
06.08	冷冻米面制品	2.0	
06.10	粮食制品馅料	按生产需要适量使用	
07.02	糕点	0.9	
07.02.04	糕点上彩装	按生产需要适量使用	
07.03	饼干	按生产需要适量使用	
07.04	焙烤食品馅料及表面用挂浆	1.0	
08.02.01	调理肉制品(生肉添加调理料)	0.1	
08.02.02	腌腊肉制品类(如咸肉、腊肉、板鸭、中式火腿、腊肠)	按生产需要适量使用	
08.03	熟肉制品	按生产需要适量使用	
09.02.03	冷冻鱼糜制品(包括鱼丸等)	按生产需要适量使用	
12.0	调味品(12.01 盐及代盐制品除外)	按生产需要适量使用	
14.02.03	果蔬汁(浆)类饮料	按生产需要适量使用	固体饮料按稀释倍数增加使用量
14.03	蛋白饮料	按生产需要适量使用	固体饮料按稀释倍数增加使用量
16.01	果冻	按生产需要适量使用	如用于果冻粉，按冲调倍数增加使用量
16.06	膨化食品	按生产需要适量使用	

表 A.1（续）

辣椒油树脂 **paprika oleoresin**

CNS 号 00.012 INS 号 160c

功能 增味剂、着色剂

食品分类号	食品名称	最大使用量/(g/kg)	备注
01.06.04	再制干酪	按生产需要适量使用	
04.02.02.03	腌渍的蔬菜	按生产需要适量使用	
04.03.02.03	腌渍的食用菌和藻类	按生产需要适量使用	
12.10	复合调味料	10.0	
16.06	膨化食品	1.0	

蓝锭果红 **uguisukagura red**

CNS 号 08.136 INS 号 —

功能 着色剂

食品分类号	食品名称	最大使用量/(g/kg)	备注
03.0	冷冻饮品(03.04 食用冰除外)	1.0	
05.02	糖果	2.0	
07.02	糕点	2.0	
07.02.04	糕点上彩装	3.0	
14.02.03	果蔬汁(浆)类饮料	1.0	固体饮料按稀释倍数增加使用量
14.08	风味饮料	1.0	固体饮料按稀释倍数增加使用量

酪蛋白酸钠(又名酪朊酸钠) **sodium caseinate**

CNS 号 10.002 INS 号 —

功能 其他

食品分类号	食品名称	最大使用量/(g/kg)	备注
13.01.01	婴儿配方食品	1.0	以即食食品计，作为花生四烯酸(ARA)和二十二碳六烯酸(DHA)载体
13.01.02	较大婴儿和幼儿配方食品	1.0	以即食食品计，作为花生四烯酸(ARA)和二十二碳六烯酸(DHA)载体

联苯醚(又名二苯醚) **diphenyl ether (diphenyl oxide)**

CNS 号 17.022 INS 号 —

功能 防腐剂

食品分类号	食品名称	最大使用量/(g/kg)	备注
04.01.01.02	经表面处理的鲜水果(仅限柑橘类)	3.0	残留量≤12 mg/kg

表 A.1（续）

亮蓝及其铝色淀　　brilliant blue,brilliant blue aluminum lake

CNS 号　08.007　　INS 号　133

功能　着色剂

食品分类号	食品名称	最大使用量/(g/kg)	备注
01.02.02	风味发酵乳	0.025	以亮蓝计
01.04.02	调制炼乳(包括加糖炼乳及使用了非乳原料的调制炼乳等)	0.025	以亮蓝计
03.0	冷冻饮品(03.04 食用冰除外)	0.025	以亮蓝计
04.01.02.05	果酱	0.5	以亮蓝计
04.01.02.08.02	凉果类	0.025	以亮蓝计
04.01.02.09	装饰性果蔬	0.1	以亮蓝计
04.02.02.03	腌渍的蔬菜	0.025	以亮蓝计
04.04.01.06	熟制豆类	0.025	以亮蓝计
04.05.02	加工坚果与籽类	0.025	以亮蓝计
04.05.02.01	熟制坚果与籽类(仅限油炸坚果与籽类)	0.05	以亮蓝计
05.0	可可制品、巧克力和巧克力制品(包括代可可脂巧克力及制品)以及糖果	0.3	以亮蓝计
06.05.02.02	虾味片	0.025	以亮蓝计
06.05.02.04	粉圆	0.1	以亮蓝计
06.06	即食谷物,包括碾轧燕麦(片)(仅限可可玉米片)	0.015	以亮蓝计
07.04	焙烤食品馅料及表面用挂浆(仅限饼干夹心)	0.025	以亮蓝计
07.04	焙烤食品馅料及表面用挂浆(仅限风味派馅料)	0.05	仅限使用亮蓝
11.05	调味糖浆	0.025	以亮蓝计
11.05.01	水果调味糖浆	0.5	以亮蓝计
12.09.01	香辛料及粉	0.01	以亮蓝计
12.09.03	香辛料酱(如芥末酱、青芥酱)	0.01	以亮蓝计
12.10.02	半固体复合调味料	0.5	以亮蓝计
14.0	饮料类(14.01 包装饮用水除外)	0.02	以亮蓝计
14.02.03	果蔬汁(浆)类饮料	0.025	以亮蓝计
14.03.01	含乳饮料	0.025	以亮蓝计
14.04	碳酸饮料	0.025	以亮蓝计

表 A.1（续）

食品分类号	食品名称	最大使用量/(g/kg)	备注
14.06	固体饮料	0.2	以亮蓝计
14.08	风味饮料(仅限果味饮料)	0.025	以亮蓝计
15.02	配制酒	0.025	以亮蓝计
16.01	果冻	0.025	以亮蓝计，如用于果冻粉，按冲调倍数增加使用量
16.06	膨化食品	0.05	仅限使用亮蓝

磷酸，焦磷酸二氢二钠，焦磷酸钠，磷酸二氢钙，磷酸二氢钾，磷酸氢二铵，磷酸氢二钾，磷酸氢钙，磷酸三钙，磷酸三钾，磷酸三钠，六偏磷酸钠，三聚磷酸钠，磷酸二氢钠，磷酸氢二钠，焦磷酸四钾，焦磷酸一氢三钠，聚偏磷酸钾，酸式焦磷酸钙

phosphoric acid, disodium dihydrogen pyrophosphate, tetrasodium pyrophosphate, calcium dihydrogen phosphate, potassium dihydrogen phosphate, diammonium hydrogen phosphate, dipotassium hydrogen phosphate, calcium hydrogen phosphate (dicalcium orthophosphate), tricalcium orthophosphate (calcium phosphate), tripotassium orthophosphate, trisodium orthophosphate, sodium polyphosphate, sodium tripolyphosphate, sodium dihydrogen phosphate, sodium phosphatedibasic, tetrapotassium pyrophosphate, trisodium monohydrogen diphosphate, potassium polymetaphosphate, calcium acid pyrophosphate

CNS 号　01.106，15.008，15.004，15.007，15.010，06.008，15.009，06.006，02.003，01.308，15.001，15.002，15.003，15.005，15.006，15.017，15.013，15.015，15.016

INS 号　338，450i，450iii，341i，340i，342ii，340ii，341ii，341iii，340iii，339iii，452i，451i，339i，339ii，450(v)，450(ii)，452(ii)，450(vii)

功能　水分保持剂、膨松剂、酸度调节剂、稳定剂、凝固剂、抗结剂

食品分类号	食品名称	最大使用量/(g/kg)	备注
01.0	乳及乳制品(01.01.01、01.01.02、13.0 涉及品种除外)	5.0	可单独或混合使用，最大使用量以磷酸根(PO_4^{3-})计
01.03.01	乳粉和奶油粉	10.0	可单独或混合使用，最大使用量以磷酸根(PO_4^{3-})计
01.05.01	稀奶油	5.0	可单独或混合使用，最大使用量以磷酸根(PO_4^{3-})计
01.06.04	再制干酪	14.0	可单独或混合使用，最大使用量以磷酸根(PO_4^{3-})计

表 A.1（续）

食品分类号	食品名称	最大使用量/(g/kg)	备注
02.02	水油状脂肪乳化制品	5.0	可单独或混合使用，最大使用量以磷酸根(PO_4^{3-})计
02.03	02.02 类以外的脂肪乳化制品，包括混合的和(或)调味的脂肪乳化制品	5.0	可单独或混合使用，最大使用量以磷酸根(PO_4^{3-})计
02.05	其他油脂或油脂制品(仅限植脂末)	20.0	可单独或混合使用，最大使用量以磷酸根(PO_4^{3-})计
03.0	冷冻饮品(03.04 食用冰除外)	5.0	可单独或混合使用，最大使用量以磷酸根(PO_4^{3-})计
04.02.02.04	蔬菜罐头	5.0	可单独或混合使用，最大使用量以磷酸根(PO_4^{3-})计
04.05.02.01	熟制坚果与籽类(仅限油炸坚果与籽类)	2.0	可单独或混合使用，最大使用量以磷酸根(PO_4^{3-})计
05.0	可可制品、巧克力和巧克力制品(包括代可可脂巧克力及制品)以及糖果	5.0	可单独或混合使用，最大使用量以磷酸根(PO_4^{3-})计
06.02.03	米粉(包括汤圆粉等)	1.0	可单独或混合使用，最大使用量以磷酸根(PO_4^{3-})计
06.03	小麦粉及其制品	5.0	可单独或混合使用，最大使用量以磷酸根(PO_4^{3-})计
06.03.01	小麦粉	5.0	可单独或混合使用，最大使用量以磷酸根(PO_4^{3-})计
06.03.02.01	生湿面制品(如面条、饺子皮、馄饨皮、烧麦皮)	5.0	可单独或混合使用，最大使用量以磷酸根(PO_4^{3-})计
06.03.02.04	面糊(如用于鱼和禽肉的拖面糊)、裹粉、煎炸粉	5.0	可单独或混合使用，最大使用量以磷酸根(PO_4^{3-})计，可按涂裹率增加使用量
06.04.01	杂粮粉	5.0	可单独或混合使用，最大使用量以磷酸根(PO_4^{3-})计

表 A.1（续）

食品分类号	食品名称	最大使用量/(g/kg)	备注
06.04.02.01	杂粮罐头	1.5	可单独或混合使用，最大使用量以磷酸根(PO_4^{3-})计
06.04.02.02	其他杂粮制品(仅限冷冻薯条、冷冻薯饼、冷冻土豆泥、冷冻红薯泥)	1.5	可单独或混合使用，最大使用量以磷酸根(PO_4^{3-})计
06.05.01	食用淀粉	5.0	可单独或混合使用，最大使用量以磷酸根(PO_4^{3-})计
06.06	即食谷物，包括碾轧燕麦(片)	5.0	可单独或混合使用，最大使用量以磷酸根(PO_4^{3-})计
06.07	方便米面制品	5.0	可单独或混合使用，最大使用量以磷酸根(PO_4^{3-})计
06.08	冷冻米面制品	5.0	可单独或混合使用，最大使用量以磷酸根(PO_4^{3-})计
06.09	谷类和淀粉类甜品(如米布丁、木薯布丁)(仅限谷类甜品罐头)	1.0	可单独或混合使用，最大使用量以磷酸根(PO_4^{3-})计
07.0	焙烤食品	15.0	可单独或混合使用，最大使用量以磷酸根(PO_4^{3-})计
08.02	预制肉制品	5.0	可单独或混合使用，最大使用量以磷酸根(PO_4^{3-})计
08.03	熟肉制品	5.0	可单独或混合使用，最大使用量以磷酸根(PO_4^{3-})计
09.02.01	冷冻水产品	5.0	可单独或混合使用，最大使用量以磷酸根(PO_4^{3-})计
09.02.03	冷冻鱼糜制品(包括鱼丸等)	5.0	可单独或混合使用，最大使用量以磷酸根(PO_4^{3-})计

表 A.1（续）

食品分类号	食品名称	最大使用量/(g/kg)	备注
09.03	预制水产品(半成品)	1.0	可单独或混合使用，最大使用量以磷酸根(PO_4^{3-})计
09.05	水产品罐头	1.0	可单独或混合使用，最大使用量以磷酸根(PO_4^{3-})计
10.03.02	热凝固蛋制品(如蛋黄酪、松花蛋肠)	5.0	可单独或混合使用，最大使用量以磷酸根(PO_4^{3-})计
11.05	调味糖浆	10.0	可单独或混合使用，最大使用量以磷酸根(PO_4^{3-})计
12.10	复合调味料	20.0	可单独或混合使用，最大使用量以磷酸根(PO_4^{3-})计
12.10.01.03	其他固体复合调味料(仅限方便湿面调味料包)	80.0	可单独或混合使用，最大使用量以磷酸根(PO_4^{3-})计
13.01	婴幼儿配方食品	1.0	仅限使用磷酸氢钙和磷酸二氢钠，可单独或混合使用，最大使用量以磷酸根(PO_4^{3-})计
13.02	婴幼儿辅助食品	1.0	仅限使用磷酸氢钙和磷酸二氢钠，可单独或混合使用，最大使用量以磷酸根(PO_4^{3-})计
14.0	饮料类(14.01 包装饮用水除外)	5.0	可单独或混合使用，最大使用量以磷酸根(PO_4^{3-})计，固体饮料按稀释倍数增加使用量
16.01	果冻	5.0	可单独或混合使用，最大使用量以磷酸根(PO_4^{3-})计，如用于果冻粉，按冲调倍数增加使用量
16.06	膨化食品	2.0	可单独或混合使用，最大使用量以磷酸根(PO_4^{3-})计

表 A.1（续）

磷酸化二淀粉磷酸酯　　**phosphated distarch phosphate**

CNS 号　20.017　　INS 号　1413

功能　增稠剂

食品分类号	食品名称	最大使用量/(g/kg)	备注
04.01.02.05	果酱	1.0	
06.03.02.01	生湿面制品(如面条、饺子皮、馄饨皮、烧麦皮)	0.2	
06.07	方便米面制品	0.2	
14.06	固体饮料	0.5	

磷脂　　**phospholipid**

CNS 号　04.010　　INS 号　322

功能　抗氧化剂、乳化剂

食品分类号	食品名称	最大使用量	备注
01.05.01	稀奶油	按生产需要适量使用	
02.01.01.02	氢化植物油	按生产需要适量使用	
13.01	婴幼儿配方食品	按生产需要适量使用	
13.02	婴幼儿辅助食品	按生产需要适量使用	

硫代二丙酸二月桂酯　　**dilauryl thiodipropionate**

CNS 号　04.012　　INS 号　389

功能　抗氧化剂

食品分类号	食品名称	最大使用量/(g/kg)	备注
04.01.01.02	经表面处理的鲜水果	0.2	
04.02.01.02	经表面处理的新鲜蔬菜	0.2	
04.05.02.01	熟制坚果与籽类(仅限油炸坚果与籽类)	0.2	
06.03.02.05	油炸面制品	0.2	
16.06	膨化食品	0.2	

硫磺　　**sulfur (sulphur)**

CNS 号　05.007　　INS 号　—

功能　漂白剂、防腐剂

食品分类号	食品名称	最大使用量/(g/kg)	备注
04.01.02.02	水果干类	0.1	只限用于熏蒸，最大使用量以二氧化硫残留量计
04.01.02.08	蜜饯凉果	0.35	只限用于熏蒸，最大使用量以二氧化硫残留量计

表 A.1(续)

食品分类号	食品名称	最大使用量/(g/kg)	备注
04.02.02.02	干制蔬菜	0.2	只限用于熏蒸,最大使用量以二氧化硫残留量计
04.03.01.02	经表面处理的鲜食用菌和藻类	0.4	只限用于熏蒸,最大使用量以二氧化硫残留量计
11.01	食糖	0.1	只限用于熏蒸,最大使用量以二氧化硫残留量计
16.07	其他(仅限魔芋粉)	0.9	只限用于熏蒸,最大使用量以二氧化硫残留量计

硫酸钙(又名石膏) **calcium sulfate**

CNS 号 18.001 INS 号 516

功能 稳定剂和凝固剂、增稠剂、酸度调节剂

食品分类号	食品名称	最大使用量/(g/kg)	备注
04.04	豆类制品	按生产需要适量使用	
06.03.02	小麦粉制品	1.5	
07.01	面包	10.0	
07.02	糕点	10.0	
07.03	饼干	10.0	
08.02.02	腌腊肉制品(如咸肉、腊肉、板鸭、中式火腿、腊肠)(仅限腊肠)	5.0	
08.03.05	肉灌肠类	3.0	

硫酸铝钾(又名钾明矾),硫酸铝铵(又名铵明矾) **aluminium potassium sulfate,aluminium ammonium sulfate**

CNS 号 06.004,06.005 INS 号 522,523

功能 膨松剂、稳定剂

食品分类号	食品名称	最大使用量	备注
04.04	豆类制品	按生产需要适量使用	铝的残留量≤100 mg/kg(干样品,以 Al 计)
06.03.02.04	面糊(如用于鱼和禽肉的拖面糊)、裹粉、煎炸粉	按生产需要适量使用	铝的残留量≤100 mg/kg(干样品,以 Al 计)
06.03.02.05	油炸面制品	按生产需要适量使用	铝的残留量≤100 mg/kg(干样品,以 Al 计)
06.05.02.02	虾味片	按生产需要适量使用	铝的残留量≤100 mg/kg(干样品,以 Al 计)
07.0	焙烤食品	按生产需要适量使用	铝的残留量≤100 mg/kg(干样品,以 Al 计)
09.03.02	腌制水产品(仅限海蜇)	按生产需要适量使用	铝的残留量≤500 mg/kg(以即食海蜇中 Al 计)

表 A.1（续）

硫酸镁 **magnesium sulfate**

CNS 号 00.021 INS 号 518

功能 其他

食品分类号	食品名称	最大使用量/(g/L)	备注
14.01.03	其他类饮用水(自然来源饮用水除外)	0.05	

硫酸锌 **zinc sulfate**

CNS 号 00.018 INS 号 —

功能 其他

食品分类号	食品名称	最大使用量/(g/L)	备注
14.01.03	其他类饮用水(自然来源饮用水除外)	0.006	以 Zn 计 2.4 mg/L

硫酸亚铁 **ferrous sulfate**

CNS 号 00.022 INS 号 —

功能 其他

食品分类号	食品名称	最大使用量/(g/L)	备注
04.04.02	发酵豆制品(仅限臭豆腐)	0.15	以 $FeSO_4$ 计

氯化钙 **calcium chloride**

CNS 号 18.002 INS 号 509

功能 稳定剂和凝固剂、增稠剂

食品分类号	食品名称	最大使用量/(g/kg)	备注
01.05.01	稀奶油	按生产需要适量使用	
01.05.03	调制稀奶油	按生产需要适量使用	
04.01.02.04	水果罐头	1.0	
04.01.02.05	果酱	1.0	
04.02.02.04	蔬菜罐头	1.0	
04.04	豆类制品	按生产需要适量使用	
05.04	装饰糖果(如工艺造型,或用于蛋糕装饰)、顶饰(非水果材料)和甜汁	0.4	
11.05	调味糖浆	0.4	
14.01.03	其他类饮用水(自然来源饮用水除外)	0.1 g/L	以 Ca 计 36 mg/L
16.07	其他(仅限畜禽血制品)	0.5	

表 A.1（续）

氯化钾 **potassium chloride**

CNS 号 00.008 INS 号 508

功能 其他

食品分类号	食品名称	最大使用量/(g/kg)	备注
12.01	盐及代盐制品	350	
14.01.03	其他类饮用水(自然来源饮用水除外)	按生产需要适量使用	

氯化镁 **magnesium chloride**

CNS 号 18.003 INS 号 511

功能 稳定剂和凝固剂

食品分类号	食品名称	最大使用量	备注
04.04	豆类制品	按生产需要适量使用	

罗望子多糖胶 **tamarind polysaccharide gum**

CNS 号 20.011 INS 号 —

功能 增稠剂

食品分类号	食品名称	最大使用量/(g/kg)	备注
03.0	冷冻饮品(03.04 食用冰除外)	2.0	
05.0	可可制品、巧克力和巧克力制品(包括代可可脂巧克力及制品)以及糖果	2.0	
16.01	果冻	2.0	如用于果冻粉，按冲调倍数增加使用量

萝卜红 **radish red**

CNS 号 08.117 INS 号 —

功能 着色剂

食品分类号	食品名称	最大使用量	备注
03.0	冷冻饮品(03.04 食用冰除外)	按生产需要适量使用	
04.01.02.05	果酱	按生产需要适量使用	
04.01.02.08.01	蜜饯类	按生产需要适量使用	
05.02	糖果	按生产需要适量使用	
07.02	糕点	按生产需要适量使用	
12.03	醋	按生产需要适量使用	
12.10	复合调味料	按生产需要适量使用	
14.02.03	果蔬汁(浆)类饮料	按生产需要适量使用	固体饮料按稀释倍数增加使用量

表 A.1（续）

食品分类号	食品名称	最大使用量	备注
14.08	风味饮料（仅限果味饮料）	按生产需要适量使用	固体饮料按稀释倍数增加使用量
15.02	配制酒	按生产需要适量使用	
16.01	果冻	按生产需要适量使用	如用于果冻粉，按冲调倍数增加使用量

落葵红 **basella rubra red**

CNS 号 08.121 INS 号 —

功能 着色剂

食品分类号	食品名称	最大使用量/(g/kg)	备注
05.02	糖果	0.1	
07.02.04	糕点上彩装	0.2	
14.04	碳酸饮料	0.13	固体饮料按稀释倍数增加使用量
16.01	果冻	0.25	如用于果冻粉，按冲调倍数增加使用量

吗啉脂肪酸盐（又名果蜡） **morpholine fatty acid salt (fruit wax)**

CNS 号 14.004 INS 号 —

功能 被膜剂

食品分类号	食品名称	最大使用量	备注
04.01.01.02	经表面处理的鲜水果	按生产需要适量使用	

麦芽糖醇和麦芽糖醇液 **maltitol and maltitol syrup**

CNS 号 19.005，19.022 INS 号 965(i)，965(ii)

功能 甜味剂、稳定剂、水分保持剂、乳化剂、膨松剂、增稠剂

食品分类号	食品名称	最大使用量/(g/kg)	备注
01.01.03	调制乳	按生产需要适量使用	
01.02.02	风味发酵乳	按生产需要适量使用	
01.04	炼乳及其调制产品	按生产需要适量使用	
01.05.04	稀奶油类似品	按生产需要适量使用	
03.0	冷冻饮品（03.04 食用冰除外）	按生产需要适量使用	
04.01.02	加工水果	按生产需要适量使用	
04.02.02.03	腌渍的蔬菜	按生产需要适量使用	
04.04.01.06	熟制豆类	按生产需要适量使用	
04.05.02	加工坚果与籽类	按生产需要适量使用	
05.01	可可制品、巧克力和巧克力制品，包括代可可脂巧克力及制品	按生产需要适量使用	

表 A.1（续）

食品分类号	食品名称	最大使用量/(g/kg)	备注
05.02	糖果	按生产需要适量使用	
06.10	粮食制品馅料	按生产需要适量使用	
07.01	面包	按生产需要适量使用	
07.02	糕点	按生产需要适量使用	
07.03	饼干	按生产需要适量使用	
07.04	焙烤食品馅料及表面用挂浆	按生产需要适量使用	
09.02.03	冷冻鱼糜制品(包括鱼丸等)	0.5	
11.04	餐桌甜味料	按生产需要适量使用	
12.10.02	半固体复合调味料	按生产需要适量使用	
12.10.03	液体复合调味料(不包括 12.03，12.04)	按生产需要适量使用	
14.0	饮料类(14.01 包装饮用水除外)	按生产需要适量使用	固体饮料按稀释倍数增加使用量
16.01	果冻	按生产需要适量使用	如用于果冻粉，按冲调倍数增加使用量
16.07	其他(豆制品工艺)	按生产需要适量使用	
16.07	其他(制糖工艺)	按生产需要适量使用	
16.07	其他(酿造工艺)	按生产需要适量使用	

没食子酸丙酯(PG)　　**propyl gallate (PG)**

CNS 号　04.003　　INS 号　310

功能　抗氧化剂

食品分类号	食品名称	最大使用量/(g/kg)	备注
02.0	脂肪，油和乳化脂肪制品	0.1	以油脂中的含量计
02.01	基本不含水的脂肪和油	0.1	
04.05.02.01	熟制坚果与籽类(仅限油炸坚果与籽类)	0.1	以油脂中的含量计
04.05.02.03	坚果与籽类罐头	0.1	以油脂中的含量计
05.02.01	胶基糖果	0.4	
06.03.02.05	油炸面制品	0.1	以油脂中的含量计
06.07	方便米面制品	0.1	以油脂中的含量计
07.03	饼干	0.1	以油脂中的含量计
08.02.02	腌腊肉制品类(如咸肉、腊肉、板鸭、中式火腿、腊肠)	0.1	以油脂中的含量计
09.03.04	风干、烘干、压干等水产品	0.1	以油脂中的含量计
12.10.01	固体复合调味料(仅限鸡肉粉)	0.1	以油脂中的含量计
16.06	膨化食品	0.1	以油脂中的含量计

表 A.1（续）

玫瑰茄红 **roselle red**

CNS 号 08.125 INS 号 —

功能 着色剂

食品分类号	食品名称	最大使用量	备注
05.02	糖果	按生产需要适量使用	
14.02.03	果蔬汁(浆)类饮料	按生产需要适量使用	固体饮料按稀释倍数增加使用量
14.08	风味饮料(仅限果味饮料)	按生产需要适量使用	固体饮料按稀释倍数增加使用量
15.02	配制酒	按生产需要适量使用	

迷迭香提取物 **rosemary extract**

CNS 号 04.017 INS 号 —

功能 抗氧化剂

食品分类号	食品名称	最大使用量/(g/kg)	备注
02.01.01	植物油脂	0.7	
02.01.02	动物油脂(包括猪油、牛油、鱼油和其他动物脂肪等)	0.3	
04.05.02.01	熟制坚果与籽类(仅限油炸坚果与籽类)	0.3	
06.03.02.05	油炸面制品	0.3	
08.02	预制肉制品	0.3	
08.03.01	酱卤肉制品类	0.3	
08.03.02	熏、烧、烤肉类	0.3	
08.03.03	油炸肉类	0.3	
08.03.04	西式火腿(熏烤、烟熏、蒸煮火腿)类	0.3	
08.03.05	肉灌肠类	0.3	
08.03.06	发酵肉制品类	0.3	
16.06	膨化食品	0.3	

迷迭香提取物(超临界二氧化碳萃取法) **rosemary extract**

CNS 号 04.022 INS 号 —

功能 抗氧化剂

食品分类号	食品名称	最大使用量/(g/kg)	备注
02.01.01	植物油脂	0.7	
02.01.02	动物油脂(包括猪油、牛油、鱼油和其他动物脂肪等)	0.3	
04.05.02.01	熟制坚果与籽类(仅限油炸坚果与籽类)	0.3	
06.03.02.05	油炸面制品	0.3	

表 A.1(续)

食品分类号	食品名称	最大使用量/(g/kg)	备注
08.02	预制肉制品	0.3	
08.03.01	酱卤肉制品类	0.3	
08.03.02	熏、烧、烤肉类	0.3	
08.03.03	油炸肉类	0.3	
08.03.04	西式火腿(熏烤、烟熏、蒸煮火腿)类	0.3	
08.03.05	肉灌肠类	0.3	
08.03.06	发酵肉制品类	0.3	
12.10.02.01	蛋黄酱、沙拉酱	0.3	
12.10.03.01	浓缩汤(罐装、瓶装)	0.3	
16.06	膨化食品	0.3	

密蒙黄 **buddleia yellow**

CNS 号 08.139 INS 号 —

功能 着色剂

食品分类号	食品名称	最大使用量	备注
05.02	糖果	按生产需要适量使用	
07.01	面包	按生产需要适量使用	
07.02	糕点	按生产需要适量使用	
14.02.03	果蔬汁(浆)类饮料	按生产需要适量使用	固体饮料按稀释倍数增加使用量
14.08	风味饮料	按生产需要适量使用	固体饮料按稀释倍数增加使用量
15.02	配制酒	按生产需要适量使用	

木糖醇酐单硬脂酸酯 **xylitan monostearate**

CNS 号 10.007 INS 号 —

功能 乳化剂

食品分类号	食品名称	最大使用量/(g/kg)	备注
02.01.01.02	氢化植物油	5.0	
05.02	糖果	5.0	
07.01	面包	3.0	
07.02	糕点	3.0	

纳他霉素 **natamycin**

CNS 号 17.030 INS 号 235

功能 防腐剂

食品分类号	食品名称	最大使用量/(g/kg)	备注
01.06	干酪和再制干酪及其类似品	0.3	表面使用,残留量<10 mg/kg
07.02	糕点	0.3	表面使用,混悬液喷雾或浸泡,残留量<10 mg/kg

表 A.1（续）

食品分类号	食品名称	最大使用量/(g/kg)	备注
08.03.01	酱卤肉制品类	0.3	表面使用，混悬液喷雾或浸泡，残留量<10 mg/kg
08.03.02	熏、烧、烤肉类	0.3	表面使用，混悬液喷雾或浸泡，残留量<10 mg/kg
08.03.03	油炸肉类	0.3	表面使用，混悬液喷雾或浸泡，残留量<10 mg/kg
08.03.04	西式火腿（熏烤、烟熏、蒸煮火腿）类	0.3	表面使用，混悬液喷雾或浸泡，残留量<10 mg/kg
08.03.05	肉灌肠类	0.3	表面使用，混悬液喷雾或浸泡，残留量<10 mg/kg
08.03.06	发酵肉制品类	0.3	表面使用，混悬液喷雾或浸泡，残留量<10 mg/kg
12.10.02.01	蛋黄酱、沙拉酱	0.02	残留量≤10 mg/kg
14.02.01	果蔬汁（浆）	0.3	表面使用，混悬液喷雾或浸泡，残留量<10 mg/kg
15.03	发酵酒	0.01 g/L	

柠檬黄及其铝色淀　　**tartrazine, tartrazine aluminum lake**

CNS 号　08.005　　INS 号　102

功能　着色剂

食品分类号	食品名称	最大使用量/(g/kg)	备注
01.02.02	风味发酵乳	0.05	以柠檬黄计
01.04.02	调制炼乳(包括加糖炼乳及使用了非乳原料的调制炼乳等)	0.05	以柠檬黄计
03.0	冷冻饮品(03.04 食用冰除外)	0.05	以柠檬黄计
04.01.02.05	果酱	0.5	以柠檬黄计
04.01.02.08	蜜饯凉果	0.1	以柠檬黄计
04.01.02.09	装饰性果蔬	0.1	以柠檬黄计
04.02.02.03	腌渍的蔬菜	0.1	以柠檬黄计
04.04.01.06	熟制豆类	0.1	以柠檬黄计
04.05.02	加工坚果与籽类	0.1	以柠檬黄计
05.0	可可制品、巧克力和巧克力制品（包括代可可脂巧克力及制品）以及糖果(05.01.01 除外)	0.1	以柠檬黄计
05.02.02	除胶基糖果以外的其他糖果	0.3	以柠檬黄计
06.03.02.04	面糊（如用于鱼和禽肉的拖面糊）、裹粉、煎炸粉	0.3	以柠檬黄计
06.05.02.02	虾味片	0.1	以柠檬黄计
06.05.02.04	粉圆	0.2	以柠檬黄计
06.06	即食谷物，包括碾轧燕麦(片)	0.08	以柠檬黄计

表 A.1（续）

食品分类号	食品名称	最大使用量/(g/kg)	备注
06.09	谷类和淀粉类甜品（如米布丁、木薯布丁）	0.06	以柠檬黄计，如用于布丁粉，按冲调倍数增加使用量
07.02.04	糕点上彩装	0.1	以柠檬黄计
07.03.03	蛋卷	0.04	以柠檬黄计
07.04	焙烤食品馅料及表面用挂浆（仅限风味派馅料）	0.05	仅限使用柠檬黄
07.04	焙烤食品馅料及表面用挂浆（仅限饼干夹心和蛋糕夹心）	0.05	以柠檬黄计
07.04	焙烤食品馅料及表面用挂浆（仅限布丁、糕点）	0.3	以柠檬黄计
11.05.01	水果调味糖浆	0.5	以柠檬黄计
11.05.02	其他调味糖浆	0.3	以柠檬黄计
12.09.03	香辛料酱（如芥末酱、青芥酱）	0.1	以柠檬黄计
12.10.01	固体复合调味料	0.2	以柠檬黄计
12.10.02	半固体复合调味料	0.5	以柠檬黄计
12.10.03	液体复合调味料（不包括12.03，12.04）	0.15	以柠檬黄计
14.0	饮料类（14.01包装饮用水除外）	0.1	以柠檬黄计，固体饮料按稀释倍数增加使用量
15.02	配制酒	0.1	以柠檬黄计
16.01	果冻	0.05	以柠檬黄计，如用于果冻粉，按冲调倍数增加使用量
16.06	膨化食品	0.1	仅限使用柠檬黄

柠檬酸及其钠盐、钾盐 **citric acid，trisodium citrate，tripotassium citrate**

CNS号 01.101，01.303，01.304 INS号 330，331iii，332ii

功能 酸度调节剂

食品分类号	食品名称	最大使用量	备注
13.01	婴幼儿配方食品	按生产需要适量使用	
13.02	婴幼儿辅助食品	按生产需要适量使用	
14.02.02	浓缩果蔬汁（浆）	按生产需要适量使用	固体饮料按稀释倍数增加使用量

柠檬酸铁铵 **ferric ammonium citrate**

CNS号 02.010 INS号 381

功能 抗结剂

食品分类号	食品名称	最大使用量/(g/kg)	备注
12.01	盐及代盐制品	0.025	

表 A.1（续）

柠檬酸亚锡二钠 **disodium stannous citrate**

CNS 号 18.006 INS 号 —

功能 稳定剂和凝固剂

食品分类号	食品名称	最大使用量/(g/kg)	备注
04.01.02.04	水果罐头	0.3	
04.02.02.04	蔬菜罐头	0.3	
04.03.02.04	食用菌和藻类罐头	0.3	

柠檬酸脂肪酸甘油酯 **citric and fatty acid esters of glycerol**

CNS 号 10.032 INS 号 472c

功能 乳化剂

食品分类号	食品名称	最大使用量/(g/kg)	备注
13.01	婴幼儿配方食品	24.0	

偶氮甲酰胺 **azodicarbonamide**

CNS 号 13.004 INS 号 927a

功能 面粉处理剂

食品分类号	食品名称	最大使用量/(g/kg)	备注
06.03.01	小麦粉	0.045	

偏酒石酸 **metatartaric acid**

CNS 号 01.105 INS 号 353

功能 酸度调节剂

食品分类号	食品名称	最大使用量	备注
04.01.02.04	水果罐头	按生产需要适量使用	

葡萄皮红 **grape skin extract**

CNS 号 08.135 INS 号 163ii

功能 着色剂

食品分类号	食品名称	最大使用量/(g/kg)	备注
03.0	冷冻饮品(03.04 食用冰除外)	1.0	
04.01.02.05	果酱	1.5	
05.02	糖果	2.0	
07.0	焙烤食品	2.0	
14.0	饮料类(14.01 包装饮用水除外)	2.5	固体饮料按照稀释倍数增加使用量
15.02	配制酒	1.0	

表 A.1（续）

葡萄糖酸亚铁 **ferrous gluconate**

CNS 号 09.005 INS 号 579

功能 护色剂

食品分类号	食品名称	最大使用量/(g/kg)	备注
04.02.02.03	腌渍的蔬菜(仅限橄榄)	0.15	以铁计

普鲁兰多糖 **pullulan**

CNS 号 14.011 INS 号 1204

功能 被膜剂、增稠剂

食品分类号	食品名称	最大使用量/(g/kg)	备注
03.0	冷冻饮品(除外 03.04 食用冰)	10.0	
05.02	糖果	50.0	
05.03	糖果和巧克力制品包衣	50.0	
09.03	预制水产品(半成品)	30.0	
12.10	复合调味料	50.0	
14.02.03	果蔬汁(浆)类饮料	3.0	固体饮料按稀释倍数增加使用量
14.06.02	蛋白固体饮料	50.0	
16.07	其他(仅限膜片)	按生产需要适量使用	

羟丙基二淀粉磷酸酯 **hydroxypropyl distarch phosphate**

CNS 号 20.016 INS 号 1442

功能 增稠剂

食品分类号	食品名称	最大使用量	备注
01.05.01	稀奶油	按生产需要适量使用	

羟基硬脂精(又名氧化硬脂精) **oxystearin**

CNS 号 00.017 INS 号 387

功能 抗氧化剂

食品分类号	食品名称	最大使用量/(g/kg)	备注
02.01	基本不含水的脂肪和油	0.5	

氢化松香甘油酯 **glycerol ester of hydrogenated rosin**

CNS 号 10.013 INS 号 —

功能 乳化剂

食品分类号	食品名称	最大使用量/(g/kg)	备注
04.01.01.02	经表面处理的鲜水果	0.5	
14.02.03	果蔬汁(浆)类饮料	0.1	固体饮料按稀释倍数增加使用量
14.08	风味饮料(仅限果味饮料)	0.1	固体饮料按稀释倍数增加使用量

表 A.1（续）

氢氧化钙 **calcium hydroxide**

CNS 号 01.202 INS 号 526

功能 酸度调节剂

食品分类号	食品名称	最大使用量	备注
01.01.03	调制乳	按生产需要适量使用	
01.03	乳粉（包括加糖乳粉）和奶油粉及其调制产品	按生产需要适量使用	
13.01	婴幼儿配方食品	按生产需要适量使用	

氢氧化钾 **potassium hydroxide**

CNS 号 01.203 INS 号 525

功能 酸度调节剂

食品分类号	食品名称	最大使用量	备注
01.03.02	调制乳粉和调制奶油粉	按生产需要适量使用	
07.03	饼干	按生产需要适量使用	
13.01	婴幼儿配方食品	按生产需要适量使用	

日落黄及其铝色淀 **sunset yellow，sunset yellow aluminum lake**

CNS 号 08.006 INS 号 110

功能 着色剂

食品分类号	食品名称	最大使用量/(g/kg)	备注
01.01.03	调制乳	0.05	以日落黄计
01.02.02	风味发酵乳	0.05	以日落黄计
01.04.02	调制炼乳（包括加糖炼乳及使用了非乳原料的调制炼乳等）	0.05	以日落黄计
03.0	冷冻饮品（03.04 食用冰除外）	0.09	以日落黄计
04.01.02.04	水果罐头（仅限西瓜酱罐头）	0.1	以日落黄计
04.01.02.05	果酱	0.5	以日落黄计
04.01.02.08	蜜饯凉果	0.1	以日落黄计
04.01.02.09	装饰性果蔬	0.2	以日落黄计
04.04.01.06	熟制豆类	0.1	以日落黄计
04.05.02	加工坚果与籽类	0.1	以日落黄计
05.0	可可制品、巧克力和巧克力制品（包括代可可脂巧克力及制品）以及糖果（05.01.01、05.04 除外）	0.1	以日落黄计
05.01.02	巧克力和巧克力制品、除 05.01.01 以外的可可制品	0.3	以日落黄计
05.02.02	除胶基糖果以外的其他糖果	0.3	以日落黄计

表 A.1（续）

食品分类号	食品名称	最大使用量/(g/kg)	备注
05.03	糖果和巧克力制品包衣	0.3	以日落黄计
06.03.02.04	面糊（如用于鱼和禽肉的拖面糊）、裹粉、煎炸粉	0.3	以日落黄计
06.05.02.02	虾味片	0.1	以日落黄计
06.05.02.04	粉圆	0.2	以日落黄计
06.09	谷类和淀粉类甜品（如米布丁、木薯布丁）	0.02	以日落黄计，如用于布丁粉，按冲调倍数增加使用量
07.02.04	糕点上彩装	0.1	以日落黄计
07.04	焙烤食品馅料及表面用挂浆（仅限饼干夹心）	0.1	以日落黄计
07.04	焙烤食品馅料及表面用挂浆（仅限布丁、糕点）	0.3	以日落黄计
11.05.01	水果调味糖浆	0.5	以日落黄计
11.05.02	其他调味糖浆	0.3	以日落黄计
12.10	复合调味料	0.2	以日落黄计
12.10.02	半固体复合调味料	0.5	以日落黄计
14.02.03	果蔬汁(浆)类饮料	0.1	以日落黄计
14.03.01	含乳饮料	0.05	以日落黄计
14.03.01.03	乳酸菌饮料	0.1	以日落黄计
14.03.02	植物蛋白饮料	0.1	以日落黄计
14.04	碳酸饮料	0.1	以日落黄计
14.06	固体饮料	0.6	以日落黄计
14.07	特殊用途饮料	0.1	以日落黄计
14.08	风味饮料	0.1	以日落黄计
15.02	配制酒	0.1	以日落黄计
16.01	果冻	0.025	以日落黄计，如用于果冻粉，按冲调倍数增加使用量
16.06	膨化食品	0.1	仅限使用日落黄

溶菌酶 **lysozyme**

CNS 号 17.035 INS 号 1105

功能 防腐剂

食品分类号	食品名称	最大使用量/(g/kg)	备注
01.06	干酪和再制干酪及其类似品	按生产需要适量使用	
15.03	发酵酒	0.5	

表 A.1（续）

肉桂醛 **cinnamaldehyde**

CNS 号 17.012 INS 号 —

功能 防腐剂

食品分类号	食品名称	最大使用量	备注
04.01.01.02	经表面处理的鲜水果	按生产需要适量使用	残留量≤0.3 mg/kg

乳酸 **lactic acid**

CNS 号 01.102 INS 号 270

功能 酸度调节剂

食品分类号	食品名称	最大使用量	备注
13.01	婴幼儿配方食品	按生产需要适量使用	

乳酸钙 **calcium lactate**

CNS 号 01.310 INS 号 327

功能 酸度调节剂、抗氧化剂、乳化剂、稳定剂和凝固剂、增稠剂

食品分类号	食品名称	最大使用量/(g/kg)	备注
04.01.02	加工水果	按生产需要适量使用	
04.02.02.04	蔬菜罐头(仅限酸黄瓜产品)	1.5	
05.02	糖果	按生产需要适量使用	
12.10	复合调味料(仅限油炸薯片调味料)	10.0	
14.06	固体饮料	21.6	
16.01	果冻	6.0	如用于果冻粉，按冲调倍数增加使用量
16.06	膨化食品	1.0	

乳酸链球菌素 **nisin**

CNS 号 17.019 INS 号 234

功能 防腐剂

食品分类号	食品名称	最大使用量/(g/kg)	备注
01.0	乳及乳制品(01.01.01、01.01.02、13.0 涉及品种除外)	0.5	
04.03.02.04	食用菌和藻类罐头	0.2	
06.04.02.01	杂粮罐头	0.2	
06.04.02.02	其他杂粮制品(仅限杂粮灌肠制品)	0.25	
06.07	方便米面制品(仅限方便湿面制品)	0.25	
06.07	方便米面制品(仅限米面灌肠制品)	0.25	
08.02	预制肉制品	0.5	

表 A.1（续）

食品分类号	食品名称	最大使用量/(g/kg)	备注
08.03	熟肉制品	0.5	
09.04	熟制水产品(可直接食用)	0.5	
10.03	蛋制品(改变其物理性状)	0.25	
12.03	醋	0.15	
12.04	酱油	0.2	
12.05	酱及酱制品	0.2	
12.10	复合调味料	0.2	
14.0	饮料类(14.01 包装饮用水除外)	0.2	固体饮料按冲调倍数增加使用量

乳酸钠 **sodium lactate**

CNS 号 15.012 INS 号 325

功能 水分保持剂、酸度调节剂、抗氧化剂、膨松剂、增稠剂、稳定剂

食品分类号	食品名称	最大使用量/(g/kg)	备注
06.03.02.01	生湿面制品(如面条、饺子皮、馄饨皮、烧麦皮)	2.4	

乳酸脂肪酸甘油酯 **lactic and fatty acid esters of glycerol**

CNS 号 10.031 INS 号 472b

功能 乳化剂

食品分类号	食品名称	最大使用量/(g/kg)	备注
01.05.01	稀奶油	5.0	

乳糖醇(又名 4-β-D 吡喃半乳糖-D-山梨醇) **lactitol**

CNS 号 19.014 INS 号 966

功能 乳化剂、稳定剂、甜味剂、增稠剂

食品分类号	食品名称	最大使用量	备注
01.05.01	稀奶油	按生产需要适量使用	
12.09	香辛料类	按生产需要适量使用	

乳糖酶 **lactase**

CNS 号 00.023 INS 号 —

功能 其他

食品分类号	食品名称	最大使用量	备注
01.01.03	调制乳	按生产需要适量使用	来源、供体同表 C.3
01.03.02	调制乳粉和调制奶油粉	按生产需要适量使用	来源、供体同表 C.3
01.04.02	调制炼乳(包括加糖炼乳及使用了非乳原料的调制炼乳等)	按生产需要适量使用	来源、供体同表 C.3
01.05	稀奶油(淡奶油)及其类似品	按生产需要适量使用	来源、供体同表 C.3

表 A.1（续）

三氯蔗糖（又名蔗糖素）　　**sucralose**

CNS 号　19.016　　INS 号　955

功能　甜味剂

食品分类号	食品名称	最大使用量/(g/kg)	备注
01.01.03	调制乳	0.3	
01.02.02	风味发酵乳	0.3	
01.03.02	调制乳粉和调制奶油粉	1.0	
03.0	冷冻饮品(03.04 食用冰除外)	0.25	
04.01.02.02	水果干类	0.15	
04.01.02.04	水果罐头	0.25	
04.01.02.05	果酱	0.45	
04.01.02.08	蜜饯凉果	1.5	
04.01.02.12	煮熟的或油炸的水果	0.15	
04.02.02.03	腌渍的蔬菜	0.25	
04.03.02	加工食用菌和藻类	0.3	
04.04.02.01	腐乳类	1.0	
04.05.02	加工坚果与籽类	1.0	
05.02	糖果	1.5	
06.04.02.01	杂粮罐头	0.25	
06.04.02.02	其他杂粮制品(仅限微波爆米花)	5.0	
06.06	即食谷物,包括碾轧燕麦(片)	1.0	
06.07	方便米面制品	0.6	
07.0	焙烤食品	0.25	
11.04	餐桌甜味料	0.05g/份	
12.03	醋	0.25	
12.04	酱油	0.25	
12.05	酱及酱制品	0.25	
12.09.03	香辛料酱(如芥末酱、青芥酱)	0.4	
12.10	复合调味料	0.25	
12.10.02.01	蛋黄酱、沙拉酱	1.25	
14.0	饮料类(14.01 包装饮用水除外)	0.25	固体饮料按稀释倍数增加使用量
15.02	配制酒	0.25	
15.03	发酵酒	0.65	
16.01	果冻	0.45	如用于果冻粉,按冲调倍数增加使用量

表 A.1（续）

桑椹红 **mulberry red**

CNS 号 08.129 INS 号 —

功能 着色剂

食品分类号	食品名称	最大使用量/(g/kg)	备注
04.01.02.08.05	果糕类	5.0	
05.02	糖果	2.0	
14.02.03	果蔬汁(浆)类饮料	1.5	固体饮料按照稀释倍数增加使用量
14.08	风味饮料	1.5	固体饮料按照稀释倍数增加使用量
15.03.03	果酒	1.5	
16.01	果冻	5.0	如用于果冻粉，按冲调倍数增加使用量

沙蒿胶 **rtemisia gum (sa-hao seed gum)**

CNS 号 20.037 INS 号 —

功能 增稠剂

食品分类号	食品名称	最大使用量/(g/kg)	备注
06.03.01.02	专用小麦粉(如自发粉、饺子粉等)	0.3	
06.03.02.02	生干面制品(仅限挂面)	0.3	
06.04.02	杂粮制品	0.3	
06.07	方便米面制品(仅限方便面)	0.3	
08.02	预制肉制品	0.5	
08.03.04	西式火腿(熏烤、烟熏、蒸煮火腿)类	0.5	
08.03.05	肉灌肠类	0.5	
09.02.03	冷冻鱼糜制品(包括鱼丸等)	0.5	

沙棘黄 **hippophae rhamnoides yellow**

CNS 号 08.124 INS 号 —

功能 着色剂

食品分类号	食品名称	最大使用量/(g/kg)	备注
02.01.01.02	氢化植物油	1.0	
07.02.04	糕点上彩装	1.5	

表 A.1（续）

山梨醇酐单月桂酸酯（又名司盘 20），山梨醇酐单棕榈酸酯（又名司盘 40），山梨醇酐单硬脂酸酯（又名司盘 60），山梨醇酐三硬脂酸酯（又名司盘 65），山梨醇酐单油酸酯（又名司盘 80） **sorbitan monolaurate，sorbitan monopalmitate，sorbitan monostearate，sorbitan tristearate，sorbitan monooleate**

CNS 号　10.024，10.008，10.003，10.004，10.005　INS 号　493，495，491，492，494

功能　乳化剂

食品分类号	食品名称	最大使用量/(g/kg)	备注
01.01.03	调制乳	3.0	
01.05	稀奶油（淡奶油）及其类似品	10.0	
02.0	脂肪，油和乳化脂肪制品（02.01.01.01 植物油除外）	15.0	
02.01.01.02	氢化植物油	10.0	
03.01	冰淇淋、雪糕类	3.0	
04.01.01.02	经表面处理的鲜水果	3.0	
04.02.01.02	经表面处理的新鲜蔬菜	3.0	
04.04	豆类制品	1.6	以每千克黄豆的使用量计
05.01	可可制品、巧克力和巧克力制品，包括代可可脂巧克力及制品	10.0	
05.02.02	除胶基糖果以外的其他糖果	3.0	
07.01	面包	3.0	
07.02	糕点	3.0	
07.03	饼干	3.0	
14.02.03	果蔬汁（浆）类饮料	3.0	
14.03.02	植物蛋白饮料	6.0	
14.06	固体饮料（速溶咖啡除外）	3.0	
14.06.03	速溶咖啡	10.0	
14.08	风味饮料（仅限果味饮料）	0.5	
16.04.01	干酵母	10.0	
16.07	其他（仅限饮料混浊剂）	0.05	

山梨酸及其钾盐 **sorbic acid，potassium sorbate**

CNS 号　17.003，17.004　INS 号　200，202

功能　防腐剂、抗氧化剂、稳定剂

食品分类号	食品名称	最大使用量/(g/kg)	备注
01.06	干酪和再制干酪及其类似品	1.0	以山梨酸计
02.01.01.02	氢化植物油	1.0	以山梨酸计

表 A.1（续）

食品分类号	食品名称	最大使用量/(g/kg)	备注
02.02.01.02	人造黄油(人造奶油)及其类似制品(如黄油和人造黄油混合品)	1.0	以山梨酸计
03.03	风味冰、冰棍类	0.5	以山梨酸计
04.01.01.02	经表面处理的鲜水果	0.5	以山梨酸计
04.01.02.05	果酱	1.0	以山梨酸计
04.01.02.08	蜜饯凉果	0.5	以山梨酸计
04.02.01.02	经表面处理的新鲜蔬菜	0.5	以山梨酸计
04.02.02.03	腌渍的蔬菜	1.0	以山梨酸计
04.03.02	加工食用菌和藻类	0.5	以山梨酸计
04.04.01.03	豆干再制品	1.0	以山梨酸计
04.04.01.05	新型豆制品(大豆蛋白及其膨化食品、大豆素肉等)	1.0	以山梨酸计
05.02.01	胶基糖果	1.5	以山梨酸计
05.02.02	除胶基糖果以外的其他糖果	1.0	以山梨酸计
06.04.02.02	其他杂粮制品(仅限杂粮灌肠制品)	1.5	以山梨酸计
06.07	方便米面制品(仅限米面灌肠制品)	1.5	以山梨酸计
07.01	面包	1.0	以山梨酸计
07.02	糕点	1.0	以山梨酸计
07.04	焙烤食品馅料及表面用挂浆	1.0	以山梨酸计
08.03	熟肉制品	0.075	以山梨酸计
08.03.05	肉灌肠类	1.5	以山梨酸计
09.03	预制水产品(半成品)	0.075	以山梨酸计
09.03.04	风干、烘干、压干等水产品	1.0	以山梨酸计
09.04	熟制水产品(可直接食用)	1.0	以山梨酸计
09.06	其他水产品及其制品	1.0	以山梨酸计
10.03	蛋制品(改变其物理性状)	1.5	以山梨酸计
11.05	调味糖浆	1.0	以山梨酸计
12.03	醋	1.0	以山梨酸计
12.04	酱油	1.0	以山梨酸计
12.05	酱及酱制品	0.5	以山梨酸计
12.10	复合调味料	1.0	以山梨酸计

表 A.1(续)

食品分类号	食品名称	最大使用量/(g/kg)	备注
14.0	饮料类(14.01 包装饮用水除外)	0.5	以山梨酸计,固体饮料按稀释倍数增加使用量
14.02.02	浓缩果蔬汁(浆)(仅限食品工业用)	2.0	以山梨酸计,固体饮料按稀释倍数增加使用量
14.03.01.03	乳酸菌饮料	1.0	以山梨酸计,固体饮料按稀释倍数增加使用量
15.02	配制酒	0.4	以山梨酸计
15.02	配制酒(仅限青稞干酒)	0.6 g/L	以山梨酸计
15.03.01	葡萄酒	0.2	以山梨酸计
15.03.03	果酒	0.6	以山梨酸计
16.01	果冻	0.5	以山梨酸计,如用于果冻粉,按冲调倍数增加使用量
16.03	胶原蛋白肠衣	0.5	以山梨酸计

山梨糖醇和山梨糖醇液　　sorbitol and sorbitol syrup

CNS 号　19.006,19.023　　INS 号　420(i),420(ii)

功能　甜味剂、膨松剂、乳化剂、水分保持剂、稳定剂、增稠剂

食品分类号	食品名称	最大使用量/(g/kg)	备注
01.04	炼乳及其调制产品	按生产需要适量使用	
02.03	02.02 类以外的脂肪乳化制品,包括混合的和(或)调味的脂肪乳化制品(仅限植脂奶油)	按生产需要适量使用	
03.0	冷冻饮品(03.04 食用冰除外)	按生产需要适量使用	
04.01.02.05	果酱	按生产需要适量使用	
04.02.02.03	腌渍的蔬菜	按生产需要适量使用	
04.05.02.01	熟制坚果与籽类(仅限油炸坚果与籽类)	按生产需要适量使用	
05.01.02	巧克力和巧克力制品、除 05.01.01 以外的可可制品	按生产需要适量使用	
05.02	糖果	按生产需要适量使用	
06.03.02.01	生湿面制品(如面条、饺子皮、馄饨皮、烧麦皮)	30.0	
07.01	面包	按生产需要适量使用	
07.02	糕点	按生产需要适量使用	
07.03	饼干	按生产需要适量使用	

表 A.1（续）

食品分类号	食品名称	最大使用量/(g/kg)	备注
07.04	焙烤食品馅料及表面用挂浆(仅限焙烤食品馅料)	按生产需要适量使用	
09.02.03	冷冻鱼糜制品(包括鱼丸等)	0.5	
12.0	调味品	按生产需要适量使用	
14.0	饮料类(14.01 包装饮用水除外)	按生产需要适量使用	固体饮料按稀释倍数增加使用量
16.06	膨化食品	按生产需要适量使用	
16.07	其他(豆制品工艺)	按生产需要适量使用	
16.07	其他(制糖工艺)	按生产需要适量使用	
16.07	其他(酿造工艺)	按生产需要适量使用	

双乙酸钠(又名二醋酸钠)　**sodium diacetate**

CNS 号　17.013　INS 号　262ii

功能　防腐剂

食品分类号	食品名称	最大使用量/(g/kg)	备注
04.04.01.02	豆干类	1.0	
04.04.01.03	豆干再制品	1.0	
06.01	原粮	1.0	
06.05.02.04	粉圆	4.0	
07.02	糕点	4.0	
08.02	预制肉制品	3.0	
08.03	熟肉制品	3.0	
09.04	熟制水产品(可直接食用)	1.0	
12.0	调味品	2.5	
12.10	复合调味料	10.0	
16.06	膨化食品	1.0	

双乙酰酒石酸单双甘油酯　**diacetyl tartaric acid ester of mono (di) glycerides (DATEM)**

CNS 号　10.010　INS 号　472e

功能　乳化剂、增稠剂

食品分类号	食品名称	最大使用量/(g/kg)	备注
01.01.03	调制乳	5.0	
01.02.02	风味发酵乳	10.0	
01.03	乳粉(包括加糖乳粉)和奶油粉及其调制产品(01.03.01 乳粉和奶油粉除外)	10.0	

表 A.1（续）

食品分类号	食品名称	最大使用量/(g/kg)	备注
01.05	稀奶油(淡奶油)及其类似品	6.0	
01.05.01	稀奶油	5.0	
01.06	干酪和再制干酪及其类似品	10.0	
01.07	以乳为主要配料的即食风味食品或其预制产品(不包括冰淇淋和风味发酵乳)	10.0	
02.02	水油状脂肪乳化制品	10.0	
02.02.01.01	黄油和浓缩黄油	10.0	
02.03	02.02 类以外的脂肪乳化制品，包括混合的和(或)调味的脂肪乳化制品	10.0	
02.04	脂肪类甜品	5.0	
02.05	其他油脂或油脂制品(仅限植脂末)	5.0	
03.0	冷冻饮品(03.04 食用冰除外)	10.0	
04.01.02.02	水果干类	10.0	
04.01.02.03	醋、油或盐渍水果	1.0	
04.01.02.06	果泥	2.5	
04.01.02.07	除 04.01.02.05 外的果酱(如印度酸辣酱)	5.0	
04.01.02.08	蜜饯凉果	1.0	
04.01.02.09	装饰性果蔬	2.5	
04.01.02.10	水果甜品，包括果味液体甜品	2.5	
04.01.02.11	发酵的水果制品	2.5	
04.02.02.02	干制蔬菜	10.0	
04.02.02.03	腌渍的蔬菜	2.5	
04.02.02.07	经水煮或油炸的蔬菜	2.5	
04.02.02.08	其他加工蔬菜	2.5	
04.03.02.03	腌渍的食用菌和藻类	2.5	
04.03.02.05	经水煮或油炸的藻类	2.5	
04.03.02.06	其他加工食用菌和藻类	2.5	
04.04.01.06	熟制豆类	2.5	
05.02.01	胶基糖果	50.0	
05.02.02	除胶基糖果以外的其他糖果	10.0	

表 A.1（续）

食品分类号	食品名称	最大使用量/(g/kg)	备注
05.04	装饰糖果（如工艺造型，或用于蛋糕装饰）、顶饰（非水果材料）和甜汁	10.0	
06.03.02.01	生湿面制品（如面条、饺子皮、馄饨皮、烧麦皮）	10.0	
06.03.02.02	生干面制品	10.0	
06.03.02.04	面糊（如用于鱼和禽肉的拖面糊）、裹粉、煎炸粉	5.0	
06.03.02.05	油炸面制品	10.0	
06.04.01	杂粮粉	3.0	
06.05.01	食用淀粉	3.0	
06.07	方便米面制品	10.0	
06.08	冷冻米面制品	10.0	
06.09	谷类和淀粉类甜品（如米布丁、木薯布丁）	5.0	
07.0	焙烤食品	20.0	
08.02	预制肉制品	10.0	
08.03	熟肉制品	10.0	
09.0	水产及其制品（包括鱼类、甲壳类、贝类、软体类、棘皮类等水产及其加工制品等）（不包括 09.01 鲜水产）	10.0	
10.02.05	其他再制蛋	5.0	
10.04	其他蛋制品	5.0	
11.01.02	其他糖和糖浆［如红糖、赤砂糖、冰片糖、原糖、果糖（蔗糖来源）、糖蜜、部分转化糖、槭树糖浆等］	5.0	
12.09	香辛料类	0.001	
12.10.02	半固体复合调味料	10.0	
12.10.03	液体复合调味料（不包括 12.03，12.04）	5.0	
14.02.03	果蔬汁（浆）类饮料	5.0	固体饮料按稀释倍数增加使用量
14.03	蛋白饮料	5.0	固体饮料按稀释倍数增加使用量
14.04	碳酸饮料	5.0	固体饮料按稀释倍数增加使用量
14.05	茶、咖啡、植物（类）饮料	5.0	固体饮料按稀释倍数增加使用量

表 A.1（续）

食品分类号	食品名称	最大使用量/(g/kg)	备注
14.07	特殊用途饮料	5.0	固体饮料按稀释倍数增加使用量
14.08	风味饮料	5.0	固体饮料按稀释倍数增加使用量
15.01	蒸馏酒	5.0	
15.03	发酵酒(15.03.01 葡萄酒除外)	10.0	
15.03.03	果酒	5.0	
16.01	果冻	2.5	如用于果冻粉，按冲调倍数增加使用量
16.06	膨化食品	20.0	

松香季戊四醇酯 **pentaerythritol ester of wood rosin**

CNS 号 14.005 INS 号 —

功能 被膜剂、胶姆糖基础剂

食品分类号	食品名称	最大使用量/(g/kg)	备注
04.01.01.02	经表面处理的鲜水果	0.09	
04.02.01.02	经表面处理的新鲜蔬菜	0.09	

酸性红(又名偶氮玉红) **carmoisine (azorubine)**

CNS 号 08.013 INS 号 122

功能 着色剂

食品分类号	食品名称	最大使用量/(g/kg)	备注
03.0	冷冻饮品(03.04 食用冰除外)	0.05	
05.0	可可制品、巧克力和巧克力制品(包括代可可脂巧克力及制品)以及糖果	0.05	
07.04	焙烤食品馅料及表面用挂浆(仅限饼干夹心)	0.05	

酸枣色 **jujube pigment**

CNS 号 08.133 INS 号 —

功能 着色剂

食品分类号	食品名称	最大使用量/(g/kg)	备注
04.02.02.03	腌渍的蔬菜	1.0	
05.02	糖果	0.2	

表 A.1（续）

食品分类号	食品名称	最大使用量/(g/kg)	备注
07.02	糕点	0.2	
14.02.03	果蔬汁(浆)类饮料	1.0	固体饮料按照稀释备注增加使用量
14.08	风味饮料	1.0	固体饮料按照稀释备注增加使用量

羧甲基淀粉钠 **sodium carboxy methyl starch**

CNS 号 20.012 INS 号 —

功能 增稠剂

食品分类号	食品名称	最大使用量/(g/kg)	备注
03.01	冰淇淋、雪糕类	0.06	
04.01.02.05	果酱	0.1	
06.07	方便米面制品	15.0	
07.01	面包	0.02	
12.05	酱及酱制品	0.1	

羧甲基纤维素钠 **sodium carboxy methyl cellulose**

CNS 号 20.003 INS 号 466

功能 稳定剂

食品分类号	食品名称	最大使用量	备注
01.05.01	稀奶油	按生产需要适量使用	

索马甜 **thaumatin**

CNS 号 19.020 INS 号 957

功能 甜味剂

食品分类号	食品名称	最大使用量/(g/kg)	备注
03.0	冷冻饮品(03.04 食用冰除外)	0.025	
04.05.02	加工坚果与籽类	0.025	
07.0	焙烤食品	0.025	
11.04	餐桌甜味料	0.025	
14.0	饮料类(14.01 包装饮用水除外)	0.025	固体饮料按稀释倍数增加使用量

表 A.1（续）

碳酸钙[a] **calcium carbonate**

CNS 号 13.006 INS 号 170i

食品分类号	食品名称	最大使用量/(g/kg)	备注
06.03.01	小麦粉	0.03	

碳酸钾 **potassium carbonate**

CNS 号 01.301 INS 号 501i

功能 酸度调节剂

食品分类号	食品名称	最大使用量/(g/kg)	备注
06.03.02	小麦粉制品	按生产需要适量使用	
06.03.02.01	生湿面制品（如面条、饺子皮、馄饨皮、烧麦皮）	60.0	
13.01	婴幼儿配方食品	按生产需要适量使用	

碳酸镁 **magnesium carbonate**

CNS 号 13.005 INS 号 504i

功能 面粉处理剂、膨松剂、稳定剂、抗结剂

食品分类号	食品名称	最大使用量/(g/kg)	备注
06.03.01	小麦粉	1.5	
14.06	固体饮料	10.0	

碳酸钠 **sodium carbonate**

CNS 号 01.302 INS 号 500i

功能 酸度调节剂

食品分类号	食品名称	最大使用量	备注
06.02.02	大米制品（仅限发酵大米制品）	按生产需要适量使用	
06.03.02.01	生湿面制品（如面条、饺子皮、馄饨皮、烧麦皮）	按生产需要适量使用	
06.03.02.02	生干面制品	按生产需要适量使用	

碳酸氢铵 **ammonium hydrogen carbonate**

CNS 号 06.002 INS 号 503 ii

功能 膨松剂

食品分类号	食品名称	最大使用量	备注
13.02.01	婴幼儿谷类辅助食品	按生产需要适量使用	

[a] 包括轻质和重质碳酸钙。

表 A.1(续)

碳酸氢钾 **potassium hydrogen carbonate**

CNS 号 01.307 INS 号 501ii

功能 酸度调节剂

食品分类号	食品名称	最大使用量	备注
13.01	婴幼儿配方食品	按生产需要适量使用	

碳酸氢钠 **sodium hydrogen carbonate**

CNS 号 06.001 INS 号 500ii

功能 膨松剂

食品分类号	食品名称	最大使用量	备注
06.02.02	大米制品(仅限发酵大米制品)	按生产需要适量使用	
13.02.01	婴幼儿谷类辅助食品	按生产需要适量使用	

碳酸氢三钠(又名倍半碳酸钠) **sodium sesquicarbonate**

CNS 号 01.305 INS 号 500iii

功能 酸度调节剂

食品分类号	食品名称	最大使用量	备注
01.0	乳及乳制品(01.01.01、01.01.02、13.0 涉及品种除外)	按生产需要适量使用	仅限羊奶
07.02	糕点	按生产需要适量使用	
07.03	饼干	按生产需要适量使用	

糖精钠 **sodium saccharin**

CNS 号 19.001 INS 号 954

功能 甜味剂、增味剂

食品分类号	食品名称	最大使用量/(g/kg)	备注
03.0	冷冻饮品(03.04 食用冰除外)	0.15	以糖精计
04.01.02.02	水果干类(仅限芒果干、无花果干)	5.0	以糖精计
04.01.02.05	果酱	0.2	以糖精计
04.01.02.08	蜜饯凉果	1.0	以糖精计
04.01.02.08.02	凉果类	5.0	以糖精计
04.01.02.08.04	话化类	5.0	以糖精计
04.01.02.08.05	果糕类	5.0	以糖精计
04.02.02.03	腌渍的蔬菜	0.15	以糖精计
04.04.01.05	新型豆制品(大豆蛋白及其膨化食品、大豆素肉等)	1.0	以糖精计
04.04.01.06	熟制豆类	1.0	以糖精计

表 A.1（续）

食品分类号	食品名称	最大使用量/(g/kg)	备注
04.05.02.01.01	带壳熟制坚果与籽类	1.2	以糖精计
04.05.02.01.02	脱壳熟制坚果与籽类	1.0	以糖精计
12.10	复合调味料	0.15	以糖精计
15.02	配制酒	0.15	以糖精计

特丁基对苯二酚(TBHQ)　　**tertiary butylhydroquinone (TBHQ)**

CNS 号　04.007　　INS 号　319

功能　抗氧化剂

食品分类号	食品名称	最大使用量/(g/kg)	备注
02.0	脂肪，油和乳化脂肪制品	0.2	以油脂中的含量计
02.01	基本不含水的脂肪和油	0.2	
04.05.02.01	熟制坚果与籽类	0.2	以油脂中的含量计
04.05.02.03	坚果与籽类罐头	0.2	以油脂中的含量计
06.03.02.05	油炸面制品	0.2	以油脂中的含量计
06.07	方便米面制品	0.2	以油脂中的含量计
07.02.03	月饼	0.2	以油脂中的含量计
07.03	饼干	0.2	以油脂中的含量计
07.04	焙烤食品馅料及表面用挂浆	0.2	以油脂中的含量计
08.02.02	腌腊肉制品类(如咸肉、腊肉、板鸭、中式火腿、腊肠)	0.2	以油脂中的含量计
09.03.04	风干、烘干、压干等水产品	0.2	以油脂中的含量计
16.06	膨化食品	0.2	以油脂中的含量计

L-α-天冬氨酰-N-(2,2,4,4-四甲基-3-硫化三亚甲基)-D-丙氨酰胺(又名阿力甜)　　**alitame**

CNS 号　19.013　　INS 号　956

功能　甜味剂

食品分类号	食品名称	最大使用量/(g/kg)	备注
03.0	冷冻饮品(03.04 食用冰除外)	0.1	
04.01.02.08.04	话化类	0.3	
05.02.01	胶基糖果	0.3	
11.04	餐桌甜味料	0.15g/份	
14.0	饮料类(14.01 包装饮用水除外)	0.1	固体饮料按稀释倍数增加使用量
16.01	果冻	0.1	如用于果冻粉，按冲调倍数增加使用量

表 A.1（续）

天门冬酰苯丙氨酸甲酯(又名阿斯巴甜)[b] **aspartame**

CNS 号 19.004 INS 号 951

功能 甜味剂

食品分类号	食品名称	最大使用量/(g/kg)	备注
01.01.03	调制乳	0.6	
01.02.02	风味发酵乳	1.0	
01.03.02	调制乳粉和调制奶油粉	2.0	
01.05	稀奶油(淡奶油)及其类似品(01.05.01稀奶油除外)	1.0	
01.06.01	非熟化干酪	1.0	
01.06.05	干酪类似品	1.0	
01.07	以乳为主要配料的即食风味食品或其预制产品(不包括冰淇淋和风味发酵乳)	1.0	
02.03	02.02 类以外的脂肪乳化制品，包括混合的和(或)调味的脂肪乳化制品	1.0	
02.04	脂肪类甜品	1.0	
03.0	冷冻饮品(03.04 食用冰除外)	1.0	
04.01.02.01	冷冻水果	2.0	
04.01.02.02	水果干类	2.0	
04.01.02.03	醋、油或盐渍水果	0.3	
04.01.02.04	水果罐头	1.0	
04.01.02.05	果酱	1.0	
04.01.02.06	果泥	1.0	
04.01.02.07	除 04.01.02.05 外的果酱(如印度酸辣酱)	1.0	
04.01.02.08	蜜饯凉果	2.0	
04.01.02.09	装饰性果蔬	1.0	
04.01.02.10	水果甜品，包括果味液体甜品	1.0	
04.01.02.11	发酵的水果制品	1.0	
04.01.02.12	煮熟的或油炸的水果	1.0	
04.02.02.01	冷冻蔬菜	1.0	
04.02.02.02	干制蔬菜	1.0	
04.02.02.03	腌渍的蔬菜	0.3	

[b] 添加阿斯巴甜的食品应标明:“阿斯巴甜(含苯丙氨酸)”。

表 A.1（续）

食品分类号	食品名称	最大使用量/(g/kg)	备注
04.02.02.04	蔬菜罐头	1.0	
04.02.02.05	蔬菜泥(酱),番茄沙司除外	1.0	
04.02.02.06	发酵蔬菜制品	2.5	
04.02.02.07	经水煮或油炸的蔬菜	1.0	
04.02.02.08	其他加工蔬菜	1.0	
04.03.02.03	腌渍的食用菌和藻类	0.3	
04.03.02.04	食用菌和藻类罐头	1.0	
04.03.02.05	经水煮或油炸的藻类	1.0	
04.03.02.06	其他加工食用菌和藻类	1.0	
04.05.02	加工坚果与籽类	0.5	
05.01	可可制品、巧克力和巧克力制品,包括代可可脂巧克力及制品	3.0	
05.02.01	胶基糖果	10.0	
05.02.02	除胶基糖果以外的其他糖果	3.0	
05.04	装饰糖果(如工艺造型,或用于蛋糕装饰)、顶饰(非水果材料)和甜汁	1.0	
06.06	即食谷物,包括碾轧燕麦(片)	1.0	
06.09	谷类和淀粉类甜品(如米布丁、木薯布丁)	1.0	
07.01	面包	4.0	
07.02	糕点	1.7	
07.03	饼干	1.7	
07.04	焙烤食品馅料及表面用挂浆	1.0	
07.05	其他焙烤食品	1.7	
09.02.02	冷冻挂浆制品	0.3	
09.02.03	冷冻鱼糜制品(包括鱼丸等)	0.3	
09.03	预制水产品(半成品)	0.3	
09.04	熟制水产品(可直接食用)	0.3	
09.05	水产品罐头	0.3	
10.04	其他蛋制品	1.0	
11.04	餐桌甜味料	按生产需要适量使用	
11.05	调味糖浆	3.0	
12.03	醋	3.0	
12.10.01	固体复合调味料	2.0	
12.10.02	半固体复合调味料	2.0	

表 A.1（续）

食品分类号	食品名称	最大使用量/(g/kg)	备注
12.10.03	液体复合调味料(不包括 12.03，12.04)	1.2	
14.02.03	果蔬汁(浆)类饮料	0.6	固体饮料按稀释倍数增加使用量
14.03	蛋白饮料	0.6	固体饮料按稀释倍数增加使用量
14.04	碳酸饮料	0.6	固体饮料按稀释倍数增加使用量
14.05	茶、咖啡、植物(类)饮料	0.6	固体饮料按稀释倍数增加使用量
14.07	特殊用途饮料	0.6	固体饮料按稀释倍数增加使用量
14.08	风味饮料	0.6	固体饮料按稀释倍数增加使用量
16.01	果冻	1.0	如用于果冻粉，按冲调倍数增加使用量
16.06	膨化食品	0.5	

天门冬酰苯丙氨酸甲酯乙酰磺胺酸　　**aspartame-acesulfame salt**

CNS 号　19.021　　INS 号　962

功能　甜味剂

食品分类号	食品名称	最大使用量/(g/kg)	备注
01.02.02	风味发酵乳	0.79	
03.0	冷冻饮品(03.04 食用冰除外)	0.68	
04.01.02.04	水果罐头	0.35	
04.01.02.05	果酱	0.68	
04.01.02.08.01	蜜饯类	0.35	
04.02.02.03	腌渍的蔬菜	0.20	
05.02	糖果	4.5	
05.02.01	胶基糖果	5.0	
06.04.02.01	杂粮罐头	0.35	
11.04	餐桌甜味料	0.09	
12.0	调味品	1.13	
12.04	酱油	2.0	
14.0	饮料类(14.01 包装饮用水除外)	0.68	固体饮料按稀释倍数增加使用量

表 A.1（续）

天然苋菜红 **natural amaranthus red**

CNS 号 08.130 INS 号 —

功能 着色剂

食品分类号	食品名称	最大使用量/(g/kg)	备注
04.01.02.08	蜜饯凉果	0.25	
04.01.02.09	装饰性果蔬	0.25	
05.02	糖果	0.25	
07.02.04	糕点上彩装	0.25	
14.02.03	果蔬汁(浆)类饮料	0.25	固体饮料按稀释倍数增加使用量
14.04	碳酸饮料	0.25	固体饮料按稀释倍数增加使用量
14.08	风味饮料(仅限果味饮料)	0.25	固体饮料按稀释倍数增加使用量
15.02	配制酒	0.25	
16.01	果冻	0.25	如用于果冻粉，按冲调倍数增加使用量

田菁胶 **sesbania gum**

CNS 号 20.021 INS 号 —

功能 增稠剂

食品分类号	食品名称	最大使用量/(g/kg)	备注
03.01	冰淇淋、雪糕类	5.0	
06.03.02.02	生干面制品	2.0	
06.07	方便米面制品	2.0	
07.01	面包	2.0	
14.03.02	植物蛋白饮料	1.0	固体饮料按稀释倍数增加使用量

甜菊糖苷 **steviol glycosides**

CNS 号 19.008 INS 号 960

功能 甜味剂

食品分类号	食品名称	最大使用量/(g/kg)	备注
01.02.02	风味发酵乳	0.2	以甜菊醇当量计
03.0	冷冻饮品(03.04 食用冰除外)	0.5	以甜菊醇当量计
04.01.02.08	蜜饯凉果	3.3	以甜菊醇当量计
04.05.02.01	熟制坚果与籽类	1.0	以甜菊醇当量计
05.02	糖果	3.5	以甜菊醇当量计
07.02	糕点	0.33	以甜菊醇当量计

表 A.1（续）

食品分类号	食品名称	最大使用量/(g/kg)	备注
11.04	餐桌甜味料	0.05g/份	以甜菊醇当量计
12.0	调味品	0.35	以甜菊醇当量计
14.0	饮料类(14.01包装饮用水除外)	0.2	以甜菊醇当量计，固体饮料按稀释倍数增加使用量
16.01	果冻	0.5	以甜菊醇当量计，如用于果冻粉，按冲调倍数增加使用量
16.06	膨化食品	0.17	以甜菊醇当量计
16.02.02	茶制品(包括调味茶和代用茶类)	10.0	以甜菊醇当量计

脱氢乙酸及其钠盐(又名脱氢醋酸及其钠盐)　**dehydroacetic acid，sodium dehydroacetate**

CNS 号　17.009(i)，17.009 (ii)　INS 号　265，266

功能　防腐剂

食品分类号	食品名称	最大使用量/(g/kg)	备注
02.02.01.01	黄油和浓缩黄油	0.3	以脱氢乙酸计
04.02.02.03	腌渍的蔬菜	1.0	以脱氢乙酸计
04.03.02.03	腌渍的食用菌和藻类	0.3	以脱氢乙酸计
04.04.02	发酵豆制品	0.3	以脱氢乙酸计
06.05.02	淀粉制品	1.0	以脱氢乙酸计
07.01	面包	0.5	以脱氢乙酸计
07.02	糕点	0.5	以脱氢乙酸计
07.04	焙烤食品馅料及表面用挂浆	0.5	以脱氢乙酸计
08.02	预制肉制品	0.5	以脱氢乙酸计
08.03	熟肉制品	0.5	以脱氢乙酸计
12.10	复合调味料	0.5	以脱氢乙酸计
14.02.01	果蔬汁(浆)	0.3	以脱氢乙酸计，固体饮料按稀释倍数增加使用量

脱乙酰甲壳素(又名壳聚糖)　**deacetylated chitin(chitosan)**

CNS 号　20.026　INS 号　—

功能　增稠剂、被膜剂

食品分类号	食品名称	最大使用量/(g/kg)	备注
08.03.04	西式火腿(熏烤、烟熏、蒸煮火腿)类	6.0	
08.03.05	肉灌肠类	6.0	

表 A.1（续）

微晶纤维素 **microcrystalline cellulose**

CNS 号 02.005 INS 号 460i

功能 稳定剂

食品分类号	食品名称	最大使用量	备注
01.05.01	稀奶油	按生产需要适量使用	

维生素 E（*dl*-*α*-生育酚，*d*-*α*-生育酚，混合生育酚浓缩物） **vitamine E（*dl*-*α*-tocopherol，*d*-*α*- tocopherol，mixed tocopherol concentrate）**

CNS 号 04.016 INS 号 307

功能 抗氧化剂

食品分类号	食品名称	最大使用量/(g/kg)	备注
01.01.03	调制乳	0.2	
02.01	基本不含水的脂肪和油	按生产需要适量使用	
04.05.02.01	熟制坚果与籽类(仅限油炸坚果与籽类)	0.2	以油脂中的含量计
06.03.02.05	油炸面制品	0.2	以油脂中的含量计
06.06	即食谷物，包括碾轧燕麦(片)	0.085	
06.07	方便米面制品	0.2	
12.10	复合调味料	按生产需要适量使用	
14.02.03	果蔬汁(浆)类饮料	0.2	固体饮料按稀释倍数增加使用量
14.03	蛋白饮料	0.2	
14.04.02	其他型碳酸饮料	0.2	固体饮料按稀释倍数增加使用量
14.05	茶、咖啡、植物(类)饮料	0.2	固体饮料按稀释倍数增加使用量
14.06.02	蛋白固体饮料	0.2	
14.07	特殊用途饮料	0.2	固体饮料按稀释倍数增加使用量
14.08	风味饮料	0.2	固体饮料按稀释倍数增加使用量
16.06	膨化食品	0.2	以油脂中的含量计

稳定态二氧化氯 **stabilized chlorine dioxide**

CNS 号 17.028 INS 号 926

功能 防腐剂

食品分类号	食品名称	最大使用量/(g/kg)	备注
04.01.01.02	经表面处理的鲜水果	0.01	
04.02.01.02	经表面处理的新鲜蔬菜	0.01	
09.0	水产品及其制品(包括鱼类、甲壳类、贝类、软体类、棘皮类等水产品及其加工制品)(仅限鱼类加工)	0.05	

表 A.1（续）

苋菜红及其铝色淀 **amaranth，amaranth aluminum lake**
CNS 号 08.001 INS 号 123
功能 着色剂

食品分类号	食品名称	最大使用量/(g/kg)	备注
03.0	冷冻饮品(03.04 食用冰除外)	0.025	以苋菜红计
04.01.02.05	果酱	0.3	以苋菜红计
04.01.02.08	蜜饯凉果	0.05	以苋菜红计
04.01.02.09	装饰性果蔬	0.1	以苋菜红计
04.02.02.03	腌渍的蔬菜	0.05	以苋菜红计
05.0	可可制品、巧克力和巧克力制品(包括代可可脂巧克力及制品)以及糖果	0.05	以苋菜红计
07.02.04	糕点上彩装	0.05	以苋菜红计
07.04	焙烤食品馅料及表面用挂浆(仅限饼干夹心)	0.05	以苋菜红计
11.05.01	水果调味糖浆	0.3	以苋菜红计
12.10.01.01	固体汤料	0.2	以苋菜红计
14.02.03	果蔬汁(浆)类饮料	0.05	以苋菜红计，高糖果蔬汁(浆)类饮料按照稀释倍数加入
14.04	碳酸饮料	0.05	以苋菜红计
14.08	风味饮料(仅限果味饮料)	0.05	以苋菜红计，高糖果味饮料按照稀释倍数加入
14.06	固体饮料	0.05	使用量以苋菜红计，为按冲调倍数稀释后液体中的量
15.02	配制酒	0.05	以苋菜红计
16.01	果冻	0.05	以苋菜红计，如用于果冻粉，按冲调倍数增加使用量

橡子壳棕 **acorn shell brown**
CNS 号 08.126 INS 号 —
功能 着色剂

食品分类号	食品名称	最大使用量/(g/kg)	备注
14.04.01	可乐型碳酸饮料	1.0	固体饮料按照稀释倍数增加使用量
15.02	配制酒	0.3	

表 A.1（续）

硝酸钠，硝酸钾 **sodium nitrate, potassium nitrate**

CNS 号 09.001，09.003 INS 号 251, 252

功能 护色剂、防腐剂

食品分类号	食品名称	最大使用量/(g/kg)	备注
08.02.02	腌腊肉制品类（如咸肉、腊肉、板鸭、中式火腿、腊肠）	0.5	以亚硝酸钠（钾）计，残留量≤30 mg/kg
08.03.01	酱卤肉制品类	0.5	以亚硝酸钠（钾）计，残留量≤30 mg/kg
08.03.02	熏、烧、烤肉类	0.5	以亚硝酸钠（钾）计，残留量≤30 mg/kg
08.03.03	油炸肉类	0.5	以亚硝酸钠（钾）计，残留量≤30 mg/kg
08.03.04	西式火腿（熏烤、烟熏、蒸煮火腿）类	0.5	以亚硝酸钠（钾）计，残留量≤30 mg/kg
08.03.05	肉灌肠类	0.5	以亚硝酸钠（钾）计，残留量≤30 mg/kg
08.03.06	发酵肉制品类	0.5	以亚硝酸钠（钾）计，残留量≤30 mg/kg

辛，癸酸甘油酯 **octyl and decyl glycerate**

CNS 号 10.018 INS 号 —

功能 乳化剂

食品分类号	食品名称	最大使用量	备注
01.03	乳粉（包括加糖乳粉）和奶油粉及其调制产品（纯乳粉除外）	按生产需要适量使用	
02.01.01.02	氢化植物油	按生产需要适量使用	
03.01	冰淇淋、雪糕类	按生产需要适量使用	
05.0	可可制品、巧克力和巧克力制品（包括代可可脂巧克力及制品）以及糖果	按生产需要适量使用	
14.0	饮料类（14.01 包装饮用水除外）	按生产需要适量使用	固体饮料按稀释倍数增加使用量

辛烯基琥珀酸淀粉钠 **starch sodium octenyl succinate (sodium starch octenyl succinate)**

CNS 号 10.030 INS 号 1450

功能 乳化剂，其他

食品分类号	食品名称	最大使用量/(g/kg)	备注
01.05.01	稀奶油	按生产需要适量使用	
13.01.01	婴儿配方食品	1.0	作为 DHA/ARA 载体，以即食食品计
13.01.02	较大婴儿和幼儿配方食品	50.0	作为 DHA/ARA 载体，以即食食品计
13.01.03	特殊医学用途婴儿配方食品	150.0	使用量仅限粉状产品，液态产品按照稀释倍数折算

表 A.1（续）

新红及其铝色淀 **new red,new red aluminum lake**
CNS 号 08.004 INS 号 —
功能 着色剂

食品分类号	食品名称	最大使用量/(g/kg)	备注
04.01.02.08.02	凉果类	0.05	以新红计
04.01.02.09	装饰性果蔬	0.1	以新红计
05.0	可可制品、巧克力和巧克力制品（包括代可可脂巧克力及制品）以及糖果（05.01.01 可可制品除外）	0.05	以新红计
07.02.04	糕点上彩装	0.05	以新红计
14.02.03	果蔬汁（浆）类饮料	0.05	以新红计，固体饮料按稀释倍数增加使用量
14.04	碳酸饮料	0.05	以新红计，固体饮料按稀释倍数增加使用量
14.08	风味饮料（仅限果味饮料）	0.05	以新红计，固体饮料按稀释倍数增加使用量
15.02	配制酒	0.05	以新红计

亚麻籽胶（又名富兰克胶） **linseed gum**
CNS 号 20.020 INS 号 —
功能 增稠剂

食品分类号	食品名称	最大使用量/(g/kg)	备注
03.01	冰淇淋、雪糕类	0.3	
06.03.02.02	生干面制品	1.5	
08.03	熟肉制品	5.0	
14.0	饮料类（14.01 包装饮用水除外）	5.0	固体饮料按冲调倍数增加使用量

亚铁氰化钾，亚铁氰化钠 **potassium ferrocyanide, sodium ferrocyanide**
CNS 号 02.001,02.008 INS 号 536,535
功能 抗结剂

食品分类号	食品名称	最大使用量/(g/kg)	备注
12.01	盐及代盐制品	0.01	以亚铁氰根计

表 A.1（续）

亚硝酸钠，亚硝酸钾　　**sodium nitrite，potassium nitrite**

CNS 号　09.002，09.004　　INS 号　250，249

功能　护色剂、防腐剂

食品分类号	食品名称	最大使用量/(g/kg)	备注
08.02.02	腌腊肉制品类（如咸肉、腊肉、板鸭、中式火腿、腊肠）	0.15	以亚硝酸钠计，残留量⩽30 mg/kg
08.03.01	酱卤肉制品类	0.15	以亚硝酸钠计，残留量⩽30 mg/kg
08.03.02	熏、烧、烤肉类	0.15	以亚硝酸钠计，残留量⩽30 mg/kg
08.03.03	油炸肉类	0.15	以亚硝酸钠计，残留量⩽30 mg/kg
08.03.04	西式火腿（熏烤、烟熏、蒸煮火腿）类	0.15	以亚硝酸钠计，残留量⩽70 mg/kg
08.03.05	肉灌肠类	0.15	以亚硝酸钠计，残留量⩽30 mg/kg
08.03.06	发酵肉制品类	0.15	以亚硝酸钠计，残留量⩽30 mg/kg
08.03.08	肉罐头类	0.15	以亚硝酸钠计，残留量⩽50 mg/kg

胭脂虫红　　**carmine cochineal**

CNS 号　08.145　　INS 号　120

功能　着色剂

食品分类号	食品名称	最大使用量/(g/kg)	备注
01.02.02	风味发酵乳	0.05	以胭脂红酸计
01.03.02	调制乳粉和调制奶油粉	0.6	以胭脂红酸计
01.04.02	调制炼乳（包括加糖炼乳及使用了非乳原料的调制炼乳等）	0.15	以胭脂红酸计
01.06	干酪和再制干酪及其类似品	0.1	以胭脂红酸计
03.0	冷冻饮品（03.04 食用冰除外）	0.15	以胭脂红酸计
04.01.02.05	果酱	0.6	以胭脂红酸计
04.05.02.01	熟制坚果与籽类（仅限油炸坚果与籽类）	0.1	以胭脂红酸计
05.01.03	代可可脂巧克力及使用可可脂代用品的巧克力类似产品	0.3	以胭脂红酸计

表 A.1（续）

食品分类号	食品名称	最大使用量/(g/kg)	备注
05.02	糖果	0.3	以胭脂红酸计
06.03.02.04	面糊（如用于鱼和禽肉的拖面糊）、裹粉、煎炸粉	0.5	以胭脂红酸计
06.05.02.04	粉圆	1.0	以胭脂红酸计
06.06	即食谷物，包括碾轧燕麦(片)	0.2	以胭脂红酸计
06.07	方便米面制品	0.3	以胭脂红酸计
07.0	焙烤食品	0.6	以胭脂红酸计
08.03	熟肉制品	0.5	以胭脂红酸计
12.10	复合调味料	1.0	以胭脂红酸计
12.10.02	半固体复合调味料	0.05	以胭脂红酸计
14.0	饮料类(14.01 包装饮用水除外)	0.6	以胭脂红酸计，固体饮料按稀释倍数增加使用量
15.02	配制酒	0.25	以胭脂红酸计
16.01	果冻	0.05	以胭脂红酸计，如用于果冻粉，按冲调倍数增加使用量
16.06	膨化食品	0.1	以胭脂红酸计

胭脂红及其铝色淀 **ponceau 4R，ponceau 4R aluminum lake**

CNS 号 08.002 INS 号 124

功能 着色剂

食品分类号	食品名称	最大使用量/(g/kg)	备注
01.01.03	调制乳	0.05	以胭脂红计
01.02.02	风味发酵乳	0.05	以胭脂红计
01.03.02	调制乳粉和调制奶油粉	0.15	以胭脂红计
01.04.02	调制炼乳(包括加糖炼乳及使用了非乳原料的调制炼乳等)	0.05	以胭脂红计
03.0	冷冻饮品(03.04 食用冰除外)	0.05	以胭脂红计
04.01.02.04	水果罐头	0.1	以胭脂红计
04.01.02.05	果酱	0.5	以胭脂红计
04.01.02.08	蜜饯凉果	0.05	以胭脂红计
04.01.02.09	装饰性果蔬	0.1	以胭脂红计
04.02.02.03	腌渍的蔬菜	0.05	以胭脂红计

表 A.1（续）

食品分类号	食品名称	最大使用量/(g/kg)	备注
05.0	可可制品、巧克力和巧克力制品（包括代可可脂巧克力及制品）以及糖果(05.04 装饰糖果、顶饰和甜汁除外）	0.05	以胭脂红计
05.03	糖果和巧克力制品包衣	0.1	以胭脂红计
06.05.02.02	虾味片	0.05	以胭脂红计
07.02.04	糕点上彩装	0.05	以胭脂红计
07.03.03	蛋卷	0.01	以胭脂红计
07.04	焙烤食品馅料及表面用挂浆(仅限饼干夹心和蛋糕夹心）	0.05	以胭脂红计
08.04	肉制品的可食用动物肠衣类	0.025	以胭脂红计
11.05	调味糖浆	0.2	以胭脂红计
11.05.01	水果调味糖浆	0.5	以胭脂红计
12.10.02	半固体复合调味料(12.10.02.01 蛋黄酱、沙拉酱除外）	0.5	以胭脂红计
12.10.02.01	蛋黄酱、沙拉酱	0.2	以胭脂红计
14.02.03	果蔬汁(浆)类饮料	0.05	以胭脂红计,固体饮料按稀释倍数增加使用量
14.03.01	含乳饮料	0.05	以胭脂红计,固体饮料按稀释倍数增加使用量
14.03.02	植物蛋白饮料	0.025	以胭脂红计,固体饮料按稀释倍数增加使用量
14.04	碳酸饮料	0.05	以胭脂红计,固体饮料按稀释倍数增加使用量
14.08	风味饮料(仅限果味饮料）	0.05	以胭脂红计,固体饮料按稀释倍数增加使用量
15.02	配制酒	0.05	以胭脂红计
16.01	果冻	0.05	以胭脂红计,如用于果冻粉,按冲调倍数增加使用量
16.03	胶原蛋白肠衣	0.025	以胭脂红计
16.06	膨化食品	0.05	仅限使用胭脂红

表 A.1（续）

胭脂树橙（又名红木素，降红木素） **annatto extract**

CNS 号 08.144 INS 号 160b

功能 着色剂

食品分类号	食品名称	最大使用量/(g/kg)	备注
01.06.02	熟化干酪	0.6	
01.06.04	再制干酪	0.6	
02.02.01.02	人造黄油（人造奶油）及其类似制品（如黄油和人造黄油混合品）	0.05	
02.05	其他油脂或油脂制品（仅限植脂末）	0.02	
03.0	冷冻饮品（03.04 食用冰除外）	0.6	
04.01.02.05	果酱	0.6	
05.01.02	巧克力和巧克力制品、除 05.01.01 以外的可可制品	0.025	
05.01.03	代可可脂巧克力及使用可可脂代用品的巧克力类似产品	0.6	
05.02	糖果	0.6	
06.03.02.04	面糊（如用于鱼和禽肉的拖面糊）、裹粉、煎炸粉	0.01	
06.05.02.04	粉圆	0.15	
06.06	即食谷物，包括碾轧燕麦（片）	0.07	
06.07	方便米面制品	0.012	
07.0	焙烤食品	0.6	
08.03.04	西式火腿（熏烤、烟熏、蒸煮火腿）类	0.025	
08.03.05	肉灌肠类	0.025	
12.10	复合调味料	0.1	
14.0	饮料类（14.01 包装饮用水除外）	0.6	固体饮料按冲调倍数增加使用量
16.01	果冻	0.6	如用于果冻粉，按冲调倍数增加使用量
16.06	膨化食品	0.01	

表 A.1（续）

盐酸 **hydrochloric acid**
CNS 号 01.108 INS 号 507
功能 酸度调节剂

食品分类号	食品名称	最大使用量	备注
12.10.02.01	蛋黄酱、沙拉酱	按生产需要适量使用	

杨梅红 **mynica red**
CNS 号 08.149 INS 号 —
功能 着色剂

食品分类号	食品名称	最大使用量/(g/kg)	备注
03.0	冷冻饮品(03.04 食用冰除外)	0.2	
05.02	糖果	0.2	
07.02.04	糕点上彩装	0.2	
14.0	饮料类(14.01 包装饮用水除外)	0.1	固体饮料按稀释倍数增加使用量
15.03.03	果酒(仅限于配制果酒)	0.2	
16.01	果冻	0.2	如用于果冻粉,按冲调倍数增加使用量

氧化铁黑,氧化铁红 **iron oxide black, iron oxide red**
CNS 号 08.014,08.015 INS 号 172i,172ii
功能 着色剂

食品分类号	食品名称	最大使用量/(g/kg)	备注
05.03	糖果和巧克力制品包衣	0.02	

叶黄素 **lutein**
CNS 号 08.146 INS 号 161b
功能 着色剂

食品分类号	食品名称	最大使用量/(g/kg)	备注
01.07	以乳为主要配料的即食风味食品或其预制产品(不包括冰淇淋和风味发酵乳)	0.05	
03.0	冷冻饮品(03.04 食用冰除外)	0.1	
04.01.02.05	果酱	0.05	
05.02	糖果	0.15	
06.04.02.01	杂粮罐头	0.05	

表 A.1（续）

食品分类号	食品名称	最大使用量/(g/kg)	备注
06.07	方便米面制品	0.15	
06.08	冷冻米面制品	0.1	
06.09	谷物和淀粉类甜品(仅限谷类甜品罐头)	0.05	
07.0	焙烤食品	0.15	
14.0	饮料类(14.01 包装饮用水除外)	0.05	固体饮料按稀释倍数增加使用量
16.01	果冻	0.05	如用于果冻粉，按冲调倍数增加使用量

叶绿素铜 **copper chlorophyll**

CNS 号 08.153 INS 号 141i

功能 着色剂

食品分类号	食品名称	最大使用量	备注
01.05.01	稀奶油	按生产需要适量使用	
05.02	糖果	按生产需要适量使用	
07.0	焙烤食品	按生产需要适量使用	

叶绿素铜钠盐，叶绿素铜钾盐 **chlorophyllin copper complex, sodium and potassium salts**

CNS 号 08.009 INS 号 141ii

功能 着色剂

食品分类号	食品名称	最大使用量/(g/kg)	备注
03.0	冷冻饮品(03.04 食用冰除外)	0.5	
04.02.02.04	蔬菜罐头	0.5	
04.04.01.06	熟制豆类	0.5	
04.05.02	加工坚果与籽类	0.5	
05.02	糖果	0.5	
06.05.02.04	粉圆	0.5	
07.0	焙烤食品	0.5	
14.0	饮料类(14.01 包装饮用水除外)	0.5	仅限使用叶绿素铜钠盐，固体饮料按稀释倍数增加使用量
14.02.03	果蔬汁(浆)类饮料	按生产需要适量使用	固体饮料按稀释倍数增加使用量
15.02	配制酒	0.5	
16.01	果冻	0.5	如用于果冻粉，按冲调倍数增加使用量

表 A.1(续)

液体二氧化碳(煤气化法) **carbon dioxide**

CNS 号 17.034 INS 号 —

功能 防腐剂

食品分类号	食品名称	最大使用量	备注
14.04	碳酸饮料	按生产需要适量使用	固体饮料按稀释倍数增加使用量
15.03.06	其他发酵酒类(充气型)	按生产需要适量使用	

乙二胺四乙酸二钠 **disodium ethylene-diamine-tetra-acetate**

CNS 号 18.005 INS 号 386

功能 稳定剂、凝固剂、抗氧化剂、防腐剂

食品分类号	食品名称	最大使用量/(g/kg)	备注
04.01.02.05	果酱	0.07	
04.01.02.08.03	果脯类(仅限地瓜果脯)	0.25	
04.02.02.03	腌渍的蔬菜	0.25	
04.02.02.04	蔬菜罐头	0.25	
04.02.02.05	蔬菜泥(酱),番茄沙司除外	0.07	
04.05.02.03	坚果与籽类罐头	0.25	
06.04.02.01	杂粮罐头	0.25	
12.10	复合调味料	0.075	
14.0	饮料类(14.01 包装饮用水除外)	0.03	固体饮料按稀释倍数增加使用量

乙二胺四乙酸二钠钙 **calcium disodium ethylene-diamine-tetra-acetate**

CNS 号 04.020 INS 号 385

功能 抗氧化剂

食品分类号	食品名称	最大使用量/(g/kg)	备注
12.10	复合调味料	0.075	

乙酸钠(又名醋酸钠) **sodium acetate**

CNS 号 00.013 INS 号 262i

功能 酸度调节剂、防腐剂

食品分类号	食品名称	最大使用量/(g/kg)	备注
12.10	复合调味料	10.0	
16.06	膨化食品	1.0	

表 A.1（续）

乙酰磺胺酸钾（又名安赛蜜） **acesulfame potassium**

CNS 号 19.011 INS 号 950

功能 甜味剂

食品分类号	食品名称	最大使用量/(g/kg)	备注
01.02.02	风味发酵乳	0.35	
01.07	以乳为主要配料的即食风味食品或其预制产品（不包括冰淇淋和风味发酵乳）（仅限乳基甜品罐头）	0.3	
03.0	冷冻饮品（03.04 食用冰除外）	0.3	
04.01.02.04	水果罐头	0.3	
04.01.02.05	果酱	0.3	
04.01.02.08.01	蜜饯类	0.3	
04.02.02.03	腌渍的蔬菜	0.3	
04.03.02	加工食用菌和藻类	0.3	
04.05.02.01	熟制坚果与籽类	3.0	
05.02	糖果	2.0	
05.02.01	胶基糖果	4.0	
06.04.02.01	杂粮罐头	0.3	
06.04.02.02	其他杂粮制品（仅限黑芝麻糊）	0.3	
06.09	谷类和淀粉类甜品（仅限谷类甜品罐头）	0.3	
07.0	焙烤食品	0.3	
11.04	餐桌甜味料	0.04 g/份	
12.0	调味品	0.5	
12.04	酱油	1.0	
14.0	饮料类（14.01 包装饮用水除外）	0.3	固体饮料按冲调倍数增加使用量
16.01	果冻	0.3	如用于果冻粉，按冲调倍数增加使用量

乙氧基喹 **ethoxy quin**

CNS 号 17.010 INS 号 —

功能 防腐剂

食品分类号	食品名称	最大使用量	备注
04.01.01.02	经表面处理的鲜水果	按生产需要适量使用	残留量≤1 mg/kg

表 A.1（续）

异构化乳糖液 **isomerized lactose syrup**

CNS 号 00.003 INS 号 —

功能 其他

食品分类号	食品名称	最大使用量/(g/kg)	备注
01.03	乳粉(包括加糖乳粉)和奶油粉及其调制产品	15.0	
07.03	饼干	2.0	
13.01	婴幼儿配方食品	15.0	
14.0	饮料类(14.01 包装饮用水除外)	1.5	固体饮料按稀释倍数增加使用量

D-异抗坏血酸及其钠盐 **D-isoascorbic acid (erythorbic acid), sodium D-isoascorbate**

CNS 号 04.004,04.018 INS 号 315,316

功能 抗氧化剂、护色剂

食品分类号	食品名称	最大使用量/(g/kg)	备注
14.02.02	浓缩果蔬汁(浆)	按生产需要适量使用	固体饮料按稀释倍数增加使用量
15.03.01	葡萄酒	0.15	以抗坏血酸计

异麦芽酮糖 **isomaltulose (palatinose)**

CNS 号 19.003 INS 号 —

功能 甜味剂

食品分类号	食品名称	最大使用量	备注
01.01.03	调制乳	按生产需要适量使用	
01.02.02	风味发酵乳	按生产需要适量使用	
03.0	冷冻饮品(03.04 食用冰除外)	按生产需要适量使用	
04.01.02.04	水果罐头	按生产需要适量使用	
04.01.02.05	果酱	按生产需要适量使用	
04.01.02.08	蜜饯凉果	按生产需要适量使用	
05.02	糖果	按生产需要适量使用	
06.04.02.02	其他杂粮制品	按生产需要适量使用	
07.01	面包	按生产需要适量使用	
07.02	糕点	按生产需要适量使用	
07.03	饼干	按生产需要适量使用	
14.0	饮料类(14.01 包装饮用水除外)	按生产需要适量使用	固体饮料按稀释倍数增加使用量
15.02	配制酒	按生产需要适量使用	

表 A.1（续）

硬脂酸（又名十八烷酸） **stearic acid（octadecanoic acid）**

CNS 号 14.009 INS 号 570

功能 被膜剂、胶姆糖基础剂

食品分类号	食品名称	最大使用量/(g/kg)	备注
05.0	可可制品、巧克力和巧克力制品（包括代可可脂巧克力及制品）以及糖果	1.2	

硬脂酸钙 **calcium stearate**

CNS 号 10.039 INS 号 470

功能 乳化剂、抗结剂

食品分类号	食品名称	最大使用量/(g/kg)	备注
12.09.01	香辛料及粉	20.0	
12.10.01	固体复合调味料	20.0	

硬脂酸钾 **potassium stearate**

CNS 号 10.028 INS 号 470

功能 乳化剂、抗结剂

食品分类号	食品名称	最大使用量/(g/kg)	备注
07.02	糕点	0.18	
12.09.01	香辛料及粉	20.0	

硬脂酸镁 **magnesium stearate**

CNS 号 02.006 INS 号 470

功能 乳化剂、抗结剂

食品分类号	食品名称	最大使用量/(g/kg)	备注
04.01.02.08	蜜饯凉果	0.8	
05.0	可可制品、巧克力和巧克力制品（包括代可可脂巧克力及制品）以及糖果	按生产需要适量使用	

硬脂酰乳酸钠，硬脂酰乳酸钙 **sodium stearoyl lactylate，calcium stearoyl lactylate**

CNS 号 10.011，10.009 INS 号 481i，482i

功能 乳化剂、稳定剂

食品分类号	食品名称	最大使用量/(g/kg)	备注
01.01.03	调制乳	2.0	
01.02.02	风味发酵乳	2.0	
01.05.01	稀奶油	5.0	
01.05.03	调制稀奶油	5.0	

表 A.1（续）

食品分类号	食品名称	最大使用量/(g/kg)	备注
01.05.04	稀奶油类似品	5.0	
02.01.01	植物油脂	0.3	
02.02	水油状脂肪乳化制品	5.0	
02.03	02.02类以外的脂肪乳化制品，包括混合的(或)调味的脂肪乳化制品	5.0	
02.05	其他油脂或油脂制品(仅限植脂末)	10.0	
03.01	冰淇淋、雪糕类	2.0	
04.01.02.05	果酱	2.0	
04.02.02.02	干制蔬菜(仅限脱水马铃薯粉)	2.0	
05.04	装饰糖果(如工艺造型，或用于蛋糕装饰)、顶饰(非水果材料)和甜汁	2.0	
06.03.01.02	专用小麦粉(如自发粉、饺子粉等)	2.0	
06.03.02.01	生湿面制品(如面条、饺子皮、馄饨皮、烧麦皮)	2.0	
06.03.02.03	发酵面制品	2.0	
07.01	面包	2.0	
07.02	糕点	2.0	
07.03	饼干	2.0	
08.03.05	肉灌肠类	2.0	
11.05	调味糖浆	2.0	
14.03	蛋白饮料	2.0	固体饮料按稀释倍数增加使用量
14.05	茶、咖啡、植物(类)饮料	2.0	固体饮料按稀释倍数增加使用量
14.07	特殊用途饮料	2.0	固体饮料按稀释倍数增加使用量
14.08	风味饮料	2.0	固体饮料按稀释倍数增加使用量

诱惑红及其铝色淀 **allura red, allura aluminum lake**

CNS 号 08.012 INS 号 129

功能 着色剂

食品分类号	食品名称	最大使用量/(g/kg)	备注
03.0	冷冻饮品(03.04食用冰除外)	0.07	以诱惑红计
04.01.02.02	水果干类(仅限苹果干)	0.07	以诱惑红计，用于燕麦片调色调香载体
04.01.02.09	装饰性果蔬	0.05	以诱惑红计

表 A.1（续）

食品分类号	食品名称	最大使用量/(g/kg)	备注
04.04.01.06	熟制豆类	0.1	以诱惑红计
04.05.02	加工坚果与籽类	0.1	以诱惑红计
05.0	可可制品、巧克力和巧克力制品（包括代可可脂巧克力及制品）以及糖果	0.3	以诱惑红计
06.05.02.04	粉圆	0.2	以诱惑红计
06.06	即食谷物，包括碾轧燕麦（片）（仅限可可玉米片）	0.07	以诱惑红计
07.02.04	糕点上彩装	0.05	以诱惑红计
07.04	焙烤食品馅料及表面用挂浆（仅限饼干夹心）	0.1	以诱惑红计
08.03.04	西式火腿（熏烤、烟熏、蒸煮火腿）类	0.025	以诱惑红计
08.03.05	肉灌肠类	0.015	以诱惑红计
08.04	肉制品的可食用动物肠衣类	0.05	以诱惑红计
11.05	调味糖浆	0.3	以诱惑红计
12.10.01	固体复合调味料	0.04	以诱惑红计
12.10.02	半固体复合调味料（12.10.02.01 蛋黄酱、沙拉酱除外）	0.5	以诱惑红计
14.0	饮料类（14.01 包装饮用水除外）	0.1	以诱惑红计，固体饮料按稀释倍数增加使用量
15.02	配制酒	0.05	仅限使用诱惑红
16.01	果冻	0.025	以诱惑红计，如用于果冻粉，按冲调倍数增加使用量
16.03	胶原蛋白肠衣	0.05	以诱惑红计
16.06	膨化食品	0.1	仅限使用诱惑红

玉米黄　　**corn yellow**

CNS 号　08.116　　INS 号　—

功能　着色剂

食品分类号	食品名称	最大使用量/(g/kg)	备注
02.01.01.02	氢化植物油	5.0	
05.02	糖果	5.0	

表 A.1（续）

越橘红 **cowberry red**

CNS 号 08.105 INS 号 —

功能 着色剂

食品分类号	食品名称	最大使用量	备注
03.0	冷冻饮品(03.04 食用冰除外)	按生产需要适量使用	
14.02.03	果蔬汁(浆)类饮料	按生产需要适量使用	固体饮料按稀释倍数增加使用量
14.08	风味饮料(仅限果味饮料)	按生产需要适量使用	固体饮料按稀释倍数增加使用量

藻蓝(淡、海水) **spirulina blue(algae blue, lina blue)**

CNS 号 08.137 INS 号 —

功能 着色剂

食品分类号	食品名称	最大使用量/(g/kg)	备注
03.0	冷冻饮品(03.04 食用冰除外)	0.8	
05.02	糖果	0.8	
12.09.01	香辛料及粉	0.8	
14.02.03	果蔬汁(浆)类饮料	0.8	固体饮料按稀释倍数增加使用量
14.08	风味饮料	0.8	固体饮料按稀释倍数增加使用量
16.01	果冻	0.8	如用于果冻粉,按冲调倍数增加使用量

皂荚糖胶 **gleditsia sinenis lam gum**

CNS 号 20.029 INS 号 —

功能 增稠剂

食品分类号	食品名称	最大使用量/(g/kg)	备注
03.01	冰淇淋、雪糕类	4.0	
06.03.01.02	专用小麦粉(如自发粉、饺子粉等)	4.0	
12.0	调味品	4.0	
14.0	饮料类(14.01 包装饮用水除外)	4.0	固体饮料按冲调倍数增加使用量

表 A.1（续）

蔗糖脂肪酸酯 **sucrose esters of fatty acid**

CNS 号 10.001 INS 号 473

功能 乳化剂

食品分类号	食品名称	最大使用量/(g/kg)	备注
01.01.03	调制乳	3.0	
01.05	稀奶油(淡奶油)及其类似品	10.0	
02.01	基本不含水的脂肪和油	10.0	
02.02	水油状脂肪乳化制品	10.0	
02.03	02.02 类以外的脂肪乳化制品，包括混合的和(或)调味的脂肪乳化制品	10.0	
03.0	冷冻饮品(03.04 食用冰除外)	1.5	
04.01.01.02	经表面处理的鲜水果	1.5	
04.01.02.05	果酱	5.0	
05.0	可可制品、巧克力和巧克力制品(包括代可可脂巧克力及制品)以及糖果	10.0	
06.03.01.02	专用小麦粉(如自发粉、饺子粉等)	5.0	
06.03.02.01	生湿面制品(如面条、饺子皮、馄饨皮、烧麦皮)	4.0	
06.03.02.02	生干面制品	4.0	
06.03.02.04	面糊(如用于鱼和禽肉的拖面糊)、裹粉、煎炸粉	5.0	
06.04.02.01	杂粮罐头	1.5	
06.07	方便米面制品	4.0	
07.0	焙烤食品	3.0	
08.0	肉及肉制品	1.5	
10.01	鲜蛋	1.5	用于鸡蛋保鲜
11.05	调味糖浆	5.0	
12.0	调味品	5.0	
14.0	饮料类(14.01 包装饮用水除外)	1.5	固体饮料按稀释倍数增加使用量
16.01	果冻	4.0	如用于果冻粉，按冲调倍数增加使用量
16.07	其他(仅限乳化天然色素)	10.0	
16.07	其他(仅限即食菜肴)	5.0	

表 A.1（续）

栀子黄 **gardenia yellow**

CNS 号 08.112 INS 号 —

功能 着色剂

食品分类号	食品名称	最大使用量/(g/kg)	备注
02.02.01.02	人造黄油（人造奶油）及其类似制品（如黄油和人造黄油混合品）	1.5	
03.0	冷冻饮品(03.04 食用冰除外)	0.3	
04.01.02.08.01	蜜饯类	0.3	
04.02.02.03	腌渍的蔬菜	1.5	
04.05.02.01	熟制坚果与籽类（仅限油炸坚果与籽类）	1.5	
04.05.02.03	坚果与籽类罐头	0.3	
05.0	可可制品、巧克力和巧克力制品（包括代可可脂巧克力及制品）以及糖果	0.3	
06.03.02.01	生湿面制品（如面条、饺子皮、馄饨皮、烧麦皮）	1.0	
06.03.02.02	生干面制品	0.3	
06.07	方便米面制品	1.5	
06.10	粮食制品馅料	1.5	
07.02	糕点	0.9	
07.03	饼干	1.5	
07.04	焙烤食品馅料及表面用挂浆	1.0	
08.03	熟肉制品（仅限禽肉熟制品）	1.5	
12.0	调味品（12.01 盐及代盐制品除外）	1.5	
14.02.03	果蔬汁（浆）类饮料	0.3	
14.06	固体饮料	1.5	
14.08	风味饮料（仅限果味饮料）	0.3	
15.02	配制酒	0.3	
16.01	果冻	0.3	如用于果冻粉，按冲调倍数增加使用量
16.06	膨化食品	0.3	

表 A.1（续）

栀子蓝 **gardenia blue**

CNS 号 08.123 INS 号 —

功能 着色剂

食品分类号	食品名称	最大使用量/(g/kg)	备注
03.0	冷冻饮品(03.04 食用冰除外)	1.0	
04.01.02.05	果酱	0.3	
04.02.02.03	腌渍的蔬菜	0.5	
04.05.02.01	熟制坚果与籽类(仅限油炸坚果与籽类)	0.5	
05.02	糖果	0.3	
06.07	方便米面制品	0.5	
06.10	粮食制品馅料	0.5	
07.0	焙烤食品	1.0	
12.0	调味品(12.01 盐及代盐制品除外)	0.5	
14.02	果蔬汁类及其饮料	0.5	
14.03	蛋白饮料	0.5	
14.06	固体饮料	0.5	
14.08	风味饮料(仅限果味饮料)	0.2	
15.02	配制酒	0.2	
16.06	膨化食品	0.5	

植酸(又名肌醇六磷酸),植酸钠 **phytic acid(inositol hexaphosphoric acid),sodium phytate**

CNS 号 04.006 INS 号 —

功能 抗氧化剂

食品分类号	食品名称	最大使用量/(g/kg)	备注
02.01	基本不含水的脂肪和油	0.2	
04.01.02	加工水果	0.2	
04.02.02	加工蔬菜	0.2	
05.04	装饰糖果(如工艺造型,或用于蛋糕装饰)、顶饰(非水果材料)和甜汁	0.2	
08.02.02	腌腊肉制品类(如咸肉、腊肉、板鸭、中式火腿、腊肠)	0.2	
08.03.01	酱卤肉制品类	0.2	
08.03.02	熏、烧、烤肉类	0.2	
08.03.03	油炸肉类	0.2	

表 A.1（续）

食品分类号	食品名称	最大使用量/(g/kg)	备注
08.03.04	西式火腿（熏烤、烟熏、蒸煮火腿）类	0.2	
08.03.05	肉灌肠类	0.2	
08.03.06	发酵肉制品类	0.2	
09.01	鲜水产（仅限虾类）	按生产需要适量使用	残留量≤20 mg/kg
11.05	调味糖浆	0.2	
14.02.03	果蔬汁（浆）类饮料	0.2	固体饮料按稀释倍数增加使用量

植物炭黑 **vegetable carbon，carbon black**

CNS 号 08.138 INS 号 153

功能 着色剂

食品分类号	食品名称	最大使用量/(g/kg)	备注
03.0	冷冻饮品（03.04 食用冰除外）	5.0	
05.02	糖果	5.0	
06.05.02.04	粉圆	1.5	
07.02	糕点	5.0	
07.03	饼干	5.0	

竹叶抗氧化物 **antioxidant of bamboo leaves**

CNS 号 04.019 INS 号 —

功能 抗氧化剂

食品分类号	食品名称	最大使用量/(g/kg)	备注
02.01	基本不含水的脂肪和油	0.5	
04.05.02.01	熟制坚果与籽类（仅限油炸坚果与籽类）	0.5	
06.03.02.05	油炸面制品	0.5	
06.06	即食谷物，包括碾轧燕麦（片）	0.5	
07.0	焙烤食品	0.5	
08.02.02	腌腊肉制品类（如咸肉、腊肉、板鸭、中式火腿、腊肠）	0.5	
08.03.01	酱卤肉制品类	0.5	
08.03.02	熏、烧、烤肉类	0.5	
08.03.03	油炸肉类	0.5	
08.03.04	西式火腿（熏烤、烟熏、蒸煮火腿）类	0.5	

表 A.1（续）

食品分类号	食品名称	最大使用量/(g/kg)	备注
08.03.05	肉灌肠类	0.5	
08.03.06	发酵肉制品类	0.5	
09.0	水产品及其制品(包括鱼类、甲壳类、贝类、软体类、棘皮类等水产品及其加工制品)	0.5	
14.02.03	果蔬汁(浆)类饮料	0.5	固体饮料按稀释倍数增加使用量
14.05.01	茶(类)饮料	0.5	固体饮料按稀释倍数增加使用量
16.06	膨化食品	0.5	

紫草红 **gromwell red**
CNS 号 08.140 INS 号 —
功能 着色剂

食品分类号	食品名称	最大使用量/(g/kg)	备注
03.0	冷冻饮品(03.04 食用冰除外)	0.1	
07.02	糕点	0.9	
07.03	饼干	0.1	
07.04	焙烤食品馅料及表面用挂浆	1.0	
14.02.03	果蔬汁(浆)类饮料	0.1	固体饮料按稀释倍数增加使用量
14.08	风味饮料(仅限果味饮料)	0.1	固体饮料按稀释倍数增加使用量
15.03.03	果酒	0.1	

紫甘薯色素 **purple sweet potato colour**
CNS 号 08.154 INS 号 —
功能 着色剂

食品分类号	食品名称	最大使用量/(g/kg)	备注
03.0	冷冻饮品(03.04 食用冰除外)	0.2	
05.02	糖果	0.1	
07.02.04	糕点上彩装	0.2	
14.02.03	果蔬汁(浆)类饮料	0.1	固体饮料按稀释倍数增加使用量
15.02	配制酒	0.2	

表 A.1（续）

紫胶（又名虫胶） **shellac**

CNS 号 14.001 INS 号 904

功能 被膜剂，胶姆糖基础剂

食品分类号	食品名称	最大使用量/(g/kg)	备注
04.01.01.02	经表面处理的鲜水果（仅限柑橘类）	0.5	
04.01.01.02	经表面处理的鲜水果（仅限苹果）	0.4	
05.01	可可制品、巧克力和巧克力制品，包括代可可脂巧克力及制品	0.2	
05.02.01	胶基糖果	3.0	
05.02.02	除胶基糖果以外的其他糖果	3.0	
07.03.02	威化饼干	0.2	

紫胶红（又名虫胶红） **lac dye red (lac red)**

CNS 号 08.104 INS 号 —

功能 着色剂

食品分类号	食品名称	最大使用量/(g/kg)	备注
04.01.02.05	果酱	0.5	
05.0	可可制品、巧克力和巧克力制品（包括代可可脂巧克力及制品）以及糖果	0.5	
07.04	焙烤食品馅料及表面用挂浆（仅限风味派馅料）	0.5	
12.10	复合调味料	0.5	
14.02.03	果蔬汁（浆）类饮料	0.5	固体饮料按稀释倍数增加使用量
14.04	碳酸饮料	0.5	固体饮料按稀释倍数增加使用量
14.08	风味饮料（仅限果味饮料）	0.5	固体饮料按稀释倍数增加使用量
15.02	配制酒	0.5	

表 A.2 可在各类食品中按生产需要适量使用的食品添加剂名单

序号	添加剂名称	CNS 号	英文名称	INS 号	功能
1	5′-呈味核苷酸二钠（又名呈味核苷酸二钠）	12.004	disodium 5′-ribonucleotide	635	增味剂
2	5′-肌苷酸二钠	12.003	disodium 5′-inosinate	631	增味剂
3	5′-鸟苷酸二钠	12.002	disodium 5′-guanylate	627	增味剂
4	D-异抗坏血酸及其钠盐	04.004，04.018	D-isoascorbic acid（erythorbic acid），sodium D-isoascorbate	315,316	抗氧化剂
5	DL-苹果酸钠	01.309	DL-disodium malate	—	酸度调节剂
6	L-苹果酸	01.104	L-malic acid	—	酸度调节剂
7	DL-苹果酸	01.309	DL-malic acid	—	酸度调节剂
8	α-环状糊精	18.011	alpha -cyclodextrin	457	稳定剂、增稠剂
9	γ-环状糊精	18.012	gamma-cyclodextrin	458	稳定剂、增稠剂
10	阿拉伯胶	20.008	arabic gum	414	增稠剂
11	半乳甘露聚糖	00.014	galactomannan	—	其他
12	冰乙酸（又名冰醋酸）	01.107	acetic acid	260	酸度调节剂
13	冰乙酸（低压羰基化法）	01.112	acetic acid	—	酸度调节剂
14	赤藓糖醇[a]	19.018	erythritol	968	甜味剂
15	醋酸酯淀粉	20.039	starch acetate	1420	增稠剂
16	单，双甘油脂肪酸酯（油酸、亚油酸、亚麻酸、棕榈酸、山嵛酸、硬脂酸、月桂酸）	10.006	mono- and diglycerides of fatty acids	471	乳化剂
17	改性大豆磷脂	10.019	modified soybean phospholipid	—	乳化剂
18	柑橘黄	08.143	orange yellow	—	着色剂
19	甘油（又名丙三醇）	15.014	glycerine(glycerol)	422	水分保持剂、乳化剂
20	高粱红	08.115	sorghum red	—	着色剂
21	谷氨酸钠	12.001	monosodium glutamate	621	增味剂
22	瓜尔胶	20.025	guar gum	412	增稠剂
23	果胶	20.006	pectins	440	增稠剂
24	海藻酸钾（又名褐藻酸钾）	20.005	potassium alginate	402	增稠剂
25	海藻酸钠（又名褐藻酸钠）	20.004	sodium alginate	401	增稠剂
26	槐豆胶（又名刺槐豆胶）	20.023	carob bean gum	410	增稠剂
27	黄原胶（又名汉生胶）	20.009	xanthan gum	415	增稠剂
28	甲基纤维素	20.043	methyl cellulose	461	增稠剂
29	结冷胶	20.027	gellan gum	418	增稠剂

表 A.2（续）

序号	添加剂名称	CNS 号	英文名称	INS 号	功能
30	聚丙烯酸钠	20.036	sodium polyacrylate	—	增稠剂
31	卡拉胶	20.007	carrageenan	407	增稠剂
32	抗坏血酸(又名维生素 C)	04.014	ascorbic acid	300	抗氧化剂
33	抗坏血酸钠	04.015	sodium ascorbate	301	抗氧化剂
34	抗坏血酸钙	04.009	calcium ascorbate	302	抗氧化剂
35	酪蛋白酸钠(又名酪朊酸钠)	10.002	sodium caseinate	—	乳化剂
36	磷酸酯双淀粉	20.034	distarch phosphate	1412	增稠剂
37	磷脂	04.010	phospholipid	322	抗氧化剂、乳化剂
38	氯化钾	00.008	potassium chloride	508	其他
39	罗汉果甜苷	19.015	lo-han-kuo extract	—	甜味剂
40	酶解大豆磷脂	10.040	enzymatically decomposed soybean phospholipid	—	乳化剂
41	明胶	20.002	gelatin	—	增稠剂
42	木糖醇	19.007	xylitol	967	甜味剂
43	柠檬酸	01.101	citric acid	330	酸度调节剂
44	柠檬酸钾	01.304	tripotassium citrate	332ii	酸度调节剂
45	柠檬酸钠	01.303	trisodium citrate	331iii	酸度调节剂、稳定剂
46	柠檬酸一钠	01.306	sodium dihydrogen citrate	331i	酸度调节剂
47	柠檬酸脂肪酸甘油酯	10.032	citric and fatty acid esters of glycerol	472c	乳化剂
48	葡萄糖酸-δ-内酯	18.007	glucono delta-lactone	575	稳定和凝固剂
49	葡萄糖酸钠	01.312	sodium gluconate	576	酸度调节剂
50	羟丙基淀粉	20.014	hydroxypropyl starch	1440	增稠剂、膨松剂、乳化剂、稳定剂
51	羟丙基二淀粉磷酸酯	20.016	hydroxypropyl distarch phosphate	1442	增稠剂
52	羟丙基甲基纤维素(HPMC)	20.028	hydroxypropyl methyl cellulose	464	增稠剂
53	琼脂	20.001	agar	406	增稠剂
54	乳酸	01.102	lactic acid	270	酸度调节剂
55	乳酸钾	15.011	potassium lactate	326	水分保持剂

表 A.2（续）

序号	添加剂名称	CNS 号	英文名称	INS 号	功能
56	乳酸钠	15.012	sodium lactate	325	水分保持剂、酸度调节剂、抗氧化剂、膨松剂、增稠剂、稳定剂
57	乳酸脂肪酸甘油酯	10.031	lactic and fatty acid esters of glycerol	472b	乳化剂
58	乳糖醇(4-β-D 吡喃半乳糖-D-山梨醇)	19.014	lactitol	966	甜味剂
59	酸处理淀粉	20.032	acid treated starch	1401	增稠剂
60	羧甲基纤维素钠	20.003	sodium carboxy methyl cellulose	466	增稠剂
61	碳酸钙(包括轻质和重质碳酸钙)	13.006	calcium carbonate (light and heavy)	170i	膨松剂、面粉处理剂
62	碳酸钾	01.301	potassium carbonate	501i	酸度调节剂
63	碳酸钠	01.302	sodium carbonate	500i	酸度调节剂
64	碳酸氢铵	06.002	ammonium hydrogen carbonate	503ii	膨松剂
65	碳酸氢钾	01.307	potassium hydrogen carbonate	501ii	酸度调节剂
66	碳酸氢钠	06.001	sodium hydrogen carbonate	500ii	膨松剂、酸度调节剂、稳定剂
67	天然胡萝卜素	08.147	natural carotene	—	着色剂
68	甜菜红	08.101	beet red	162	着色剂
69	微晶纤维素	02.005	microcrystallin cellulose	460i	抗结剂、增稠剂、稳定剂
70	辛烯基琥珀酸淀粉钠	10.030	sodium starch octenyl succinate	1450	乳化剂
71	氧化淀粉	20.030	oxidized starch	1404	增稠剂
72	氧化羟丙基淀粉	20.033	oxidized hydroxypropyl starch	—	增稠剂
73	乙酰化单、双甘油脂肪酸酯	10.027	acetylated mono- and diglyceride (acetic and fatty acid esters of glycerol)	472a	乳化剂

表 A.2（续）

序号	添加剂名称	CNS号	英文名称	INS号	功能
74	乙酰化二淀粉磷酸酯	20.015	acetylated distarch phosphate	1414	增稠剂
75	乙酰化双淀粉己二酸酯	20.031	acetylated distarch adipate	1422	增稠剂
[a] 生产菌株分别为 *Moniliella pollinis*，*Trichosporonides megachiliensis* 和解脂假丝酵母 *Candida lipolytica*。					

表 A.3 按生产需要适量使用的食品添加剂所例外的食品类别名单

食品分类号	食品名称
01.01.01	巴氏杀菌乳
01.01.02	灭菌乳
01.02.01	发酵乳
01.03.01	乳粉和奶油粉
01.05.01	稀奶油
02.01	基本不含水的脂肪和油
02.02.01.01	黄油和浓缩黄油
04.01.01	新鲜水果
04.02.01	新鲜蔬菜
04.02.02.01	冷冻蔬菜
04.02.02.06	发酵蔬菜制品
04.03.01	新鲜食用菌和藻类
04.03.02.01	冷冻食用菌和藻类
06.01	原粮
06.02	大米及其制品
06.03.01	小麦粉
06.03.02.01	生湿面制品(如面条、饺子皮、馄饨皮、烧麦皮)
06.03.02.02	生干面制品
06.04.01	杂粮粉
08.01	生、鲜肉
09.01	鲜水产
09.03	预制水产品(半成品)
10.01	鲜蛋
10.03.01	脱水蛋制品(如蛋白粉、蛋黄粉、蛋白片)
10.03.03	蛋液与液态蛋

表 A.3（续）

食品分类号	食品名称
11.01.01	白糖及白糖制品(如白砂糖、绵白糖、冰糖、方糖等)
11.01.02	其他糖和糖浆[如红糖、赤砂糖、冰片糖、原糖、果糖(蔗糖来源)、糖蜜、部分转化糖、槭树糖浆等]
11.03.01	蜂蜜
12.01	盐及代盐制品
12.09	香辛料类
13.01	婴幼儿配方食品
13.02	婴幼儿辅助食品
14.01.01	饮用天然矿泉水
14.01.02	饮用纯净水
14.01.03	其他类饮用水
14.02.01	果蔬汁(浆)
14.02.02	浓缩果蔬汁(浆)
15.03.01	葡萄酒
16.02.01	茶叶、咖啡

附 录 B

食品用香料使用规定

B.1 食品用香料、香精的使用原则

B.1.1 在食品中使用食品用香料、香精的目的是使食品产生、改变或提高食品的风味。食品用香料一般配制成食品用香精后用于食品加香，部分也可直接用于食品加香。食品用香料、香精不包括只产生甜味、酸味或咸味的物质，也不包括增味剂。

B.1.2 食品用香料、香精在各类食品中按生产需要适量使用，表 B.1 中所列食品没有加香的必要，不得添加食品用香料、香精，法律、法规或国家食品安全标准另有明确规定者除外。除表 B.1 所列食品外，其他食品是否可以加香应按相关食品产品标准规定执行。

B.1.3 用于配制食品用香精的食品用香料品种应符合本标准的规定。用物理方法、酶法或微生物法（所用酶制剂应符合本标准的有关规定）从食品（可以是未加工过的，也可以是经过了适合人类消费的传统的食品制备工艺的加工过程）制得的具有香味特性的物质或天然香味复合物可用于配制食品用香精。

注：天然香味复合物是一类含有食用香味物质的制剂。

B.1.4 具有其他食品添加剂功能的食品用香料，在食品中发挥其他食品添加剂功能时，应符合本标准的规定。如：苯甲酸、肉桂醛、瓜拉纳提取物、双乙酸钠（又名二醋酸钠）、琥珀酸二钠、磷酸三钙、氨基酸等。

B.1.5 食品用香精可以含有对其生产、贮存和应用等所必需的食品用香精辅料（包括食品添加剂和食品）。食品用香精辅料应符合以下要求：

a) 食品用香精中允许使用的辅料应符合相关标准的规定。在达到预期目的的前提下尽可能减少使用品种。

b) 作为辅料添加到食品用香精中的食品添加剂不应在最终食品中发挥功能作用，在达到预期目的的前提下尽可能降低在食品中的使用量。

B.1.6 食品用香精的标签应符合相关标准的规定。

B.1.7 凡添加了食品用香料、香精的食品应按照国家相关标准进行标示。

B.2 食品用香料名单

B.2.1 食品用香料包括天然香料和合成香料两种。

B.2.2 允许使用的食品用天然香料名单见表 B.2。

B.2.3 允许使用的食品用合成香料名单见表 B.3。

表 B.1 不得添加食品用香料、香精的食品名单

食品分类号	食品名称
01.01.01	巴氏杀菌乳
01.01.02	灭菌乳
01.02.01	发酵乳
01.05.01	稀奶油

表 B.1（续）

食品分类号	食品名称
02.01.01	植物油脂
02.01.02	动物油脂(包括猪油、牛油、鱼油和其他动物脂肪等)
02.01.03	无水黄油,无水乳脂
04.01.01	新鲜水果
04.02.01	新鲜蔬菜
04.02.02.01	冷冻蔬菜
04.03.01	新鲜食用菌和藻类
04.03.02.01	冷冻食用菌和藻类
06.01	原粮
06.02.01	大米
06.03.01	小麦粉
06.04.01	杂粮粉
06.05.01	食用淀粉
08.01	生、鲜肉
09.01	鲜水产
10.01	鲜蛋
11.01	食糖
11.03.01	蜂蜜
12.01	盐及代盐制品
13.01	婴幼儿配方食品[a]
14.01.01	饮用天然矿泉水
14.01.02	饮用纯净水
14.01.03	其他类饮用水
16.02.01	茶叶、咖啡

[a] 较大婴儿和幼儿配方食品中可以使用香兰素、乙基香兰素和香荚兰豆浸膏(提取物),最大使用量分别为 5 mg/100 mL、5 mg/100 mL 和按照生产需要适量使用,其中 100 mL 以即食食品计,生产企业应按照冲调比例折算成配方食品中的使用量;婴幼儿谷类辅助食品中可以使用香兰素,最大使用量为 7 mg/100 g,其中 100 g 以即食食品计,生产企业应按照冲调比例折算成谷类食品中的使用量;凡使用范围涵盖 0 至 6 个月婴幼儿配方食品不得添加任何食品用香料。

表 B.2 允许使用的食品用天然香料名单

序号	编码	香料中文名称	香料英文名称	FEMA[a] 编号
1	N001	丁香叶油	Clove leaf oil (*Eugenia* spp.)	2325
2	N002	丁香花蕾酊(提取物)	Clove bud tincture (extract) (*Eugenia* spp.)	2322
3	N003	丁香花蕾油	Clove bud oil (*Eugenia* spp.)	2323
4	N004	罗勒油	Basil oil (*Ocimum basilicum* L.)	2119
5	N005	八角茴香油	Anise star oil (*Illicium verum* Hook,F.)	2096
6	N006	九里香浸膏	Common Jasmin orange concrete (*Murraya paniculata*)	—
7	N007	广藿香油	Patchouli oil (*Pogostemon cablin*)	2838
8	N008	万寿菊油	Tagetes oil (*Tagetes* spp.)	3040
9	N009	大茴香脑	*trans*-Anethole Anise camphor	2086
10	N010	小豆蔻油	Cardamom oil (*Elletaria cardamomum*)	2241
11	N011	小豆蔻酊	Cardamom tincture (*Elletaria cardamomum*)	2240
12	N012	小茴香酊	Fennel tincture (*Foeniculum vulgare* Mill.)	—
13	N013	山苍子油	*Litsea cubeba* berry oil	3846
14	N014	山楂酊	Hawthorn fruit tincture (*Crataegus* spp.)	—
15	N015	大蒜油	Garlic oil (*Allium sativum* L.)	2503
16	N016	大蒜油树脂	Garlic oleoresin (*Allium sativum* L.)	—
17	N017	天然康酿克油	Cognac oil, green	2331
18	N018	天然薄荷脑	*L*-Menthol, natural	2665
19	N019	云木香油	Costus root oil (*Saussures lappa* Clanke)	2336
20	N020	月桂叶油	Bay, sweet, oil (*Laurus nobilis* L.)	2125
21	N021	乌梅酊	Wumei tincture (*Prunus mume*)	—
22	N022	布枯叶油	Buchu leaves oil (*Barosma* spp.)	2169
23	N023	可可酊	Cocoa tincture (*Theobroma cacao* Linn.)	—
24	N024	可可壳酊	Cocoa husk tincture (*Theobroma cacao* Linn.)	—
25	N025	甘松油	China nardostachys oil (*Nardostachys chinensis* Batal.)	—
26	N026	甘草酊	Licorice tincture (*Glycyrrhiza* spp.)	2628
27	N027	甘草流浸膏	Licorice extract (*Glycyrrhiza* spp.)	2628

表 B.2（续）

序号	编码	香料中文名称	香料英文名称	FEMA[a] 编号
28	N028	冬青油	Wintergreen oil (*Gaultheria procumbens* L.)	3113
29	N029	白兰花油	*Michelia alba* flower oil	3950
30	N030	白兰叶油	*Michelia alba* leaf oil	3950
31	N031	白兰花净油	*Michelia alba* flower absolute	3950
32	N032	白兰花浸膏	*Michelia alba* flower concrete	3950
33	N033	白芷酊	*Angelica dahurica* tincture	—
34	N034	白柠檬油	Lime oil [*Citrus aurantifolia* (Christman) Swingle]	2631
35	N035	白柠檬萜烯	Lime oil terpene	—
36	N036	生姜油树脂	Ginger oleoresin (*Zingiber officinale* Rosc.)	2523
37	N037	肉豆蔻油	Nutmeg oil (*Myristica fragrans* Houtt.)	2793
38	N038	肉豆蔻酊	Nutmeg tincture(*Myristica fragrans* Houtt.)	—
39	N039	中国肉桂油	Cassia oil (*Cinnamomum cassia* Blume)	2258
40	N040	中国肉桂皮酊(提取物)	Cassia bark tincture (extract) (*Cinnamomum cassia* Blume)	2257
41	N041	红茶酊	Black tea tincture (*Camellia sinensis*)	—
42	N042	印蒿油	Davana oil (*Artemisia pallens* Wall.)	2359
43	N043	吐鲁酊(提取物)	Tolu balsam tincture (extract) (*Myroxylon* spp.)	3069
44	N044	吐鲁香膏	Tolu balsam gum (*Myroxylon* spp.)	3070
45	N045	豆豉酊	Soya bean fermented tincture	—
46	N046	杜松籽油(又名刺柏子油)	Juniper berry oil (*Juniperus communis* L.)	2604
47	N047	芫荽籽油	Coriander oil (*Coriandrum sativum* L.)	2334
48	N048	芹菜花油	Celery flower oil (*Apium graveolens* L.)	—
49	N049	芹菜籽油	Celery seed oil (*Apium graveolens* L.)	2271
50	N050	牡荆叶油	*Vitex cannabifolia* leaf oil	—
51	N051	圆柚油	Grapefruit oil, expressed (*Citrus paradisi* Mact.)	2530

表 B.2（续）

序号	编码	香料中文名称	香料英文名称	FEMA[a] 编号
52	N052	苍术脂(又名苍术硬脂,苍术油)	Atractylodes oil(*Atractylodes lancea*)	—
53	N053	枣子酊	Chinese date (common Jujube) tincture (*Ziziphus jujuba* Mill.)	—
54	N054	玫瑰油	Rose oil (*Rosa* spp.)	2989
55	N055	玫瑰净油	Rose absolute (*Rosa* spp.)	2988
56	N056	玫瑰浸膏	Rose concrete (*Rosa* spp.)	—
57	N057	鸢尾浸膏	Orris concrete (*Iris florentina* L.)	2829
58	N058	鸢尾脂(又名鸢尾凝脂)	Orris root extract (*Iris florentina* L.)	2830
59	N059	杭白菊花油	Chrysanthemum Hang Zhou flower oil (*Dendranthema morifolium* or *Chrysanthemum morifolium*)	—
60	N060	杭白菊花浸膏(又名杭菊花流浸膏)	Chrysanthemum Hang Zhou flower extract (*Dendranthema morifolium* or *Chrysanthemum morifolium*)	4689
61	N061	枫槭油	Maple oil (*Acer* spp.)	—
62	N062	枫槭浸膏	Maple concrete (*Acer* spp.)	—
63	N063	岩蔷薇浸膏(又名赖百当浸膏)	Labdanum extract(*Cistus ladaniferus*)	2610
64	N064	咖啡酊	Coffee tincture (*Coffee* spp.)	—
65	N065	罗汉果酊	Luohanfruit tincture [*Siraitia grosvenorii* (Swingle) C.Jeffrey]	—
66	N066	金合欢浸膏	Cassie concrete (*Acacia farnesiana* Willd.)	—
67	N067	依兰依兰油	Ylang ylang oil (*Cananga odorata* Hook. f. and Thomas)	3119
68	N068	大花茉莉净油	*Jasminum grandiflorum* absolute	2598
69	N069	大花茉莉浸膏	*Jasminum grandiflorum* concrete	2599
70	N070	小花茉莉净油	*Jasminum sambac* absolute	—
71	N071	小花茉莉浸膏	*Jasminum sambac* concrete	—
72	N072	佛手油	Sarcodactylis oil (*Citrus medica* var. *Sarcodactylis* Swingle)	3899

表 B.2（续）

序号	编码	香料中文名称	香料英文名称	FEMA[a] 编号
73	N073	圆叶当归根酊(又名独活酊)	Angelica root tincture (extract) (*Angelica archangelica* L.)	2087
74	N074	洋葱油	Onion oil (*Allium cepa* L.)	2817
75	N075	生姜油	Ginger oil (*Zingiber officinale* Rosc.)	2522
76	N076	姜黄油	Turmeric oil (*Curcuma longa* L.)	3085
77	N077	姜黄油树脂	Turmeric oleoresin (*Curcuma longa* L.)	3087
78	N078	姜黄浸膏	Turmeric extract (*Curcuma longa* L.)	3086
79	N079	葫芦巴酊	Fenugreek tincture (extract) (*Trigonella foenum graecum* L.)	2485
80	N080	玳玳花油	Daidai flower oil(*Citrus aurantium* L.'Daidai')	2771
81	N081	玳玳花浸膏	Daidai flower concrete(*Citrus aurantium* L. 'Daidai')	2771
82	N082	玳玳果油	Daidai fruit oil(*Citrus aurantium* L.'Daidai')	2771
83	N083	柚皮油	Pummelo peel oil [*Citrus grandis* (L.) Osbeck]	—
84	N084	柏木叶油(北美香柏)	Cedar leaf oil (*Thuja occidentalis* L.)	2267
85	N085	枯茗籽油(又名孜然油)	Cumin seed oil (*Cuminum cyminum* L.)	2343
86	N086	柠檬油	Lemon oil [*Citrus limon* (L.) Burm.f.]	2625
87	N087	无萜柠檬油	Lemon oil, terpeneless [*Citrus limon* (L.) Burm.f.]	2626
88	N088	柠檬油萜烯	Terpenes of lemon oil	—
89	N089	柠檬叶油	Petitgrain lemon oil [*Citrus limon* (L.) Burm.f.]	2853
90	N090	柠檬草油	Lemongrass oil (*Cymbopogon citratus* DC. and C. *flexuosus*)	2624
91	N091	栀子花浸膏	Gardenia flower concrete (*Gardenia jasminoides* Ellis)	—
92	N092	树兰花油	*Aglaia odorata* flower oil	—

表 B.2（续）

序号	编码	香料中文名称	香料英文名称	FEMA[a] 编号
93	N093	树兰花酊	*Aglaia odorata* flower tincture	—
94	N094	树兰花浸膏	*Aglaia odorata* flower concrete	—
95	N095	树苔净油	Treemoss absolute (*Evernia furfuraceae*)	—
96	N096	树苔浸膏	Treemoss concrete (*Evernia furfuraceae*)	—
97	N097	香叶油(又名玫瑰香叶油)	Geranium oil (geranium rose oil) (*Pelargonium graveolens* L'Her)	2508
98	N098	除萜香叶油	Geranium oil terpeneless	2508
99	N099	香风茶油(又名香茶菜油)	Xiang Feng cha oil(*Rabdosia* spp.)	—
100	N101	香柠檬油	Bergamot oil (*Citrus aurantium* L. subsp. *bergamia*)	2153
101	N102	香根油	Vertiver oil (*Vetiveria zizanioides* Nash.)	—
102	N103	香根浸膏	Vertiver concrete (*Vetiveria zizanioides* Nash.)	—
103	N104	香荚兰豆酊	Vanilla bean tincture (*Vanilla* spp.)	3105
104	N105	香荚兰豆浸膏(提取物)	Vanilla bean concrete (extract) (*Vanilla* spp.)	3105
105	N106	香附子油	Cyperus oil (*Cupressus sempervirens*)	—
106	N107	香葱油	Chives oil (*Allium schoenoprasum*)	—
107	N108	香紫苏油	Clary sage oil (*Salvia sclarea* L.)	2321
108	N109	香榧子壳浸膏	*Torreya grandis* shell concrete	—
109	N110	橘子油	Mandarin oil (*Citrus reticulata* Blanco)	2657
110	N111	除萜橘子油	Mandarin oil, terpeneless	—
111	N112	酒花酊	Hops tincture (extract) (*Humulus lupulus* L.)	2578
112	N113	酒花浸膏	Hops extract, solid (*Humulus lupulus* L.)	2579
113	N114	桉叶油(蓝桉油)	Eucalyptus oil (*Eucalyptus globulus* Labille)	2466
114	N115	海狸酊	Castoreum tincture (extract) (*Castor* spp.)	2261
115	N116	斯里兰卡肉桂皮油	Cinnamon bark oil (*Cinnamomum* spp.)	2291
116	N117	斯里兰卡肉桂叶油	Cinnamon leaf oil (*Cinnamomum* spp.)	2292
117	N118	桂花净油	*Osmanthus fragrans* flower absolute	3750
118	N119	桂花酊	*Osmanthus fragrans* flower tincture	—
119	N120	桂花浸膏	*Osmanthus fragrans* flower concrete	—
120	N121	桂圆酊	Longan tincture (*Euphoria longana*)	—
121	N122	留兰香油	Spearmint oil (*Mentha spicata*)	3032
122	N123	核桃壳提取物	Walnut hull extract (*Juglans* spp.)	3111
123	N124	素方花净油	Common white jasmine flower absolute (*Jasminum officinale* L.)	—
124	N125	桦焦油	Birch sweet oil (*Betula lenta* L.)	2154

表 B.2（续）

序号	编码	香料中文名称	香料英文名称	FEMA[a] 编号
125	N126	蚕豆花酊	Broad bean flower tincture (*Vicia faba* Linn.)	—
126	N127	绿茶酊	Green tea tincture(*Thea sinensis* or *Camellia sinensis*)	—
127	N128	野玫瑰浸膏	Wild rose concrete (*Rosa multiflora*)	—
128	N129	甜小茴香油	Fennel oil, sweet (*Foeniculum vulgare* Mill. var. *dulce* D.C.)	2483
129	N130	甜叶菊油	*Stevia rebaudiana* oil	—
130	N131	甜橙油	Orange oil [*Citrus sinensis* (L.) Osbeck]	2821
131	N132	除萜甜橙油	Orange oil, terpeneless [*Citrus sinensis* (L.) Osbeck]	2822
132	N133	甜橙油萜烯	Terpenes of orange oil	—
133	N134	菊苣浸膏	Chicory concrete (extract) (*Cichorium intybus* L.)	2280
134	N135	晚香玉浸膏	Tuberose concrete (*Polianthes tuberosa*)	—
135	N136	紫罗兰叶浸膏	Violet leaf concrete (*Viola odorata*)	3110
136	N137	椒样薄荷油	Peppermint oil (*Mentha piperita* L.)	2848
137	N138	黑加仑酊	Black currant tincture (*Ribes nigrum* L.)	2346
138	N139	黑加仑浸膏	Black currant concrete (*Ribes nigrum* L.)	2346
139	N140	槐树花净油	*Sophora japonica* flower absolute	—
140	N141	槐树花浸膏	*Sophora japonica* flower concrete	—
141	N142	辣椒酊	Capsicum tincture (extract) (*Capsicum* spp.)	2233
142	N143	辣椒油树脂(又名灯笼辣椒油树脂)	Paprika oleoresin (*Capsicum annuum* L.)	2834
143	N144	愈疮木油	Guaiac wood oil (*Bulnesia sarmienti* Lor.)	2534
144	N145	缬草油	Valerian root oil (*Valeriana officinalis* L.)	3100
145	N146	墨红花净油	*Rose crimsonglory* flower absolute	—
146	N147	墨红花浸膏	*Rose crimsonglory* flower concrete	—
147	N149	橙叶油	Petitgrain bigarade oil (*Citrus aurantium* L.)	2855
148	N150	亚洲薄荷油	*Mentha arvensis* oil (Cornmint oil)	4219
149	N151	亚洲薄荷素油	*Mentha arvensis* oil, partially dementholized	—
150	N152	檀香油	Sandalwood oil (*Santalum album* L.)	3005
151	N153	薰衣草油	Lavender oil (*Lavandula angustifolia*)	2622
152	N154	头状百里香油(又名西班牙牛至油)	Origanum oil (*Thymus capitatus*)	2828
153	N155	可乐果提取物	Kolas nut extract (*Cola acuminate* Schott et EndL.)	2607
154	N156	加州胡椒油	Schinus molle oil (*Schinus molle* L.)	3018

表 B.2（续）

序号	编码	香料中文名称	香料英文名称	FEMA[a] 编号
155	N157	卡黎皮油	Cascarilla bark oil (*Croton* spp.)	2255
156	N158	百里香油	Thyme oil (*Thymus vulgaris* or *zigis* L.)	3064
157	N159	奶油发酵起子蒸馏物(黄油蒸馏物)	Butter starters distillate	2173
158	N160	卡南伽油	Cananga oil (*Cananga odorata* Hook. F. and Thoms)	2232
159	N161	月桂叶提起物/油树脂	Laurel leaves extract/oleoresin (*Laurus nobilis* L.)	2613
160	N162	生姜提取物(生姜浸膏)	Ginger extract (Ginger concrete.) (*Zingiber officinale*)	2521
161	N163	白栎木屑提取物	Oak chips extract (*Quercus alba* L.)	2794
162	N164	龙蒿油	Estragon oil (*Artemisia dracunculus* L.)	2412
163	N165	白樟油	Camphor oil, white [*Cinnamomum camphora* (L.) Presl]	2231
164	N166	肉豆蔻衣油	Mace oil (*Myristica fragrans* Houtt.)	2653
165	N167	众香叶油	Pimento leaf oil (*Pimenta officinalis* Lindl.)	2901
166	N168	西班牙鼠尾草油	Sage oil, Spanish (*Salvia lavandulaefolia* Vahl.)	3003
167	N169	红橘油	Tangerine oil (*Citrus reticulata* Blanco)	3041
168	N170	杂薰衣草油	Lavandin oil (*Lavandula hydrida*)	2618
169	N171	杏仁油	Apricot Kernel oil (*Prunus armeniaca* L.)	2105
170	N172	苏合香油	Styrax oil (*Liquidambar* spp.)	—
171	N173	苏合香提取物	Styrax extract (*Liquidambar* spp.)	3037
172	N174	长角豆油	Locust bean oil (*Ceratonia siliqua* L.)	—
173	N175	角豆提取物	Carob bean extract (*Ceratonia siliqua* L.)	2243
174	N176	皂树皮提取物	Quillaia (*Quillaja saponaria* Molina)	2973
175	N177	乳香油	Olibanum oil (*Boswellia* spp.)	2816
176	N178	没药油	Myrrh oil (*Commiphora* spp.)	2766
177	N179	良姜根提取物	Galangal root extract (*Alpinia* spp.)	2499
178	N180	苏格兰松油	Pine oil, scotch (*Pinus sylvestris* L.)	2906
179	N181	小茴香油(又名普通小茴香油)	Fennel oil, (common) (*Foeniculum vulgare* Mill)	2481
180	N182	苦杏仁油	Almond oil, bitter (*Prunus amygdalus*)	2046
181	N183	阿魏油	Asafoetida oil (*Ferula asafoetida* L.)	2108
182	N184	金合欢净油	Cassie absolute [*Acacia farnesiana* (L.) Willd.]	2260
183	N185	欧芹叶油	Parsley leaf oil (*Petroselinum crispum*)	2836

表 B.2（续）

序号	编码	香料中文名称	香料英文名称	FEMA[a] 编号
184	N186	松针油	Pine needle oil (*Abies* spp.)	2905
185	N187	波罗尼花净油	Boronia absolute (*Boronia megastigma* Nees)	2167
186	N188	玫瑰木油	Bois de rose oil (*Aniba rosaeodora* Ducke)	2156
187	N189	玫瑰草油	Palmarosa oil [*Cymbopogon martini* (Roxb.) Stapf]	2831
188	N190	香茅油	Citronella oil (*Cymbopogon nardus* Rendle)	2308
189	N191	迷迭香油	Rosemary oil (*Rosemarinus officinalis* L.)	2992
190	N192	香脂冷杉油	Balsam fir oil [*Abies balsamea* (L.) Mill.]	2114
191	N193	香脂冷杉油树脂	Balsam fir oleoresin [*Abies balsamea* (L.) Mill.]	2115
192	N194	胡萝卜籽油	Carrot seed oil (*Daucus carota* L.)	2244
193	N195	春黄菊花油(罗马)	Chamomile flower oil (Roman) (*Anthemis nobilis* L.)	2275
194	N196	春黄菊花净油(提取物)(罗马)	Chamomile flower absolute (extract) (Roman) (*Anthemis nobilis* L.)	2274
195	N197	药鼠李提取物	Cascara bitterless extract (*Rhamnus purshiana* DC.)	2253
196	N198	荜澄茄油	Cubeb oil (*Piper cubeba* L.f.)	2339
197	N199	胡薄荷油(又名唇萼薄荷油)	Pennyroyal oil (*Mentha pulegium* L.)	2839
198	N200	欧当归油	Lovage oil (*Levisticum officinale* Koch.)	2651
199	N201	夏至草提取物	Horehound extract (*Marrubium vulgare* L.)	2581
200	N202	莫哈弗丝兰提取物	Yucca mohave extract (*Yucca* spp.)	3121
201	N203	海草(藻)提取物	Kelp (*Laminaria* and *Kereocystis* spp.)	2606
202	N204	海索草油	Hyssop oil (*Hyssopus officinalis* L.)	2591
203	N205	莳萝草油(又名莳萝油)	Dill herb oil (*Anethum graveolens*)	2383
204	N206	秘鲁香脂	Balsam peru (*Myroxylon pereirae* Klotzsch)	2116
205	N207	格蓬油	Galbanum oil (*Ferula galbaniflua*)	2501
206	N208	脂檀油	Amyris oil (*Amyris balsamifera* L.)	—
207	N209	银白金合欢净油(又名含羞草净油)	Mimosa absolute (*Acacia decurrens* Will. Var. *dealbata*)	2755
208	N210	接骨木花净油	Elder flower absolute (*Sambucus canadensis* L. and S.*nigra* L.)	—
209	N211	甘牛至油	Marjoram oil, sweet [*Majorana hortensis* Moench (*Origanum majorana* L.)]	2663
210	N212	黄龙胆根提取物	Gentian root extract (*Gentiana lutea* L.)	2506
211	N213	黄葵籽油	Ambrette seed oil (*Hibiscus abelmoschus* L.)	2051

表 B.2（续）

序号	编码	香料中文名称	香料英文名称	FEMA[a] 编号
212	N214	野黑樱桃树皮提取物	Cherry bark extract (wild) (*Prunus serotina* Ehrh.)	2276
213	N215	黑胡椒油	Pepper oil, black (*Piper nigrum* L.)	2845
214	N216	葛缕籽油	Caraway seed oil (*Carum carvi* L.)	2238
215	N217	榄香香树脂	Elemi resinoid (*Canarium* ssp.)	2407
216	N218	蜡菊提取物	Immortelle extract (*Helichrysum angustifolium* DC.)	2592
217	N219	蜜蜂花油	Balm oil (*Melissa officinalis* L.)	2113
218	N220	*d*-樟脑	*d*-Camphor	2230
219	N221	橙花净油	Orange flower absolute (*Citrus aurantium* L. subsp. *amara*)	2818
220	N222	柚苷(柚皮甙提取物)	Naringin extract (*Citrus paradisi* Macf.)	2769
221	N223	穗薰衣草油	Spike lavender oil (*Lavandula latifolia* L.)	3033
222	N224	鹰爪豆净油	Genet absolute (*Spartium junceum* L.)	2504
223	N225	玳玳果皮油	Daidai peel oil(*Citrus aurantium* L.'Daidai')	3823
224	N226	甜橙油(橙皮压榨法)	Orange oil, sweet, cold pressed [*Citrus sinensis* (L.) osbeck]	2825
225	N227	小米辣椒油树脂	Bush red pepper oleoresin (*Capsicum frutescens* L.)	2234
226	N228	丁香茎油	Clove stem oil (*Eugenia* spp.)	2328
227	N229	大茴香油(又名茴芹油)	Anise oil (*Pimpinella anisum* L.)	2094
228	N230	*l*-天冬酰胺	*l*-Asparagine	—
229	N231	巴拉圭茶净油/提取物	Mate absolute/extract (*Ilex paraguariensis* St.Hil.)	—
230	N232	白山核桃树皮提取物	Hickory bark extract (*Carya* spp.)	2577
231	N233	瓜拉纳提取物	Guarana extract (*Paullinia cupana* HBK)	2536
232	N235	白百里香油	Thyme oil, white (*Thymus zygis* L.)	3065
233	N236	白胡椒油	Pepper oil, white (*Piper nigrum* L.)	2851
234	N237	白胡椒油树脂	Pepper oleoresin, white (*Piper nigrum* L.)	2852
235	N238	白康酿克油	Cognac oil, white	2332
236	N239	白脱酯	Butter esters	2172
237	N240	白脱酸	Butter acids	2171
238	N241	众香果油	Pimenta oil (*Pimenta officinalis*)	2018
239	N242	安息香树脂	Benzoin resinoid (*Styrax tonkinensis* Pierre)	2133
240	N243	当归籽油	Angelica seed oil (*Angelica archanglica* L.)	2090

表 B.2（续）

序号	编码	香料中文名称	香料英文名称	FEMA[a] 编号
241	N244	当归根油	Angelica root oil (*Angelica archangelica* L.)	2088
242	N245	肉豆蔻衣油树脂/提取物	Mace oleoresin/extract (*Myristica fragrans* Houtt)	2654
243	N246	西印度月桂叶提取物	Bay leaves, west Indian, extract (*Pimenta acris* kostel)	2121
244	N247	西印度月桂叶油	Bay leaves, West Indian, oil (*Pimenta acris* kostel)	2122
245	N248	L-阿拉伯糖(原名称为 *l*-阿戊糖)	L-Arabinose	3255
246	N249	阿拉伯胶	Arabic gum	2001
247	N250	欧当归提取物	Lovage extract (*Levisticum officinale* Koch)	2650
248	N251	欧芹油树脂	Parsley oleoresin (*Petroselinum* spp.)	2837
249	N252	油酸	Oleic acid	2815
250	N253	苦木提取物	Quassia extract [*Picrasma excelsa* (sw.) planch. *Quassia amara* L.]	2971
251	N254	苦橙叶净油	Orange leaf absolute (*Citrus aurantium* L.)	2820
252	N255	苦橙油	Orange oil, bitter (*Citrus aurantium* L.)	2823
253	N256	金鸡纳树皮	Cinchona bark (yellow) (*Cinchona* spp.)	2283
254	N257	金钮扣油树脂	Jambu oleoresin (*Spilanthes acmelia oleracea*)	3783
255	N258	奎宁盐酸盐	Quinine hydrochloride	2976
256	N259	枯茗油	Cumin oil (*Cuminum cyminum* L.)	2340
257	N260	洋葱油树脂	Onion oleoresin (*Allium cepa* L.)	—
258	N261	茶树油(又名互叶白千层油)	Tea tree oil (*Melaleuca alternifolia*)	3902
259	N262	除萜白柠檬油	Lime oil, expressed terpeneless (*Citrus aurantifolia* Swingle)	2632
260	N263	除萜甜橙皮油	Orange peel oil, sweet, terpeneless (*Citrus sinensis* L.Osbeck)	2826
261	N265	黄芥末提取物/黄芥末油树脂	Mustard extract/oleoresin, yellow (*Brassica* spp.)	—
262	N266	棕芥末提取物	Mustard extract, brown (*Brassica* spp.)	—
263	N267	焦木酸	Pyroligneous acid	2967
264	N268	紫苏油	Perilla leaf oil (Shiso oil) (*Perilla frutescens*)	4013
265	N269	葡萄柚油萜烯	Grapefruit oil terpenes (*Citrus paradisi* Macf)	—
266	N270	黑胡椒油树脂/黑胡椒提取物	Pepper oleoresin/extract, black (*Piper nigrum* L.)	2846
267	N271	榄香油/提取物/香树脂	Elemi oil/extract/ resinoid (*Canarium cimmune* or *Iuzonicum* Miq)	2408

表 B.2（续）

序号	编码	香料中文名称	香料英文名称	FEMA[a] 编号
268	N272	蜂蜡净油	Beeswax absolute (*Apis mellifera* L.)	2126
269	N273	赖百当净油(又名岩蔷薇净油)	Labdanum absolute (*Cistus* spp.)	2608
270	N274	鼠尾草油(又名药鼠尾草油)	Sage oil (*Salvia officinalis* L.)	3001
271	N275	蜡菊净油	Helichrysum absolute (*Helichrysum augustifolium*)	—
272	N276	糖蜜提取物	Molasses extract	—
273	N277	檀香醇(α-,β-)	Santalol, α- and β-	3006
274	N278	山达草流浸膏	Yerba santa fluid extract [*Eriodictyon californicum* (Hook and Arn) Torr]	3118
275	N279	苜蓿提取物	Alfalfa extract (*Medicago sativa* L.)	2013
276	N281	众香子油树脂/提取物	Allspice oleoresin/extract (*Pimenta officinalis* Lindl.)	2019
277	N282	黄葵籽净油	Ambrette seed absolute (*Hibiscus abelmoschus* L.)	2050
278	N283	秘鲁香膏油	Balsam oil, Peru (*Myroxylon pereirae* Klotzsch)	2117
279	N284	罗勒提取物	Basil extract (*Ocimum basilicum* L.)	2120
280	N285	芹菜籽提取物(固体)	Celery seed extract solid (*Apium graveolens* L.)	2269
281	N286	芹菜籽(CO_2)提取物	Celery seed (CO_2) Extract (*Apium graveolens* L.)	2270
282	N287	母菊(匈牙利春黄菊)花油	Chamomile flower oil (Hungarian) (*Matricaria chamomilla* L.)	2273
283	N288	黄色金鸡纳树皮提取物	Cinchona bark extract (yellow) (*Cinchona* spp.)	2284
284	N289	丁香花蕾油树脂	Clove bud oleoresin (*Eugenia* spp.)	2324
285	N290	红三叶草提取物(固体)	Clover tops red extract solid (*Trifolium pratense* L.)	2326
286	N291	蒲公英流浸膏	Dandelion fluid extract (*Taraxacum* spp.)	2357
287	N292	蒲公英根固体提取物	Dandelion root solid extract (*Taraxacum* spp.)	2358
288	N293	加拿大飞蓬草油	Fleabane oil (*Erigeron canadensis*)	2409
289	N294	穗花槭提取物(固体)	Mountain maple extract solid (*Acer spicatum* Lam.)	2757
290	N295	芸香油	Rue oil (*Ruta graveolens* L.)	2995
291	N296	鼠尾草油树脂/提取物	Sage oleoresin/extract (*Salvia officinalis* L.)	3002
292	N297	菝葜提取物	Sarsaparilla extract (*Smilax* spp.)	3009
293	N298	水蒸气蒸馏松节油	Turpentine, steam-distilled (*Pinus* spp.)	3089
294	N299	缬草根提取物	Valerian root extract (*Valeriana officinalis* L.)	3099

表 B.2（续）

序号	编码	香料中文名称	香料英文名称	FEMA[a] 编号
295	N300	香荚兰油树脂	Vanilla oleoresin (*Vanilla fragrans*)	3106
296	N301	紫罗兰叶净油	Violet leaves absolute (*Viola odorata* L.)	3110
297	N302	洋艾油	Wormwood oil (*Artemisia absinthium* L.)	3116
298	N303	玫瑰茄	Roselle (*Hibiscus sabdariffa* L.)	—
299	N304	橘柚油	Tangelo oil	—
300	N305	晚香玉净油	Tuberose absolute (*Polianthes tuberosa* L.)	—
301	N306	美国栗树叶提取物	Chestnut leaves extract [*Castanea dentate* (Marsh.) Borkh.]	—
302	N307	古巴香脂油	Copaiba oil (South American spp. of *Copaifera*)	—
303	N308	达迷草叶	Damiana leaves (*Turnera diffusa* Willd.)	—
304	N309	母菊(匈牙利春黄菊)花净油	Chamomile flower absolute (Hungarian) (*Matricaria chamomilla* L.)	—
305	N310	接骨木花提取物	Elder flowers extract (*Sambucus canadensis* L. and *S. nigra* L.)	—
306	N311	防风根油(又名没药油)	Opoponax oil (*Commiphora* ssp.)	—
307	N312	藏红花提取物	Saffron extract (*Crocus sativus* L.)	2999
308	N313	香叶提取物	Geranium extract (*Pelargonlium* spp.)	—
309	N314	葫芦巴油树脂	Fenugreek oleoresin (*Trigonella foenum-graecum* L.)	2486
310	N315	柠檬提取物	Lemon extract[*Citrus limon* (L.) Burm.f.]	2623
311	N316	德国鸢尾树脂	Orris resinoid (*Iris germanical* L.)	—
312	N317	罗望子提取物(浸膏)	Tamarind extract (*Tamarindus indica* L.)	—
313	N318	辣根油	Horseradish oil (*Armoracia lapathifolia* Gilib)	—
314	N319	葫芦巴籽浸膏	Fenugreek seed extract (*Trigonella foenum-graecum* L.)	2485
315	N320	芹菜叶油	Celery leaf oil (*Apium graveolens* L.)	—
316	N321	柏木油萜烯	Cedarwood oil terpenes	—
317	N322	肉豆蔻油树脂	Nutmeg oleoresin (*Myristica fragrans* Houtt)	—
318	N324	芫荽油/油树脂	Coriander oil/oleoresin (*Coriandrum sativum* L.)	2334
319	N325	葫芦巴	Fenugreek (*Trigonella foenum-graecum* L.)	2484
320	N326	韭葱油	Leek oil (*Allium porrum*)	—
321	N327	甜橙皮提取物	Orange peel extract, sweet [*Citrus sinensis* (L.) Osbeck]	2824
322	N329	香橙皮油	*Citrus junos* peel oil	2318

表 B.2（续）

序号	编码	香料中文名称	香料英文名称	FEMA[a] 编号
323	N330	海藻净油	*Algues* absolute	—
324	N331	墨西哥鼠尾草油树脂（又名棘枝油树脂）（原名称为墨西哥牛至油树脂）	Oregano oleoresin (*Lippia* spp.)	2827
325	N332	甘草酸胺	Glycyrrhizin, ammoniated (*Glycyrrhiza* spp.)	2528
326	N333	冬香草油	Savory winter oil (*Satureja montana* L.)	3016
327	N334	安息香	Styrax (*Liquidambar* spp.)	3036
328	N335	阿魏液态提取物（流浸膏）	Asafoetida fluid extract (*Ferula assafoetida* L.)	2106
329	N336	桃树叶净油	Peach tree leaf absolute (*Prunus persica* L. Batsch)	—
330	N337	白鲜牛至	Dittany of crete (*Origanum dictamnus* L.)	2399
331	N338	酒花油	Hops oil (*Humulus lupulus* L.)	2580
332	N339	赖百当油	Labdanum oil (*Cistus ladaniferus*)	2609
333	N340	薰衣草净油	Lavender absolute (*Lavandula angustidolia*)	2620
334	N341	没药树脂提取物	Opoponax extract resinoid (*Commiphora* ssp.)	—
335	N342	花椒提取物	Ash bark, prickly, extract (*Zanthoxylum* spp.)	2110 4754
336	N343	蓖麻油	Castor oil (*Ricinus communis*)	2263
337	N344	儿茶粉	Catechu powder (*Acacia catechu* Willd.)	2265
338	N345	苦艾	Wormwood (*Artemisia absinthium* L.)	3114
339	N346	苦橙花油	Neroli bigarade oil (*Citrus aurantium* L.)	2771
340	N347	达瓦树胶	Ghatti gum (*Anogeissus latifolia* Wall.)	2519
341	N348	苦艾提取物	Wormwood extract (*Artemisia absinthium* L.)	3115
342	N349	刺柏提取物	Juniper extract (*Juniperus communis* L.)	2603
343	N350	甘草提取物（粉）	Licorice extract powder (*Glycyrrhiza glabra* L.)	2629
344	N351	甜菜碱（天然提取）	Betaine (Natural Extract)	4223
345	N352	松焦油	Pine tar oil (*Pinus* spp.)	2907
346	N353	橡苔净油	Oakmoss absolute(*Evernia* spp.)	2795
347	N354	苏格兰留兰香油	Scotch spearmint oil (*Mentha cardiaca* L.)	4221
348	N355	海索草提取物（又名神香草提取物）	Hyssop extract (*Hyssopus officinalis* L.)	2590
349	N356	安古树皮提取物	Angostura extract (*Galipea offincinalis* Hancock)	2092
350	N357	德国春黄菊花（母菊花）提取物	Chamomile (German) extract (*Matricaria chamomilla* L.)	—
351	N358	石榴果汁浓缩物	Pomegranate concentrate	—
352	N359	L-苏氨酸	L-Threonine	4710
353	N360	L-丝氨酸	L-Serine	—

表 B.2（续）

序号	编码	香料中文名称	香料英文名称	FEMA[a] 编号
354	N361	灵猫净油	Civet absolute (*Viverra civetta* Schreber V. *zibetha* Schreber)	2319
355	N362	胭脂树提取物	Annatto extract (*Bixa orellana* L.)	2103
356	N363	卡黎皮提取物	Cascarilla bark extract (*Croton* spp.)	2254
357	N364	肉桂皮油/油树脂	Cinnanon bark oil/oleoresin (*Cinnamomaum* spp.)	2290
358	N365	刺梧桐树胶	Karaya gum (*Sterculia urens*)	2605
359	N366	橘叶油	Petitgrain mandarin oil (*Citrus reticulate* Blanco var. *mandarin*)	2854
360	N367	欧洲山松针叶油	Pine needle oil, dwarf, oil [*Pinus mugo turra* var. *pumilio* (Haenke) Zenari]	2904
361	N368	玫瑰果籽提取物	Rose hips extract (*Rosa* spp.)	2990
362	N369	夏香草油	Savory summer oil (*Satureja hortensis* L.)	3013
363	N370	加拿大细辛油	Snakeroot oil, Canadian (*Asarum canadense* L.)	3023
364	N371	单宁酸	Tannic acid	3042
365	N372	黄蓍胶	Tragacanth gum (*Astragalus* spp.)	3079
366	N373	甘牛至油树脂/提取物	Marjoram oleoresin/extract [*Majorana hortensis* Moench (*Origanum majorana* L.)]	2659
367	N374	摩洛哥豆蔻提取物	Grains of paradise extract [*Aframomum melegueta* (Rosc.) K. Schum]	2529
368	N375	橙皮素	Hesperetin	4313
369	N376	根皮素	Phloretin	4390
370	N377	芝麻(CO_2)提取物	Sesame CO_2 extract	—
371	N378	芝麻蒸馏物	Sesame dist.	—
372	N379	干制鲣鱼(CO_2)提取物	Katsuobushi CO_2 extract	—
373	N380	郎姆酒净油	Rum absolute	—
374	N381	豆豉油树脂	Toushi oleoresin (Douchi oleoresin)	—
375	N382	药蜀葵	Althea root (*Althea officinalis* L.)	2048
376	N383	香蜂草	Balm (*Melissa officinalis* L.)	2111
377	N384	白千层油	Cajeput oil (*Melaleuca cajuputi* Powell)	2225
378	N387	玉米穗丝	Corn silk (*Zea mays* L.)	2335
379	N388	毕澄茄	Cubebs (*Piper cubeba* L. f.)	2338
380	N389	芦荟提取物	Aloe extract (*Aloe* spp.)	2047
381	N390	龙涎香酊	Ambergris tincture	2049
382	N391	黄葵酊	Ambrette tincture (*Hibiscus abelmoschus* L.)	2052

表 B.2（续）

序号	编码	香料中文名称	香料英文名称	FEMA[a] 编号
383	N392	燕根(萝藦科植物)提取物	Swallowroot (*Decalepis hamiltonii*) extract	4283
384	N393	红枣浸膏	Date concrete (*Ziziphus jujuba*)	—
385	N394	高倍天然苹果香料	Folded Apple Essence	—
386	N395	β-愈疮木烯	β-Guaiene Guaia-1(5),7(11)-diene	—
387	N396	褐藻胶	Algin (*Laminaria* spp. and other kelps)	2014
388	N397	香厚壳桂皮油	Massoia bark oil (*Cryptocarya massoio*)	3747
389	N398	(−)-高圣草酚钠盐	(−)-Homoeriodyctiol sodium salt	4228
390	N399	酶处理异槲皮苷	Isoquercitrin, enzymatically modified	4225
391	N400	葡萄籽提取物	Grape seed extract (*Vitis vinifera*)	4045
392	N401	留兰香提取物	Spearmint extract (*Mentha spicata* L.)	3031
393	N402	杂醇油(精制过)	Fusel oil, refined	2497

[a] FEMA:Flavour and Extract Manufacturers Association.(美国)香味料和萃取物制造者协会。

表 B.3 允许使用的食品用合成香料名单

序号	编码	香料中文名称	香料英文名称	FEMA 编号
1	S0001	丙二醇	1,2-Propanediol (Propylene glycol)	2940
2	S0002	甘油(又名丙三醇)	Glycerine (Glycerol)	2525
3	S0003	异丙醇	Isopropyl alcohol	2929
4	S0004	正丁醇	1-Butanol (Butyl alcohol)	2178
5	S0005	异丁醇	Isobutyl alcohol	2179
6	S0006	正戊醇	1-Pentanol (Amyl alcohol)	2056
7	S0007	2-戊醇	2-Pentanol	3316
8	S0008	异戊醇	Isoamyl alcohol	2057
9	S0009	1-戊烯-3-醇	1-Penten-3-ol	3584
10	S0010	正己醇	1-Hexanol (Hexyl alcohol)	2567
11	S0011	2-己烯-1-醇	2-Hexen-1-ol	2562
12	S0012	4-己烯-1-醇	4-Hexen-1-ol	3430
13	S0013	正庚醇	1-Heptanol (Heptyl alcohol)	2548
14	S0014	正辛醇	1-Octanol (Octyl alcohol)	2800
15	S0015	2-辛醇	2-Octanol	2801
16	S0016	1-辛烯-3-醇	1-Octen-3-ol	2805
17	S0017	顺式-5-辛烯-1-醇	*cis*-5-Octen-1-ol	3722
18	S0018	正壬醇	1-Nonanol (Nonyl alcohol)	2789

表 B.3（续）

序号	编码	香料中文名称	香料英文名称	FEMA 编号
19	S0019	顺式-6-壬烯-1-醇	*cis*-6-Nonen-1-ol	3465
20	S0020	反式-2-壬烯-1-醇	*trans*-2-Nonen-1-ol	3379
21	S0021	2,6-壬二烯-1-醇	2,6-Nonadien-1-ol	2780
22	S0022	正癸醇	1-Decanol (Decyl alcohol)	2365
23	S0023	十一醇	Undecyl alcohol	3097
24	S0024	月桂醇(十二醇)	Lauryl alcohol (Dodecyl alcohol)	2617
25	S0025	1-十六醇	1-Hexadecanol	2554
26	S0026	小茴香醇	Fenchyl alcohol	2480
27	S0027	叶醇(又名顺式-3-己烯-1-醇)	Leaf alcohol (*cis*-3-Hexen-1-ol)	2563
28	S0028	龙脑	Borneol	2157
29	S0029	芳樟醇	Linalool	2635
30	S0030	氧化芳樟醇	Linalool oxide	3746
31	S0031	异胡薄荷醇	Isopulegol	2962
32	S0032	苏合香醇(又名 α-甲基苄醇)	Styralyl alcohol (α-Methylbenzyl alcohol)	2685
33	S0033	苯甲醇	Benzyl alcohol	2137
34	S0034	苯乙醇	Phenethyl alcohol	2858
35	S0035	苯丙醇	Phenylpropyl alcohol	2885
36	S0036	玫瑰醇	Rhodinol	2980
37	S0037	α-松油醇	α-Terpineol	3045
38	S0038	金合欢醇	Farnesol	2478
39	S0039	香叶醇	Geraniol	2507
40	S0040	*dl*-香茅醇	*dl*-Citronellol	2309
41	S0041	茴香醇	Anisyl alcohol	2099
42	S0042	肉桂醇	Cinnamic alcohol	2294
43	S0043	α-紫罗兰醇(又名甲位紫罗兰醇)	α-Ionol	3624
44	S0044	β-紫罗兰醇(又名乙位紫罗兰醇)	β-Ionol	3625
45	S0045	二氢-β-紫罗兰醇	Dihydro-β-ionol	3627
46	S0046	橙花醇	Nerol	2770
47	S0047	橙花叔醇	Nerolidol	2772
48	S0048	二甲基苄基原醇	Dimethyl benzyl carbinol	2393
49	S0049	正丙醇	1-Propanol (Propyl alcohol)	2928
50	S0050	3-己醇	3-Hexanol	3351
51	S0051	1-己烯-3-醇	1-Hexen-3-ol	3608
52	S0052	2-乙基己醇	2-Ethyl-1-hexanol	3151

表 B.3（续）

序号	编码	香料中文名称	香料英文名称	FEMA 编号
53	S0053	2-庚醇	2-Heptanol	3288
54	S0054	3-辛醇	3-Octanol	3581
55	S0055	顺式-3-辛烯-1-醇	*cis*-3-Octen-1-ol	3467
56	S0056	2-十一醇	2-Undecanol	3246
57	S0057	对,*α*-二甲基苄醇	*p*,*α*-Dimethylbenzyl alcohol	3139
58	S0058	对-异丙基苄醇	*p*-Isopropylbenzyl alcohol	2933
59	S0059	对,*α*,*α*-三甲基苄醇	*p*,*α*,*α*-Trimethylbenzyl alcohol	3242
60	S0060	*β*-石竹烯醇	*β*-Caryophyllene alcohol	4410
61	S0061	龙蒿脑	Estragole	2411
62	S0062	四氢香叶醇	Tetrahydrogeraniol	2391
63	S0063	二氢香芹醇	Dihydrocarveol	2379
64	S0064	1-对-蓋烯-4-醇(又名 1-对-薄荷烯-4-醇)	1-*p*-Menthen-4-ol	2248
65	S0065	紫苏醇	Perilla alcohol	2664
66	S0066	薄荷脑（*dl*-薄荷脑,*l*-薄荷脑）	Menthol(*dl*-Menthol,*l*-Menthol)	2665
67	S0067	3-(*l*-薄荷烷氧基)-2-甲基-1,2-丙二醇	3-(*l*-Menthoxy)-2-methylpropane-1,2-diol	3849
68	S0068	3,5,5-三甲基环己醇	3,5,5-Trimethylcyclohexanol	3962
69	S0069	顺式-2-壬烯-1-醇	*cis*-2-Nonen-1-ol	3720
70	S0070	反式,反式-2,4-癸二烯醇	(*E*,*E*)-2,4-Decadien-1-ol (*trans*,*trans*-2,4-Decadien-1-ol)	3911
71	S0071	反式-2-辛烯-4-醇	(*E*)-2-Octen-4-ol	3888
72	S0072	对-蓋-3-烯-1-醇(又名对-3-薄荷烯-1-醇)	*p*-Menth-3-en-1-ol	3563
73	S0073	对-蓋-1,8(10)二烯-9-醇[又名对-1,8(10)薄荷二烯-9-醇]	Menthadienol [*p*-mentha-1,8(10)-dien-9-ol]	—
74	S0074	柏木烯醇	Cedrenol	—
75	S0075	脱氢芳樟醇	Dehydrolinalool [(E)-3,7-Dimethyl-1,5,7-octatrien-3-ol]	3830
76	S0076	*d*-木糖	*d*-Xylose	3606
77	S0077	*d*-核糖	*d*-Ribose	3793
78	S0078	*l*-鼠李糖	*l*-Rhamnose	3730
79	S0079	二苯醚	Diphenyl ether	3667
80	S0080	对-甲酚甲醚	*p*-Cresyl methyl ether	2681
81	S0081	异丁香酚甲醚	Isoeugenyl methyl ether	2476
82	S0082	甲基苯乙醚	Methyl phenethyl ether	3198
83	S0083	朗姆醚(乙醇氧化水合物)	Rum ether (Ethyl oxyhydrate)	2996
84	S0084	仲丁基乙醚	*sec*-Butyl ethyl ether	3131

表 B.3（续）

序号	编码	香料中文名称	香料英文名称	FEMA 编号
85	S0085	乙基苄基醚	Ethyl benzyl ether	2144
86	S0086	大茴香醚	Anisole	2097
87	S0087	邻-甲基大茴香醚	*o*-Methylanisole	2680
88	S0088	橙花醚	Nerol oxide	3661
89	S0089	2,4-二甲基大茴香醚	2,4-Dimethylanisole	3828
90	S0090	香兰基乙醚	Vanillyl ethyl ether	3815
91	S0091	丁香酚	Eugenol	2467
92	S0092	异丁香酚	Isoeugenol	2468
93	S0093	甲基丁香酚	Methyl eugenol	2475
94	S0094	对-甲酚	*p*-Cresol	2337
95	S0095	邻-甲酚	*o*-Cresol	3480
96	S0096	间-甲酚	*m*-Cresol	3530
97	S0097	百里香酚	Thymol	3066
98	S0098	麦芽酚	Maltol	2656
99	S0099	苯酚	Phenol	3223
100	S0100	2-甲氧基-4-甲基苯酚	2-Methoxy-4-methylphenol	2671
101	S0101	对-乙基苯酚	*p*-Ethylphenol	3156
102	S0102	2-甲氧基-4-乙烯基苯酚	2-Methoxy-4-vinylphenol	2675
103	S0103	对-二甲氧基苯	*p*-Dimethoxybenzene	2386
104	S0104	愈疮木酚	Guaiacol	2532
105	S0105	4-乙基愈疮木酚	4-Ethylguaiacol	2436
106	S0106	苯甲醛丙二醇缩醛	Benzaldehyde propylene glycol acetal	2130
107	S0107	2-异丙基苯酚	2-Isopropylphenol	3461
108	S0108	2,6-二甲基苯酚	2,6-Xylenol	3249
109	S0109	2,6-二甲氧基苯酚	2,6-Dimethoxyphenol	3137
110	S0110	间苯二酚	Resorcinol	3589
111	S0111	香芹酚	Carvacrol	2245
112	S0112	2-甲氧基-4-丙基苯酚	2-Methoxy-4-propylphenol	3598
113	S0113	2,5-二甲基苯酚	2,5-Xylenol	3595
114	S0114	对-乙烯基苯酚	*p*-Vinylphenol	3739
115	S0115	乙醛	Acetaldehyde	2003
116	S0116	乙醛二乙缩醛	Acetaldehyde diethyl acetal	2002
117	S0117	丙醛	Propionaldehyde	2923
118	S0118	3-(2-呋喃基)丙烯醛	3-(2-Furyl)acrolein	2494

表 B.3（续）

序号	编码	香料中文名称	香料英文名称	FEMA 编号
119	S0119	丁醛	Butyraldehyde	2219
120	S0120	2-甲基丁醛	2-Methylbutyraldehyde	2691
121	S0121	2-甲基-2-丁烯醛	2-Methyl-2-butenal	3407
122	S0122	2-苯基-2-丁烯醛	2-Phenyl-2-butenal	3224
123	S0123	戊醛	Valeraldehyde	3098
124	S0124	异戊醛	Isovaleraldehyde	2692
125	S0125	2-甲基戊醛	2-Methylvaleraldehyde	3413
126	S0126	2-戊烯醛	2-Pentenal	3218
127	S0127	2-甲基-2-戊烯醛	2-Methyl-2-pentenal	3194
128	S0128	4-甲基-2-苯基-2-戊烯醛	4-Methyl-2-phenyl-2-pentenal	3200
129	S0129	2,4-戊二烯醛	2,4-Pentadienal	3217
130	S0130	己醛	Hexanal	2557
131	S0131	2-己烯醛(又名叶醛)	2-Hexenal (Leaf aldehyde)	2560
132	S0132	顺式-3-己烯醛	*cis*-3-Hexenal	2561
133	S0133	5-甲基-2-苯基-2-己烯醛	5-Methyl-2-phenyl-2-hexenal	3199
134	S0134	2-异丙基-5-甲基-2-己烯醛	2-Isopropyl-5-methyl-2-hexenal	3406
135	S0135	反式,反式-2,4-己二烯醛	*trans*,*trans*-2,4-Hexadienal	3429
136	S0136	庚醛	Heptyl aldehyde	2540
137	S0137	4-庚烯醛	4-Heptenal	3289
138	S0138	反式-2-庚烯醛	*trans*-2-Heptenal	3165
139	S0139	2,6-二甲基-5-庚烯醛	2,6-Dimethyl-5-heptenal	2389
140	S0140	2,4-庚二烯醛	2,4-Heptadienal	3164
141	S0141	辛醛	Octylaldehyde	2797
142	S0142	2-辛烯醛	2-Octenal	3215
143	S0143	反式,反式-2,4-辛二烯醛	*trans*,*trans*-2,4-Octadienal	3721
144	S0144	反式,反式-2,6-辛二烯醛	*trans*,*trans*-2,6-Octadienal	3466
145	S0145	壬醛	Nonanal	2782
146	S0146	甲基壬乙醛(又名 2-甲基十一醛)	Methylnonylacetaldehyde (2-Methylundecanal)	2749
147	S0147	2-壬烯醛	2-Nonenal	3213
148	S0148	顺式-6-壬烯醛	*cis*-6-Nonenal	3580
149	S0149	2,4-壬二烯醛(反式-2-反式-4-壬二烯醛)	2,4-Nonadienal (*trans*-2-*trans*-4-Nonadienal)	3212
150	S0150	反式-2-顺式-6-壬二烯醛	Nona-2-*trans*-6-*cis*-dienal	3377
151	S0151	甲酸桃金娘烯酯	Myrtenyl formate	3405

表 B.3（续）

序号	编码	香料中文名称	香料英文名称	FEMA 编号
152	S0152	正癸醛(又名癸醛)	*n*-Decyl aldehyde (Decanal)	2362
153	S0153	2-癸烯醛	2-Decenal	2366
154	S0154	2,4-癸二烯醛	2,4-Decadienal	3135
155	S0155	十一醛	Undecanal	3092
156	S0156	2-十一烯醛	2-Undecenal	3423
157	S0157	2,4-十一碳二烯醛	2,4-Undecadienal	3422
158	S0158	月桂醛	Lauric aldehyde	2615
159	S0159	2-十二碳烯醛	2-Dodecenal	2402
160	S0160	反式-2-顺式-6-十二碳二烯醛	2-*trans*-6-*cis*-Dodecadienal	3637
161	S0161	十四醛	Tetradecyl aldehyde	2763
162	S0162	桃醛(又名 γ-十一烷内酯)	Peach aldehyde (γ-Undecalactone)	3091
163	S0163	大茴香醛	*p*-Anisaldehyde	2670
164	S0164	水杨醛	Salicylaldehyde	3004
165	S0165	苯甲醛	Benzaldehyde	2127
166	S0166	甲基苯甲醛(邻、对、间位混合物)	Tolualdehydes(mixed *o*,*m*,*p*)	3068
167	S0167	3,4-二甲氧基苯甲醛	3,4-Dimethoxybenzenecarbonal	3109
168	S0168	苯乙醛	Phenylacetaldehyde	2874
169	S0169	苯乙醛二甲缩醛	Phenylacetaldehyde dimethyl acetal	2876
170	S0170	苯丙醛(又名 3-苯基丙醛)	Phenylpropyl aldehyde (3-Phenylpropionaldehyde)	2887
171	S0171	枯茗醛	Cuminaldehyde	2341
172	S0172	香兰素	Vanillin	3107
173	S0173	香茅醛	Citronellal	2307
174	S0174	柠檬醛	Citral	2303
175	S0175	洋茉莉醛(又名胡椒醛)	Heliotropin (Piperonal)	2911
176	S0176	肉桂醛	Cinnamic aldehyde	2286
177	S0177	乙二醇缩肉桂醛	Cinnamaldehyde ethylene glycol acetal	2287
178	S0178	紫苏醛	Perillaldehyde	3557
179	S0179	对-蓋-1-烯-9-醛(又名对-1-薄荷烯-9-醛)	*p*-Menth-1-en-9-al	3178
180	S0180	糠醛	Furfural	2489
181	S0181	5-甲基糠醛	5-Methylfurfural	2702
182	S0182	1,1-二甲氧基乙烷	1,1-Dimethoxyethane	3426
183	S0183	2,6,6-三甲基环己-1,3-二烯基甲醛	(2, 6, 6-Trimethylcyclohexa-1, 3-dienyl)-methanal	3389

表 B.3（续）

序号	编码	香料中文名称	香料英文名称	FEMA 编号
184	S0184	异丁醛	Isobutyraldehyde	2220
185	S0185	顺式-4-己烯醛	*cis*-4-Hexenal	3496
186	S0186	顺式-5-辛烯醛	*cis*-5-Octenal	3749
187	S0187	4-癸烯醛	4-Decenal	3264
188	S0188	反式,反式-2,4-十二碳二烯醛	*trans*,*trans*-2,4-Dodecadienal	3670
189	S0189	2-十三烯醛	2-Tridecenal	3082
190	S0190	4-乙基苯甲醛	4-Ethylbenzaldehyde	3756
191	S0191	2-羟基-4-甲基苯甲醛	2-Hydroxy-4-methylbenzaldehyde	3697
192	S0192	邻-甲氧基肉桂醛	*o*-Methoxycinnamaldehyde	3181
193	S0193	龙脑烯醛	Campholenic aldehyde	3592
194	S0194	α-己基肉桂醛	α-Hexylcinnamaldehyde	2569
195	S0195	香兰素 1,2-丙二醇缩醛	Vanillin propylene glycol acetal	3905
196	S0196	乙醛乙醇顺式-3-己烯醇缩醛	Acetaldehyde ethyl *cis*-3-hexenyl acetal	3775
197	S0197	反式,反式-2,6-壬二烯醛	2-*trans*-6-*trans*-Nonadienal	3766
198	S0198	2,4,7-癸三烯醛	2,4,7-Decatrienal	4089
199	S0199	β-甜橙醛	β-Sinensal	3141
200	S0200	4-羟基苯甲醛	4-Hydroxy benzaldehyde	3984
201	S0201	邻-甲氧基苯甲醛	*o*-Methoxybenzaldehyde	4077
202	S0202	12-甲基十三醛	12-Methyltridecanal	4005
203	S0203	甲乙酮	Methyl ethyl ketone	2170
204	S0204	3-羟基-2-丁酮(又名乙偶姻)	3-Hydroxy-2-butanone (Acetoin)	2008
205	S0205	4-(对-甲氧基苯基)-2-丁酮	4-(*p*-Methoxyphenyl)-2-butanone	2672
206	S0206	4-苯基-3-丁烯-2-酮	4-Phenyl-3-buten-2-one	2881
207	S0207	丁二酮 2,3-丁二酮	Diacetyl 2,3-Diketo butane	2370
208	S0208	2-戊酮	2-Pentanone	2842
209	S0209	1-戊烯-3-酮	1-Penten-3-one	3382
210	S0210	2,3-戊二酮	2,3-Pentanedione	2841
211	S0211	3-乙基-2-羟基-2-环戊烯-1-酮	3-Ethyl-2-hydroxy-2-cyclopenten-1-one	3152
212	S0212	甲基环戊烯醇酮(又名 3-甲基-2-羟基-2-环戊烯-1-酮)	Methylcyclopentenolone (3-methyl-2-hydroxy-2-cyclopenten-1-one)	2700
213	S0213	4-己烯-3-酮	4-Hexene-3-one	3352
214	S0214	5-甲基-3-己烯-2-酮	5-Methyl-3-hexen-2-one	3409
215	S0215	3,4-己二酮	3,4-Hexanedione	3168

表 B.3（续）

序号	编码	香料中文名称	香料英文名称	FEMA 编号
216	S0216	2-庚酮	2-Heptanone	2544
217	S0217	3-庚烯-2-酮	3-Hepten-2-one (Methyl pentenyl ketone)	3400
218	S0218	6-甲基-5-庚烯-2-酮	6-Methyl-5-hepten-2-one	2707
219	S0219	1-辛烯-3-酮	1-Octen-3-one	3515
220	S0220	2-壬酮	2-Nonanone	2785
221	S0221	2-十一酮	2-Undecanone	3093
222	S0222	2-十三酮	2-Tridecanone	3388
223	S0223	圆柚酮	Nootkatone	3166
224	S0224	*l*-香芹酮	*l*-Carvone	2249
225	S0225	苯乙酮	Acetophenone	2009
226	S0226	4-甲基苯乙酮 对-甲基苯乙酮	4-Methylacetophenone *p*-Methylacetophenone	2677
227	S0227	对-甲氧基苯乙酮	*p*-Methoxyacetophenone	2005
228	S0228	顺式茉莉酮	*cis*-Jasmone	3196
229	S0229	覆盆子酮(又名悬钩子酮)	Raspberry ketone [4-(*p*-Hydroxyphenyl)-2-butanone]	2588
230	S0230	α-突厥酮	α-Damascone	3659
231	S0231	突厥烯酮	Damascenone	3420
232	S0232	苯甲醛甘油缩醛	Benzaldehyde glyceryl acetal	2129
233	S0233	α-鸢尾酮	α-Irone	2597
234	S0234	α-紫罗兰酮	α-Ionone	2594
235	S0235	β-紫罗兰酮	β-Ionone	2595
236	S0236	*dl*-樟脑	*dl*-Camphor	4513
237	S0237	薄荷酮	Menthone	2667
238	S0238	*d*,*l*-异薄荷酮	*d*,*l*-Isomenthone	3460
239	S0239	4-(2-呋喃基)-3-丁烯-2-酮	4-(2-Furyl)-3-buten-2-one	2495
240	S0240	2-乙基-4-羟基-5-甲基-3(2*H*)-呋喃酮	2-Ethyl-4-hydroxy-5-methyl-3(2*H*)-furanone	3623
241	S0241	4,5-二甲基-3-羟基-2,5-二氢呋喃-2-酮	4，5-Dimethyl-3-hydroxy-2，5-dihydrofuran-2-one	3634
242	S0242	2-乙基-3-甲基-4-羟基二氢-2,5-呋喃-5-酮	2-Ethyl-3-methyl-4-hydroxydihydro-2，5-furan-5-one	3153
243	S0243	4,5-二氢-3(2*H*)-噻吩酮(四氢噻吩-3-酮)	4，5-Dihydro-3-(2*H*)-thiophenone (Tetra-hydrothiophen-3-one)	3266
244	S0244	2-乙基呋喃	2-Ethylfuran	3673
245	S0245	2-乙酰基呋喃	2-Acetylfuran	3163

表 B.3（续）

序号	编码	香料中文名称	香料英文名称	FEMA 编号
246	S0246	2-乙酰基-5-甲基呋喃	2-Acetyl-5-methylfuran	3609
247	S0247	丙酮	Acetone	3326
248	S0248	1-苯基-1,2-丙二酮	1-Phenyl-1,2-propanedione	3226
249	S0249	3,4-二甲基-1,2-环戊二酮	3,4-Dimethyl-1,2-cyclopentadione	3268
250	S0250	3,5-二甲基-1,2-环戊二酮	3,5-Dimethyl-1,2-cyclopentadione	3269
251	S0251	2,3-己二酮	2,3-Hexanedione	2558
252	S0252	1-甲基-2,3-环己二酮	1-Methyl-2,3-cyclohexadione	3305
253	S0253	2,2,6-三甲基环己酮	2,2,6-Trimethylcyclohexanone	3473
254	S0254	2,6,6-三甲基-2-环己烯-1,4-二酮	2,6,6-Trimethylcyclohex-2-ene-1,4-dione	3421
255	S0255	3-庚酮	3-Heptanone	2545
256	S0256	5-甲基-2-庚烯-4-酮	5-Methyl-2-hepten-4-one	3761
257	S0257	6-甲基-3,5-庚二烯-2-酮	6-Methyl-3,5-heptadien-2-one	3363
258	S0258	2-辛酮	2-Octanone	2802
259	S0259	3-辛酮	3-Octanone	2803
260	S0260	3-辛烯-2-酮	3-Octen-2-one	3416
261	S0261	6,10-二甲基-5,9-十一碳二烯-2-酮	6,10-Dimethyl-5,9-undecadien-2-one	3542
262	S0262	2-十五酮	2-Pentadecanone	3724
263	S0263	3-甲基环十五酮	3-Methyl-1-cyclopentadecanone	3434
264	S0264	环十七-9-烯-1-酮	Cycloheptadeca-9-en-1-one	3425
265	S0265	二苯甲酮	Benzophenone	2134
266	S0266	2-羟基苯乙酮	2-Hydroxyacetophenone	3548
267	S0267	异弗尔酮	Isophorone	3553
268	S0268	二氢茉莉酮(又名2-戊基-3-甲基-2-环戊烯-1-酮)	Dihydrojasmone (2-Pentyl-3-methyl-2-cyclopenten-1-one)	3763
269	S0269	新甲基橙皮苷二氢查耳酮	Neohesperidin dihydrochalcone Neohesperidin DHC	3811
270	S0270	姜油酮	Zingerone	3124
271	S0271	*β*-突厥酮[又名 4-(2,6,6-三甲基环己-1-烯基)丁-2-烯-4-酮]	*β*-Damascone[4-(2,6,6-Trimethylcyclohex-1-enyl)but-2-en-4-one]	3243
272	S0272	3-甲硫基丁醛	3-(Methylthio) butanal	3374
273	S0273	*α*-戊基肉桂醛	*α*-Amylcinnamaldehyde	2061
274	S0274	*d*-葑酮	*d*-Fenchone	2479
275	S0275	2-甲基四氢呋喃-3-酮	2-Methyltetrahydrofuran-3-one	3373
276	S0276	4-羟基-2,5-二甲基-3(2*H*)-呋喃酮	4-Hydroxy-2,5-dimethyl-3(2*H*)-furanone	3174
277	S0277	2,5-二甲基-4-甲氧基-3(2*H*)-呋喃酮	2,5-Dimethyl-4-methoxy-3(2*H*)-furanone	3664

表 B.3（续）

序号	编码	香料中文名称	香料英文名称	FEMA 编号
278	S0278	2-戊基呋喃	2-Pentylfuran	3317
279	S0279	4,5,6,7-四氢-3,6-二甲基苯并呋喃（又名薄荷呋喃）	4,5,6,7-Tetrahydro-3,6-dimethylbenzofuran (Menthofuran)	3235
280	S0280	1,5,5,9-四甲基-13-氧杂三环[8.3.0.0(4,9)]十三烷	1,5,5,9-Tetramethyl-13-oxatricyclo[8.3.0.0(4,9)]tridecane	3471
281	S0281	顺式-二氢香芹酮	*cis*-Dihydrocarvone	3565
282	S0282	3-巯基-2-丁酮（又名 3-巯基-丁-2-酮）	3-Mercapto-2-butanone	3298
283	S0283	胡椒基丙酮	Piperonyl acetone	2701
284	S0284	二氢-β-紫罗兰酮	Dihydro-β-ionone	3626
285	S0285	4-甲基-2,3-戊二酮	4-Methyl-2,3-pentanedione	2730
286	S0286	反式-7-甲基-3-辛烯-2-酮	(*E*)-7-Methyl-3-octen-2-one	3868
287	S0287	3-乙酰硫基-2-甲基呋喃	3-(Acetylthio)-2-methylfuran	3973
288	S0288	4-乙酰氧基-2,5-二甲基-3(2*H*)-呋喃酮	4-Acetoxy-2,5-dimethyl-3(2*H*)-furanone	3797
289	S0289	3-乙基-2-羟基-4-甲基-2-环戊烯-1-酮	3-Ethyl-2-hydroxy-4-methylcyclopent-2-en-1-one	3453
290	S0290	环己酮	Cyclohexanone	3909
291	S0291	2,3-庚二酮	2,3-Heptanedione	2543
292	S0292	2,3-辛二酮	2,3-Octanedione	4060
293	S0293	乙酸	Acetic acid	2006
294	S0294	丙酸	Propionic acid	2924
295	S0295	丙酮酸	Pyruvic acid	2970
296	S0296	丁酸	Butyric acid	2221
297	S0297	异丁酸	Isobutyric acid	2222
298	S0298	2-甲基丁酸	2-Methylbutyric acid	2695
299	S0299	2-乙基丁酸	2-Ethylbutyric acid	2429
300	S0300	戊酸	Valeric acid	3101
301	S0301	2-甲基戊酸	2-Methylvaleric acid	2754
302	S0302	2-甲基-2-戊烯酸（又名草莓酸）	2-Methyl-2-pentenoic acid (Strawberriff)	3195
303	S0303	异戊酸	Isovaleric acid	3102
304	S0304	己酸	Hexanoic acid	2559
305	S0305	己二酸	Adipic acid	2011
306	S0306	反式-2-己烯酸	*trans*-2-Hexenoic acid	3169
307	S0307	3-己烯酸	3-Hexenoic acid	3170
308	S0308	庚酸	Heptanoic acid	3348

表 B.3（续）

序号	编码	香料中文名称	香料英文名称	FEMA 编号
309	S0309	辛酸	Octanoic acid	2799
310	S0310	壬酸	Nonoic acid	2784
311	S0311	癸酸	Decanoic acid	2364
312	S0312	十二酸(又名月桂酸)	Dodecanoic acid (Lauric acid)	2614
313	S0313	十四酸(又名肉豆蔻酸)	Tetradecanoic acid (Myristic acid)	2764
314	S0314	十六酸(又名棕榈酸)	Hexadecylic acid (Palmitic acid)	2832
315	S0315	苯甲酸	Benzoic acid	2131
316	S0316	苯乙酸	Phenylacetic acid	2878
317	S0317	柠檬酸	Citric acid	2306
318	S0318	肉桂酸	Cinnamic acid	2288
319	S0319	富马酸	Fumaric acid	2488
320	S0320	3-甲基戊酸(又名酐酪酸)	3-Methylpentanoic acid	3437
321	S0321	β-丙氨酸	β-Alanine	3252
322	S0322	L-苯基丙氨酸	L-Phenylalanine	3585
323	S0323	L-半胱氨酸	L-Cysteine	3263
324	S0324	甘氨酸	Glycine	3287
325	S0325	L-谷氨酸	L-Glutamic acid	3285
326	S0326	L-亮氨酸	L-Leucine	3297
327	S0327	DL-蛋氨酸	DL-Methionine	3301
328	S0328	乙酰丙酸	Levulinic acid	2627
329	S0329	2-氧代丁酸	2-Oxobutyric acid	3723
330	S0330	2-甲基己酸	2-Methylhexanoic acid	3191
331	S0331	2-甲基庚酸	2-Methyloenanthic acid	2706
332	S0332	4-甲基辛酸	4-Methyloctanoic acid	3575
333	S0333	3,7-二甲基-6-辛烯酸	3,7-Dimethyl-6-octenoic acid	3142
334	S0334	9-癸烯酸	9-Decenoic acid	3660
335	S0335	十一酸	Undecanoic acid	3245
336	S0336	10-十一碳烯酸	10-Undecenoic acid	3247
337	S0337	3-苯丙酸	3-Phenylpropionic acid	2889
338	S0338	乳酸	Lactic acid	2611
339	S0339	L-脯氨酸	L-Proline	3319
340	S0340	DL-缬氨酸	DL-Valine	3444
341	S0341	2-(4-甲氧基苯氧基)-丙酸钠	Sodium 2-(4-methyoxy-phenoxy)propanoate	3773
342	S0342	L-和 DL-丙氨酸	L-and DL-Alanine	3818

表 B.3（续）

序号	编码	香料中文名称	香料英文名称	FEMA 编号
343	S0343	L-精氨酸	L-Arginine	3819
344	S0344	L-赖氨酸	L-Lysine	3847
345	S0345	3-甲基巴豆酸	3-Methylcrotonic acid	3187
346	S0346	甲酸	Formic acid	2487
347	S0347	4-甲基壬酸	4-Methylnonanoic acid	3574
348	S0348	异己酸	Isohexanoic acid	3463
349	S0349	2-羟基苯甲酸（又名水杨酸）	2-Hydroxybenzoic acid (Salicylic acid)	3985
350	S0350	惕各酸	Tiglic acid	3599
351	S0351	琥珀酸	Succinic acid	4719
352	S0352	硬脂酸	Stearic acid	3035
353	S0353	甲酸乙酯	Ethyl formate	2434
354	S0354	甲酸丁酯	Butyl formate	2196
355	S0355	甲酸戊酯	Amyl formate	2068
356	S0356	甲酸异戊酯	Isoamyl formate	2069
357	S0357	甲酸己酯	Hexyl formate	2570
358	S0358	甲酸苄酯	Benzyl formate	2145
359	S0359	甲酸香叶酯	Geranyl formate	2514
360	S0360	甲酸香茅酯	Citronellyl formate	2314
361	S0361	甲酸苯乙酯	Phenethyl formate	2864
362	S0362	甲酸芳樟酯	Linalyl formate	2642
363	S0363	乙酸甲酯	Methyl acetate	2676
364	S0364	乙酸乙酯	Ethyl acetate	2414
365	S0365	乙酰乙酸乙酯	Ethyl acetoacetate	2415
366	S0366	乙酸丙酯	Propyl acetate	2925
367	S0367	乙酸异丙酯	Isopropyl acetate	2926
368	S0368	乙酸烯丙酯	Allyl acetate	—
369	S0369	乙酰丙酸乙酯	Ethyl acetylpropanoate	2442
370	S0370	乙酸丁酯	Butyl acetate	2174
371	S0371	乙酸异丁酯	Isobutyl acetate	2175
372	S0372	乙酸异戊酯	Isoamyl acetate	2055
373	S0373	乙酸己酯	Hexyl acetate	2565
374	S0374	乙酸 2-己烯酯	2-Hexen-1-yl acetate	2564
375	S0375	乙酸庚酯	Heptyl acetate	2547
376	S0376	乙酸辛酯	Octyl acetate	2806

表 B.3（续）

序号	编码	香料中文名称	香料英文名称	FEMA 编号
377	S0377	乙酸 3-辛酯	3-Octyl acetate	3583
378	S0378	1-辛烯-3-醇乙酸酯	1-Octen-3-yl acetate	3582
379	S0379	乙酸壬酯	Nonyl acetate	2788
380	S0380	2-丁烯酸己酯	*n*-Hexyl 2-butenoate	3354
381	S0381	乙酸癸酯	Decyl acetate	2367
382	S0382	乙酸苄酯	Benzyl acetate	2135
383	S0383	乙酸苯乙酯	Phenethyl acetate	2857
384	S0384	乙酸茴香酯	Anisyl acetate	2098
385	S0385	乙酸龙脑酯	Bornyl acetate	2159
386	S0386	乙酸薄荷酯	Menthol acetate	2668
387	S0387	乙酸肉桂酯	Cinnamyl acetate	2293
388	S0388	乙酸香茅酯	Citronellyl acetate	2311
389	S0389	乙酸香叶酯	Geranyl acetate	2509
390	S0390	乙酸对-甲酚酯	*p*-Cresyl acetate	3073
391	S0391	乙酸苏合香酯	Styrallyl acetate	2684
392	S0392	乙酸橙花酯	Neryl acetate	2773
393	S0393	乙酸松油酯	Terpinyl acetate	3047
394	S0394	异丁酸肉桂酯	Cinnamyl isobutyrate	2297
395	S0395	顺式-3-己烯-1-醇乙酸酯(又名乙酸叶醇酯)	*cis*-3-Hexen-1-yl acetate (Leaf acetate)	3171
396	S0396	乙酸糠酯	Furfuryl acetate	2490
397	S0397	庚酸烯丙酯	Allyl heptanoate	2031
398	S0398	乙酸芳樟酯	Linalyl acetate	2636
399	S0399	乙酸葛缕酯	Carvyl acetate	2250
400	S0400	乙酸二氢葛缕酯	Dihydrocarvyl acetate	2380
401	S0401	苯乙酸丁酯	Butyl phenylacetate	2209
402	S0402	丙酸乙酯	Ethyl propionate	2456
403	S0403	丙二酸二乙酯	Diethyl malonate	2375
404	S0404	丙酸异丁酯	Isobutyl propionate	2212
405	S0405	丙酸异戊酯	Isoamyl propionate	2082
406	S0406	丙酸顺式-3-己烯酯和丙酸反式-2-己烯酯	*cis*-3-Hexenyl propionate and *trans*-2-Hexenyl propionate	3778
407	S0407	丙酸香叶酯	Geranyl propionate	2517
408	S0408	丙酸香茅酯	Citronellyl propionate	2316

表 B.3（续）

序号	编码	香料中文名称	香料英文名称	FEMA 编号
409	S0409	丙酸苄酯	Benzyl propionate	2150
410	S0410	丙酸苯乙酯	Phenethyl propionate	2867
411	S0411	丙酸芳樟酯	Linalyl propionate	2645
412	S0412	丁酸甲酯	Methyl butyrate	2693
413	S0413	2-甲基丁酸甲酯	Methyl 2-methylbutyrate	2719
414	S0414	丁酸乙酯	Ethyl butyrate	2427
415	S0415	异丁酸乙酯	Ethyl isobutyrate	2428
416	S0416	2-甲基丁酸乙酯	Ethyl 2-methylbutyrate	2443
417	S0417	3-羟基丁酸乙酯	Ethyl 3-hydroxybutyrate	3428
418	S0418	丁二酸二乙酯	Diethyl succinate	2377
419	S0419	异丁酸甲酯	Methyl isobutyrate	2694
420	S0420	丁酸丁酯	Butyl butyrate	2186
421	S0421	丁酸异丁酯	Isobutyl butyrate	2187
422	S0422	2-甲基丁酸丁酯	*n*-Butyl 2-methylbutyrate	3393
423	S0423	2-甲基丁酸 2-甲基丁酯	2-Methylbutyl 2-methylbutyrate	3359
424	S0424	异丁酸丁酯	Butyl isobutyrate	2188
425	S0425	丁酸戊酯	Amyl butyrate	2059
426	S0426	丁酸异戊酯	Isoamyl butyrate	2060
427	S0427	2-甲基丁酸异戊酯	Isoamyl 2-methylbutanoate	3505
428	S0428	异丁酸异戊酯	Isopentyl isobutyrate	3507
429	S0429	丁酸己酯	Hexyl butyrate	2568
430	S0430	2-甲基丁酸己酯	Hexyl 2-methylbutyrate	3499
431	S0431	丁酸顺式-3-己烯酯(又名丁酸叶醇酯)	*cis*-3-Hexenyl butyrate (Leaf butyrate)	3402
432	S0432	2-甲基丁酸-3-己烯酯	3-Hexenyl 2-methylbutanoate	3497
433	S0433	异丁酸庚酯	Heptyl isobutyrate	2550
434	S0434	2-甲基丁酸辛酯	Octyl 2-methylbutyrate	3604
435	S0435	1-辛烯-3-醇丁酸酯	1-Octen-3-yl butyrate	3612
436	S0436	丁酸苄酯	Benzyl butyrate	2140
437	S0437	异丁酸苄酯	Benzyl isobutyrate	2141
438	S0438	丁酸苯乙酯	Phenethyl butyrate	2861
439	S0439	2-甲基丁酸苯乙酯	Phenethyl 2-methylbutyrate	3632
440	S0440	异丁酸苯乙酯	Phenethyl isobutyrate	2862
441	S0441	丁酸香叶酯	Geranyl butyrate	2512
442	S0442	异丁酸香叶酯	Geranyl isobutyrate	2513

表 B.3（续）

序号	编码	香料中文名称	香料英文名称	FEMA 编号
443	S0443	丁酸芳樟酯	Linalyl butyrate	2639
444	S0444	异丁酸芳樟酯	Linalyl isobutyrate	2640
445	S0445	当归酸异丁酯	Isobutyl angelate	2180
446	S0446	异丁酸橙花酯	Neryl isobutyrate	2775
447	S0447	正戊酸乙酯	Ethyl valerate	2462
448	S0448	丁酰乳酸丁酯	Butyl butyryllactate	2190
449	S0449	异戊酸乙酯	Ethyl isovalerate	2463
450	S0450	水杨酸丁酯(又名柳酸丁酯)	Butyl salicylate	3650
451	S0451	异戊酸丁酯	Butyl isovalerate	2218
452	S0452	异戊酸异戊酯	Isoamyl isovalerate	2085
453	S0453	异戊酸 3-己烯酯	3-Hexenyl isovalerate	3498
454	S0454	异戊酸壬酯	Nonyl isovalerate	2791
455	S0455	异戊酸苯乙酯	Phenethyl isovalerate	2871
456	S0456	异戊酸香叶酯	Geranyl isovalerate	2518
457	S0457	己酸甲酯	Methyl hexanoate	2708
458	S0458	2-己烯酸甲酯	Methyl 2-hexenoate	2709
459	S0459	己酸乙酯	Ethyl hexanoate(Ethyl caproate)	2439
460	S0460	3-己烯酸乙酯	Ethyl 3-hexenoate	3342
461	S0461	3-羟基己酸乙酯	Ethyl 3-hydroxyhexanoate	3545
462	S0462	反式-2-己烯酸乙酯	Ethyl *trans*-2-hexenoate	3675
463	S0463	己酸丙酯	Propyl hexanoate	2949
464	S0464	己酸戊酯	Amyl hexanoate	2074
465	S0465	己酸异戊酯	Isoamyl hexanoate	2075
466	S0466	己酸己酯	Hexyl hexanoate	2572
467	S0467	己酸顺式-3-己烯酯(又名己酸叶醇酯)	*cis*-3-Hexenyl hexanoate (Leaf hexanoate)	3403
468	S0468	庚酸乙酯	Ethyl heptanoate	2437
469	S0469	庚酸丙酯	Propyl heptanoate	2948
470	S0470	庚酸丁酯	Butyl heptanoate	2199
471	S0471	2-甲基-3-巯基呋喃	2-Methyl-3-furanthiol	3188
472	S0472	辛酸甲酯	Methyl caprylate	2728
473	S0473	辛酸乙酯	Ethyl caprylate	2449
474	S0474	顺式-4-辛烯酸乙酯	Ethyl *cis*-4-octenoate	3344
475	S0475	顺式-4,7-辛二烯酸乙酯	Ethyl *cis*-4,7-octadienoate	3682
476	S0476	辛酸异戊酯	Isoamyl octanoate	2080

表 B.3（续）

序号	编码	香料中文名称	香料英文名称	FEMA 编号
477	S0477	辛酸壬酯	Nonyl octanoate	2790
478	S0478	辛酸苯乙酯	Phenethyl octanoate	3222
479	S0479	2-壬烯酸甲酯	Methyl 2-nonenoate	2725
480	S0480	壬酸乙酯	Ethyl nonanoate	2447
481	S0481	癸酸乙酯	Ethyl decanoate	2432
482	S0482	反式-2-顺式-4-癸二烯酸乙酯	Ethyl *trans*-2,*cis*-4-decadienoate	3148
483	S0483	十二酸乙酯(又名月桂酸乙酯)	Ethyl dodecanoate (Ethyl laurate)	2441
484	S0484	十四酸甲酯(又名肉豆蔻酸甲酯)	Methyl tetradecanoate (Methtyl myristate)	2722
485	S0485	苯甲酸甲酯	Methyl benzoate	2683
486	S0486	苯甲酸乙酯	Ethyl benzoate	2422
487	S0487	苯甲酸丙酯	Propyl benzoate	2931
488	S0488	苯甲酸己酯	Hexyl benzoate	3691
489	S0489	苯甲酸苄酯	Benzyl benzoate	2138
490	S0490	苯甲酸顺式-3-己烯酯(又名苯甲酸叶醇酯)	*cis*-3-Hexenyl benzoate (Leaf benzoate)	3688
491	S0491	邻氨基苯甲酸甲酯	Methyl anthranilate	2682
492	S0492	苯乙酸甲酯	Methyl phenylacetate	2733
493	S0493	苯乙酸乙酯	Ethyl phenylacetate	2452
494	S0494	苯乙酸异戊酯	Isoamyl phenylacetate	2081
495	S0495	苯乙酸苯乙酯	Phenethyl phenylacetate	2866
496	S0496	惕各酸乙酯	Ethyl tiglate	2460
497	S0497	惕各酸苄酯	Benzyl tiglate	3330
498	S0498	乳酸乙酯	Ethyl lactate	2440
499	S0499	乳酸丁酯	Butyl lactate	2205
500	S0500	肉桂酸甲酯	Methyl cinnamate	2698
501	S0501	肉桂酸乙酯	Ethyl cinnamate	2430
502	S0502	肉桂酸苄酯	Benzyl cinnamate	2142
503	S0503	肉桂酸苯乙酯	Phenethyl cinnamate	2863
504	S0504	肉桂酸肉桂酯	Cinnamyl cinnamate	2298
505	S0505	水杨酸甲酯(又名柳酸甲酯)	Methyl salicylate	2745
506	S0506	水杨酸乙酯(又名柳酸乙酯)	Ethyl salicylate	2458
507	S0507	水杨酸异戊酯(又名柳酸异戊酯)	Isoamyl salicylate	2084
508	S0508	十四酸乙酯(又名肉豆蔻酸乙酯)	Ethyl tetradecanoate (Ethyl myristate)	2445
509	S0509	油酸乙酯	Ethyl oleate	2450

表 B.3（续）

序号	编码	香料中文名称	香料英文名称	FEMA 编号
510	S0510	棕榈酸乙酯	Ethyl palmitate	2451
511	S0511	二氢茉莉酮酸甲酯	Methyl dihydrojasmonate	3408
512	S0512	椰子油混合酸乙酯	Ethyl ester of coconut oil mixed acid	—
513	S0513	柠檬酸三乙酯	Triethyl citrate	3083
514	S0514	甲酸大茴香酯	Anisyl formate	2101
515	S0515	甲酸顺式-3-己烯酯(又名甲酸叶醇酯)	*cis*-3-Hexenyl formate (Leaf formate)	3353
516	S0516	乙酸 2-甲基丁酯	2-Methylbutyl acetate	3644
517	S0517	乙酸 3-苯丙酯	3-Phenylpropyl acetate	2890
518	S0518	乙酸丁香酯	Eugenyl acetate	2469
519	S0519	4,5-二甲基-2-异丁基-3-噻唑啉	4,5-Dimethyl-2-isobutyl-3-thiazoline	3621
520	S0520	乙酸异胡薄荷酯	Isopulegyl acetate	2965
521	S0521	乙酸 1,3,3-三甲基-2-降龙脑酯	1,3,3-Trimethyl-2-norbornanyl acetate	3390
522	S0522	丙酸甲酯	Methyl propionate	2742
523	S0523	丙烯酸乙酯	Ethyl acrylate	2418
524	S0524	乳酸顺式-3-己烯酯(又名乳酸叶醇酯)	*cis*-3-Hexenyl lactate (Leaf lactate)	3690
525	S0525	丙酸癸酯	Decyl propionate	2369
526	S0526	反式-2-丁烯酸乙酯	Ethyl *trans*-2-butenoate	3486
527	S0527	丁酸丙酯	Propyl butyrate	2934
528	S0528	异丁酸异丙酯	Isopropyl isobutyrate	2937
529	S0529	2-甲基丁酸异丙酯	Isopropyl 2-methylbutyrate	3699
530	S0530	异丁酸己酯	Hexyl isobutyrate	3172
531	S0531	丁酸庚酯	Heptyl butyrate	2549
532	S0532	异丁酸辛酯	Octyl isobutyrate	2808
533	S0533	异丁酸-3-苯丙酯	3-Phenylpropyl isobutyrate	2893
534	S0534	丁酸香茅酯	Citronellyl butyrate	2312
535	S0535	丁酸肉桂酯	Cinnamyl butyrate	2296
536	S0536	异戊酸甲酯	Methyl isovalerate	2753
537	S0537	异戊酸异丁酯	Isobutyl isovalerate	3369
538	S0538	异戊酸 2-甲基丁酯	2-Methylbutyl isovalerate	3506
539	S0539	异戊酸苄酯	Benzyl isovalerate	2152
540	S0540	2-戊基吡啶	2-Pentylpyridine	3383
541	S0541	异戊酸肉桂酯	Cinnamyl isovalerate	2302
542	S0542	异戊酸薄荷酯	Menthyl isovalerate	2669
543	S0543	3-己烯酸甲酯	Methyl 3-hexenoate	3364

表 B.3（续）

序号	编码	香料中文名称	香料英文名称	FEMA 编号
544	S0544	正己酸异丁酯	Isobutyl caproate	2202
545	S0545	己酸烯丙酯	Allyl hexanoate	2032
546	S0546	己酸芳樟酯	Linalyl hexanoate	2643
547	S0547	3,7-二甲基-6-辛烯酸甲酯	Methyl 3,7-dimethyl-6-octenoate	3361
548	S0548	3-壬烯酸甲酯	Methyl 3-nonenoate	3710
549	S0549	9-十一烯酸甲酯	Methyl 9-undecenoate	2750
550	S0550	十一酸乙酯	Ethyl undecanoate	3492
551	S0551	十四酸异丙酯(又名肉豆蔻酸异丙酯)	Isopropyl tetradecanoate (Isopropyl myristate)	3556
552	S0552	*N*-甲基邻氨基苯甲酸甲酯	Methyl *N*-methylanthranilate (Dimethyl anthranilate)	2718
553	S0553	邻氨基苯甲酸乙酯	Ethyl anthranilate	2421
554	S0554	苯甲酸异戊酯	Isoamyl benzoate	2058
555	S0555	苯甲酸苯乙酯	Phenethyl benzoate	2860
556	S0556	苯乙酸异丁酯	Isobutyl phenylacetate	2210
557	S0557	苯乙酸己酯	Hexyl phenylacetate	3457
558	S0558	苯丙酸乙酯(又名氢化肉桂酸乙酯)	Ethyl 3-phenylpropionate (Ethyl hydrocinnamate)	2455
559	S0559	环己基羧酸甲酯	Methyl cyclohexanecarboxylate	3568
560	S0560	大茴香酸甲酯	Methyl *p*-anisate	2679
561	S0561	大茴香酸乙酯	Ethyl *p*-anisate	2420
562	S0562	水杨酸苯乙酯	Phenethyl salicylate	2868
563	S0563	十二酸异戊酯(又名月桂酸异戊酯)	Isoamyl dodecanoate (Isoamyl laurate)	2077
564	S0564	亚油酸甲酯(48%),亚麻酸甲酯(52%)混合物	Methyl linoleate (48%), methyl linolenate (52%) mixture	3411
565	S0565	茉莉酮酸甲酯	Methyl jasmonate	3410
566	S0566	水杨酸苄酯(又名柳酸苄酯)	Benzyl salicylate	2151
567	S0567	肉桂酸异丁酯	Isobutyl cinnamate	2193
568	S0568	肉桂酸 3-苯丙酯	3-Phenylpropyl cinnamate	2894
569	S0569	酒石酸二乙酯	Diethyl tartrate	2378
570	S0570	菸酸甲酯	Methyl nicotinate	3709
571	S0571	惕各酸苯乙酯	Phenethyl tiglate	2870
572	S0572	3-乙酰基-2,5-二甲基噻吩	3-Acetyl-2,5-dimethylthiophene	3527
573	S0573	3,5,5-三甲基-1-己醇	3,5,5-Trimethyl-1-hexanol	3324
574	S0574	丁酸茴香酯	Anisyl butyrate	2100
575	S0575	异戊酸龙脑酯	Bornyl isovalerate	2165

表 B.3（续）

序号	编码	香料中文名称	香料英文名称	FEMA 编号
576	S0576	2,6-二甲基-4-庚醇	2,6-Dimethyl-4-heptanol	3140
577	S0577	苯甲酸异丁酯	Isobutyl benzoate	2185
578	S0578	甲酸橙花酯	Neryl formate	2776
579	S0579	乙酸甲基苄醇酯(邻、间、对位混合物)	Methylbenzyl acetate(mixed *o*-,*m*-,*p*-)	3702
580	S0580	乙酸顺式和反式-对 1,(7)8-䓝二烯-2-醇酯[又名乙酸顺式和反式-对 1,(7)8-薄荷二烯-2-醇酯]	*cis*-and-*trans*-*p*-1,(7)8-Menthadien-2-yl acetate	3848
581	S0581	乙酸龙脑烯醇酯	Campholene acetate	3657
582	S0582	丙酸丙酯	Propyl propionate	2958
583	S0583	丙酸丁酯	Butyl propionate	2211
584	S0584	丙酸己酯	Hexyl propionate	2576
585	S0585	丙酮酸乙酯	Ethyl pyruvate	2457
586	S0586	丁酸辛酯	Octyl butyrate	2807
587	S0587	异丁酸丙酯	*n*-Propyl isobutyrate	2936
588	S0588	异丁酸异丁酯	Isobutyl isobutyrate	2189
589	S0589	异丁酸香茅酯	Citronellyl isobutyrate	2313
590	S0590	反式-2-丁烯酸顺式-3-己烯酯(又名反式-2-丁烯酸叶醇酯)	(*Z*)-3-Hexenyl(*E*)-2-butenoate [Leaf (*E*)-2-butenoate]	3982
591	S0591	丁二酸单薄荷酯(又名琥珀酸单薄荷酯)	Diethyl butanedioate (Momo-menthyl succinate)	3810
592	S0592	正戊酸正戊酯	Pentyl valerate	—
593	S0593	异戊酸辛酯	Octyl isovalerate	2814
594	S0594	己酸丁酯	Butyl hexanoate	2201
595	S0595	己酸苯乙酯	Phenethyl hexanoate	3221
596	S0596	异丁酸叶醇酯(又名顺式-3-己烯醇异丁酸酯)	Leaf isobutyrate [(*Z*)-3-Hexenyl isobutyrate]	3929
597	S0597	辛酸己酯	Hexyl octanoate	2575
598	S0598	2-辛烯酸乙酯	Ethyl 2-octenoate	3643
599	S0599	2,4,7-癸三烯酸乙酯	Ethyl 2,4,7-decatrienoate	3832
600	S0600	苯甲酸芳樟酯	Linalyl benzoate	2638
601	S0601	反式-2-甲基 2-丁烯酸顺式-3-己烯酯(又名惕各酸叶醇酯)	(*Z*)-3-Hexenyl (*E*)-2-methyl2-butenoate (Leaf tiglate)	3931
602	S0602	2-丁烯酸异丁酯	Isobutyl 2-butenoate	3432
603	S0603	3-甲基丁酸己酯	Hexyl 3-methyl butanoate	3500
604	S0604	顺式-3-己烯酸顺式-3-己烯酯(又名顺式-3-己烯酸叶醇酯)	*cis*-3-Hexenyl *cis*-3-hexenoate (Leaf *cis*-3-hexenoate)	3689

表 B.3（续）

序号	编码	香料中文名称	香料英文名称	FEMA 编号
605	S0605	3-羟基己酸甲酯	Methyl 3-hydroxyhexanoate	3508
606	S0606	苯甲酸香叶酯	Geranyl benzoate	2511
607	S0607	琥珀酸二甲酯	Dimethyl succinate	2396
608	S0608	硬脂酸乙酯	Ethyl stearate	3490
609	S0609	3-甲基-2-丁烯-1-醇乙酸酯（又名乙酸异戊烯酯）	3-Methyl-2-buten-1-ol acetate （Prenyl acetate）	4202
610	S0610	己酸反式-2-己烯酯	*trans*-2-Hexenyl hexanoate	3983
611	S0611	甲酸龙脑酯	Bornyl formate	2161
612	S0612	顺式-4-庚烯酸乙酯	Ethyl （*Z*）-hept-4-enoate	3975
613	S0613	辛酸戊酯	Amyl octanoate	2079
614	S0614	4-甲基戊酸甲酯	Methyl 4-methylvalerate	2721
615	S0615	乙酸胡椒醛酯	Heliotropin acetate	2912
616	S0616	丙酸肉桂酯	Cinnamyl propionate	2301
617	S0617	异丁酸甲基苯基原酯（又名异丁酸苏合香酯）	Methyl phenyl carbinyl isobutyrate (Styrallyl isobutyrate）	2687
618	S0618	异丁酸十二酯	Dodecyl isobutyrate	3452
619	S0619	异丁酸松油酯	Terpinyl isobutyrate	3050
620	S0620	水杨酸异丁酯	Isobutyl salicylate	2213
621	S0621	肉桂酸异戊酯	Isoamyl cinnamate	2063
622	S0622	乙酸异龙脑酯	Isobornyl acetate	2160
623	S0623	γ-戊内酯	γ-Valerolactone	3103
624	S0624	γ-己内酯	γ-Hexalactone	2556
625	S0625	γ-庚内酯	γ-Heptalactone	2539
626	S0626	γ-辛内酯	γ-Octalactone	2796
627	S0627	γ-壬内酯	γ-Nonalactone	2781
628	S0628	γ-癸内酯	γ-Decalactone	2360
629	S0629	γ-十二内酯	γ-Dodecalactone	2400
630	S0630	γ-丁内酯	γ-Butyrolactone	3291
631	S0631	δ-己内酯	δ-Hexalactone	3167
632	S0632	δ-辛内酯	δ-Octalactone	3214
633	S0633	δ-壬内酯	δ-Nonalactone	3356
634	S0634	δ-癸内酯	δ-Decalactone	2361
635	S0635	δ-十一内酯	δ-Undecalactone	3294
636	S0636	δ-十二内酯	δ-Dodecalactone	2401

表 B.3（续）

序号	编码	香料中文名称	香料英文名称	FEMA 编号
637	S0637	十五内酯	Pentadecanolide	2840
638	S0638	5-羟基-2-癸烯酸 δ-内酯	5-Hydroxy-2-decenoic acid δ-lactone (Coco-lactone)	3744
639	S0639	3-丙叉苯酞	3-Propylidenephthalide	2952
640	S0640	3-丁叉苯酞	3-Butylidenephthalide	3333
641	S0641	薄荷内酯	Mintlactone	3764
642	S0642	δ-十三内酯	δ-Tridecalactone	—
643	S0643	δ-十四内酯	δ-Tetradecalactone	3590
644	S0644	5-羟基-2,4-癸二烯酸内酯(又名 6-戊基-α-吡喃酮)	5-Hydroxy-2,4-decadienoic acid lactone (6-Pentyl-α-pyrone)	3696
645	S0645	5-羟基-7-癸烯酸内酯(又名茉莉内酯)	5-Hydroxy-7-decenoic acid lactone (Jasmine lactone)	3745
646	S0646	威士忌内酯	Whiskey lactone	3803
647	S0647	二氢猕猴桃内酯[又名(+/-)-2,6,6-三甲基-2-羟基环亚己基乙酸 γ-内酯]	Dihydroactinidiolide[(+/-)-(2,6,6-Trimethyl-2-hydroxycyclohexylidene) acetic acid γ-lactone]	4020
648	S0648	黄葵内酯	Ambrettolide	2555
649	S0649	α-当归内酯	α-Angelica lactone	3293
650	S0650	γ-甲基癸内酯	γ-Methyldecalactone	3786
651	S0651	β-石竹烯	β-Caryophyllene	2252
652	S0652	巴伦西亚橘烯	Valencene	3443
653	S0653	月桂烯	Myrcene	2762
654	S0654	*d*-苧烯	*d*-Limonene	2633
655	S0655	异松油烯	Terpinolene	3046
656	S0656	罗勒烯	Ocimene	3539
657	S0657	莰烯	Camphene	2229
658	S0658	α-蒎烯	α-Pinene	2902
659	S0659	β-蒎烯	β-Pinene	2903
660	S0660	1,8-桉叶素	1,8-Cineole	2465
661	S0661	1,4-桉叶素	1,4-Cineole	3658
662	S0662	二氢香豆素	Dihydrocoumarin	2381
663	S0663	1,4-二甲基-4-乙酰基-1-环己烯	1,4-Dimethyl-4-acetyl-1-cyclohexene	3449
664	S0664	2-甲酰基-6,6-二甲基双环[3.1.1]庚-2-烯(又名桃金娘烯醛)	2-Formyl-6,6-dimethylbicyclo[3.1.1]-hept-2-ene (Myrtenal)	3395
665	S0665	茶螺烷[又名 1-氧杂螺-(4,5)-2,6,10,10-四甲基-6-癸烯]	Theaspirane [2,6,10,10-Tetramethyl-1-oxaspiro(4,5)-dec-6-ene]	3774

表 B.3（续）

序号	编码	香料中文名称	香料英文名称	FEMA 编号
666	S0666	1,3,5-十一碳三烯	1,3,5-Undecatriene	3795
667	S0667	对,α-二甲基苯乙烯	*p*,α-Dimethylstyrene	3144
668	S0668	α-水芹烯	α-Phellandrene	2856
669	S0669	红没药烯	Bisabolene	3331
670	S0670	γ-松油烯	γ-Terpinene	3559
671	S0671	6-羟基二氢茶螺烷	6-Hydroxydihydrotheaspirane	3549
672	S0672	1-甲基-3-甲氧基-4-异丙基苯	1-Methyl-3-methoxy-4-isopropylbenzene	3436
673	S0673	间-二甲氧基苯	*m*-Dimethoxybenzene	2385
674	S0674	对-异丙基甲苯	*p*-Cymene	2356
675	S0675	3,4-二甲酚	3,4-Dimethylphenol	3596
676	S0676	1-甲基萘	1-Methylnaphthalene	3193
677	S0677	1,2-二甲氧基苯	1,2-Dimethoxybenzene	3799
678	S0678	α-金合欢烯	α-Farnesene	3839
679	S0679	苏合香烯	Styrene	3233
680	S0680	α-松油烯	α-Terpinene	3558
681	S0681	3-蒈烯	3-Carene	3821
682	S0682	聚苧烯	Polylimonene	—
683	S0683	香菇素	Lenthionine	—
684	S0684	氧化石竹烯	Caryophyllene oxide	4085
685	S0685	2,4,6-三甲基-1,3,5-三氧杂环己烷（又名三聚乙醛）	2,4,6-Trimethyl-1,3,5-trioxacyclohexane (Paraldehyde)	4010
686	S0686	甲硫醇	Methyl mercaptan	2716
687	S0687	3-甲硫基丙醇	3-(Methylthio) propanol	3415
688	S0688	正丁硫醇	1-Butanethiol	3478
689	S0689	2-甲基-1-丁硫醇	2-Methyl-1-butanethiol	3303
690	S0690	3-(甲硫基)-1-己醇	3-(Methylthio)-1-hexanol	3438
691	S0691	1,6-己二硫醇	1,6-Hexanedithiol	3495
692	S0692	糠基硫醇（又名咖啡醛）	Furfuryl mercaptan	2493
693	S0693	二甲基硫醚	Dimethyl sulfide	2746
694	S0694	二甲基二硫醚	Dimethyl disulfide	3536
695	S0695	二甲基三硫醚	Dimethyl trisulfide	3275
696	S0696	二丁基硫醚	Dibutyl sulfide	2215

表 B.3（续）

序号	编码	香料中文名称	香料英文名称	FEMA 编号
697	S0697	2,2′-(硫代二亚甲基)-二呋喃 二糠基硫醚	2,2′-(Thiodimethylene)-difuran 2-Furfuryl monosufide Bis(2-furfuryl)sulfide Difurfuryl sulphide	3238
698	S0698	二糠基二硫醚	Difurfuryl disulphide	3146
699	S0699	邻-甲硫基苯酚	*o*-(Methylthio)-phenol	3210
700	S0700	3-甲硫基丙醛	3-(Methylthio) propionaldehyde	2747
701	S0701	8-巯基薄荷酮	*p*-Mentha-8-thiol-3-one	3177
702	S0702	硫代乙酸糠酯	Furfuryl thioacetate	3162
703	S0703	3-甲硫基丙酸甲酯	Methyl 3-methylthiopropionate	2720
704	S0704	3-甲硫基丙酸乙酯	Ethyl 3-methylthiopropionate	3343
705	S0705	吲哚	Indole	2593
706	S0706	三甲基胺	Trimethylamine	3241
707	S0707	玫瑰醚	Rose oxide	3236
708	S0708	羟基香茅醇	Hydroxycitronellol	2586
709	S0709	3,5-二甲基-1,2,4-三硫杂环戊烷	3,5-Dimethyl-1,2,4-trithiolane	3541
710	S0710	2-甲基吡嗪	2-Methylpyrazine	3309
711	S0711	2,3-二甲基吡嗪	2,3-Dimethylpyrazine	3271
712	S0712	2,5-二甲基吡嗪	2,5-Dimethylpyrazine	3272
713	S0713	2,3,5-三甲基吡嗪	2,3,5-Trimethylpyrazine	3244
714	S0714	对-甲苯基乙醛	*p*-Tolylacetaldehyde	3071
715	S0715	2,6,6-三甲基-1 或 2-环己烯-1-甲醛	2,6,6-Trimethyl-1 or 2-cyclohexen-1-carbox-aldehyde	3639
716	S0716	2-异丁基-3-甲基吡嗪	2-Isobutyl 3-methylpyrazine	3133
717	S0717	2-甲氧基-3-仲丁基吡嗪	2-Methoxy-3-*sec*-butylpyrazine	3433
718	S0718	2,3-二乙基吡嗪	2,3-Diethylpyrazine	3136
719	S0719	3-乙基-2,6-二甲基吡嗪	3-Ethyl-2,6-dimethylpyrazine	3150
720	S0720	2-乙酰基吡嗪	Acetylpyrazine	3126
721	S0721	2-乙酰基-3-乙基吡嗪	2-Acetyl-3-ethylpyrazine	3250
722	S0722	2,3-二乙基-5-甲基吡嗪	2,3-Diethyl-5-methylpyrazine	3336
723	S0723	5-异丙基-2-甲基吡嗪	5-Isopropyl-2-methylpyrazine	3554
724	S0724	2,6-二甲基吡啶	2,6-Dimethylpyridine	3540
725	S0725	4-甲基噻唑	4-Methylthiazole	3716
726	S0726	α-甲基肉桂醛	α-Methylcinnamaldehyde	2697
727	S0727	5-羟乙基-4-甲基噻唑	5-Hydroxyethyl-4-methylthiazole	3204

表 B.3（续）

序号	编码	香料中文名称	香料英文名称	FEMA 编号
728	S0728	2,4,5-三甲基噻唑	2,4,5-Trimethylthiazole	3325
729	S0729	2-乙基-4-甲基噻唑	2-Ethyl-4-methylthiazole	3680
730	S0730	5-乙烯基-4-甲基噻唑	4-Methyl-5-vinylthiazole	3313
731	S0731	2-乙酰基噻唑	2-Actylthiazole	3328
732	S0732	2-异丙基-4-甲基噻唑	2-Isopropyl-4-methylthiazole	3555
733	S0733	2-异丁基噻唑	2-Isobutylthiazole	3134
734	S0734	苯并噻唑	Benzothiazole	3256
735	S0735	*N*-糠基吡咯	*N*-Furfuryl pyrrole	3284
736	S0736	2-乙酰基吡咯	2-Acetylpyrrole	3202
737	S0737	5,6,7,8-四氢喹噁啉	5,6,7,8-Tetrahydroquinoxaline	3321
738	S0738	2,4,5-三甲基-3-噁唑啉	2,4,5-Trimethyl-3-oxazoline	3525
739	S0739	2-甲基-4-丙基-1,3-噁唑烷	2-Methyl-4-propyl-1,3-oxathiane	3578
740	S0740	吡啶	Pyridine	2966
741	S0741	二丙基二硫醚	Propyl disulfide	3228
742	S0742	2-戊基硫醇	2-Pentanethiol	3792
743	S0743	邻-甲基苯硫酚	*o*-Toluenethiol	3240
744	S0744	苄基硫醇	Benzyl mercaptan	2147
745	S0745	1-对-䓝烯-8-硫醇(又名 1-对-薄荷烯-8-硫醇)	1-*p*-Menthene-8-thiol	3700
746	S0746	甲基丙基二硫醚	Methyl propyl disulfide	3201
747	S0747	甲基苄基二硫醚	Methyl benzyl disulfide	3504
748	S0748	甲基糠基二硫醚	Methyl furfuryl disulfide	3362
749	S0749	烯丙基二硫醚	Allyl disulfide	2028
750	S0750	双(2-甲基-3-呋喃基)二硫醚	Bis(2-methyl-3-furyl) disulfide	3259
751	S0751	糠基甲基硫醚	Furfuryl methyl sulfide	3160
752	S0752	2,6-二甲基苯硫酚	2,6-Dimethylthiophenol	3666
753	S0753	2-甲基-3(2-呋喃基)丙烯醛	2-Methyl-3(2-furyl) acrolein	2704
754	S0754	2-甲基四氢噻吩-3-酮	2-Methyltetrahydrothiophen-3-one	3512
755	S0755	2-甲基-5-(甲硫基)呋喃	2-Methyl-5-(methylthio) furan	3366
756	S0756	2-羟基-3,5,5-三甲基-2-环己烯酮	2-Hydroxy-3,5,5-trimethyl-2-cyclohexenone	3459
757	S0757	糠酸甲酯	Methyl 2-furoate	2703
758	S0758	硫代乙酸乙酯	Ethyl thioacetate	3282
759	S0759	硫代乙酸丙酯	Propyl thioacetate	3385
760	S0760	3-巯基丙酸乙酯	Ethyl 3-mercaptopropionate	3677

表 B.3（续）

序号	编码	香料中文名称	香料英文名称	FEMA 编号
761	S0761	硫代丁酸甲酯	Methyl thiobutyrate	3310
762	S0762	异硫氰酸烯丙酯	Allyl isothiocyanate	2034
763	S0763	2-硫代糠酸甲酯	Methyl 2-thiofuroate	3311
764	S0764	3-甲基-1,2,4-三噻烷	3-Methyl-1,2,4-trithiane	3718
765	S0765	2,3,5,6-四甲基吡嗪	2,3,5,6-Tetramethylpyrazine	3237
766	S0766	2-乙基吡嗪	2-Ethylpyrazine	3281
767	S0767	2-乙基-3,(5 或 6)-二甲基吡嗪	2-Ethyl-3(5 or 6)-dimethylpyrazine	3149
768	S0768	2-甲氧基-3-异丁基吡嗪	2-Methoxy-3-isobutylpyrazine	3132
769	S0769	1-甲基-2-乙酰基吡咯	1-Methyl-2-acetylpyrrole	3184
770	S0770	N-乙基-2-乙酰基吡咯	1-Ethyl-2-acetylpyrrole	3147
771	S0771	喹啉	Quinoline	3470
772	S0772	6-甲基喹啉	6-Methylquinoline	2744
773	S0773	5-甲基喹噁啉	5-Methylquinoxaline	3203
774	S0774	哌啶	Piperidine	2908
775	S0775	β-甲基吲哚	β-Methylindole	3019
776	S0776	5-乙基-2-甲基吡啶	5-Ethyl-2-methylpyridine	3546
777	S0777	3-乙基吡啶	3-Ethylpyridine	3394
778	S0778	2-乙酰基吡啶	2-Acetylpyridine	3251
779	S0779	3-乙酰基吡啶	3-Acetylpyridine	3424
780	S0780	甲酸肉桂酯	Cinnamyl formate	2299
781	S0781	异戊胺	Isopentylamine	3219
782	S0782	苯乙胺	Phenethylamine	3220
783	S0783	2-甲基-1,3-二硫环戊烷	2-Methyl-1,3-dithiolane	3705
784	S0784	6-乙酰氧基二氢茶螺烷	6-Acetoxydihydrotheaspirane	3651
785	S0785	4,5-二甲基噻唑	4,5-Dimethyl thiazole	3274
786	S0786	3-巯基己醇	3-Mercaptohexanol	3850
787	S0787	三硫丙酮	Trithioacetone	3475
788	S0788	2,6-二甲基吡嗪	2,6-Dimethylpyrazine	3273
789	S0789	2-(甲硫基)乙酸乙酯	Ethyl 2-(methylthio) acetate	3835
790	S0790	乙酸 3-巯基己酯	3-Mercaptohexyl acetate	3851
791	S0791	2-(甲基二硫基)丙酸乙酯	Ethyl 2-(methyldithio) propionate	3834
792	S0792	3-(甲硫基)丁酸乙酯	Ethyl 3-(methylthio) butyrate	3836
793	S0793	丁酸 3-巯基己酯	3-Mercaptohexyl butyrate	3852
794	S0794	己酸 3-巯基己酯	3-Mercaptohexyl hexanoate	3853

表 B.3（续）

序号	编码	香料中文名称	香料英文名称	FEMA 编号
795	S0795	糠醇	Furfuryl alcohol	2491
796	S0796	四氢糠醇	Tetrahydro furfuryl alcohol	3056
797	S0797	牛磺酸(又名 2-氨基乙基磺酸)	Taurine (2-Aminoethylsulfonic Acid)	3813
798	S0798	2-乙基-3-甲基吡嗪	2-Ethyl-3-Methylpyrazine	3155
799	S0799	3-甲基-2-丁硫醇	3-Methyl-2-butanethiol	3304
800	S0800	2-甲基-3-四氢呋喃硫醇	2-Methyl-3-tetrahydrofuranthiol	3787
801	S0801	丙硫醇	Propanethiol	3521
802	S0802	1,3-丙二硫醇	1,3-Propanedithiol	3588
803	S0803	烯丙基硫醇(又名 2-丙烯基-1-硫醇)	Allyl mercaptan (2-propen-1-thiol)	2035
804	S0804	4-甲氧基-2-甲基-2-丁硫醇	4-Methoxy-2-methyl-2-butanethiol	3785
805	S0805	2-苯乙硫醇	2-Phenylethyl mercaptan	3894
806	S0806	3-巯基-3-甲基-1-丁醇	3-Mercapto-3-methyl-1-butanol	3854
807	S0807	甲基 2-甲基-3-呋喃基二硫醚	Methyl 2-methyl-3-furyl disufide	3573
808	S0808	甲基乙基硫醚	Methyl ethyl sulfide	3860
809	S0809	甲基苯基二硫醚	Methyl phenyl disulfide	3872
810	S0810	二乙基硫醚	Diethyl sulfide	3825
811	S0811	二丙基三硫醚	Dipropyl trisulfide	3276
812	S0812	丙烯基丙基二硫醚	Propenyl propyl disulfide	3227
813	S0813	二烯丙基硫醚	Allyl sulfide	2042
814	S0814	二烯丙基三硫醚	Diallyl trisulfide	3265
815	S0815	二烯丙基四硫醚(又名二烯丙基聚硫醚)	Diallyl tetrasulfide (Diallyl polysulfide)	3533
816	S0816	2-甲硫甲基-2-丁烯醛	2-(Methylthio)methyl-2-butenal	3601
817	S0817	3-甲硫基己醛	3-Methylthio hexanal	3877
818	S0818	乙酸环己酯	Cyclohexyl acetate	2349
819	S0819	邻-氨基苯乙酮	*o*-Amino acetophenone	3906
820	S0820	2-甲基-3-甲硫基呋喃	2-Methyl-3-(methylthio) furan	3949
821	S0821	甲酸 3-巯基 3-甲基丁酯	3-Mercapto-3-methyl-butyl formate	3855
822	S0822	乙酸 3-甲硫基丙酯	3-(Methylthio) propyl acetate	3883
823	S0823	3-甲基硫代丁酸 *S*-甲酯(又名异戊酸甲硫醇酯)	*S*-Methyl 3-methylbutanethioate (Methylthiol isovalerate)	3864
824	S0824	甲硫磺酸 *S*-甲酯	*S*-Methyl methanethiosulfonate	—
825	S0825	2-甲硫基丁酸甲酯	Methyl 2-methythio butyrate	3708
826	S0826	3-甲硫基-1-己醇乙酸酯	3-(Methylthio)-1-hexyl acetate	3789
827	S0827	甲硫醇乙酸酯	*S*-methyl thioacetate	3876

表 B.3（续）

序号	编码	香料中文名称	香料英文名称	FEMA 编号
828	S0828	(5*H*)-5-甲基-6,7-二氢环戊基并(b)吡嗪	(5*H*)-5-Methyl-6,7-dihydro-cyclopenta(b)pyrazine	3306
829	S0829	2-甲氧基吡嗪	2-Methoxypyrazine	3302
830	S0830	2-,5 或 6-甲氧基-3-甲基吡嗪	2-,5 or 6-Methoxy-3-methylpyrazine	3183
831	S0831	2-乙酰基-3,5(或 6)-二甲基吡嗪	2-Acetyl-3,5(or 6)dimethyl pyrazine	3327
832	S0832	2-乙酰基 3-甲基吡嗪	2-Acetyl 3-methyl pyrazine	3964
833	S0833	四氢吡咯(吡咯烷)	Tetrahydropyrrole (Pyrrolidine)	3523
834	S0834	2-异丁基吡啶	2-Isobutyl pyridine	3370
835	S0835	2-乙基-4,5-二甲基噁唑	2-Ethyl-4,5-dimethyloxazole	3672
836	S0836	硫化铵	Ammonium sulfide	2053
837	S0837	2-巯基丙酸乙酯	Ethyl 2-mercaptopropionate	3279
838	S0838	*N*-(4-羟基-3-甲氧基苄基)壬酰胺	*N*-(4-Hydroxy-3-methoxybenzyl)-nonanamide	2787
839	S0839	1,4-二噻烷	1,4-Dithiane	3831
840	S0840	桃金娘烯醇	Myrtenol	3439
841	S0841	胡椒碱	Piperine	2909
842	S0842	2,3-二甲基苯并呋喃	2,3-Dimethylbenzofuran	3535
843	S0843	4-羟基-5-甲基-3(2*H*)-呋喃酮	4-Hydroxy-5-methyl-3-(2*H*)-furanone	3635
844	S0844	γ-紫罗兰酮	γ-Ionone	3175
845	S0845	α-二氢紫罗兰酮	Dihydro-Alpha-ionone	3628
846	S0846	*d*-胡椒酮(又名对-盖-1-烯-3-酮)	*d*-Piperitone (*p*-menth-1-en-3-one)	2910
847	S0847	胡椒烯酮[又名对-盖-1,4(8)-二烯-3-酮]	Piperitenone (*p*-Mentha-1,4(8)-dien-3-one)	3560
848	S0848	L-天冬氨酸	L-Aspartic acid	3656
849	S0849	DL-异亮氨酸	DL-Isoleucine	3295
850	S0850	焦木酸提取物	Pyroligneous acid extract	2968
851	S0851	乙酸钠(又名醋酸钠)	Sodium acetate	3024
852	S0852	双乙酸钠(又名二醋酸钠)	Sodium diacetate	3900
853	S0853	琥珀酸二钠	Disodium succinate	3277
854	S0854	5′-鸟苷酸二钠	Disodium 5′-guanylate	3668
855	S0855	5′-肌苷酸二钠	Disodium 5′-inosinate	3669
856	S0856	磷酸三钙	Tricalcium phosphate	3081
857	S0857	δ-十六内酯	δ-Hexadecalactone	4673
858	S0858	(+/−)二氢薄荷内酯	(+/−)Dihydromintlactone	4032
859	S0859	顺式-4-十二烯醛	(*Z*)-4-Dodecenal	4036

表 B.3（续）

序号	编码	香料中文名称	香料英文名称	FEMA 编号
860	S0860	4,5-环氧反式-2-癸烯醛	4,5-Epoxy *trans*-2-decenal	4037
861	S0861	2-乙基-5-甲基吡嗪	2-Ethyl-5-methylpyrazine	3154
862	S0862	顺式-3-顺式-6-壬二烯-1-醇	*cis*-3-*cis*-6-Nonadien-1-ol	3885
863	S0863	2-甲基-1-丁醇	2-Methyl-1-butanol	3998
864	S0864	异龙脑	Isoborneol	2158
865	S0865	2-壬醇	2-Nonanol	3315
866	S0866	反式-2-辛烯-1-醇	(*E*)-2-Octen-1-ol (*trans*-2-Octen-1-ol)	3887
867	S0867	香芹醇	Carveol	2247
868	S0868	对-盖烷-2-酮(又名对-薄荷烷-2-酮)	*p*-Menthan-2-one	3176
869	S0869	4-甲基-3-戊烯-2-酮	4-Methyl-3-penten-2-one	3368
870	S0870	反式,反式-3,5-辛二烯-2-酮	*trans*,*trans*-3,5-Octadien-2-one	4008
871	S0871	2-甲基呋喃	2-Methyl furan	4179
872	S0872	3-癸烯-2-酮	3-Decen-2-one	3532
873	S0873	2-辛烯-4-酮	2-Octen-4-one	3603
874	S0874	2-呋喃基-2-丙酮	(2-Furyl)-2-propanone	2496
875	S0875	5-甲基-2,3-己二酮	5-Methyl-2,3-hexanedione	3190
876	S0876	2-甲基-3-戊烯酸	2-Methyl-3-pentenoic acid	3464
877	S0877	L-酪氨酸	L-Tyrosine	3736
878	S0878	2-氧代戊二酸	2-Oxopentanedioic acid	3891
879	S0879	4-茴香酸	4-Anisic acid	3945
880	S0880	亚油酸	Linoleic acid	3380
881	S0881	甘草酸	Glycyrrhizic acid	—
882	S0882	L-胱氨酸	L-Cystine	—
883	S0883	L-蛋氨酸	L-Methionine	—
884	S0884	L-谷氨酰胺	L-Glutamine	3684
885	S0885	2-丙硫醇	2-Propanethiol	3897
886	S0886	4-巯基-4-甲基-2-戊酮	4-Mercapto-4-methyl-2-pentanone	3997
887	S0887	1,2-乙二硫醇	1,2-Ethanedithiol	3484
888	S0888	异戊烯基硫醇	Prenyl mercaptan	3896
889	S0889	*d*,*l*-(3-氨基-3-羧基丙基)二甲基氯化锍(又名甲基蛋氨酸-氯化锍)	*d*, *l*-(3-Amino-3-carboxypropyl) dimethylsulfonium chloride (*d*, *l*-Methylmethionine sulfonium chloride)	3445
890	S0890	2-甲基-3-硫代乙酰氧基-4,5-二氢呋喃	2-Methyl-3-thioacetoxy-4,5-dihydrofuran	3636
891	S0891	异丁基硫醇	Isobutyl mercaptan	3874

表 B.3（续）

序号	编码	香料中文名称	香料英文名称	FEMA 编号
892	S0892	苯硫酚(原名称为苄基硫醇)	Benzenethiol	3616
893	S0893	异硫氰酸苄酯	Benzyl isothiocyanate	—
894	S0894	甲基烯丙基三硫醚	Allyl methyl trisulfide	3253
895	S0895	2-戊基噻吩	2-Pentyl thiophene	4387
896	S0896	3,5-二乙基-1,2,4-三硫杂环戊烷	3,5-Diethyl-1,2,4-trithiolane	4030
897	S0897	噻吩	Thiophene	—
898	S0898	2,4,6-三甲基二氢-4*H*-1,3,5-二噻嗪	2,4,6-Trimethyldihydro-4*H*-1,3,5-dithiazine	4018
899	S0899	异硫氰酸 3-甲硫基丙酯	3-Methylthiopropyl isothiocyanate	3312
900	S0900	3-甲基丁基硫醇	3-Methylbutanethiol	3858
901	S0901	2-乙酰基-2-噻唑啉	2-Acetyl-2-thiazoline	3817
902	S0902	甲基丙基三硫醚	Methyl propyl trisulfide	3308
903	S0903	噻唑	Thiazole	3615
904	S0904	吡嗪	Pyrazine	4015
905	S0905	甲基 1-丙烯基二硫醚	Methyl 1-propenyl disulfide	3576
906	S0906	甲酸丙酯	Propyl formate	2943
907	S0907	香兰素 3-(*l*-蓋氧基)丙-1,2-二醇缩醛[又名香兰素 3-(*l*-薄荷烷氧基)丙-1,2-二醇缩醛]	Vanlillin 3-(*l*-menthoxy) propane-1, 2-diol acetal	3904
908	S0908	3-戊烯-2-酮	3-Penten-2-one	3417
909	S0909	十二酸甲酯(又名月桂酸甲酯)	Methyl dodecanoate (Methyl laurate)	2715
910	S0910	乙酸紫苏酯(又名对-1,8-蓋二烯-7-醇乙酸酯)	Perillyl acetate(*p*-Mentha-1,8-dien-7-yl acetate)	3561
911	S0911	苹果酸二乙酯	Diethyl malate	2374
912	S0912	甲硫基乙酸甲酯	Methyl (methylthio) acetate	4003
913	S0913	2-乙酰基-1-吡咯啉	2-Acetyl-1-pyrroline	4249
914	S0914	甲酸异丙酯	Isopropyl formate	2944
915	S0915	4-甲基-2-戊烯醛	4-Methyl-2-pentenal	3510
916	S0916	亚油酸乙酯	Ethyl linoleate	—
917	S0917	2,4,6-三异丁基-5,6-二氢-4*H*-1,3,5-二噻嗪	2,4,6-Triisobutyl-5,6-dihydro-4*H*-1,3,5-dithiazine	4017
918	S0918	乙酸十二醇酯	Dodecyl acetate	2616
919	S0919	2-乙基丁醛	2-Ethyl butyraldehyde	2426
920	S0920	辛酸辛酯	Octyl caprylate	2811
921	S0921	己醛二乙缩醛	Hexanal diethyl acetal	—
922	S0922	丙酸异丙酯	Isopropyl propionate	2959

表 B.3（续）

序号	编码	香料中文名称	香料英文名称	FEMA 编号
923	S0923	丁酸反式-2-己烯酯	*trans*-2-Hexenyl butyrate	3926
924	S0924	异硫氰酸丁酯	Butyl Isothiocyanate	4082
925	S0925	*N*-葡糖酰基乙醇胺	*N*-Gluconyl ethanolamine	4254
926	S0926	*N*-乳酰基乙醇胺	*N*-Lactoyl ethanolamine	4256
927	S0927	1-庚烯-3-醇	1-Hepten-3-ol	4129
928	S0928	乙硫醇	Ethanethiol	4258
929	S0929	六偏磷酸钠	Sodium hexameta phosphate	3027
930	S0930	乙酸 *l*-龙脑酯	*l*-Bornyl acetate	4080
931	S0931	反式-α-突厥酮	*trans*-α-Damascone	4088
932	S0932	二乙基二硫醚	Diethyl disulfide	4093
933	S0933	2,5-二甲基-3(2*H*)-呋喃酮	2,5-Dimethyl-3(2*H*)-furanone	4101
934	S0934	香叶酸	Geranic acid	4121
935	S0935	1-(3-羟基-5-甲基-2-噻吩)乙酮	1-(3-Hydroxy-5-methyl-2-thienyl) ethanone	4142
936	S0936	异黄葵内酯	Isoambrettolide	4145
937	S0937	异丁酸异龙脑酯	Isobornyl isobutyrate	4146
938	S0938	*N*-甲基邻氨基苯甲酸异丁酯	Isobutyl *N*-methylanthranilate	4149
939	S0939	丁酸 3-(甲硫基)丙酯	Methionyl butyrate [3-(Methylthio) propyl butyrate]	4160
940	S0940	(S1)-甲氧基-3-庚硫醇	(S1)-Methoxy-3-heptanethiol	4162
941	S0941	5-*Z*-辛烯酸甲酯	Methyl 5-*Z*-octenoate	4165
942	S0942	*N*-乙酰基邻氨基苯甲酸甲酯	Methyl *N*-acetylanthranilate	4170
943	S0943	3-甲基-2-(3-甲基-2-丁烯)呋喃	3-Methyl-2-(3-methylbut-2-enyl) furan	4174
944	S0944	乙酸植醇酯	Phytyl acetate	4197
945	S0945	3,7,11-三甲基十二碳-2,6,10-三烯醇乙酸酯	3,7,11-Trimethyldodeca-2,6,10-trienyl acetate	4213
946	S0946	三乙胺	Triethylamine	4246
947	S0947	丙酸茴香酯	Anisyl propionate	2102
948	S0948	丁酸 3-丁酮-2-醇酯	Butan-3-one-2-yl butanoate	3332
949	S0949	异喹啉	Isoquinoline	2978
950	S0950	2-丙酰噻唑	2-Propionylthiazole	3611
951	S0951	2(4)-异丙基-4(2),6-二甲基二氢(4*H*)-1,3,5-二噻嗪	2(4)-Isopropyl-4(2), 6-dimethyldihydro (4*H*)-1,3,5-dithiazine	3782
952	S0952	丁酸松油酯	Terpinyl butyrate	3049
953	S0953	3-正丁基苯酞	3-*n*-Butylphthalide	3334

表 B.3（续）

序号	编码	香料中文名称	香料英文名称	FEMA 编号
954	S0954	2,2-二甲基-5-(1-甲基-1-丙烯基)四氢呋喃	2,2-Dimethyl-5-(1-methylpropen-1-yl) tetrahydrofuran	3665
955	S0955	(6*R*)-3-甲基-6-(1-甲基乙基)-2-环己烯-1-酮	2-Cyclohexen-1-one, 3-methyl-6-(1-methylethyl)-,(6*R*)-	4200
956	S0956	3-甲基-2-丁烯-1-醇	3-Methyl-2-buten-1-ol	3647
957	S0957	对-蓋-1-烯-9-醇乙酸酯(又名对-1-薄荷烯-9-醇乙酸酯)	1-*p*-Menthen-9-yl acetate	3566
958	S0958	乙酸 2-辛烯醇酯	2-Octen-1-yl acetate	3516
959	S0959	1-(对-甲氧基苯基)-2-丙酮	1-(*p*-Methoxyphenyl)-2-propanone	2674
960	S0960	十八酸丁酯(又名硬脂酸丁酯)	Butyl octadecanoate (Butyl stearate)	2214
961	S0961	(+/—)-1-苯乙基硫醇	(+/—)-1-Phenylethylmercaptan	4061
962	S0962	4-异丙基-2-环己烯酮	4-Isopropyl-2-cyclohexenone	3939
963	S0963	邻-甲氧基苯甲酸甲酯	Methyl *o*-methoxybenzoate	2717
964	S0964	丙酮醛	Pyruvaldehyde	2969
965	S0965	甲基乙基三硫醚	Methyl ethyl trisulfide	3861
966	S0966	2-甲基-2-(甲二硫基)-丙醛	2-Methyl-2-(methyldithio) propanal	3866
967	S0967	二(甲硫基)甲烷	Bis-(Methylthio) methane	3878
968	S0968	2,3,5-三硫杂己烷	2,3,5-Trithiahexane	4021
969	S0969	4-乙基辛酸	4-Ethyl octanoic acid	3800
970	S0970	二氢诺卡酮	Dihydronootkatone	3776
971	S0971	1-乙氧基-3-甲基-2-丁烯	1-Ethoxy-3-methyl-2-butene	3777
972	S0972	2-乙烯基-2-甲基-5-(1-甲基乙烯基)四氢呋喃	2-Ethenyl-2-methyl-5-(1-methylethenyl)-tetrahydrofuran	3759
973	S0973	异戊酸糠酯	Furfuryl isovalerate	3283
974	S0974	异戊酸芳樟酯	Linalyl isovalerate	2646
975	S0975	3-甲基-2-丁醇	3-Methyl-2-butanol	3703
976	S0976	3-甲基-1-戊醇	3-Methyl-1-pentanol	3762
977	S0977	4-甲基-2-戊酮	4-Methyl-2-pentanone	2731
978	S0978	反式-3-顺式-6-壬二烯醇	*trans*-3-*cis*-6-Nonadienol	3884
979	S0979	庚酸甲酯	Methyl heptanoate	2705
980	S0980	顺式-3-己烯醇丙酸酯	(*Z*)-3-Hexenyl propionate	3933

表 B.3（续）

序号	编码	香料中文名称	香料英文名称	FEMA 编号
981	S0981	反式-2-癸烯酸乙酯	Ethyl *trans*-2-decenoate	3641
982	S0982	2-乙基苯酚	2-Ethyl phenol	—
983	S0983	盐酸硫胺素	Thiamine hydrochloride	3322
984	S0984	*N*-甲基吡咯-2-甲醛	*N*-Methyl pyrrol-2-carboxaldehyde	4332
985	S0985	乙酸香兰素酯	Vanillin acetate	3108
986	S0986	L-组氨酸	L-Histidine	3694
987	S0987	δ-突厥酮	δ-Damascone	3622
988	S0988	2-甲基戊酸乙酯	Ethyl 2-methylpentanoate	3488
989	S0989	4-甲硫基-2-丁酮	4-Methylthio-2-butanone	3375
990	S0990	乳酸 *l*-薄荷酯	*l*-Menthyl lactate	3748
991	S0991	甲基 3-甲基-1-丁烯基二硫醚	Methyl 3-methyl-1-butenyl disulfide	3865
992	S0992	1-巯基-2-丙酮	1-Mercapto-2-propanone	3856
993	S0993	乙酸正戊酯	Pentyl acetate	—
994	S0994	胡薄荷酮	Pulegone	2963
995	S0995	1-苯基丙醇-1	1-Phenylpropan-1-ol	2884
996	S0996	4-苯基 2-丁醇	4-Phenyl-2-butanol	2879
997	S0997	庚醇-3	Heptan-3-ol	3547
998	S0998	3-乙酰氧基己酸甲酯	Methyl 3-acetoxy hexanoate	—
999	S0999	对-蓋-1-烯-3-醇（又名对-1-薄荷烯-3-醇）	*p*-Menth-1-en-3-ol	3179
1000	S1000	4-苧醇（又名 4-侧柏醇）	4-Thujanol	3239
1001	S1001	丙酮酸顺式-3-己烯酯（又名丙酮酸叶醇酯）	*cis*-3-Hexenyl pyrovate (Leaf pyrovate)	3934
1002	S1002	联苯	Biphenyl	3129
1003	S1003	顺式-4-羟基-6-十二烯酸内酯	(*Z*)-4-Hydroxy-6-dodecenoic acid lactone	3780
1004	S1004	甲基亚磺酰甲烷	Methylsulfinylmethane	3875
1005	S1005	3,7-二甲基-2,6-辛二烯酸甲酯（又名香叶酸甲酯）	Methyl 3,7-dimethyl-2,6-octadienoate (methyl geranate)	—
1006	S1006	反式和顺式-4,8-二甲基-3,7-壬二烯-2-酮	(*E*) and (*Z*)-4, 8-Dimethyl-3, 7-nonadien-2-one	3969
1007	S1007	异亚戊基异戊胺	Isopentylidene isopentylamine	3990

表 B.3（续）

序号	编码	香料中文名称	香料英文名称	FEMA 编号
1008	S1008	戊酸异戊酯	Isoamyl valerate	—
1009	S1009	丙酸反式-2-己烯酯	*trans*-2-Hexenyl propionate 2-Hexen-1-ol,propanoate,(*E*)	3932
1010	S1010	硫化氢(仅用于热反应香料)	Hydrogen sulfide	3779
1011	S1011	戊酸甲酯	Methyl valerate	2752
1012	S1012	丁酸异丙酯	Isopropyl butyrate	2935
1013	S1013	烯丙基甲基二硫醚	Allyl methyl disulfide	3127
1014	S1014	3-壬酮	3-Nonanone	3440
1015	S1015	二苄基二硫醚	Benzyl disulfide	3617
1016	S1016	苯乙酸顺式-3-己烯酯(又名苯乙酸叶醇酯)	*cis*-3-Hexenyl phenylacetate (Leaf phenylacetate)	3633
1017	S1017	乙酸3-(乙酰硫基)己酯	3-Acetylmercaptohexyl acetate	3816
1018	S1018	己酸甲硫醇酯	*S*-Methyl hexanethioate(methyl thiohexanoate)	3862
1019	S1019	反式-2-丁烯酸(又名巴豆酸)	(*E*)-2-Butenoic acid (Crotonic acid)	3908
1020	S1020	戊酸顺式-3-己烯酯(又名戊酸叶醇酯)	(*Z*)-3-Hexenyl valerate (Leaf valerate)	3936
1021	S1021	己酸苄酯	Benzyl hexanoate	4026
1022	S1022	烯丙基丙基二硫醚	Allyl propyl disulfide	4073
1023	S1023	2,8-表硫-顺式-对-蓋烷 4,7,7-三甲基-6-硫杂双环[3.2.1]辛烷 硫代桉叶素	2,8-Epithio-*cis*-*p*-menthane 4,7,7-Trimethyl-6-thiabicyclo[3.2.1]octane Thiocineole	4108
1024	S1024	癸酸甲酯	Methyl decanoate	—
1025	S1025	甲酸异丁酯	Isobutyl formate	2197
1026	S1026	4-庚酮	4-Heptanone	2546
1027	S1027	戊酸丁酯	Butyl valerate	2217
1028	S1028	丁酸环己酯	Cyclohexyl butyrate	2351
1029	S1029	山梨酸乙酯(又名2,4-己二烯酸乙酯)	Ethyl sorbate (Ethyl 2,4-hexadiencate)	2459
1030	S1030	单油酸甘油酯	Glyceryl monooleate	2526
1031	S1031	5-羟基-4-辛酮	5-Hydroxy-4-octanone	2587
1032	S1032	壬酸甲酯	Methyl nonanoate	2724
1033	S1033	丙酸橙花酯	Neryl propionate	2777
1034	S1034	肉桂酸丙酯	Propyl cinnamate	2938
1035	S1035	丁酸玫瑰酯	Rhodinyl butyrate	2982
1036	S1036	异丁酸玫瑰酯	Rhodinyl isobutyrate	2983

表 B.3（续）

序号	编码	香料中文名称	香料英文名称	FEMA 编号
1037	S1037	丙酸松油酯	Terpinyl propionate	3053
1038	S1038	丙酸糠酯	Furfuryl propionate	3346
1039	S1039	戊酸糠酯	Furfuryl pentanoate	3397
1040	S1040	异茉莉酮	Isojasmone	3552
1041	S1041	苄基甲基硫醚	Benzyl methyl sulfide	3597
1042	S1042	3-甲基-2-丁烯醛	3-Methyl-2-butenal	3646
1043	S1043	2,4-癸二烯酸丙酯	Propyl 2,4-decadienoate	3648
1044	S1044	反式-2-己烯酸己酯	Hexyl *trans*-2-hexenoate	3692
1045	S1045	4-烯丙基-2,6-二甲氧基苯酚	4-Allyl-2,6-dimethoxyphenol	3655
1045	S1046	2-羟基-4-甲基戊酸甲酯	Methyl 2-hydroxy-4-methylpentanoate	3706
1047	S1047	反式-2-辛烯酸甲酯	Methyl *trans*-2-octenoate	3712
1048	S1048	2,2,6-三甲基-6-乙烯基四氢吡喃	2,2,6-Trimethyl-6-vinyltetrahydropyran	3735
1049	S1049	香紫苏内酯	Sclareolide[Decahydro-3a,6,6,9a-tetramethylnaphtho(2,1b)furan-2(1*H*)-one]	3794
1050	S1050	苯甲酸甲硫醇酯	*S*-Methyl benzothioate	3857
1051	S1051	反式-2-己烯酸顺式-3-己烯酯	(*Z*)-3-Hexenyl(*E*)-2-hexenoate	3928
1052	S1052	2-巯基苯甲醚	2-Mercaptoanisole	4159
1053	S1053	香兰素苏和赤-2,3-丁二醇缩醛	Vanillin erythro and threo-butan-2,3-diol acetal	4023
1054	S1054	反式 6-甲基-3-庚烯-2-酮	(*E*)-6-Methyl-3-hepten-2-one	4001
1055	S1055	(±)3-巯基丁酸乙酯	(±)-Ethyl 3-mercaptobutyrate	3977
1056	S1056	3-巯基-2-甲基戊醇	3-Mercapto-2-methylpentan-1-ol	3996
1057	S1057	乙醛二异戊醇缩醛	Acetaldehyde diisoamyl acetal	4024
1058	S1058	(+/—)-2-苯基-4-甲基-2-己烯醛	(+/—)-2-Phenyl-4-methyl-2-hexenal	4194
1059	S1059	2-庚硫醇	2-Heptanethiol	4128
1060	S1060	2-(2-羟基-4-甲基-3-环己烯基)-丙酸 γ-内酯	2-(2-Hydroxy-4-methyl-3-cyclohexenyl)-propionic acid γ-lactone (Wine Lactone)	4140
1061	S1061	*l*-薄基甲基醚(又名 2-异丙基-5-甲基环己基甲基醚)	*l*-Menthyl methyl ether (2-Isopropyl-5-methylcyclohexyl methyl ehter)	4054
1062	S1062	己酸异丙酯	Isopropyl hexanoate	2950
1063	S1063	2,4-己二烯-1-醇	2,4-Hexadien-1-ol	3922
1064	S1064	十六烷酸甲酯	Methyl hexadecanoate	—
1065	S1065	5-甲基-2-噻吩甲醛	5-Methyl-2-thiophenecarboxaldehyde	3209
1066	S1066	4-甲基-2,6-二甲氧基苯酚	4-Methyl-2,6-dimethoxyphenol	3704

表 B.3（续）

序号	编码	香料中文名称	香料英文名称	FEMA 编号
1067	S1067	对-甲氧基肉桂醛	*p*-Methoxycinnamaldehyde	3567
1068	S1068	2,4,5-三甲基噁唑	2,4,5-Trimethyloxazole	4394
1069	S1069	苯甲醛二乙缩醛	Benzaldehyde diethyl acetal	—
1070	S1070	*d*-新薄荷醇	*d*-Neo-Menthol	2666
1071	S1071	2-壬烯酸 γ-内酯	2-Nonenoic acid gamma-lactone	4188
1072	S1072	反式-4-癸烯酸乙酯	Ethyl *trans*-4-decenoate	3642
1073	S1073	晚香玉内酯{又名二氢-5-[(*Z*,*Z*)-2,5-辛二烯-2(3*H*)-呋喃酮}	Tuberose Lactone {Dihydro-5-[(*Z*,*Z*)-octa-2,5-dienyl]-2(3*H*)-furanone}	4067
1074	S1074	4-甲基-2-戊基-1,3-二氧戊环(又名己醛1,2-丙二醇缩醛)	4-Methyl-2-pentyl-1, 3-dioxolane (Hexanal propylene glycol acetal)	3630
1075	S1075	乙酸 3-巯基庚酯	3-Mercaptoheptyl acetate	4289
1076	S1076	甲基纤维素	Methyl cellulose	2696
1077	S1077	植醇(又名叶绿醇、叶黄烯醇)(3,7,11,15-四甲基-2-十六烯-1-醇)	phytol(3,7,11,15-Tetramethyl-2-hexadecen-1-ol)	4196
1078	S1078	异戊醛二乙缩醛	Isovaleraldehyde diethyl acetal	4371
1079	S1079	异硫氰酸 3-丁烯酯	3-Butenyl isothiocyanate	4418
1080	S1080	异硫氰酸 4-戊烯酯	4-Pentenyl isothiocyanate	4427
1081	S1081	异硫氰酸 5-己烯酯	5-Hexenyl isothiocyanate	4421
1082	S1082	顺式-9-十八烯醇乙酸酯(又名乙酸油醇酯)	*cis*-9-Octadecenyl acetate (Oleyl acetate)	4359
1083	S1083	糠基甲基醚	Furfuryl methyl ether	3159
1084	S1084	3-己酮	3-Hexanone	3290
1085	S1085	异硫氰酸 2-丁酯	2-Butyl isothiocyanate	4419
1086	S1086	异硫氰酸异丁酯	Isobutyl isothiocyanate	4424
1087	S1087	异硫氰酸 6-(甲硫基)己酯	6-(Methylthio) hexyl isothiocyanate	4415
1088	S1088	异硫氰酸 5-(甲硫基)戊酯	5-(Methylthio) pentyl isothiocyanate	4416
1089	S1089	异硫氰酸戊酯	Amyl isothiocyanate	4417
1090	S1090	异硫氰酸异丙酯	Isopropyl isothiocyanate	4425
1091	S1091	异硫氰酸异戊酯	Isoamyl isothiocyanate	4423
1092	S1092	2,5-二甲基呋喃	2,5-Dimethylfuran	4106
1093	S1093	环紫罗兰酮	Cycloionone	3822
1094	S1094	2-异丁基-4-甲基-1,3-二氧戊环(又名异戊醛 1,2-丙二醇缩醛)	2-Isobutyl-4-methyl-1,3-dioxolane (Isovaleraldehyde propylene glycol acetal)	4286

表 B.3（续）

序号	编码	香料中文名称	香料英文名称	FEMA 编号
1095	S1095	顺式和反式-2-异丙基-4-甲基-1,3-二氧戊环(又名异丁醛 1,2-丙二醇缩醛)	*cis*-and *trans*-2-Isopropyl-4-methyl-1,3-dioxolane (Isobutyraldehyde propylene glycol acetal)	4287
1096	S1096	4-氨基丁酸(又名 γ-氨基丁酸)	4-Aminobutyric acid (Gamma-Aminobutyric acid)	4288
1097	S1097	*N*-[2-(3,4-二甲氧基苯基)乙基]-3,4-二甲氧基肉桂酸酰胺	*N*-[2-(3,4-Dimethoxyphenyl) ethyl]-3,4-dimethoxycinnamic acid amide	4310
1098	S1098	二-(1-丙烯基)硫醚(异构体混合物)	Di-(1-propenyl)-sulfide (mixture of isomers)	4386
1099	S1099	乙酸 2-戊酯	2-Pentyl acetate	4012
1100	S1100	乙胺	Ethylamine	4236
1101	S1101	2,8-二硫杂-4-壬烯-4-甲醛 [5-(甲硫基)-2-(甲硫基甲基)-2-戊烯醛]	2,8-Dithianon-4-en-4-carboxaldehyde 5-(Methylthio)-2-(methylthiomethyl)-2-pentenal Methialdol	3483
1102	S1102	1-丁烯-1-基甲基硫醚	1-Buten-1-yl methyl sulfide	3820
1103	S1103	二异丙基二硫醚	Diisopropyl disulfide	3827
1104	S1104	(*E*)-2-癸烯酸	(*E*)-2-Decenoic acid	3913
1105	S1105	*l*-苧烯	*l*-Limonene	—
1106	S1106	正己硫醇	1-Hexanethiol	3842
1107	S1107	2-癸酮	2-Decanone	4271
1108	S1108	二糠基醚	Difurfuryl ether	3337
1109	S1109	异丁酸乙基香兰素酯	Ethyl vanillin isobutyrate	3837
1110	S1110	8-罗勒烯醇乙酸酯(又名 2,6-二甲基-2,5,7-辛三烯-1-醇乙酸酯)	8-Ocimenyl acetate (2,6-Dimethyl-2,5,7-octatriene-1-yl acetate)	3886
1111	S1111	丁胺	Butylamine	3130
1112	S1112	1-氨基-2-丙醇	1-Amino-2-propanol	3965
1113	S1113	反式-1,5-辛二烯-3-酮	(*E*)-1,5-Octadien-3-one	4405
1114	S1114	2,5-二甲基-4-乙氧基-3(2*H*)-呋喃酮	2,5-dimethyl-4-ethoxy-3(2*H*)-furanone	4104
1115	S1115	反式-2-顺式-4-顺式-7-十三碳三烯醛	2-*trans*-4-*cis*-7-*cis*-Tridecatrienal	3638
1116	S1116	反式-2-顺式-4-癸二烯酸甲酯	Methyl (*E*)-2-(*Z*)-4-decadienoate	3859
1117	S1117	2-(4-甲基-2-羟基苯基)-丙酸-γ-内酯	2-(4-Methyl-2-hydroxyphenyl) propionic acid-γ-lactone	3863
1118	S1118	丙酸顺式-5-辛烯酯	(*Z*)-5-Octenyl propionate	3890
1119	S1119	3-甲基-2-丁烯硫醇乙酸酯	3-Methyl-2-butenyl thioacetate (Prenyl thioacetate)	3895

表 B.3（续）

序号	编码	香料中文名称	香料英文名称	FEMA 编号
1120	S1120	1-吡咯啉	1-Pyrroline	3898
1121	S1121	2,3,4-三甲基-3-戊醇	2,3,4-Trimethyl-3-pentanol	3903
1122	S1122	二异丙基三硫醚	Diisopropyl trisulfide	3968
1123	S1123	2-丙酰基-1-吡咯啉	2-Propionyl-1-pyrroline	4063
1124	S1124	3,6-二乙基-1,2,4,5-四硫杂环己烷与3,5-二乙基-1,2,4-三硫杂环戊烷的混合物	Mixture of 3,6-Diethyl-1,2,4,5-tetra thiane and 3,5-diethyl-1,2,4-trithiolane	4094
1125	S1125	2,5-二羟基-1,4-二噻烷(又名巯基乙醛二聚体)	2,5-Dihydroxy-1,4-dithiane (Mercaptoacetaldehyde dimer)	3826
1126	S1126	3-己烯醛(反式/顺式混合物)	3-Hexenal (*trans*/*cis* mix)	3923
1127	S1127	4-羟基-3,5-二甲氧基苯甲醛	4-Hydroxy-3,5-dimethoxybenzaldehyde	4049
1128	S1128	2-十一烯-1-醇	2-Undecen-1-ol	4068
1129	S1129	2-(4-羟基苯基)-乙胺(又名酪胺)	2-(4-hydroxyphenyl)ethylamine (Tyramine)	4215
1130	S1130	4-[(2-呋喃甲基)硫基]-2-戊酮(又名4-糠硫基-2-戊酮)	4-[(2-Furanmethyl) thio]-2-pentanone (4-Furfurylthio-2-pentanone)	3840
1131	S1131	己酸甲硫基甲酯	Methylthiomethyl hexanoate	3880
1132	S1132	2,6-二甲基-4-庚酮	2,6-Dimethyl-4-heptanone (Diisobutyl ketone)	3537
1133	S1133	*d*-香芹酮	*d*-carvone	2249
1134	S1134	反式-3-己烯醇	*trans*-3-hexenol	4356
1135	S1135	甲酸松油酯	terpinyl formate	3052
1136	S1136	脱氢圆柚酮	dehydronootkatone	4091
1137	S1137	己酸香叶酯	geranyl hexanoate	2515
1138	S1138	3-甲基己醛	3-methyl hexanal	4261
1139	S1139	(反式,反式)-2,4-壬二烯	(*E*,*E*)-2,4-nonadiene	4292
1140	S1140	1-辛烯	1-octene	4293
1141	S1141	2-甲基苯乙酮	2-methyl acetophenone	4316
1142	S1142	1-乙基-2-甲酰基吡咯(又名茶吡咯)	1-ethyl-2-formylpyrrole (Tea pyrrole)	4317
1143	S1143	2-(4-甲基-5-噻唑基)乙醇辛酸酯	2-(4-methyl-5-thiazolyl) ethyl octanoate	4280
1144	S1144	2-乙基-6-甲基吡嗪	2-ethyl-6-methylpyrazine	3919
1145	S1145	对-丙基苯酚	*p*-propylphenol	3649
1146	S1146	3,5-二乙基-2-甲基吡嗪	3,5-diethyl-2-methylpyrazine	3916
1147	S1147	马鞭草烯酮	verbenone	4216
1148	S1148	4-戊烯醛	4-pentenal	4262
1149	S1149	乙酰乙酸乙酯丙二醇缩酮	ethyl acetoacetate propylene glycol ketal	4294

表 B.3（续）

序号	编码	香料中文名称	香料英文名称	FEMA 编号
1150	S1150	山梨酸甲酯	methyl sorbate	3714
1151	S1151	2,5-二乙基四氢呋喃	2,5-diethyl tetrahydrofurane	3743
1152	S1152	脱氢薄荷呋喃内酯	dehydromenthofurolactone	3755
1153	S1153	乙酸桃金娘烯酯	myrtenyl acetate	3765
1154	S1154	2-(4-甲基-5-噻唑基)乙醇己酸酯	2-(4-methyl-5-thiazolyl) ethyl hexanoate	4279
1155	S1155	2-(4-甲基-5-噻唑基)乙醇丁酸酯	2-(4-methyl-5-thiazolyl)ethyl butyrate	4277
1156	S1156	吡咯	pyrrole	3386
1157	S1157	*S*-烯丙基-L-半胱氨酸	*S*-allyl-L-cysteine	4322
1158	S1158	2-巯基-3-丁醇	2-Mercapto-3-butanol	3502
1159	S1159	硫代香叶醇	Thiogeraniol	3472
1160	S1160	蒎烷硫醇	Pinanyl mercaptan	3503
1161	S1161	α-甲基-β-羟基丙基 α-甲基-β-巯丙基硫醚	α-Methyl-β-hydroxypropylα-methyl-β-mercaptopropyl sulfide	3509
1162	S1162	乙基麦芽酚	Ethyl maltol	3487
1163	S1163	柠檬醛二乙缩醛	Citral diethyl acetal	2304
1164	S1164	3-丙烯基-6-乙氧基苯酚(又名丙烯基乙基愈创木酚)	3-Propenyl-6-ethoxyphenol (Propenylguaethol)	2922
1165	S1165	β-甲基紫罗兰酮	Methyl-β-ionone	2712
1166	S1166	δ-甲基紫罗兰酮	Methyl-δ-ionone	2713
1167	S1167	2,6-壬二烯醛二乙缩醛	2,6-Nonadienal diethyl acetal	3378
1168	S1168	9-十一烯醛	9-Undecenal	3094
1169	S1169	10-十一烯醛	10-Undecenal	3095
1170	S1170	十六醛(又名杨梅醛)	Aldehyde C-16 pure (so called) (Strawberry aldehyde)	2444
1171	S1171	乙基香兰素	Ethyl vanillin	2464
1172	S1172	兔耳草醛(又名仙客来醛)	Cyclamen aldehyde	2743
1173	S1173	羟基香茅醛	Hydroxycitronellal	2583
1174	S1174	β-环高柠檬醛	β-Homocyclocitral	3474
1175	S1175	*l*-薄荷酮甘油缩酮	*l*-Menthone 1,2-glycerol Ketal	3807
1176	S1176	4-甲硫基-4-甲基-2-戊酮	4-(Methylthio)-4-methyl-2-pentanone	3376
1177	S1177	3-巯基-2-戊酮	3-Mercapto-2-pentanone	3300
1178	S1178	*d*,*l*-薄荷酮甘油缩酮	*d*,*l*-Menthone1,2-glycerol Ketal	3808
1179	S1179	α-甲基紫罗兰酮	Methyl-α-ionone	2711
1180	S1180	α-异甲基紫罗兰酮	α-*iso*-Methylionone	2714

表 B.3（续）

序号	编码	香料中文名称	香料英文名称	FEMA 编号
1181	S1181	烯丙基 α-紫罗兰酮	Allyl α-ionone	2033
1182	S1182	6-甲基香豆素	6-Methylcoumarin	2699
1183	S1183	2-巯基丙酸	2-Mercaptopropionic acid	3180
1184	S1184	2-甲基-4-戊烯酸	2-Methyl-4-pentenoic acid	3511
1185	S1185	乙酸二甲基苄基原酯	Benzyl dimethyl carbinyl acetate	2392
1186	S1186	环己基乙酸烯丙酯	Allyl cyclohexaneacetate	2023
1187	S1187	乙酸玫瑰酯	Rhodinyl acetate	2981
1188	S1188	3-(2-呋喃基)丙酸乙酯	Ethyl 3(2-furyl)propanoate	2435
1189	S1189	丙酸烯丙酯	Allyl propionate	2040
1190	S1190	3-环己基丙酸烯丙酯	Allyl 3-cyclohexylpropionate	2026
1191	S1191	3-(2-呋喃基)丙酸异丁酯	Isobutyl 3-(2-furan)propionate	2198
1192	S1192	硫代丙酸糠酯	Furfuryl thiopropionate	3347
1193	S1193	丁酸二甲基苄基原酯	Dimethyl benzyl carbinyl butyrate	2394
1194	S1194	环己基丁酸烯丙酯	Allyl cyclohexanebutyrate	2024
1195	S1195	1,3-壬二醇乙酸酯(混合酯)	1,3-Nonanediol acetate(mixed esters)	2783
1196	S1196	丁酸苏合香酯	Styralyl butyrate	2686
1197	S1197	乙酸柏木酯	Cedryl acetate	—
1198	S1198	异丁酸麦芽酚酯	Maltol isobutyrate	3462
1199	S1199	2-甲基-4-戊烯酸乙酯	Ethyl 2-methyl-4-pentenoate	3489
1200	S1200	乙酸四氢糠酯	Tetrahydrofurfuryl acetate	3055
1201	S1201	庚炔羧酸甲酯	Methyl heptine carbonate	2729
1202	S1202	辛炔羧酸甲酯	Methyl octyne carbonate	2726
1203	S1203	癸二酸二乙酯	Diethyl sebacate	2376
1204	S1204	10-十一烯酸乙酯	Ethyl 10-undecenoate	2461
1205	S1205	苯乙酸烯丙酯	Allyl phenylacetate	2039
1206	S1206	三乙酸甘油酯	Triacetin	2007
1207	S1207	苯乙酸香叶酯	Geranyl phenylacetate	2516
1208	S1208	苯乙酸对-甲酚酯	*p*-Cresyl phenylacetate	3077
1209	S1209	4-苯基丁酸甲酯(又名苯丁酸甲酯)	Methyl 4-phenylbutyrate	2739
1210	S1210	4-苯基丁酸乙酯(又名苯丁酸乙酯)	Ethyl 4-phenylbutyrate	2453
1211	S1211	肉桂酸烯丙酯	Allyl cinnamate	2022
1212	S1212	2-甲基-3-戊烯酸乙酯	Ethyl 2-methyl-3-pentenoate	3456
1213	S1213	亚硝酸乙酯	Ethyl nitrite	2446
1214	S1214	庚酸戊酯	Amyl heptanoate	2073

表 B.3（续）

序号	编码	香料中文名称	香料英文名称	FEMA 编号
1215	S1215	3-乙酰基-2,5-二甲基呋喃	3-Acetyl-2,5-dimethylfuran	3391
1216	S1216	2,5-二甲基-3-氧代(2*H*)-4-呋喃丁酸酯	2,5-Dimethyl-3-Oxo-(2*H*)-fur-4-yl butyrate	3970
1217	S1217	2-甲氧基-3(5 或 6)-异丙基吡嗪	2-Methoxy-3(5 or 6)-isopropylpyrazine	3358
1218	S1218	2-甲基-3(5 或 6)-糠硫基吡嗪	2-Methyl-3,5-or 6-(furfurylthio)-pyrazine(mixture of isomers)	3189
1219	S1219	2-甲基(或乙基)-3(5 或 6)-甲氧基吡嗪	2-Methyl(or ethyl)-3(5 or 6)-methoxy-pyrazine	3280
1220	S1220	2,5-二甲基-2,5-二羟基-1,4-二硫代环己烷	2,5-Dimethyl-2,5-dihydroxy-1,4-dithiane	3450
1221	S1221	5,7-二氢-2-甲基噻吩并(3,4-d)嘧啶	5,7-Dihydro-2-methylthieno(3,4-d)-pyrimi-dine	3338
1222	S1222	2-乙氧基噻唑	2-Ethoxythiazole	3340
1223	S1223	2,4-二甲基-5-乙酰基噻唑	2,4-Dimethyl-5-acetylthiazole	3267
1224	S1224	乙酸异丁香酯	Isoeugenyl acetate	2470
1225	S1225	3-甲基丁酸对-甲酚酯(又名异戊酸对甲酚酯)	*p*-Methylphenyl 3-methylbutyrate (*p*-Cresyl isovalerate)	3387
1226	S1226	*l*-薄荷醇乙二醇碳酸酯	*l*-Menthol ethylene glycol carbonate	3805
1227	S1227	3-(2-甲基丙基)吡啶	3-(2-Methylpropyl) pyridine	3371
1228	S1228	乙基香兰素 1,2-丙二醇缩醛	Ethylvanillin propylene glycol acetal	3838
1229	S1229	人造康乃克油	Artificial cognac oil	—
1230	S1230	山楂核烟熏香味料Ⅰ号	Smoking flavorings No. Ⅰ made from hawthorn kernels	—
1231	S1231	山楂核烟熏香味料Ⅱ号	Smoking flavorings No. Ⅱ made from hawthorn kernels	—
1232	S1232	苄基异丁基原醇(又名 α-异丁基苯乙醇)	Isobutyl benzyl carbinol (α-Butyl iso phenethyl alcohol)	2208
1233	S1233	4-苯基-3-丁烯-2-醇	4-Phenyl-3-buten-2-ol	2880
1234	S1234	2-甲基-4-苯基-2-丁醇	2-Methyl-4-phenyl-2-butanol	3629
1235	S1235	*l*-薄荷醇丙二醇碳酸酯	*l*-Menthol 1-(or 2-)-propylene glycol carbon-ate	3806
1236	S1236	辛酸烯丙酯	Allyl octanoate	2037
1237	S1237	α-丙基苯乙醇	α-Propylphenethyl alcohol	2953
1238	S1238	龙葵醇(又名 β-甲基苯乙醇)	Hydratropyl alcohol (β-Methylphenethyl al-cohol)	2732

表 B.3（续）

序号	编码	香料中文名称	香料英文名称	FEMA 编号
1239	S1239	四氢芳樟醇	Tetrahydrolinalool	3060
1240	S1240	2,3-二巯基丁烷	2,3-Dimercaptobutane	3477
1241	S1241	β-萘乙醚	β-Naphthyl ethyl ether	2768
1242	S1242	异丁基 β-萘醚	β-Naphthyl isobutyl ether	3719
1243	S1243	邻-丙基苯酚	*o*-Propylphenol	3522
1244	S1244	苄基异丁香酚	Isoeugenyl benzyl ether	3698
1245	S1245	2-甲基-3(5 或 6)-甲硫基吡嗪	2-Methyl-3(5 or 6)-(methylthio) pyrazine	3208
1246	S1246	香茅氧基乙醛	Citronellyloxyacetaldehyde	2310
1247	S1247	乙醛苯乙醇丙醇缩醛	Acetaldehyde phenylethyl propyl acetal	2004
1248	S1248	2-甲基-3-(对甲基苯基)丙醛	2-Methyl-3-(*p*-methylphenyl)propanal Satinaldehyde	2748
1249	S1249	2-苯基-3-(2-呋喃基)丙-2-烯醛	2-Phenyl-3-(2-furyl)prop-2-enal	3586
1250	S1250	3,5,5-三甲基己醛	3,5,5-Trimethylhexanal	3524
1251	S1251	2-甲基-3(5 或 6)-乙氧基吡嗪	2-Methyl-3(5 or 6)-ethoxypyrazine	3569
1252	S1252	庚醛甘油缩醛	Heptanal glyceryl acetal	2542
1253	S1253	苯乙醛甘油缩醛	Phenylacetaldehyde glyceryl acetal	2877
1254	S1254	对-异丙基苯乙醛	*p*-Isopropyl phenylacetaldehyde	2954
1255	S1255	2-甲基-4-苯丁醛	2-Methyl-4-phenylbutyraldehyde	2737
1256	S1256	龙葵醛	Hydratropic aldehyde	2886
1257	S1257	龙葵醛二甲缩醛	Hydratropic aldehyde dimethyl acetal	2888
1258	S1258	羟基香茅醛二乙缩醛	Hydroxycitronellal diethyl acetal	2584
1259	S1259	柠檬醛二甲缩醛	Citral dimethyl acetal	2305
1260	S1260	4-甲基-5-(2-乙酰氧乙基)-噻唑	4-Methyl-5-(2-acetoxyethyl) thiazole	3205
1261	S1261	α-丁基肉桂醛	α-Butylcinnamaldehyde	2191
1262	S1262	4-庚烯-3-酮	4-Heptene-3-one	—
1263	S1263	4-甲基-1-苯基-2-戊酮	4-Methyl-1-phenyl-2-pentanone	2740
1264	S1264	1-(对-甲氧基苯基)-1-戊烯-3-酮	1-(*p*-Methoxyphenyl)-1-penten-3-one	2673
1265	S1265	α-己叉基环戊酮	α-Hexylidenecyclopentanone	2573
1266	S1266	四甲基乙基环己烯酮	Tetramethyl ethylcyclohexenone	3061
1267	S1267	糠硫醇甲酸酯	Furfurylthiol formate	3158
1268	S1268	甲基 β-萘酮	Methyl β-naphthyl ketone	2723
1269	S1269	2-(3-苯丙基)四氢呋喃	2-(3-Phenylpropyl)tetrahydrofuran	2898
1270	S1270	烯丙基乙酸	Allyl acetic acid	2843
1271	S1271	甲酸二甲基苄基原酯	Dimethyl benzyl carbinyl formate	2395

表 B.3（续）

序号	编码	香料中文名称	香料英文名称	FEMA 编号
1272	S1272	4-乙酰基-6-叔丁基-1,1-二甲基茚满	4-Acetyl-6-*t*-butyl-1,1-dimethylindane	3653
1273	S1273	癸醛二甲缩醛（又名 1,1-二甲氧基癸烷）	Decanal dimethyl acetal (1,1-Dimethoxydecane)	2363
1274	S1274	乙酸环己基乙酯	Cyclohexaneethyl acetate	2348
1275	S1275	对-甲苯氧基乙酸乙酯	Ethyl (*p*-tolyloxy) acetate	3157
1276	S1276	乙酸二甲基苯乙基原酯	Dimethyl phenethyl carbinyl acetate	2735
1277	S1277	丙酸甲基苯基原酯	Methyl phenylcarbinyl propionate	2689
1278	S1278	2-呋喃基丙烯酸丙酯	Propyl 2-furanacrylate	2945
1279	S1279	异丁酸二甲基苯乙基原酯	Dimethyl phenethyl carbinyl isobutyrate	2736
1280	S1280	异丁酸 2-苯氧基乙酯	2-Phenoxyethyl isobutyrate	2873
1281	S1281	十三碳二酸环乙二醇二酯	Ethylene brassylate	3543
1282	S1282	邻氨基苯甲酸异丁酯	Isobutyl anthranilate	2182
1283	S1283	对-叔丁基苯乙酸甲酯	Methyl *p*-*tert*-butylphenylacetate	2690
1284	S1284	苯氧乙酸烯丙酯	Allyl phenoxyacetate	2038
1285	S1285	苯乙酸辛酯	Octyl phenylaceteate	2812
1286	S1286	苯乙酸苄酯	Benzyl phenylacetate	2149
1287	S1287	苯乙酸芳樟酯	Linalyl phenylacetate	3501
1288	S1288	苯乙酸香茅酯	Citronellyl phenylacetate	2315
1289	S1289	苯乙酸愈创木酚酯	Guaiacyl phenylacetate	2535
1290	S1290	3-甲基 2-丁烯酸 2-苯乙酯（又名千里酸苯乙酯）	2-phenethyl 3-Methyl-2-butenoate (Phenethyl senecioate)	2869
1291	S1291	3-苯基缩水甘油酸乙酯	Ethyl 3-phenylglycidate	2454
1292	S1292	肉桂酸芳樟酯	Linalyl cinnamate	2641
1293	S1293	1,2-二[(1′-乙氧基)-乙氧基]丙烷	1,2-Di[(1′-ethoxy) ethoxy]propane	3534
1294	S1294	*N*,2,3-三甲基-2-异丙基丁酰胺	2-Isopropyl-*N*,2,3-trimethylbutyramide	3804
1295	S1295	*N*-乙基-2-异丙基-5-甲基-环己烷甲酰胺	*N*-Ethyl-2-isopropyl-5-methylcyclohexane carboxamide	3455
1296	S1296	3-*l*-盖氧基-1,2-丙二醇（又名 3-*l*-薄荷烷氧基-1,2-丙二醇）	3-*l*-Menthoxypropane-1,2-diol	3784
1297	S1297	香兰基丁醚	Vanillyl butyl ether	3796
1298	S1298	9-癸烯醛	9-Decenal	3912
1299	S1299	2-仲丁基环己酮	2-*sec*-Butylcyclohexanone	3261
1300	S1300	2,3-十一碳二酮	2,3-Undecadione	3090

表 B.3（续）

序号	编码	香料中文名称	香料英文名称	FEMA 编号
1301	S1301	环己烷基甲酸	Cyclohexanecarboxylic acid	3531
1302	S1302	5 和 6-癸烯酸(又名牛奶内酯)	5-and6-Decenoic acid (Milk lactone)	3742
1303	S1303	八乙酸蔗糖酯	Sucrose octaacetate	3038
1304	S1304	丁酸烯丙酯	Allyl butyrate	2021
1305	S1305	异丁酸香兰素酯	Vanillin isobutyrate	3754
1306	S1306	戊二酸单 *l*-薄荷醇酯	*l*-Monomenthyl glutarate	4006
1307	S1307	苯甲酰基乙酸乙酯	Ethyl benzoylacetate	2423
1308	S1308	ε-十二内酯	ε-Dodecalactone	3610
1309	S1309	八氢香豆素	Octahydrocoumarin	3791
1310	S1310	2,5-二甲基-3-呋喃硫醇	2,5-Dimethyl-3-furathiol	3451
1311	S1311	1,2-丁二硫醇	1,2-Butanedithiol	3528
1312	S1312	双-(2,5-二甲基-3-呋喃基)二硫醚	Bis(2,5-dimethyl-3-furyl) disufide	3476
1313	S1313	丙基 2-甲基-3-呋喃基二硫醚	Propyl 2-methyl-3-furyl disulfide	3607
1314	S1314	二环己基二硫醚	Dicyclohexyl disulfide	3448
1315	S1315	糠基异丙基硫醚	Furfuryl isopropyl sulfide	3161
1316	S1316	2-乙基苯硫酚	2-Ethyl thiophenol	3345
1317	S1317	2-(乙酰氧基)丙酸甲硫醇酯	Methylthio 2-(acetyloxy) propionate	3788
1318	S1318	2-(丙酰氧基)丙酸甲硫醇酯	Methylthio 2-(propionyloxy) propionate	3790
1319	S1319	3-糠硫基丙酸乙酯	Ethyl 3-(furfurylthio)propionate	3674
1320	S1320	2-甲硫基吡嗪	2-Methylthiopyrazine	3231
1321	S1321	异硫氰酸苯乙酯	Phenethyl isothiocyanate	4014
1322	S1322	2-(3-苯丙基)吡啶	2-(3-Phenylpropyl) pyridine	3751
1323	S1323	4,5-二甲基-2-乙基-3-噻唑啉	4,5-Dimethyl-2-ethyl-3-thiazoline	3620
1324	S1324	2-仲丁基-4,5-二甲基-3-噻唑啉	2-(2-Butyl)-4,5-dimethyl-3-thiazoline	3619
1325	S1325	吡嗪乙硫醇	Pyrazine ethanethiol	3230
1326	S1326	水杨酸苯酯	Phenyl salicylate	3960
1327	S1327	庚醛二甲缩醛	Heptanal dimethyl acetal	2541
1328	S1328	羟基香茅醛二甲缩醛	Hydroxy citronellal dimethyl acetal	2585
1329	S1329	对-丙基茴香醚	*p*-Propyl anisole	2930
1300	S1330	异丁酸对-甲酚酯	*p*-Tolyl isobutyrate	3075
1331	S1331	异丁酸邻-甲酚酯	*o*-Tolyl isobutyrate	3753
1332	S1332	柠檬醛丙二醇缩醛	Citral propylene glycol acetal	—
1333	S1333	反式-2-己烯醛二乙缩醛	*trans*-2-Hexenal diethyl acetal	4047
1334	S1334	2-巯基噻吩	2-Mercaptothiophene	3062

表 B.3（续）

序号	编码	香料中文名称	香料英文名称	FEMA 编号
1335	S1335	对-蓋-3,8-二醇（又名对-3,8-薄荷烷二醇）	*p*-Menth-3,8-diol	4053
1336	S1336	1,8-辛二硫醇	1,8-Octanedithiol	3514
1337	S1337	螺[2,4-二硫杂-1-甲基-8-氧杂双环[3.3.0]-辛烷-3,3′-(1′-氧杂-2′-甲基)环戊烷]	spiro[2,4-Dithia-1-methyl-8-oxabicyclo[3.3.0]octane-3,3′-(1′-oxa-2′-methyl) cyclopentane]	3270
1338	S1338	3-壬烯-2-酮	3-Nonen-2-one	3955
1339	S1339	3-甲基-2,4-壬二酮	3-Methyl-2,4-nonadione	4057
1340	S1340	2,5-二甲基-3-硫代乙酰氧基呋喃	2,5-Dimethyl-3-thioacetoxyfuran	4034
1341	S1341	反式-4-己烯醛	*trans*-4-Hexenal	4046
1342	S1342	3-[(2-甲基-3-呋喃)硫基]-2-丁酮	(+/−)-3-[(2-Methyl-3-furyl) thio]-2-butanone	4056
1343	S1343	3-巯基-2-甲基戊醛	3-Mercapto-2-methylpentanal	3994
1344	S1344	2-(*l*-蓋氧基)乙醇[又名 2-(*l*-薄荷烷氧基乙醇)]	2-(*l*-Menthoxy) ethanol	4154
1345	S1345	丙酸四氢糠酯	Tetrahydrofurfuryl propionate	3058
1346	S1346	异戊酸烯丙酯	Allyl isovalerate	2045
1347	S1347	3-辛酮-1-醇	3-Octanon-1-ol	2804
1348	S1348	三丙酸甘油酯	Glyceryl tripropanoate	3286
1349	S1349	辛酸 α-糠酯	α-Furfuryl octanoate	3396
1350	S1350	丁酸反式-2-辛烯醇酯	*trans*-2-Octen-1-yl butanoate	3517
1351	S1351	苯乙醛二异丁缩醛	Phenylacetaldehyde diisobutyl acetal	3384
1352	S1352	1,3-二苯基-2-丙酮	1,3-Diphenyl-2-propanone	2397
1353	S1353	10-十一烯酸丁酯	Butyl 10-undecylenate	2216
1354	S1354	乙酸檀香酯	Santalyl acetate	3007
1355	S1355	2-乙基丁酸香叶酯	Geranyl 2-ethylbutyrate	3339
1356	S1356	3-羟甲基-2-辛酮	3-Hydroxymethyl-2-octanone	3292
1357	S1357	1,2-环己二酮	1,2-Cyclohexanedione	3458
1358	S1358	松香甘油酯	Glycerol ester of rosin	4226
1359	S1359	赤、苏-3-巯基-2-甲基丁-1-醇（又名 3-巯基-2-甲基丁醇）	rythro and threo-3-Mercapto-2-methylbutan-1-ol (3-Mercapto-2-methylbutyl alcohol)	3993
1360	S1360	4-甲基联苯	4-Methyl biphenyl	3186
1361	S1361	α-戊基肉桂醇	α-Amylcinnamyl alcohol	2065
1362	S1362	1-苯基-3-甲基-戊醇-3	1-phenyl-3-methyl-3-pentanol	2883

表 B.3（续）

序号	编码	香料中文名称	香料英文名称	FEMA 编号
1363	S1363	5-苯基戊醇	5-Phenylpentanol	3618
1364	S1364	对-蓋烷醇-2(又名对-薄荷烷醇-2)	*p*-Menthan-2-ol	3562
1365	S1365	脱氢二氢紫罗兰醇	Dehydrodihydroionol	3446
1366	S1366	乙基葑醇	Ethyl fenchol	3491
1367	S1367	辛烯基琥珀酸单阿拉伯胶酯	Gum Arabic, hydrogen octenylbutane dioate	4227
1368	S1368	*N*1-(2-甲氧基-4-甲基苄基)-*N*2-[2-(5-甲基-2-吡啶基)乙基]草酰胺	*N*1-(2-methoxy-4-methylbenzyl)-*N*2-[2-(5-methylpyridin-2-yl)ethyl]oxalamide	4234
1369	S1369	*N*1-(2,4-二甲氧基苄基)-*N*2-[2-(2-吡啶基)乙基]草酰胺	*N*1-(2,4-dimethoxybenzyl)-*N*2-[2-(pyridin-2-yl)ethyl]oxalamide	4233
1370	S1370	*N*-(4-庚基)-(3,4-亚甲二氧基)苯甲酰胺	*N*-(heptan-4-yl) benzo [d] [1, 3] dioxole-5-carboxamide	4232
1371	S1371	二苄醚	Dibenzyl ether	2371
1372	S1372	5-羟基-十二酸甘油酯	Glyceryl 5-hydroxydodecanoate	3686
1373	S1373	三丁酸甘油酯	Tributyrin	2223
1374	S1374	壬酸烯丙酯	Allyl nonanoate	2036
1375	S1375	5-羟基癸酸甘油酯	Glyceryl 5-hydroxydecanoate	3685
1376	S1376	丙酸3-苯基丙酯	3-Phenylpropyl propionate	2897
1377	S1377	肉桂酸异丙酯	Isopropyl cinnamate	2939
1378	S1378	2-酮基-4-丁硫醇	2-Keto-4-butanethiol	3357
1379	S1379	甲基-对-甲苯缩水甘油酸乙酯	Ethyl methyl-*p*-toly glycidate	3757
1380	S1380	5-羟基-8-十一碳烯酸 δ-内酯	5-Hydroxy-8-undecenoic acid delta-lactone	3758
1381	S1381	*N*-环丙基-反式-2-顺式-6-壬二烯酰胺	*N*-Cyclopropyl-(*E*)2,(*Z*)6-nonadienamide	4087
1382	S1382	*N*-乙基-反式-2-顺式-6-壬二烯酰胺	*N*-Ethyl-(*E*)2,(*Z*)6-nonadienamide	4113
1383	S1383	2,4-二甲基-1,3-二氧戊环(又名乙醛1,2-丙二醇缩醛)	2, 4-Dimethyl-1, 3-dioxolane (Acetaldehyde propylene glycol acetal)	4099
1384	S1384	β-萘甲醚	β-Naphthyl methyl ether	4704
1385	S1385	二羟基丙酮	Dihydroxyacetone	4033
1386	S1386	二苯基二硫醚	Phenyl disulfide	3225
1387	S1387	乙基香芹酚	Ethyl carvacrol	2246
1388	S1388	甲基苯甲醛甘油缩醛(邻、间、对异构体混合物)	Tolualdehyde glyceryl acetal (*o*-, *m*-, *p*-mixed isomers)	3067
1389	S1389	(+/−)-反式和顺式-4,8-二甲基-3,7-壬二烯-2-醇	(+/−)-*trans*-and *cis*-4,8-Dimethyl-3,7-nona-dien-2-ol	4102

表 B.3（续）

序号	编码	香料中文名称	香料英文名称	FEMA 编号
1390	S1390	(+/−)-反式和顺式-4,8-二甲基-3,7-壬二烯-2-醇乙酸酯	(+/−)-*trans*-and *cis*-4,8-Dimethyl-3,7-nona-dien-2-yl acetate	4103
1391	S1391	(反式和顺式)-1-甲氧基-1-癸烯	*trans*-and *cis*-1-Methoxy-1-decene	4161
1392	S1392	2-(4-甲基-5-噻唑基)乙醇癸酸酯	2-(4-Methyl-5-thiazolyl)ethyl decanoate	4281
1393	S1393	2-(4-甲基-5-噻唑基)乙醇异丁酸酯	2-(4-Methyl-5-thiazolyl)ethyl isobutyrate	4278
1394	S1394	2-(4-甲基-5-噻唑基)乙醇甲酸酯	2-(4-Methyl-5-thiazolyl)ethyl formate	4275
1395	S1395	异戊酸 3-苯丙酯	3-Phenylpropyl isovalerate	2899
1396	S1396	*dl*-薄荷脑(+/−)-1,2-丙二醇碳酸酯	*dl*-Metho(+/−)-propylene glycol carbonate	3992
1397	S1397	乙酸 1-乙氧基乙醇酯	1-Ethoxyethyl acetate	4069
1398	S1398	*N*-异丁基-反-2-反-4-癸二烯酸酰胺	*N*-Isobutyldeca-trans-2-trans-4-dienamide	4148
1399	S1399	二苯乙醇酮(又名 2-羟基-2-苯基苯乙酮)	Benzoin(2-Hydroxy-2-phenylacetophenone)	2132
1400	S1400	甲基异戊基二硫醚	Methyl isopentyl disulfide	4168
1401	S1401	邻氨基苯甲酸烯丙酯	Allyl anthranilate	2020
1402	S1402	6-环己基己酸烯丙酯	Allyl cyclohexanehexanoate	2025
1403	S1403	5-环己基戊酸烯丙酯	Allyl cyclohexanevalerate	2027
1404	S1404	2-乙基丁酸烯丙酯	Allyl 2-ethylbutyrate	2029
1405	S1405	惕各酸烯丙酯(又名反式-2-甲基-2-丁烯酸烯丙酯)	Allyl tiglate (Allyl *trans*-2-methyl-2-butenoate)	2043
1406	S1406	10-十一烯酸烯丙酯	Allyl 10-undecenoate	2044
1407	S1407	α-戊基肉桂醛二甲缩醛	α-Amylcinnamaldehyde dimethyl acetal	2062
1408	S1408	乙酸 α-戊基肉桂酯	α-Amylcinnamyl acetate	2064
1409	S1409	甲酸 α-戊基肉桂酯	α-Amylcinnamyl formate	2066
1410	S1410	异戊酸 α-戊基肉桂酯	α-Amylcinnamyl isovalerate	2067
1411	S1411	4(2-呋喃基)丁酸异戊酯	Isoamyl 4(2-furan) butyrate	2070
1412	S1412	3(2-呋喃基)丙酸异戊酯	Isoamyl 3(2-furan) propionate	2071
1413	S1413	2-戊基-5 或 6-酮-1,4-二噁烷	2-Amyl-5 or 6-keto-1,4-dioxane	2076
1414	S1414	丙酮酸异戊酯	Isoamyl pyruvate	2083
1415	S1415	苄基丁基醚	Benzyl butyl ether	2139
1416	S1416	*N*-3,7-二甲基-2,6-辛二烯-环丙基甲酰胺	*N*-3, 7-Dimethyl-2, 6-octadienylcyclopropylcarboxamide	4267

表 B.3（续）

序号	编码	香料中文名称	香料英文名称	FEMA 编号
1417	S1417	N-(乙氧羰基甲基)-对-蓋烷-3-甲酰胺[又名 N-(乙氧羰基甲基)-对-薄荷烷-3-甲酰胺]	[N-(Ethoxycarbonyl) methyl]-p-menthane-3-carboxamide	4309
1418	S1418	硬木烟熏香味料 SmokEz C-10	SmokEz C-10	—
1419	S1419	硬木烟熏香味料 SEF 7525	Scansmoke SEF 7525	—
1420	S1420	(反式,顺式)-2,6-壬二烯-1-醇乙酸酯	(E,Z)-2,6-Nonadien-1-ol acetate	3952
1421	S1421	邻氨基苯甲酸苯乙酯	Phenylethyl anthranilate	2859
1422	S1422	2-丙酰基-2-噻唑啉	2-Propionyl-2-thiazoline	4064
1423	S1423	顺式-8-十四烯醛	(Z)-8-Tetradecenal	4066
1424	S1424	烯丙硫醇己酸酯	Allyl thiohexanoate	4076
1425	S1425	双香兰素	Divanillin	4107
1426	S1426	顺式和反式-2-庚基环丙烷羧酸	*cis*-and *trans*-2-Heptylcyclopropane carboxylic acid	4130
1427	S1427	5-羟基-4-甲基己酸 δ-内酯	5-Hydroxy-4-methylhexanoic acid δ-lactone	4141
1428	S1428	4-巯基-2-戊酮	4-Mercapto-2-pentanone	4157
1429	S1429	2,4,6-三硫杂庚烷	2,4,6-Trithiaheptane	4214
1430	S1430	1-(4-甲氧苯基)-4-甲基-1-戊烯-3-酮	1-(4-Methoxyphenyl)-4-methyl-1-penten-3-one	3760
1431	S1431	3(2)-羟基-5-甲基-2(3)-己酮	3(2)-Hydroxy-5-methyl-2(3)-hexanone	3989
1432	S1432	二巯基甲烷	Dimercaptomethane	4097
1433	S1433	4-羟基-2-丁烯酸 γ-内酯[又名2(5H)-呋喃酮]	4-Hydroxy-2-butenoic acid γ-lactone[2(5H)-furanone]	4138
1434	S1434	(+/—)-3-甲硫基丁酸异丁酯	(+/—)-Isobutyl 3-methylthiobutyrate	4150
1435	S1435	3-甲硫基-2-丁酮	3-(Methylthio)-2-butanone	4181
1436	S1436	顺式和反式-5-乙基-4-甲基-2-(2-甲基丙基)-噻唑啉	*cis*-and *trans*-5-Ethyl-4-methyl-2-(2-methylpropyl)-thiazoline	4319
1437	S1437	1-戊硫醇	1-Pentanethiol	4333
1438	S1438	(+/—)-4-巯基-4-甲基-2-戊醇	(+/—)-4-Mercapto-4-methyl-2-pentanol	4158
1439	S1439	异戊酸环己酯	Cyclohexyl isovalerate	2355
1440	S1440	2-噻吩基二硫醚	2-Thienyl disulfide	3323
1441	S1441	双(2-甲基-3-呋喃基)四硫醚	Bis(2-methyl-3-furyl) tetrasulfide	3260
1442	S1442	辛酸对-甲酚酯	*p*-Tolyl octanoate	3733
1443	S1443	丙酸麦芽酚酯	Maltol propionate	3941
1444	S1444	顺式-2-己烯-1-醇	(Z)-2-Hexen-1-ol	3924

表 B.3（续）

序号	编码	香料中文名称	香料英文名称	FEMA 编号
1445	S1445	(+/−)反式和顺式-2-己烯醛丙二醇缩醛	(+/−) *trans*-and *cis*-2-Hexenal propylene glycol acetal	4272
1446	S1446	乙酸 2-乙基丁酯	2-Ethylbutyl acetate	2425
1447	S1447	2,5-二乙基-3-甲基吡嗪	2,5-Diethyl-3-methylpyrazine	3915
1448	S1448	4-(甲硫基)-2-戊酮	4-(Methylthio)-2-pentanone	4182
1449	S1449	甲硫基甲硫醇	Methylthiomethylmercaptan	4185
1450	S1450	顺式和反式-5-乙基-4-甲基-2-(1-甲基丙基)-噻唑啉	*cis*-and *trans*-5-Ethyl-4-methyl-2-(1-methylpropyl)-thiazoline	4318
1451	S1451	辛醛二甲缩醛	Octanal dimethyl acetal	2798
1452	S1452	3-巯基-3-甲基-1-丁醇乙酸酯	3-Mercapto-3-methyl-1-butyl acetate	4324
1453	S1453	(*R*,*S*)-3-羟基丁酸 *l*-薄荷酯	*l*-Menthyl (*R*,*S*)-3-hydroxybutyrate	4308
1454	S1454	异戊酸异丙酯	Isopropyl isovalerate	2961
1455	S1455	顺式-4-癸烯醇乙酸酯	*cis*-4-Decenyl acetate	3967
1456	S1456	惕各酸香叶酯	Geranyl tiglate	4044
1457	S1457	*N*-苯甲酰邻氨基苯甲酸	*N*-Benzoylanthranilic acid	4078
1458	S1458	2,6,10-三甲基-2,6,10-十五碳三烯-14-酮	2,6,10-Trimethyl-2,6,10-pentadecatrien-14-one	3442
1459	S1459	2,5-二甲基噻唑	2,5-Dimethylthiazole	4035
1460	S1460	甲硫基甲醇丁酸酯	Methylthiomethyl butyrate	3879
1461	S1461	2-甲硫基乙醇	2-(Methylthio) ethanol	4004
1462	S1462	二乙基三硫醚	Diethyl trisulfide	4029
1463	S1463	顺式和反式-1-巯基-对-蓋烷-3-酮(又名顺式和反式-1-巯基-对-薄荷烷-3-酮)	*cis*-and *trans*-1-Mercapto-*p*-menthan-3-one	4300
1464	S1464	4-羟基-4-甲基-7-顺式-癸烯酸 γ-内酯	4-Hydroxy-4-methyl-7-*cis*-decenoic acid gamma lactone	3937
1465	S1465	2-甲基辛醛	2-Methyloctanal	2727
1466	S1466	3-甲基-5-丙基-2-环己烯-1-酮	3-Methyl-5-propyl-2-cyclohexen-1-one	3577
1467	S1467	2,4-壬二烯-1-醇	2,4-Nonadien-1-ol	3951
1468	S1468	环戊硫醇	Cyclopentanethiol	3262
1469	S1469	*N*-对苯乙腈基薄荷烷基甲酰胺	*N*-*p*-Benzeneacetonitrile menthanecarboxamide	4496
1470	S1470	*N*-[2-(吡啶-2-基)乙基]薄荷烷基甲酰胺	*N*-[2-(Pyridin-2-yl)ethyl]-3-*p*-menthanecarboxamide	4549

表 B.3（续）

序号	编码	香料中文名称	香料英文名称	FEMA 编号
1471	S1471	4-氨基-5,6-二甲基噻吩并[2,3-d]嘧啶-2(1*H*)-酮盐酸盐	4-Amino-5,6-dimethylthieno[2,3-d]pyrimidin-2(1*H*)-one hydrochloride	4669
1472	S1472	3-[(4-氨基-2,2-二氧-1*H*-2,1,3-苯并噻二嗪-5-基)氧]-2,2-二甲基-*N*-丙基丙酰胺	3-[(4-Amino-2,2-dioxido-1*H*-2,1,3-benzothiadiazin-5-yl) oxy]-2, 2-dimethyl-*N*-propylpropanamide	4701
1473	S1473	L-蛋氨酰基甘氨酸盐酸盐	L-Methionylglycine.HCl	4692
1474	S1474	5-戊基-3*H*-呋喃-2-酮	5-Pentyl-3*H*-furan-2-one	4323
1475	S1475	2,5-二硫杂己烷	2,5-Dithiahexane	4298
1476	S1476	(2*S*,5*R*)-*N*-[4-(2-氨基-2-氧代乙基)苯基]-5-甲基-2-(丙基-2-)环己烷甲酰胺	(2*S*,5*R*)-*N*-[4-(2-Amino-2-oxoethyl)phenyl]-5-methyl-2-(propan-2-yl)cyclohexanecarboxamide	4684
1477	S1477	5-甲基-2-呋喃甲硫醇(又名5-甲基糠硫醇)	5-Methyl-2-furanmethanethiol (5-Methylfurfurylmercaptan)	4697

注 1：凡列入合成香料目录的香料，其对应的天然物(即结构完全相同的对应物)应视作已批准使用的香料。

注 2：凡列入合成香料目录的香料，若存在相应的铵盐、钠盐、钾盐、钙盐和盐酸盐、碳酸盐、硫酸盐，且具有香料特性的化合物，应视作已批准使用的香料。

注 3：如果列入合成香料目录的香料为消旋体，那么其左旋和右旋结构应视作已批准使用的香料。如果列入合成香料目录的香料为左旋结构，则其右旋结构不应视作已批准使用的香料；反之亦然。

附 录 C

食品工业用加工助剂使用规定

C.1 食品工业用加工助剂(以下简称“加工助剂”)的使用原则

C.1.1 加工助剂应在食品生产加工过程中使用,使用时应具有工艺必要性,在达到预期目的前提下应尽可能降低使用量。

C.1.2 加工助剂一般应在制成最终成品之前除去,无法完全除去的,应尽可能降低其残留量,其残留量不应对健康产生危害,不应在最终食品中发挥功能作用。

C.1.3 加工助剂应该符合相应的质量规格要求。

C.2 食品工业用加工助剂的使用规定

C.2.1 表 C.1 以加工助剂名称汉语拼音排序规定了可在各类食品加工过程中使用,残留量不需限定的加工助剂名单(不含酶制剂)。

C.2.2 表 C.2 以加工助剂名称汉语拼音排序规定了需要规定功能和使用范围的加工助剂名单(不含酶制剂)。

C.2.3 表 C.3 以酶制剂名称汉语拼音排序规定了食品加工中允许使用的酶。各种酶的来源和供体应符合表中的规定。

表 C.1 可在各类食品加工过程中使用,残留量不需限定的加工助剂名单(不含酶制剂)

序号	助剂中文名称	助剂英文名称
1	氨水(包括液氨)	ammonia
2	甘油(又名丙三醇)	glycerine (glycerol)
3	丙酮	acetone
4	丙烷	propane
5	单,双甘油脂肪酸酯	mono-and diglycerides of fatty acids
6	氮气	nitrogen
7	二氧化硅	silicon dioxide
8	二氧化碳	carbon dioxide
9	硅藻土	diatomaceous earth
10	过氧化氢	hydrogen peroxide
11	活性炭	activated carbon
12	磷脂	phospholipid
13	硫酸钙	calcium sulfate
14	硫酸镁	magnesium sulfate
15	硫酸钠	sodium sulfate

表 C.1（续）

序号	助剂中文名称	助剂英文名称
16	氯化铵	ammonium chloride
17	氯化钙	calcium chloride
18	氯化钾	potassium chloride
19	柠檬酸	citric acid
20	氢气	hydrogen
21	氢氧化钙	calcium hydroxide
22	氢氧化钾	potassium hydroxide
23	氢氧化钠	sodium hydroxide
24	乳酸	lactic acid
25	硅酸镁	magnesium silicate
26	碳酸钙(包括轻质和重质碳酸钙)	calcium carbonate (light,heavy)
27	碳酸钾	potassium carbonate
28	碳酸镁(包括轻质和重质碳酸镁)	magnesium carbonate (light,heavy)
29	碳酸钠	sodium carbonate
30	碳酸氢钾	potassium hydrogen carbonate
31	碳酸氢钠	sodium hydrogen carbonate
32	纤维素	cellulose
33	盐酸	hydrochloric acid
34	氧化钙	calcium oxide
35	氧化镁(包括重质和轻质)	magnesium oxide (heavy,light)
36	乙醇	ethanol
37	冰乙酸(又名冰醋酸)	acetic acid
38	植物活性炭	vegetable carbon(activated)

表 C.2　需要规定功能和使用范围的加工助剂名单(不含酶制剂)

序号	助剂中文名称	助剂英文名称	功能	使用范围
1	1,2-二氯乙烷	1,2-dichloroethane	提取溶剂	咖啡、茶的加工工艺
2	1-丁醇	1-butanol	萃取溶剂	发酵工艺
3	6号轻汽油(又名植物油抽提溶剂)	solvent No. 6	浸油溶剂、提取溶剂	发酵工艺、提取工艺
4	D-甘露糖醇	D-mannitol	防粘剂	糖果的加工工艺
5	DL-苹果酸钠	DL-disodium malate	发酵用营养物质	发酵工艺
6	L-苹果酸	L-malic acid	发酵用营养物质	发酵工艺

表 C.2（续）

序号	助剂中文名称	助剂英文名称	功能	使用范围
7	β-环状糊精	β-cyclodextrin	胆固醇提取剂	巴氏杀菌乳、灭菌乳和调制乳、发酵乳和风味发酵乳、稀奶油(淡奶油)及其类似品、干酪和再制干酪及其类似品的加工工艺
8	阿拉伯胶	arabic gum	澄清剂	葡萄酒加工工艺
9	凹凸棒粘土	attapulgite clay	脱色剂	油脂加工工艺
10	丙二醇	1,2-propanediol	冷却剂、提取溶剂	啤酒加工工艺、提取工艺
11	巴西棕榈蜡	carnauba wax	脱模剂	焙烤食品加工工艺、膨化食品加工工艺、蜜饯果糕的加工工艺
12	白油(液体石蜡)	white mineral oil	消泡剂、脱模剂、被膜剂	薯片的加工工艺、油脂加工工艺、糖果的加工工艺、胶原蛋白肠衣的加工工艺、膨化食品加工工艺、粮食加工工艺(用于防尘)
13	不溶性聚乙烯聚吡咯烷酮	insoluble polyvinylpolypyrrolidone (PVPP)	吸附剂	啤酒、葡萄酒、果酒、黄酒、配制酒的加工工艺和发酵工艺
14	丁烷	butane	提取溶剂	提取工艺
15	蜂蜡	beeswax	脱模剂	焙烤食品加工工艺、膨化食品加工工艺
16	高岭土	kaolin	澄清剂、助滤剂	葡萄酒、果酒、黄酒、配制酒的加工工艺和发酵工艺
17	高碳醇脂肪酸酯复合物	higher alcohol fatty acid ester complex	消泡剂	发酵工艺、大豆蛋白加工工艺
18	固化单宁	immobilized tannin	澄清剂	配制酒的加工工艺和发酵工艺
19	硅胶	silica gel	澄清剂	啤酒、葡萄酒、果酒、配制酒和黄酒的加工工艺
20	滑石粉	talc	脱模剂、防粘剂	糖果的加工工艺、发酵提取工艺
21	活性白土	activated clay	澄清剂、食用油脱色剂、吸附剂	配制酒的加工工艺和发酵工艺、油脂加工工艺、水处理工艺
22	甲醇钠	sodium methylate	油脂酯交换催化剂	油脂加工工艺
23	酒石酸氢钾	potassium bitartarate	结晶剂	葡萄酒加工工艺
24	聚苯乙烯	polytyrene	助滤剂	啤酒的加工工艺
25	聚丙烯酰胺	polyacrylamide	絮凝剂、助滤剂	饮料(水处理)的加工工艺、制糖工艺和发酵工艺

表 C.2(续)

序号	助剂中文名称	助剂英文名称	功能	使用范围
26	聚二甲基硅氧烷及其乳液	polydimethyl siloxane	消泡剂、脱模剂	豆制品工艺(最大使用量 0.3 g/kg,以每千克黄豆的使用量计)、肉制品、啤酒加工工艺(上述加工工艺最大使用量 0.2 g/kg)、焙烤食品工艺(在模具中的最大使用量 30 mg/dm²)、油脂加工工艺(最大使用量 0.01 g/kg)、果冻、果汁、浓缩果汁粉、饮料、速溶食品、冰淇淋、果酱、调味品和蔬菜加工工艺(上述加工工艺最大使用量 0.05 g/kg)、发酵工艺(最大使用量 0.1 g/kg)、薯片加工工艺
27	聚甘油脂肪酸酯	polyglycerol esters of fatty acid	消泡剂	制糖工艺
28	聚氧丙烯甘油醚	Polyoxypropylene glycerol ether (GP)	消泡剂	发酵工艺
29	聚氧丙烯氧化乙烯甘油醚	Polyoxypropylene oxyethylene glycolether (GPE)	消泡剂	发酵工艺
30	聚氧乙烯(20)山梨醇酐单月桂酸酯(又名吐温 20),聚氧乙烯(20)山梨醇酐单棕榈酸酯(又名吐温 40),聚氧乙烯(20)山梨醇酐单硬脂酸酯(又名吐温 60),聚氧乙烯(20)山梨醇酐单油酸酯(又名吐温 80)	polyoxyethylene (20) sorbitan monolaurate, polyoxyethylene (20) sorbitan monopalmitate, polyoxyethylene (20) sorbitan monostearate, polyoxyethylene (20) sorbitan monooleat	分散剂、提取溶剂、消泡剂	制糖工艺、发酵工艺、提取工艺、果蔬汁(浆)饮料(最大使用量为 0.75 g/kg)、植物蛋白饮料(最大使用量为 2.0 g/kg)
31	聚氧乙烯聚氧丙烯胺醚	polyoxyethylene polyoxypropylene amine ether (BAPE)	消泡剂	发酵工艺
32	聚氧乙烯聚氧丙烯季戊四醇醚	polyoxyethylene polyoxypropylene pentaerythritol ether (PPE)	消泡剂	发酵工艺
33	卡拉胶	carrageenan	澄清剂	啤酒加工工艺
34	抗坏血酸	ascorbate acid	防褐变	葡萄酒的加工工艺
35	抗坏血酸钠	sodium ascorbate	防褐变	葡萄酒的加工工艺
36	矿物油	mineral oil	消泡剂、脱模剂、防粘剂、润滑剂	发酵工艺、糖果、薯片和豆制品的加工工艺

表 C.2（续）

序号	助剂中文名称	助剂英文名称	功能	使用范围
37	离子交换树脂	ion exchange resins	脱色剂、吸附剂	啤酒、葡萄酒、果酒、配制酒、黄酒、罐头食品的加工工艺、水处理工艺、制糖工艺和发酵工艺
38	磷酸	phosphoric acid	澄清剂、精炼脱胶、发酵用营养物质	制糖工艺和油脂加工工艺、发酵工艺
39	磷酸二氢铵	ammouium dihydrogen phosphate	发酵用营养物质	发酵工艺
40	磷酸氢二铵	diammouium hydrogen phosphate	发酵用营养物质	发酵工艺
41	磷酸铵	ammouium phosphate	发酵用营养物质	发酵工艺
42	磷酸二氢钾	potassium phosphate，monobasic	发酵用营养物质	发酵工艺
43	磷酸二氢钠	sodium dihydrogen phosphate	发酵用营养物质	发酵工艺
44	磷酸三钙	tricalcium orthophosphate（calcium phosphate）	分散剂	乳制品加工工艺
45	磷酸氢二钠	disodium hydrogen phosphate	絮凝剂、发酵用营养物质	饮料（水处理）的加工工艺、发酵工艺
46	磷酸三钠	trisodium phosphate	絮凝剂、发酵用营养物质	饮料（水处理）的加工工艺、发酵工艺
47	硫磺	sulfur	澄清剂	制糖工艺
48	硫酸	sulfuric acid	絮凝剂、发酵用营养物质	啤酒的加工工艺、发酵工艺、淀粉加工工艺、乳制品加工工艺
49	硫酸铵	ammonium sulfate	发酵用营养物质	发酵工艺
50	硫酸铜	copper sulphate	澄清剂、螯合剂、发酵用营养物质	葡萄酒的加工工艺、皮蛋的加工工艺、发酵工艺
51	硫酸锌	zinc sulphate	螯合剂、絮凝剂、发酵用营养物质	皮蛋的加工工艺、啤酒的加工工艺、发酵工艺
52	硫酸亚铁	ferrous sulfate	絮凝剂	饮料（水处理）和啤酒的加工工艺
53	氯化镁	magnesium chloride	发酵用营养物质	发酵工艺
54	明胶	gelatin	澄清剂	果酒的加工工艺、葡萄酒的加工工艺
55	镍	nickel	催化剂	发酵工艺、油脂加工工艺、糖醇加工工艺
56	膨润土	bentonite	吸附剂、助滤剂、澄清剂、脱色剂	葡萄酒、果酒、黄酒和配制酒、油脂、调味品、果蔬汁、茶饮料、固体饮料的加工工艺、发酵工艺

表 C.2（续）

序号	助剂中文名称	助剂英文名称	功能	使用范围
57	石蜡	paraffin	脱模剂	糖果、焙烤食品加工工艺
58	石油醚	petroleum ether	提取溶剂	配制酒的加工工艺、提取工艺
59	食用单宁	edible tannin	助滤剂、澄清剂、脱色剂	黄酒、啤酒、葡萄酒和配制酒的加工工艺、油脂脱色工艺
60	松香甘油酯	glycerol ester of rosin	脱毛剂	畜禽脱毛处理工艺
61	脱乙酰甲壳素	deacetylated chitin(chitosan)	澄清剂	果蔬汁类加工工艺、植物饮料类的加工工艺、啤酒和麦芽饮料的加工工艺
62	维生素B族	vitamin B family	发酵用营养物质	发酵工艺
63	五碳双缩醛(又名戊二醛)	glutaraldehyde	交联剂	胶原蛋白肠衣的加工工艺
64	辛，癸酸甘油酯	octyl and decyl glycerate	防粘剂	糖果加工工艺、蜜饯果糕、胶原蛋白肠衣的加工工艺
65	辛烯基琥珀酸淀粉钠	starch sodium octenylsuccinate	防粘剂	胶基糖果加工工艺
66	氧化亚氮	nitrous oxide	推进剂、起泡剂	水油状脂肪乳化制品(仅限植脂乳)和02.02类以外的脂肪乳化制品，包括混合的和(或)调味的脂肪乳化制品(仅限植脂奶油)的加工工艺
67	异丙醇	isopropyl alcohol	提取溶剂	提取工艺
68	乙二胺四乙酸二钠	disodium EDTA	吸附剂、螯合剂	熟制坚果与籽类、啤酒和配制酒的加工工艺、发酵工艺、饮料的加工工艺
69	乙醚	ether	提取溶剂	配制酒的加工工艺
70	乙酸钠(又名醋酸钠)	sodium acetate	螯合剂	发酵工艺、淀粉加工工艺
71	乙酸乙酯	ethyl actetate	提取溶剂	配制酒的加工工艺、酵母抽提物的加工工艺
72	月桂酸	lauric acid	脱皮剂	果蔬脱皮
73	蔗糖聚丙烯醚	sucrose polyoxypropylene ester	消泡剂	发酵工艺和制糖工艺
74	蔗糖脂肪酸酯	sucrose esters of fatty acid	消泡剂	制糖工艺、豆制品加工工艺
75	珍珠岩	pearl rock	助滤剂	啤酒、葡萄酒、果酒和配制酒的加工工艺，发酵工艺，油脂加工工艺，淀粉糖加工工艺
76	正己烷	*n*-hexane	提取溶剂	提取工艺、大豆蛋白加工工艺
77	植物活性炭(稻壳活性炭)	Vegetable activated carbon(Rice husk activated carbon)	助滤剂	油脂加工工艺

表 C.3 食品用酶制剂及其来源名单

序号	酶	来源[a]	供体[b]
1	α-半乳糖苷酶 Alpha-galactosidase	黑曲霉 *Aspergillus niger*	
2	α-淀粉酶 Alpha-amylase	地衣芽孢杆菌 *Bacillus licheniformis*	
		地衣芽孢杆菌 *Bacillus licheniformis*	地衣芽孢杆菌 *Bacillus licheniformis*
		地衣芽孢杆菌 Bacillus *licheniformis*	嗜热脂解地芽孢杆菌 *Geobacillus stearothermophilus*（原名为嗜热脂解芽孢杆菌 *Bacillus stearothermophilus*）
		黑曲霉 *Aspergillus niger*	
		解淀粉芽孢杆菌 *Bacillus amyloliquefaciens*	
		枯草芽孢杆菌 *Bacillus subtilis*	
		枯草芽孢杆菌 *Bacillus subtilis*	嗜热脂解地芽孢杆菌 *Geobacillus stearothermophilus*（原名为嗜热脂解芽孢杆菌 *Bacillus stearothermophilus*）
		米根霉 *Rhizopus oryzae*	
		米曲霉 *Aspergillus oryzae*	
		嗜热脂解地芽孢杆菌 *Geobacillus stearothermophilus*（原名为嗜热脂解芽孢杆菌 *Bacillus stearothermophilus*）	
		猪或牛的胰腺 hog or bovine pancreas	
3	α-乙酰乳酸脱羧酶 Alpha-acetolactate decarboxylase	枯草芽孢杆菌 *Bacillus subtilis*	短小芽孢杆菌 *Bacillus brevis*
4	β-淀粉酶 beta-amylase	大麦、山芋、大豆、小麦和麦芽 barley, taro, soya, wheat and malted barley	
		枯草芽孢杆菌 *Bacillus subtilis*	
5	β-葡聚糖酶 beta-glucanase	地衣芽孢杆菌 *Bacillus licheniformis*	
		孤独腐质霉 *Humicola insolens*	
		哈次木霉 *Trichoderma harzianum*	
		黑曲霉[c] *Aspergillus niger*	
		枯草芽孢杆菌 *Bacillus subtilis*	
		李氏木霉 *Trichoderma reesei*	
		解淀粉芽孢杆菌 *Bacillus amyloliquefaciens*	解淀粉芽孢杆菌 *Bacillus amyloliquefaciens*
		Disporotrichum dimorphosporum	
		埃默森篮状菌 *Talaromyces emersonii*	
		绿色木霉 *Trichoderma viride*	

表 C.3（续）

序号	酶	来源[a]	供体[b]
6	阿拉伯呋喃糖苷酶 Arabinofuranosidease	黑曲霉 *Aspergillus niger*	
7	氨基肽酶 Aminopeptidase	米曲霉 *Aspergillus oryzae*	
8	半纤维素酶 Hemicellulase	黑曲霉 *Aspergillus niger*	
9	菠萝蛋白酶 Bromelain	菠萝 *Ananas* spp.	
10	蛋白酶（包括乳凝块酶）Protease (including milk clotting enzymes)	寄生内座壳（栗疫菌）*Cryphonectria parasitica*（*Endothia parasitica*）	寄生内座壳（栗疫菌）*Cryphonectria parasitica*（*Endothia parasitica*）
		地衣芽孢杆菌 *Bacillus licheniformis*	
		黑曲霉 *Aspergillus niger*	
		黑曲霉 *Aspergillus niger*	黑曲霉 *Aspergillus niger*
		解淀粉芽孢杆菌 *Bacillus amyloliquefaciens*	
		解淀粉芽孢杆菌 *Bacillus amyloliquefaciens*	解淀粉芽孢杆菌 *Bacillus amyloliquefaciens*
		枯草芽孢杆菌 *Bacillus subtilis*	
		寄生内座壳（栗疫菌）*Cryphonectria parasitica*（*Endothia parasitica*）	
		米黑根毛霉 *Rhizomucor miehei*	
		米曲霉 *Aspergillus oryzae*	
		乳克鲁维酵母 *Kluyveromyces lactis*	小牛胃 Calf stomach
		微小毛霉 *Mucor pusillus*	
		蜂蜜曲霉 *Aspergillus melleus*	
		嗜热脂解地芽孢杆菌 *Geobacillus stearothermophilus*（原名为嗜热脂解芽孢杆菌 *Bacillus stearothermophilus*）	
11	单宁酶 Tannase	米曲霉 *Aspergillus oryzae*	
12	多聚半乳糖醛酸酶 Polygalacturonase	黑曲霉[c] *Aspergillus niger*	
		米根霉 *Rhizopus oryzae*	
13	甘油磷脂胆固醇酰基转移酶 Glycerophospholipid Cholesterol Acyltransferase (GCAT)	地衣芽孢杆菌 *Bacillus licheniformis*	杀鲑气单胞菌杀鲑亚种 Aeromonas salmonicida subsp. Salmonicida
14	谷氨酰胺酶 Glutaminase	解淀粉芽孢杆菌 *Bacillus amyloliquefaciens*	
15	谷氨酰胺转氨酶 Glutamine Transaminase	茂原链轮丝菌（又名茂源链霉菌）*Streptomyces mobaraensis*）	
16	果胶裂解酶 Pectinlyase	黑曲霉 *Aspergillus niger*	
		黑曲霉 Aspergillus niger	黑曲霉 *Aspergillus niger*

表 C.3（续）

序号	酶	来源[a]	供体[b]
17	果胶酶 Pectinase	黑曲霉 *Aspergillus niger*	
		米根霉 *Rhizopus oryzae*	
18	果胶酯酶(果胶甲基酯酶) Pectinesterase (Pectin methylesterase)	黑曲霉 *Aspergillus niger*	
		黑曲霉 *Aspergillus niger*	黑曲霉 *Aspergillus niger*
		米曲霉 *Aspergillus oryzae*	针尾曲霉 *Aspergillus aculeatus*
19	过氧化氢酶 Catalase	黑曲霉 *Aspergillus niger*	
		牛、猪或马的肝脏 bovine, pig or horse liver	
		溶壁微球菌 *Micrococcus lysodeicticus*	
20	核酸酶 Nuclease	橘青霉 *penicillium citrinum*	
21	环糊精葡萄糖苷转移酶 Cyclomaltodextin glucanotransferase	地衣芽孢杆菌 *Bacillus licheniformis*	高温厌氧杆菌 *Thermoanaerobacter* sp.
22	己糖氧化酶 Hexose oxidase	(多形)汉逊酵母 *Hansenula polymorpha*	皱波角叉菜 *Chondrus crispus*
23	菊糖酶 Inulinase	黑曲霉 *Aspergillus niger*	
24	磷脂酶 Phospholipase	胰腺 pancreas	
25	磷脂酶 A2 Phospholipase A2	猪胰腺组织 porcine pancreas	
		黑曲霉 *Aspergillus niger*	猪胰腺组织 porcine pancreas
26	磷脂酶 C Phospholipase C	巴斯德毕赤酵母 *Pichia pastoris*	从土壤中分离的编码磷脂酶 C 基因的微生物
27	麦芽碳水化合物水解酶(α-、β-麦芽碳水化合物水解酶) Malt carbohydrases (alpha-and beta-amylase)	麦芽和大麦 malted barley & barley	
28	麦芽糖淀粉酶 Maltogenic amylase	枯草芽孢杆菌 *Bacillus subtilis*	嗜热脂解芽孢杆菌 *Bacillus stearothermophilus*
29	木瓜蛋白酶 Papain	木瓜 *Carica papaya*	
30	木聚糖酶 Xylanase	*Fusarium venenatum*	棉状嗜热丝孢菌 *Thermomyces lanuginosus*
		巴斯德毕赤酵母 *Pichia pastoris*	
		孤独腐质霉 *Humicola insolens*	
		黑曲霉 *Aspergillus niger*	
		黑曲霉 *Aspergillus niger*	黑曲霉 *Aspergillus niger*
		李氏木霉 *Trichoderma reesei*	
		绿色木霉 *Trichoderma viride*	
		枯草芽孢杆菌 *Bacillus subtilis*	枯草芽孢杆菌 *Bacillus subtilis*
		米曲霉 *Aspergillus oryzae*	棉状嗜热丝孢菌 *Thermomyces lanuginosus*
		米曲霉 *Aspergillus oryzae*	黑曲霉[c] *Aspergillus niger*

表 C.3（续）

序号	酶	来源[a]	供体[b]
31	凝乳酶 A Chymosin A	大肠杆菌 K-12 *Eschorichia Coli* K-12	小牛前凝乳酶 A 基因 calf prochymosin A gene
32	凝乳酶 B Chymosin B	黑曲霉泡盛变种 *Aspergillus niger* var. *awamori*	小牛前凝乳酶 B 基因 calf prochymosin B gene
		乳克鲁维酵母 *Kluyveromyces lactis*	小牛前凝乳酶 B 基因 calf prochymosin B gene
33	凝乳酶或粗制凝乳酶 Chymosin or Rennet	小牛、山羊或羔羊的皱胃 calf, kid, or lamb abomasum	
34	葡糖淀粉酶(淀粉葡糖苷酶) Glucoamylase (amyloglucosidase)	戴尔根霉 *Rhizopus delemar*	
		黑曲霉 *Aspergillus niger*	
		黑曲霉 *Aspergillus niger*	黑曲霉 *Aspergillus niger*
		黑曲霉 *Aspergillus niger*	埃默森篮状菌 *Talaromyces emersonii*
		米根霉 *Rhizopus oryzae*	
		米曲霉 *Aspergillus oryzae*	
		雪白根霉 *Rhizopus niveus*	
35	葡糖氧化酶 Glucose oxidase	黑曲霉 *Aspergillus niger*	
		米曲霉 *Aspergillus oryzae*	黑曲霉 *Aspergillus niger*
36	葡糖异构酶(木糖异构酶) Glucose isomerase (xylose isomerase)	橄榄产色链霉菌 *Streptomyces olivochromogenes*	
		橄榄色链霉菌 *Streptomyces olivaceus*	
		密苏里游动放线菌 *Actinoplanes missouriensis*	
		凝结芽孢杆菌 *Bacillus coagulans*	
		锈棕色链霉菌 *Streptomyces rubiginosus*	
		紫黑吸水链霉菌 *Streptomyces violaceoniger*	
		鼠灰链霉菌 *Streptomyces murinus*	
37	普鲁兰酶 Pullulanase	产气克雷伯氏菌 *Klebsiella aerogenes*	
		枯草芽孢杆菌 *Bacillus subtilis*	
		枯草芽孢杆菌 *Bacillus subtilis*	嗜酸普鲁兰芽孢杆菌 *Bacillus acidopullulyticus*
		嗜酸普鲁兰芽孢杆菌 *Bacillus acidopullulyticus*	
		枯草芽孢杆菌 *Bacillus subtilis*	*Bacillus deramificans*
		地衣芽孢杆菌 *Bacillus licheniformis*	*Bacillus deramificans*
		长野解普鲁兰杆菌 *Pullulanibacillus naganoensis*	

表 C.3（续）

序号	酶	来源[a]	供体[b]
38	漆酶 Laccase	米曲霉 *Aspergillus oryzae*	嗜热毁丝霉 *Myceliophthora thermophila*
39	溶血磷脂酶（磷脂酶 B）Lysophospholipase（lecithinase B）	黑曲霉 *Aspergillus niger*	
		黑曲霉 *Aspergillus niger*	黑曲霉 *Aspergillus niger*
40	乳糖酶（β-半乳糖苷酶）Lactase（beta-galactosidase）	脆壁克鲁维酵母 *Kluyveromyces fragilis*	
		黑曲霉 *Aspergillus niger*	
		米曲霉 *Aspergillus oryzae*	
		乳克鲁维酵母 *Kluyveromyces lactis*	
		乳克鲁维酵母 *Kluyveromyces lactis*	乳克鲁维酵母 *Kluyveromyces lactis*
		巴斯德毕赤酵母 *Pichia pastoris*	米曲霉 *Aspergillus oryzae*
41	天门冬酰胺酶 Asparaginase	黑曲霉 *Aspergillus niger*	黑曲霉 *Aspergillus niger*
		米曲霉 *Aspergillus oryzae*	米曲霉 *Aspergillus oryzae*
42	脱氨酶 Deaminase	蜂蜜曲霉 *Aspergillus melleus*	
43	胃蛋白酶 Pepsin	猪、小牛、小羊、禽类的胃组织 hog，calf，goat（kid） or poultry stomach	
44	无花果蛋白酶 Ficin	无花果 *Ficus* spp.	
45	纤维二糖酶 Cellobiase	黑曲霉 *Aspergillus niger*	
46	纤维素酶 Cellulase	黑曲霉 *Aspergillus niger*	
		李氏木霉 *Trichoderma reesei*	
		绿色木霉 *Trichoderma viride*	
47	右旋糖酐酶 Dextranase	无定毛壳菌 *Chaetomium erraticum*（又名细丽毛壳 *Chaetomium gracile*）	
48	胰蛋白酶 Typsin	猪或牛的胰腺 porcine or bovine pancreas	
49	胰凝乳蛋白酶（糜蛋白酶）Chymotrypsin	猪或牛的胰腺 porcine or bovine pancreas	
50	脂肪酶 Lipase	黑曲霉 *Aspergillus niger*	
		黑曲霉 *Aspergillus niger*	南极假丝酵母 *Candida antarctica*
		米根霉 *Rhizopus oryzae*	
		米黑根毛霉 *Rhizomucor miehei*	
		米曲霉 *Aspergillus oryzae*	
		米曲霉 *Aspergillus oryzae*	尖孢镰刀菌 *Fusarium oxysporum*
		米曲霉 *Aspergillus oryzae*	棉状嗜热丝孢菌 *Thermomyces lanuginosus*

表 C.3(续)

序号	酶	来源[a]	供体[b]
50	脂肪酶 Lipase	小牛或小羊的唾液腺或前胃组织 salivary glands or forestomach of calf,kid,or lamb	
		雪白根霉 *Rhizopus niveus*	
		羊咽喉 goat gullets	
		猪或牛的胰腺 hog or bovine pancreas	
		米曲霉 *Aspergillus oryzae*	米黑根霉 *Rhizomucor miehei*
		柱晶假丝酵母 *Candida cylindracea*	
51	酯酶 Esterase	黑曲霉 *Aspergillus niger*	
		李氏木霉 *Trichoderma reesei*	
		米黑根毛霉 *Rhizomucor miehei*	
52	植酸酶 phytase	黑曲霉 *Aspergillus niger*	
53	转化酶(蔗糖酶) Invertase (saccharase)	酿酒酵母 *Saccharomyces cerevisiae*	
54	转葡糖苷酶 Transglucosidase	黑曲霉 *Aspergillus niger*	

[a] 指用于提取酶制剂的动物、植物或微生物。
[b] 指为酶制剂的生物技术来源提供基因片段的动物、植物或微生物。
[c] 包括针尾曲霉 *Aspergillus aculeatus* 和泡盛曲霉 *A. awamori*。

附 录 D

食品添加剂功能类别

注：每个添加剂在食品中常常具有一种或多种功能。在本标准每个食品添加剂的具体规定中，列出了该食品添加剂常用的功能，并非详尽的列举。

D.1 酸度调节剂：用以维持或改变食品酸碱度的物质。

D.2 抗结剂：用于防止颗粒或粉状食品聚集结块，保持其松散或自由流动的物质。

D.3 消泡剂：在食品加工过程中降低表面张力，消除泡沫的物质。

D.4 抗氧化剂：能防止或延缓油脂或食品成分氧化分解、变质，提高食品稳定性的物质。

D.5 漂白剂：能够破坏、抑制食品的发色因素，使其褪色或使食品免于褐变的物质。

D.6 膨松剂：在食品加工过程中加入的，能使产品发起形成致密多孔组织，从而使制品具有膨松、柔软或酥脆的物质。

D.7 胶基糖果中基础剂物质：赋予胶基糖果起泡、增塑、耐咀嚼等作用的物质。

D.8 着色剂：使食品赋予色泽和改善食品色泽的物质。

D.9 护色剂：能与肉及肉制品中呈色物质作用，使之在食品加工、保藏等过程中不致分解、破坏，呈现良好色泽的物质。

D.10 乳化剂：能改善乳化体中各种构成相之间的表面张力，形成均匀分散体或乳化体的物质。

D.11 酶制剂：由动物或植物的可食或非可食部分直接提取，或由传统或通过基因修饰的微生物（包括但不限于细菌、放线菌、真菌菌种）发酵、提取制得，用于食品加工，具有特殊催化功能的生物制品。

D.12 增味剂：补充或增强食品原有风味的物质。

D.13 面粉处理剂：促进面粉的熟化和提高制品质量的物质。

D.14 被膜剂：涂抹于食品外表，起保质、保鲜、上光、防止水分蒸发等作用的物质。

D.15 水分保持剂：有助于保持食品中水分而加入的物质。

D.16 防腐剂：防止食品腐败变质、延长食品储存期的物质。

D.17 稳定剂和凝固剂：使食品结构稳定或使食品组织结构不变，增强粘性固形物的物质。

D.18 甜味剂：赋予食品甜味的物质。

D.19 增稠剂：可以提高食品的黏稠度或形成凝胶，从而改变食品的物理性状、赋予食品黏润、适宜的口感，并兼有乳化、稳定或使呈悬浮状态作用的物质。

D.20 食品用香料：能够用于调配食品香精，并使食品增香的物质。

D.21 食品工业用加工助剂：有助于食品加工能顺利进行的各种物质，与食品本身无关。如助滤、澄清、吸附、脱模、脱色、脱皮、提取溶剂等。

D.22 其他：上述功能类别中不能涵盖的其他功能。

附 录 E

食品分类系统

食品分类系统见表 E.1。

表 E.1 食品分类系统

食品分类号	食品类别/名称
01.0	乳及乳制品(13.0 特殊膳食用食品涉及品种除外)
01.01	巴氏杀菌乳、灭菌乳和调制乳
01.01.01	巴氏杀菌乳
01.01.02	灭菌乳
01.01.03	调制乳
01.02	发酵乳和风味发酵乳
01.02.01	发酵乳
01.02.02	风味发酵乳
01.03	乳粉(包括加糖乳粉)和奶油粉及其调制产品
01.03.01	乳粉和奶油粉
01.03.02	调制乳粉和调制奶油粉
01.04	炼乳及其调制产品
01.04.01	淡炼乳(原味)
01.04.02	调制炼乳(包括加糖炼乳及使用了非乳原料的调制炼乳等)
01.05	稀奶油(淡奶油)及其类似品
01.05.01	稀奶油
01.05.02	—
01.05.03	调制稀奶油
01.05.04	稀奶油类似品
01.06	干酪和再制干酪及其类似品
01.06.01	非熟化干酪
01.06.02	熟化干酪
01.06.03	乳清干酪
01.06.04	再制干酪
01.06.04.01	普通再制干酪
01.06.04.02	调味再制干酪
01.06.05	干酪类似品
01.06.06	乳清蛋白干酪
01.07	以乳为主要配料的即食风味食品或其预制产品(不包括冰淇淋和风味发酵乳)

表 E.1（续）

食品分类号	食品类别/名称
01.08	其他乳制品(如乳清粉、酪蛋白粉等)
02.0	脂肪,油和乳化脂肪制品
02.01	基本不含水的脂肪和油
02.01.01	植物油脂
02.01.01.01	植物油
02.01.01.02	氢化植物油
02.01.02	动物油脂(包括猪油、牛油、鱼油和其他动物脂肪等)
02.01.03	无水黄油,无水乳脂
02.02	水油状脂肪乳化制品
02.02.01	脂肪含量 80%以上的乳化制品
02.02.01.01	黄油和浓缩黄油
02.02.01.02	人造黄油(人造奶油)及其类似制品(如黄油和人造黄油混合品)
02.02.02	脂肪含量 80%以下的乳化制品
02.03	02.02 类以外的脂肪乳化制品,包括混合的和(或)调味的脂肪乳化制品
02.04	脂肪类甜品
02.05	其他油脂或油脂制品
03.0	冷冻饮品
03.01	冰淇淋、雪糕类
03.02	—
03.03	风味冰、冰棍类
03.04	食用冰
03.05	其他冷冻饮品
04.0	水果、蔬菜(包括块根类)、豆类、食用菌、藻类、坚果以及籽类等
04.01	水果
04.01.01	新鲜水果
04.01.01.01	未经加工的鲜果
04.01.01.02	经表面处理的鲜水果
04.01.01.03	去皮或预切的鲜水果
04.01.02	加工水果
04.01.02.01	冷冻水果
04.01.02.02	水果干类
04.01.02.03	醋、油或盐渍水果
04.01.02.04	水果罐头
04.01.02.05	果酱

表 E.1（续）

食品分类号	食品类别/名称
04.01.02.06	果泥
04.01.02.07	除 04.01.02.05 以外的果酱(如印度酸辣酱)
04.01.02.08	蜜饯凉果
04.01.02.08.01	蜜饯类
04.01.02.08.02	凉果类
04.01.02.08.03	果脯类
04.01.02.08.04	话化类
04.01.02.08.05	果糕类
04.01.02.09	装饰性果蔬
04.01.02.10	水果甜品，包括果味液体甜品
04.01.02.11	发酵的水果制品
04.01.02.12	煮熟的或油炸的水果
04.01.02.13	其他加工水果
04.02	蔬菜
04.02.01	新鲜蔬菜
04.02.01.01	未经加工鲜蔬菜
04.02.01.02	经表面处理的新鲜蔬菜
04.02.01.03	去皮、切块或切丝的蔬菜
04.02.01.04	豆芽菜
04.02.02	加工蔬菜
04.02.02.01	冷冻蔬菜
04.02.02.02	干制蔬菜
04.02.02.03	腌渍的蔬菜
04.02.02.04	蔬菜罐头
04.02.02.05	蔬菜泥(酱)，番茄沙司除外
04.02.02.06	发酵蔬菜制品
04.02.02.07	经水煮或油炸的蔬菜
04.02.02.08	其他加工蔬菜
04.03	食用菌和藻类
04.03.01	新鲜食用菌和藻类
04.03.01.01	未经加工鲜食用菌和藻类
04.03.01.02	经表面处理的鲜食用菌和藻类
04.03.01.03	去皮、切块或切丝的食用菌和藻类
04.03.02	加工食用菌和藻类

表 E.1（续）

食品分类号	食品类别/名称
04.03.02.01	冷冻食用菌和藻类
04.03.02.02	干制食用菌和藻类
04.03.02.03	腌渍的食用菌和藻类
04.03.02.04	食用菌和藻类罐头
04.03.02.05	经水煮或油炸的藻类
04.03.02.06	其他加工食用菌和藻类
04.04	豆类制品
04.04.01	非发酵豆制品
04.04.01.01	豆腐类
04.04.01.02	豆干类
04.04.01.03	豆干再制品
04.04.01.03.01	炸制半干豆腐
04.04.01.03.02	卤制半干豆腐
04.04.01.03.03	熏制半干豆腐
04.04.01.03.04	其他半干豆腐
04.04.01.04	腐竹类(包括腐竹、油皮等)
04.04.01.05	新型豆制品(大豆蛋白及其膨化食品、大豆素肉等)
04.04.01.06	熟制豆类
04.04.02	发酵豆制品
04.04.02.01	腐乳类
04.04.02.02	豆豉及其制品(包括纳豆)
04.04.03	其他豆制品
04.05	坚果和籽类
04.05.01	新鲜坚果与籽类
04.05.02	加工坚果与籽类
04.05.02.01	熟制坚果与籽类
04.05.02.01.01	带壳熟制坚果与籽类
04.05.02.01.02	脱壳熟制坚果与籽类
04.05.02.02	—
04.05.02.03	坚果与籽类罐头
04.05.02.04	坚果与籽类的泥(酱),包括花生酱等
04.05.02.05	其他加工的坚果与籽类(如腌渍的果仁)
05.0	可可制品、巧克力和巧克力制品(包括代可可脂巧克力及制品)以及糖果
05.01	可可制品、巧克力和巧克力制品,包括代可可脂巧克力及制品

表 E.1（续）

食品分类号	食品类别/名称
05.01.01	可可制品(包括以可可为主要原料的脂、粉、浆、酱、馅等)
05.01.02	巧克力和巧克力制品、除 05.01.01 以外的可可制品
05.01.03	代可可脂巧克力及使用可可脂代用品的巧克力类似产品
05.02	糖果
05.02.01	胶基糖果
05.02.02	除胶基糖果以外的其他糖果
05.03	糖果和巧克力制品包衣
05.04	装饰糖果(如工艺造型,或用于蛋糕装饰)、顶饰(非水果材料)和甜汁
06.0	粮食和粮食制品,包括大米、面粉、杂粮、块根植物、豆类和玉米提取的淀粉等(不包括 07.0 类焙烤制品)
06.01	原粮
06.02	大米及其制品
06.02.01	大米
06.02.02	大米制品
06.02.03	米粉(包括汤圆粉等)
06.02.04	米粉制品
06.03	小麦粉及其制品
06.03.01	小麦粉
06.03.01.01	通用小麦粉
06.03.01.02	专用小麦粉(如自发粉、饺子粉等)
06.03.02	小麦粉制品
06.03.02.01	生湿面制品(如面条、饺子皮、馄饨皮、烧麦皮)
06.03.02.02	生干面制品
06.03.02.03	发酵面制品
06.03.02.04	面糊(如用于鱼和禽肉的拖面糊)、裹粉、煎炸粉
06.03.02.05	油炸面制品
06.04	杂粮粉及其制品
06.04.01	杂粮粉
06.04.02	杂粮制品
06.04.02.01	杂粮罐头
06.04.02.02	其他杂粮制品
06.05	淀粉及淀粉类制品
06.05.01	食用淀粉
06.05.02	淀粉制品

表 E.1（续）

食品分类号	食品类别/名称
06.05.02.01	粉丝、粉条
06.05.02.02	虾味片
06.05.02.03	藕粉
06.05.02.04	粉圆
06.06	即食谷物，包括碾轧燕麦（片）
06.07	方便米面制品
06.08	冷冻米面制品
06.09	谷类和淀粉类甜品（如米布丁、木薯布丁）
06.10	粮食制品馅料
07.0	焙烤食品
07.01	面包
07.02	糕点
07.02.01	中式糕点（月饼除外）
07.02.02	西式糕点
07.02.03	月饼
07.02.04	糕点上彩装
07.03	饼干
07.03.01	夹心及装饰类饼干
07.03.02	威化饼干
07.03.03	蛋卷
07.03.04	其他饼干
07.04	焙烤食品馅料及表面用挂浆
07.05	其他焙烤食品
08.0	肉及肉制品
08.01	生、鲜肉
08.01.01	生鲜肉
08.01.02	冷却肉（包括排酸肉、冰鲜肉、冷鲜肉等）
08.01.03	冻肉
08.02	预制肉制品
08.02.01	调理肉制品（生肉添加调理料）
08.02.02	腌腊肉制品类（如咸肉、腊肉、板鸭、中式火腿、腊肠）
08.03	熟肉制品
08.03.01	酱卤肉制品类
08.03.01.01	白煮肉类

表 E.1（续）

食品分类号	食品类别/名称
08.03.01.02	酱卤肉类
08.03.01.03	糟肉类
08.03.02	熏、烧、烤肉类
08.03.03	油炸肉类
08.03.04	西式火腿(熏烤、烟熏、蒸煮火腿)类
08.03.05	肉灌肠类
08.03.06	发酵肉制品类
08.03.07	熟肉干制品
08.03.07.01	肉松类
08.03.07.02	肉干类
08.03.07.03	肉脯类
08.03.08	肉罐头类
08.03.09	其他熟肉制品
08.04	肉制品的可食用动物肠衣类
09.0	水产及其制品(包括鱼类、甲壳类、贝类、软体类、棘皮类等水产及其加工制品等)
09.01	鲜水产
09.02	冷冻水产品及其制品
09.02.01	冷冻水产品
09.02.02	冷冻挂浆制品
09.02.03	冷冻鱼糜制品(包括鱼丸等)
09.03	预制水产品(半成品)
09.03.01	醋渍或肉冻状水产品
09.03.02	腌制水产品
09.03.03	鱼子制品
09.03.04	风干、烘干、压干等水产品
09.03.05	其他预制水产品(如鱼肉饺皮)
09.04	熟制水产品(可直接食用)
09.04.01	熟干水产品
09.04.02	经烹调或油炸的水产品
09.04.03	熏、烤水产品
09.04.04	发酵水产品
09.04.05	鱼肉灌肠类
09.05	水产品罐头
09.06	其他水产品及其制品

表 E.1（续）

食品分类号	食品类别/名称
10.0	蛋及蛋制品
10.01	鲜蛋
10.02	再制蛋(不改变物理性状)
10.02.01	卤蛋
10.02.02	糟蛋
10.02.03	皮蛋
10.02.04	咸蛋
10.02.05	其他再制蛋
10.03	蛋制品(改变其物理性状)
10.03.01	脱水蛋制品(如蛋白粉、蛋黄粉、蛋白片)
10.03.02	热凝固蛋制品(如蛋黄酪、松花蛋肠)
10.03.03	蛋液与液态蛋
10.04	其他蛋制品
11.0	甜味料,包括蜂蜜
11.01	食糖
11.01.01	白糖及白糖制品(如白砂糖、绵白糖、冰糖、方糖等)
11.01.02	其他糖和糖浆[如红糖、赤砂糖、冰片糖、原糖、果糖(蔗糖来源)、糖蜜、部分转化糖、槭树糖浆等]
11.02	淀粉糖(果糖、葡萄糖、饴糖、部分转化糖等)
11.03	蜂蜜及花粉
11.03.01	蜂蜜
11.03.02	花粉
11.04	餐桌甜味料
11.05	调味糖浆
11.05.01	水果调味糖浆
11.05.02	其他调味糖浆
11.06	其他甜味料
12.0	调味品
12.01	盐及代盐制品
12.02	鲜味剂和助鲜剂
12.03	醋
12.03.01	酿造食醋
12.03.02	配制食醋
12.04	酱油

表 E.1（续）

食品分类号	食品类别/名称
12.04.01	酿造酱油
12.04.02	配制酱油
12.05	酱及酱制品
12.05.01	酿造酱
12.05.02	配制酱
12.06	—
12.07	料酒及制品
12.08	—
12.09	香辛料类
12.09.01	香辛料及粉
12.09.02	香辛料油
12.09.03	香辛料酱(如芥末酱、青芥酱)
12.09.04	其他香辛料加工品
12.10	复合调味料
12.10.01	固体复合调味料
12.10.01.01	固体汤料
12.10.01.02	鸡精、鸡粉
12.10.01.03	其他固体复合调味料
12.10.02	半固体复合调味料
12.10.02.01	蛋黄酱、沙拉酱
12.10.02.02	以动物性原料为基料的调味酱
12.10.02.03	以蔬菜为基料的调味酱
12.10.02.04	其他半固体复合调味料
12.10.03	液体复合调味料(不包括 12.03、12.04)
12.10.03.01	浓缩汤(罐装、瓶装)
12.10.03.02	肉汤、骨汤
12.10.03.03	调味清汁
12.10.03.04	蚝油、虾油、鱼露等
12.11	其他调味料
13.0	特殊膳食用食品
13.01	婴幼儿配方食品
13.01.01	婴儿配方食品
13.01.02	较大婴儿和幼儿配方食品
13.01.03	特殊医学用途婴儿配方食品

表 E.1（续）

食品分类号	食品类别/名称
13.02	婴幼儿辅助食品
13.02.01	婴幼儿谷类辅助食品
13.02.02	婴幼儿罐装辅助食品
13.03	—
13.04	—
13.05	其他特殊膳食用食品
14.0	饮料类
14.01	包装饮用水
14.01.01	饮用天然矿泉水
14.01.02	饮用纯净水
14.01.03	其他类饮用水
14.02	果蔬汁类及其饮料
14.02.01	果蔬汁(浆)
14.02.02	浓缩果蔬汁(浆)
14.02.03	果蔬汁(浆)类饮料
14.03	蛋白饮料
14.03.01	含乳饮料
14.03.01.01	发酵型含乳饮料
14.03.01.02	配制型含乳饮料
14.03.01.03	乳酸菌饮料
14.03.02	植物蛋白饮料
14.03.03	复合蛋白饮料
14.03.04	其他蛋白饮料
14.04	碳酸饮料
14.04.01	可乐型碳酸饮料
14.04.02	其他型碳酸饮料
14.05	茶、咖啡、植物(类)饮料
14.05.01	茶(类)饮料
14.05.02	咖啡(类)饮料
14.05.03	植物饮料
14.06	固体饮料
14.06.01	—
14.06.02	蛋白固体饮料
14.06.03	速溶咖啡
14.06.04	其他固体饮料
14.07	特殊用途饮料
14.08	风味饮料
14.09	其他类饮料

表 E.1（续）

食品分类号	食品类别/名称
15.0	酒类
15.01	蒸馏酒
15.01.01	白酒
15.01.02	调香蒸馏酒
15.01.03	白兰地
15.01.04	威士忌
15.01.05	伏特加
15.01.06	朗姆酒
15.01.07	其他蒸馏酒
15.02	配制酒
15.03	发酵酒
15.03.01	葡萄酒
15.03.01.01	无汽葡萄酒
15.03.01.02	起泡和半起泡葡萄酒
15.03.01.03	调香葡萄酒
15.03.01.04	特种葡萄酒(按特殊工艺加工制作的葡萄酒，如在葡萄原酒中加入白兰地、浓缩葡萄汁等）
15.03.02	黄酒
15.03.03	果酒
15.03.04	蜂蜜酒
15.03.05	啤酒和麦芽饮料
15.03.06	其他发酵酒类(充气型)
16.0	其他类(01.0～15.0 除外)
16.01	果冻
16.02	茶叶、咖啡和茶制品
16.02.01	茶叶、咖啡
16.02.02	茶制品(包括调味茶和代用茶)
16.03	胶原蛋白肠衣
16.04	酵母及酵母类制品
16.04.01	干酵母
16.04.02	其他酵母及酵母类制品
16.05	—
16.06	膨化食品
16.07	其他

附 录 F

附录A中食品添加剂使用规定索引
（按食品添加剂名称汉语拼音顺序排列）

A

B

C

D

E

F

G

H

J

K

L

M

N

O

P

Q

R

S

T

W

X

Y

Z

ICS 65.100
G 25

中华人民共和国国家标准

GB 2763—2014
代替 GB 2763—2012

食品安全国家标准
食品中农药最大残留限量

National food safety standard—
Maximum residue limits for pesticides in food

2014-03-20 发布 2014-08-01 实施

中华人民共和国国家卫生和计划生育委员会
中华人民共和国农业部
发布

前　　言

本标准按照 GB/T 1.1—2009 给出的规则起草。

本标准代替 GB 2763—2012[1]《食品安全国家标准　食品中农药最大残留限量》，与GB 2763—2012 相比的主要技术变化如下：

——对原标准中苯菌灵、氟虫腈和烯啶虫胺 3 种农药残留物定义、2 甲 4 氯(钠)等 9 种农药每日允许摄入量等信息进行了核实修订；

——增加了胺鲜酯等 65 种农药；

——增加了 1357 项农药最大残留限量标准；

——增加了 15 项检测方法标准，删除了 1 项检测方法标准；

——对附录 A 进行了修订，细化了食品类别及测定部位，增加了小黑麦等 66 种食品名称。

---

1) GB 2763—2012 实施后，以下标准作废：

——GB 2763—2005《食品中农药最大残留限量》；

——GB 2763—2005《食品中农药最大残留限量》第 1 号修改单；

——GB 2715—2005《粮食卫生标准》中的 4.3.3 农药最大残留限量；

——GB 25193—2010《食品中百菌清等 12 种农药最大残留限量》；

——GB 26130—2010《食品中百草枯等 54 种农药最大残留限量》；

——GB 28260—2011《食品中阿维菌素等 85 种农药最大残留限量》；

——NY 660—2003《茶叶中甲萘威、丁硫克百威、多菌灵、残杀威和抗蚜威的最大残留限量》；

——NY 661—2003《茶叶中氟氯氰菊酯和氟氰戊菊酯的最大残留限量》；

——NY 662—2003《花生仁中甲草胺、克百威、百菌清、苯线磷及异丙甲草胺最大残留限量》；

——NY 773—2004《水果中啶虫脒最大残留限量》；

——NY 774—2004《叶菜中氯氰菊酯、氯氟氰菊酯、醚菊酯、甲氰菊酯、氟胺氰菊酯、氟氯氰菊酯、四聚乙醛、二甲戊乐灵、氟苯脲、阿维菌素、虫酰肼、氟虫腈、丁硫克百威最大残留限量》；

——NY 775—2004《玉米中烯唑醇、甲草胺、溴苯腈、氰草津、麦草畏、二甲戊乐灵、氟乐灵、克百威、顺式氰戊菊酯、噻吩磺隆、异丙甲草胺最大残留限量》；

——NY 831—2004《柑橘中苯螨特、噻嗪酮、氯氰菊酯、苯硫威、甲氰菊酯、唑螨酯、氟苯脲最大残留限量》；

——NY 1500.1.1～1500.30.4—2007《农产品中农药最大残留限量》；

——NY 1500.13.3～4，1500.31.1～49.2—2008《蔬菜、水果中甲胺磷等 20 种农药最大残留限量》；

——NY 1500.41.3～1500.41.6，NY 1500.50～1500.92—2009《农药最大残留限量》。

食品安全国家标准
食品中农药最大残留限量

1 范围

本标准规定了食品中2,4-滴等387种农药3 650项最大残留限量。

本标准适用于与限量相关的食品。

食品类别及测定部位(见附录A)用于界定农药最大残留限量应用范围,仅适用于本标准。如某种农药的最大残留限量应用于某一食品类别时,在该食品类别下的所有食品均适用,有特别规定的除外。

2 规范性引用文件

下列文件对于本文件的应用是必不可少的。凡是注日期的引用文件,仅注日期的版本适用于本文件。凡是不注日期的引用文件,其最新版本(包括所有的修改单)适用于本文件。

GB/T 5009.19 食品中有机氯农药多组分残留量的测定
GB/T 5009.20 食品中有机磷农药残留量的测定
GB/T 5009.21 粮、油、菜中甲萘威残留量的测定
GB/T 5009.36 粮食卫生标准的分析方法
GB/T 5009.102 植物性食品中辛硫磷农药残留量的测定
GB/T 5009.103 植物性食品中甲胺磷和乙酰甲胺磷农药残留量的测定
GB/T 5009.104 植物性食品中氨基甲酸酯类农药残留量的测定
GB/T 5009.105 黄瓜中百菌清残留量的测定
GB/T 5009.107 植物性食品中二嗪磷残留量的测定
GB/T 5009.110 植物性食品中氯氰菊酯、氰戊菊酯和溴氰菊酯残留量的测定
GB/T 5009.113 大米中杀虫环残留量的测定
GB/T 5009.114 大米中杀虫双残留量的测定
GB/T 5009.115 稻谷中三环唑残留量的测定
GB/T 5009.126 植物性食品中三唑酮残留量的测定
GB/T 5009.129 水果中乙氧基喹残留量的测定
GB/T 5009.130 大豆及谷物中氟磺胺草醚残留量的测定
GB/T 5009.131 植物性食品中亚胺硫磷残留量的测定
GB/T 5009.132 食品中莠去津残留量的测定
GB/T 5009.133 粮食中绿麦隆残留量的测定
GB/T 5009.134 大米中禾草敌残留量的测定
GB/T 5009.135 植物性食品中灭幼脲残留量的测定
GB/T 5009.136 植物性食品中五氯硝基苯残留量的测定
GB/T 5009.142 植物性食品中吡氟禾草灵、精吡氟禾草灵残留量的测定
GB/T 5009.143 蔬菜、水果、食用油中双甲脒残留量的测定
GB/T 5009.144 植物性食品中甲基异柳磷残留量的测定

GB/T 5009.145 植物性食品中有机磷和氨基甲酸酯类农药多种残留的测定
GB/T 5009.146 植物性食品中有机氯和拟除虫菊酯类农药多种残留量的测定
GB/T 5009.147 植物性食品中除虫脲残留量的测定
GB/T 5009.155 大米中稻瘟灵残留量的测定
GB/T 5009.160 水果中单甲脒残留量的测定
GB/T 5009.162 动物性食品中有机氯农药和拟除虫菊酯农药多组分残留量的测定
GB/T 5009.164 大米中丁草胺残留量的测定
GB/T 5009.165 粮食中2,4-滴丁酯残留量的测定
GB/T 5009.172 大豆、花生、豆油、花生油中的氟乐灵残留量的测定
GB/T 5009.174 花生、大豆中异丙甲草胺残留量的测定
GB/T 5009.175 粮食和蔬菜中2,4-滴残留量的测定
GB/T 5009.176 茶叶、水果、食用植物油中三氯杀螨醇残留量的测定
GB/T 5009.177 大米中敌稗残留量的测定
GB/T 5009.180 稻谷、花生仁中噁草酮残留量的测定
GB/T 5009.184 粮食、蔬菜中噻嗪酮残留量的测定
GB/T 5009.200 小麦中野燕枯残留量的测定
GB/T 5009.201 梨中烯唑醇残留量的测定
GB/T 5009.218 水果和蔬菜中多种农药残留量的测定
GB/T 5009.219 粮谷中矮壮素残留量的测定
GB/T 5009.220 粮谷中敌菌灵残留量的测定
GB/T 5009.221 粮谷中敌草快残留量的测定
GB/T 14553 粮食、水果和蔬菜中有机磷农药测定的气相色谱法
GB/T 14929.2 花生仁、棉籽油、花生油中涕灭威残留量测定方法
GB/T 19611 烟草及烟草制品 抑芽丹残留量的测定 紫外分光光度法
GB/T 19648 水果和蔬菜中500种农药及相关化学品残留量的测定 气相色谱-质谱法
GB/T 19649 粮谷中475种农药及相关化学品残留量的测定 气相色谱-质谱法
GB/T 20769 水果和蔬菜中450种农药及相关化学品残留量的测定 液相色谱-串联质谱法
GB/T 20770 粮谷中486种农药及相关化学品残留量的测定 液相色谱-串联质谱法
GB/T 22243 大米、蔬菜、水果中氯氟吡氧乙酸残留量的测定
GB/T 22968 牛奶和奶粉中伊维菌素、阿维菌素、多拉菌素和乙酰氨基阿维菌素残留量的测定 液相色谱-串联质谱法
GB/T 23204 茶叶中519种农药及相关化学品残留量的测定 气相色谱-质谱法
GB/T 23205 茶叶中448种农药及相关化学品残留量的测定 液相色谱-串联质谱法
GB/T 23206 果蔬汁、果酒中512种农药及相关化学品残留量的测定 液相色谱-串联质谱法
GB/T 23210 牛奶和奶粉中511种农药及相关化学品残留量的测定 气相色谱-质谱法
GB/T 23216 食用菌中503种农药及相关化学品残留量的测定 气相色谱-质谱法
GB/T 23376 茶叶中农药多残留测定 气相色谱/质谱法
GB/T 23379 水果、蔬菜及茶叶中吡虫啉残留的测定 高效液相色谱法
GB/T 23380 水果、蔬菜中多菌灵残留的测定 高效液相色谱法
GB/T 23584 水果、蔬菜中啶虫脒残留量的测定 液相色谱-串联质谱法
GB/T 23750 植物性产品中草甘膦残留量的测定 气相色谱-质谱法
GB/T 23816 大豆中三嗪类除草剂残留量的测定
GB/T 23818 大豆中咪唑啉酮类除草剂残留量的测定

GB/T 25222 粮油检验 粮食中磷化物残留量的测定 分光光度法

NY/T 761 蔬菜和水果中有机磷、有机氯、拟除虫菊酯和氨基甲酸酯类农药多残留的测定

NY/T 1016 水果蔬菜中乙烯利残留量的测定 气相色谱法

NY/T 1096 食品中草甘膦残留量测定

NY/T 1275 蔬菜、水果中吡虫啉残留量的测定

NY/T 1277 蔬菜中异菌脲残留量的测定 高效液相色谱法

NY/T 1379 蔬菜中334种农药多残留的测定 气相色谱质谱法和液相色谱质谱法

NY/T 1434 蔬菜中2,4-D等13种除草剂多残留的测定 液相色谱质谱法

NY/T 1453 蔬菜及水果中多菌灵等16种农药残留测定 液相色谱-质谱-质谱联用法

NY/T 1455 水果中腈菌唑残留量的测定 气相色谱法

NY/T 1456 水果中咪鲜胺残留量的测定 气相色谱法

NY/T 1616 土壤中9种磺酰脲类除草剂残留量的测定 液相色谱-质谱法

NY/T 1652 蔬菜、水果中克螨特残留量的测定 气相色谱法

NY/T 1679 植物性食品中氨基甲酸酯类农药残留的测定 液相色谱-串联质谱法

NY/T 1680 蔬菜水果中多菌灵等4种苯并咪唑类农药残留量的测定 高效液相色谱法

NY/T 1720 水果、蔬菜中杀铃脲等七种苯甲酰脲类农药残留量的测定 高效液相色谱法

NY/T 1722 蔬菜中敌菌灵残留量的测定 高效液相色谱法

NY/T 1725 蔬菜中灭蝇胺残留量的测定 高效液相色谱法

SN/T 0134 进出口食品中杀线威等12种氨基甲酸酯类农药残留量的检测方法 液相色谱-质谱/质谱法

SN 0139 出口粮谷中二硫代氨基甲酸酯残留量检验方法

SN 0150 出口水果中三唑锡残留量检验方法

SN 0157 出口水果中二硫代氨基甲酸酯残留量检验方法

SN 0192 出口水果中溴螨酯残留量检验方法

SN 0209 出口粮谷中辛硫磷残留量检验方法

SN 0279 出口水果中双甲脒残留量检验方法

SN 0287 出口水果中乙氧喹残留量检验方法 液相色谱法

SN 0340 出口粮谷、蔬菜中百草枯残留量检验方法 紫外分光光度法

SN 0345 出口蔬菜中杀虫双残留量检验方法

SN 0346 出口蔬菜中α-萘乙酸残留量检验方法

SN 0492 出口粮谷中禾草丹残留量检验方法

SN 0499 出口水果蔬菜中百菌清残留量检验方法

SN 0500 出口水果中多果定残留量检验方法

SN 0522 出口粮谷中特丁磷残留量检验方法

SN 0584 出口粮谷及油籽中烯菌酮残留量检验方法

SN 0585 出口粮谷及油籽中乙酰甲胺磷残留量检验方法

SN 0592 出口粮谷及油籽中苯丁锡残留量检验方法

SN 0597 出口水果中邻苯基苯酚及其钠盐残留量检验方法

SN 0649 出口粮谷中溴甲烷残留量检验方法

SN 0654 出口水果中克菌丹残留量检验方法

SN 0685 出口粮谷中霜霉威残留量检验方法

SN 0687 出口粮谷及油籽中禾草灵残留量检验方法

SN 0695 出口粮谷中嗪氨灵残留量检验方法

SN 0701 出口粮谷中磷胺残留量检验方法

SN/T 0292 进出口粮谷中灭草松残留量检测方法 气相色谱法

SN/T 0351 进出口食品中丙线磷残留量检测方法

SN/T 0519 进出口食品中丙环唑残留量的检测方法

SN/T 0711 出口茶叶中二硫代氨基甲酸酯(盐)类农药残留量的检测方法 液相色谱-质谱/质谱法

SN/T 0712 进出口粮谷和大豆中11种除草剂残留量的测定 气相色谱-质谱法

SN/T 1017.5 出口粮谷及油籽中快杀稗残留量检验方法

SN/T 1017.8 进出口粮谷中吡虫啉残留量检验方法 液相色谱法

SN/T 1114 进出口水果中烯唑醇残留量的检验方法

SN/T 1117 进出口食品中多种菊酯类农药残留量测定方法 气相色谱法

SN/T 1477 出口食品中多效唑残留量检测方法

SN/T 1541 出口茶叶中二硫代氨基甲酸酯总残留量检验方法

SN/T 1605 进出口植物性产品中氰草津、氟草隆、莠去津、敌稗、利谷隆残留量检验方法 高效液相色谱法

SN/T 1606 进出口植物性产品中苯氧羧酸类除草剂残留量检验方法 气相色谱法

SN/T 1737.2 除草剂残留量检验方法 第2部分:气相色谱/质谱法测定粮谷及油籽中二苯醚类除草剂残留量

SN/T 1737.6 除草剂残留量检验方法 第6部分:液相色谱-质谱/质谱法测定食品中杀草强残留量

SN/T 1739 进出口粮谷和油籽中多种有机磷农药残留量的检测方法 气相色谱串联质谱法

SN/T 1740 进出口食品中四螨嗪残留量的检测方法 气相色谱串联质谱法

SN/T 1741 进出口食品中甲草胺残留量的检测方法 气相色谱串联质谱法

SN/T 1923 进出口食品中草甘膦残留量的检测方法 液相色谱-质谱/质谱法

SN/T 1967 进出口食品中异稻瘟净残留量的检测方法

SN/T 1969 进出口食品中联苯菊酯残留量的检测方法 气相色谱-质谱法

SN/T 1973 进出口食品中阿维菌素残留量的检测方法 高效液相色谱-质谱/质谱法

SN/T 1975 进出口食品中苯醚甲环唑残留量的检测方法 气相色谱-质谱法

SN/T 1976 进出口水果和蔬菜中嘧菌酯残留量检测方法 气相色谱法

SN/T 1977 进出口水果和蔬菜中唑螨酯残留量检测方法 高效液相色谱法

SN/T 1982 进出口食品中氟虫腈残留量检测方法 气相色谱-质谱法

SN/T 1983 进出口食品中丙炔氟草胺残留量检测方法 气相色谱-质谱法

SN/T 1986 进出口食品中溴虫腈残留量检测方法

SN/T 1990 进出口食品中三唑锡和三环锡残留量的检测方法 气相色谱-质谱法

SN/T 2095 进出口蔬菜中氟啶脲残留量检测方法 高效液相色谱法

SN/T 2114 进出口水果和蔬菜中阿维菌素残留量检测方法 液相色谱法

SN/T 2147 进出口食品中硫线磷残留量的检测方法

SN/T 2149 进出口食品中解草嗪、莎稗磷、二丙烯草胺等110种农药残留量的检测方法 气相色谱-质谱法

SN/T 2150 进出口食品中涕灭砜威、唑菌胺酯、腈嘧菌酯等65种农药残留量检测方法 液相色谱-质谱/质谱法

SN/T 2151 进出口食品中生物苄呋菊酯、氟丙菊酯、联苯菊酯等28种农药残留量的检测方法 气相色谱-质谱法

SN/T 2152 进出口食品中氟铃脲残留量检测方法 高效液相色谱-质谱/质谱法
SN/T 2158 进出口食品中毒死蜱残留量检测方法
SN/T 2212 进出口粮谷中苄嘧磺隆残留量检测方法 液相色谱法
SN/T 2228 进出口食品中31种酸性除草剂残留量的检测方法 气相色谱-质谱法
SN/T 2232 进出口食品中三唑醇残留量的检测方法 气相色谱-质谱法
SN/T 2233 进出口食品中甲氰菊酯残留量检测方法
SN/T 2234 进出口食品中丙溴磷残留量检测方法 气相色谱法和气相色谱-质谱法
SN/T 2236 进出口食品中氟硅唑残留量检测方法 气相色谱-质谱法
SN/T 2320 进出口食品中百菌清、苯氟磺胺、甲抑菌灵、克菌灵、灭菌丹、敌菌丹和四溴菊酯残留量检测方法 气相色谱-质谱法
SN/T 2322 进出口食品中乙草胺残留量检测方法
SN/T 2323 进出口食品中虫比虫胺、呋虫胺等20种农药残留检测方法 液相色谱-质谱/质谱法
SN/T 2324 进出口食品中抑草磷、毒死蜱、甲基毒死蜱等33种有机磷农药残留量的检测方法
SN/T 2325 进出口食品中四唑嘧磺隆、甲基苯苏呋安、醚磺隆等45种农药残留量的检测方法 高效液相色谱-质谱/质谱法
SN/T 2397 进出口食品中尼古丁残留量的检测方法
SN/T 2432 进出口食品中哒螨灵残留量的检测方法
SN/T 2433 进出口食品中炔草酯残留量的检测方法
SN/T 2459 进出口食品中氟烯草酸残留量的测定 气相色谱-质谱法
SN/T 2560 进出口食品中氨基甲酸酯类农药残留量的测定 液相色谱-质谱/质谱法
YC/T 180 烟草及烟草制品 毒杀芬农药残留量的测定 气相色谱法

3 术语和定义

下列术语和定义适用于本文件。

3.1

残留物 residue definition

由于使用农药而在食品、农产品和动物饲料中出现的任何特定物质，包括被认为具有毒理学意义的农药衍生物，如农药转化物、代谢物、反应产物及杂质等。

3.2

最大残留限量 maximum residue limit;MRL

在食品或农产品内部或表面法定允许的农药最大浓度，以每千克食品或农产品中农药残留的毫克数表示(mg/kg)。

3.3

再残留限量 extraneous maximum residue limit;EMRL

一些持久性农药虽已禁用，但还长期存在环境中，从而再次在食品中形成残留，为控制这类农药残留物对食品的污染而制定其在食品中的残留限量，以每千克食品或农产品中农药残留的毫克数表示(mg/kg)。

3.4

每日允许摄入量 acceptable daily intake;ADI

人类终生每日摄入某物质，而不产生可检测到的危害健康的估计量，以每千克体重可摄入的量表示(mg/kg 体重)。

4 技术要求

4.1 2,4-滴和2,4-滴钠盐(2,4-D 和 2,4-D Na)

4.1.1 主要用途:除草剂。

4.1.2 ADI:0.01 mg/kg 体重。

4.1.3 残留物:2,4-滴。

4.1.4 最大残留限量:应符合表1的规定。

表 1

食品类别/名称	最大残留限量 mg/kg
谷物	
小麦	2
黑麦	2
玉米	0.05
鲜食玉米	0.1
高粱	0.01
油料和油脂	
大豆	0.01
蔬菜	
大白菜	0.2
番茄	0.5
茄子	0.1
辣椒	0.1
马铃薯	0.2
玉米笋	0.05
水果	
柑橘类水果	1
仁果类水果	0.01
核果类水果	0.05
浆果及其他小型水果	0.1
坚果	0.2
糖料	
甘蔗	0.05
食用菌	
蘑菇类(鲜)	0.1

4.1.5 检测方法:谷物(高粱除外)、蔬菜、食用菌按照GB/T 5009.175规定的方法测定;高粱、油料和油脂、水果、坚果、糖料参照NY/T 1434规定的方法测定。

4.2 2,4-滴丁酯(2,4-D butylate)

4.2.1 主要用途:除草剂。

4.2.2 ADI:0.01 mg/kg 体重。

4.2.3 残留物:2,4-滴丁酯。

4.2.4 最大残留限量:应符合表2的规定。

表 2

食品类别/名称	最大残留限量 mg/kg
谷物	
玉米	0.05

4.2.5 检测方法：谷物按照 GB/T 5009.165、GB/T 5009.175 规定的方法测定。

4.3 2 甲 4 氯(钠)[MCPA(sodium)]

4.3.1 主要用途：除草剂。

4.3.2 ADI：0.1 mg/kg 体重。

4.3.3 残留物：2 甲 4 氯。

4.3.4 最大残留限量：应符合表 3 的规定。

表 3

食品类别/名称	最大残留限量 mg/kg
谷物	
糙米	0.05
玉米	0.05
水果	
柑橘	0.1
糖料	
甘蔗	0.05

4.3.5 检测方法：谷物、糖料参照 SN/T 2228 规定的方法测定；水果按照 GB/T 20769 规定的方法测定。

4.4 阿维菌素(abamectin)

4.4.1 主要用途：杀虫剂。

4.4.2 ADI：0.002 mg/kg 体重。

4.4.3 残留物：阿维菌素(B1a 和 B1b 之和)。

4.4.4 最大残留限量：应符合表 4 的规定。

表 4

食品类别/名称	最大残留限量 mg/kg
谷物	
糙米	0.02
油料和油脂	
棉籽	0.01

表 4（续）

食品类别/名称	最大残留限量 mg/kg
蔬菜	
韭菜	0.05
结球甘蓝	0.05
花椰菜	0.5
菠菜	0.05
普通白菜	0.05
莴苣	0.05
芹菜	0.05
大白菜	0.05
番茄	0.02
甜椒	0.02
黄瓜	0.02
西葫芦	0.01
豇豆	0.05
菜豆	0.1
萝卜	0.01
马铃薯	0.01
水果	
柑橘类水果(柑橘除外)	0.01
柑橘	0.02
苹果	0.02
梨	0.02
草莓	0.02
瓜果类水果	0.01
坚果	
杏仁	0.01
核桃	0.01
饮料类	
啤酒花	0.1
调味料	
干辣椒	0.2
胡椒	0.05

4.4.5 检测方法：谷物按照 SN/T 1973 规定的方法测定；油料和油脂参照 SN/T 1973 规定的方法测定；蔬菜、水果按照 SN/T 1973、SN/T 2114 规定的方法测定；坚果、饮料类、调味料参照 SN/T 2114 规定的方法测定。

4.5 矮壮素(chlormequat)

4.5.1 主要用途：植物生长调节剂。

4.5.2 ADI：0.05 mg/kg 体重。

4.5.3 残留物：矮壮素阳离子，以氯化物表示。

4.5.4 最大残留限量：应符合表 5 的规定。

表 5

食品类别/名称	最大残留限量 mg/kg
谷物	
小麦	5
大麦	2
燕麦	10
黑麦	3
小黑麦	3
玉米	5
黑麦粉	3
黑麦全麦粉	4
油料和油脂	
油菜籽	5
菜籽油毛油	0.1
棉籽	0.5

4.5.5 检测方法:谷物按照 GB/T 5009.219 规定的方法测定;油料和油脂参照 GB/T 5009.219 规定的方法测定。

4.6 胺苯磺隆(ethametsulfuron)

4.6.1 主要用途:除草剂。

4.6.2 ADI:0.2 mg/kg 体重。

4.6.3 残留物:胺苯磺隆。

4.6.4 最大残留限量:应符合表 6 的规定。

表 6

食品类别/名称	最大残留限量 mg/kg
油料和油脂	
油菜籽	0.02

4.6.5 检测方法:油料和油脂参照 NY/T 1616 规定的方法测定。

4.7 胺鲜酯(diethyl aminoethyl hexanoate)

4.7.1 主要用途:植物生长调节剂。

4.7.2 ADI:0.023 mg/kg 体重。

4.7.3 残留物:胺鲜酯。

4.7.4 最大残留限量:应符合表 7 的规定。

表 7

食品类别/名称	最大残留限量 mg/kg
谷物	
玉米	0.2[a]
蔬菜	
普通白菜	0.05[a]
大白菜	0.2[a]
[a] 该限量为临时限量。	

4.8 氨氯吡啶酸(picloram)

4.8.1 主要用途:除草剂。

4.8.2 ADI:0.3 mg/kg 体重。

4.8.3 残留物:氨氯吡啶酸。

4.8.4 最大残留限量:应符合表 8 的规定。

表 8

食品类别/名称	最大残留限量 mg/kg
油料和油脂	
油菜籽	0.1[a]
[a] 该限量为临时限量。	

4.9 百草枯(paraquat)

4.9.1 主要用途:除草剂。

4.9.2 ADI:0.005 mg/kg 体重。

4.9.3 残留物:百草枯阳离子,以二氯百草枯表示。

4.9.4 最大残留限量:应符合表 9 的规定。

表 9

食品类别/名称	最大残留限量 mg/kg
谷物	
玉米	0.1
高粱	0.03
杂粮类	0.5
小麦粉	0.5
油料和油脂	
菜籽油	0.05
棉籽	0.2
大豆	0.5
葵花籽	2

表 9（续）

食品类别/名称	最大残留限量 mg/kg
蔬菜	
鳞茎类蔬菜	0.05
芸薹属类蔬菜	0.05
叶菜类蔬菜	0.05
茄果类蔬菜	0.05
瓜类蔬菜	0.05
豆类蔬菜	0.05
茎类蔬菜	0.05
根茎类和薯芋类蔬菜	0.05
水生类蔬菜	0.05
芽菜类蔬菜	0.05
其他类蔬菜	0.05
水果	
柑橘类水果(柑橘除外)	0.02
柑橘	0.2
仁果类水果(苹果除外)	0.01
苹果	0.05
核果类水果	0.01
浆果及其他小型水果	0.01
橄榄	0.1
皮不可食的热带和亚热带水果(香蕉除外)	0.01
香蕉	0.02
瓜果类水果	0.02
坚果	0.05
饮料类	
啤酒花	0.1

4.9.5 检测方法：谷物、蔬菜、水果参照 SN 0340 规定的方法测定；油料和油脂参照 SN 0340 规定的方法测定；坚果、饮料类参照 SN 0340 规定的方法测定。

4.10 百菌清(chlorothalonil)

4.10.1 主要用途：杀菌剂。
4.10.2 ADI：0.02 mg/kg 体重。
4.10.3 残留物：百菌清。
4.10.4 最大残留限量：应符合表 10 的规定。

表 10

食品类别/名称	最大残留限量 mg/kg
谷物	
稻谷	0.2
小麦	0.1

表 10（续）

食品类别/名称	最大残留限量 mg/kg
谷物	
鲜食玉米	5
绿豆	0.2
赤豆	0.2
油料和油脂	
大豆	0.2
花生仁	0.05
蔬菜	
菠菜	5
普通白菜	5
莴苣	5
大白菜	5
番茄	5
茄子	5
辣椒	5
黄瓜	5
西葫芦	5
丝瓜	5
南瓜	5
水果	
柑橘	1
苹果	1
梨	1
葡萄	0.5
西瓜	5
甜瓜	5
食用菌	
蘑菇类(鲜)	5

4.10.5 检测方法：谷物按照 SN/T 2320 规定的方法测定；油料和油脂参照 SN/T 2320 规定的方法测定；蔬菜、水果、食用菌按照 NY/T 761、SN 0499、GB/T 5009.105 规定的方法测定。

4.11 保棉磷(azinphos-methyl)

4.11.1 主要用途：杀虫剂。

4.11.2 ADI：0.03 mg/kg 体重。

4.11.3 残留物：保棉磷。

4.11.4 最大残留限量：应符合表 11 的规定。

表 11

食品类别/名称	最大残留限量 mg/kg
油料和油脂	
大豆	0.05
棉籽	0.2
蔬菜	
蔬菜(单列的除外)	0.5
花椰菜	1
番茄	1
甜椒	1
黄瓜	0.2
马铃薯	0.05
水果	
水果(单列的除外)	1
苹果	2
梨	2
桃	2
樱桃	2
油桃	2
李子	2
李子干	2
蓝莓	5
越橘	0.1
西瓜	0.2
甜瓜类水果	0.2
坚果	
杏仁	0.05
山核桃	0.3
糖料	
甘蔗	0.2
调味料	
调味料(单列的除外)	0.5
干辣椒	10

4.11.5 检测方法:油料和油脂、马铃薯、坚果、糖料、调味料参照 SN/T 1739 规定的方法测定;蔬菜(马铃薯除外)、水果按照 NY/T 761 规定的方法测定。

4.12 倍硫磷(fenthion)

4.12.1 主要用途:杀虫剂。

4.12.2 ADI:0.007 mg/kg 体重。

4.12.3 残留物:倍硫磷及其氧类似物(亚砜、砜化合物)之和,以倍硫磷表示。

4.12.4 最大残留限量:应符合表 12 的规定。

表 12

食品类别/名称	最大残留限量 mg/kg
谷物	
稻谷	0.05
小麦	0.05
油料和油脂	
食用植物油	0.01
初榨橄榄油	1
蔬菜	
鳞茎类蔬菜	0.05
芸薹属类蔬菜	0.05
叶菜类蔬菜	0.05
茄果类蔬菜	0.05
瓜类蔬菜	0.05
豆类蔬菜	0.05
茎类蔬菜	0.05
根茎类和薯芋类蔬菜	0.05
水生类蔬菜	0.05
芽菜类蔬菜	0.05
其他类蔬菜	0.05
水果	
柑橘类水果	0.05
仁果类水果	0.05
核果类水果(樱桃除外)	0.05
樱桃	2
浆果和其他小型水果	0.05
热带和亚热带水果(橄榄除外)	0.05
橄榄	1
瓜果类水果	0.05

4.12.5 检测方法:谷物按照 GB/T 5009.145 规定的方法测定;油料和油脂参照 GB/T 5009.145 规定的方法测定;蔬菜、水果按照 NY/T 761、GB/T 19648 规定的方法测定。

4.13 苯丁锡(fenbutatin oxide)

4.13.1 主要用途:杀螨剂。

4.13.2 ADI:0.03 mg/kg 体重。

4.13.3 残留物:苯丁锡。

4.13.4 最大残留限量:应符合表 13 的规定。

表 13

食品类别/名称	最大残留限量 mg/kg
蔬菜	
番茄	1
黄瓜	0.5
水果	
柑橘	1
柑橘脯	25
柠檬	5
柚	5
橙	5
仁果类(苹果、梨除外)	5
苹果	5
梨	5
樱桃	10
桃	7
李子	3
李子干	10
葡萄	5
葡萄干	20
草莓	10
香蕉	10
坚果	
杏仁	0.5
山核桃	0.5
核桃	0.5

4.13.5 检测方法:蔬菜、水果、坚果参照 SN 0592 规定的方法测定。

4.14 苯氟磺胺(dichlofluanid)

4.14.1 主要用途:杀菌剂。

4.14.2 ADI:0.3 mg/kg 体重。

4.14.3 残留物:苯氟磺胺。

4.14.4 最大残留限量:应符合表 14 的规定。

表 14

食品类别/名称	最大残留限量 mg/kg
蔬菜	
洋葱	0.1
莴苣	10
番茄	2
辣椒	2
黄瓜	5
马铃薯	0.1

表 14（续）

食品类别/名称	最大残留限量 mg/kg
水果	
苹果	5
梨	5
桃	5
加仑子(黑、红、白)	15
悬钩子	7
醋栗(红、黑)	15
葡萄	15
草莓	10
调味料	
干辣椒	20

4.14.5 检测方法：蔬菜、水果、调味料参照 SN/T 2320 规定的方法测定。

4.15 苯磺隆(tribenuron-methyl)

4.15.1 主要用途：除草剂。

4.15.2 ADI：0.01 mg/kg 体重。

4.15.3 残留物：苯磺隆。

4.15.4 最大残留量：应符合表 15 的规定。

表 15

食品类别/名称	最大残留限量 mg/kg
谷物	
小麦	0.05

4.15.5 检测方法：谷物按照 SN/T 2325 规定的方法测定。

4.16 苯菌灵(benomyl)

4.16.1 主要用途：杀菌剂。

4.16.2 ADI：0.1 mg/kg 体重。

4.16.3 残留物：苯菌灵和多菌灵之和，以多菌灵表示。

4.16.4 最大残留限量：应符合表 16 的规定。

表 16

食品类别/名称	最大残留限量 mg/kg
水果	
柑橘	5[a]
梨	3[a]
[a] 该限量为临时限量。	

4.16.5 检测方法:水果参照 GB/T 23380、NY/T 1680 规定的方法测定。

4.17 苯硫威(fenothiocarb)

4.17.1 主要用途:杀螨剂。
4.17.2 ADI:0.007 5 mg/kg 体重。
4.17.3 残留物:苯硫威。
4.17.4 最大残留限量:应符合表 17 的规定。

表 17

食品类别/名称	最大残留限量 mg/kg
水果	
柑橘	0.5[a]
[a] 该限量为临时限量。	

4.17.5 检测方法:水果按照 GB/T 19648 规定的方法测定。

4.18 苯螨特(benzoximate)

4.18.1 主要用途:杀螨剂。
4.18.2 ADI: 0.15 mg/kg 体重。
4.18.3 残留物:苯螨特。
4.18.4 最大残留限量:应符合表 18 的规定。

表 18

食品类别/名称	最大残留限量 mg/kg
水果	
柑橘	0.3[a]
[a] 该限量为临时限量。	

4.18.5 检测方法:水果按照 GB/T 20769 规定的方法测定。

4.19 苯醚甲环唑(difenoconazole)

4.19.1 主要用途:杀菌剂。
4.19.2 ADI:0.01 mg/kg 体重。
4.19.3 残留物:苯醚甲环唑。
4.19.4 最大残留限量:应符合表 19 的规定。

表 19

食品类别/名称	最大残留限量 mg/kg
谷物	
糙米	0.5
小麦	0.1
油料和油脂	
油菜籽	0.05
大豆	0.05
花生仁	0.2
葵花籽	0.02
蔬菜	
大蒜	0.2
葱	0.3
结球甘蓝	0.2
抱子甘蓝	0.2
青花菜	0.5
花椰菜	0.2
叶用莴苣	2
结球莴苣	2
大白菜	1
番茄	0.5
黄瓜	1
食荚豌豆	0.7
芦笋	0.03
胡萝卜	0.2
根芹菜	0.5
马铃薯	0.02
水果	
柑橘	0.2
仁果类(苹果、梨除外)	0.5
苹果	0.5
梨	0.5
李子	0.2
李子干	0.2
桃	0.5
油桃	0.5
樱桃	0.2
西番莲	0.05
橄榄	2
荔枝	0.5
芒果	0.07
香蕉	1
番木瓜	0.2
西瓜	0.1
坚果	0.03

表 19（续）

食品类别/名称	最大残留限量 mg/kg
糖料	
甜菜	0.2
饮料类	
茶叶	10
药用植物	
人参	0.5

4.19.5 检测方法：谷物按照 GB/T 19649 规定的方法测定；油料和油脂按照 SN/T 1975 规定的方法测定；蔬菜、水果按照 SN/T 1975、GB/T 5009.218、GB/T 19648 规定的方法测定；茶叶参照 SN/T 1975、GB/T 5009.218、GB/T 19648 规定的方法测定；坚果、糖料、药用植物参照 SN/T 1975、GB/T 5009.218、GB/T 19648 规定的方法测定。

4.20 苯噻酰草胺(mefenacet)

4.20.1 主要用途：除草剂。
4.20.2 ADI：0.007 mg/kg 体重。
4.20.3 残留物：苯噻酰草胺。
4.20.4 最大残留限量：应符合表 20 的规定。

表 20

食品类别/名称	最大残留限量 mg/kg
谷物	
糙米	0.05[a]
[a] 该限量为临时限量。	

4.20.5 检测方法：谷物按照 GB/T 19649、GB/T 20770、SN/T 0712 规定的方法测定。

4.21 苯霜灵 (benalaxyl)

4.21.1 主要用途：杀菌剂。
4.21.2 ADI：0.07 mg/kg 体重。
4.21.3 残留物：苯霜灵。
4.21.4 最大残留限量：应符合表 21 的规定。

表 21

食品类别/名称	最大残留限量 mg/kg
蔬菜	
洋葱	0.02
结球莴苣	1
番茄	0.2
马铃薯	0.02

表 21（续）

食品类别/名称	最大残留限量 mg/kg
水果	
葡萄	0.3
西瓜	0.1
甜瓜类水果	0.3

4.21.5 检测方法：蔬菜、水果按照 GB/T 19648、GB/T 20769 规定的方法测定。

4.22 苯酰菌胺（zoxamide）

4.22.1 主要用途：杀菌剂。

4.22.2 ADI：0.5 mg/kg 体重。

4.22.3 残留物：苯酰菌胺。

4.22.4 最大残留限量：应符合表 22 的规定。

表 22

食品类别/名称	最大残留限量 mg/kg
蔬菜	
番茄	2
瓜类蔬菜	2
马铃薯	0.02
水果	
葡萄	5
葡萄干	15
瓜果类水果	2

4.22.5 检测方法：蔬菜、水果按照 GB/T 19648、GB/T 20769 规定的方法测定。

4.23 苯线磷（fenamiphos）

4.23.1 主要用途：杀虫剂。

4.23.2 ADI：0.000 8 mg/kg 体重。

4.23.3 残留物：苯线磷及其氧类似物（亚砜、砜化合物）之和，以苯线磷表示。

4.23.4 最大残留限量：应符合表 23 的规定。

表 23

食品类别/名称	最大残留限量 mg/kg
油料和油脂	
花生仁	0.05
花生油	0.05

表 23（续）

食品类别/名称	最大残留限量 mg/kg
蔬菜	
鳞茎类蔬菜	0.02
芸薹属类蔬菜	0.02
叶菜类蔬菜	0.02
茄果类蔬菜	0.02
瓜类蔬菜	0.02
豆类蔬菜	0.02
茎类蔬菜	0.02
根茎类和薯芋类蔬菜	0.02
水生类蔬菜	0.02
芽菜类蔬菜	0.02
其他类蔬菜	0.02
水果	
仁果类水果	0.02
柑橘类水果	0.02
核果类水果	0.02
浆果和其他小型水果	0.02
热带和亚热带水果	0.02
瓜果类水果	0.02

4.23.5 检测方法：油料和油脂参照 GB/T 20770 规定的方法测定；蔬菜、水果按照 GB/T 5009.145、GB/T 19648 规定的方法测定。

4.24 苯锈啶(fenpropidin)

4.24.1 主要用途：杀菌剂。
4.24.2 ADI：0.02 mg/kg 体重。
4.24.3 残留物：苯锈啶。
4.24.4 最大残留限量：应符合表 24 的规定。

表 24

食品类别/名称	最大残留限量 mg/kg
谷物	
小麦	1

4.24.5 检测方法：谷物按照 GB/T 20770 规定的方法测定。

4.25 吡丙醚(pyriproxyfen)

4.25.1 主要用途：杀虫剂。
4.25.2 ADI：0.1 mg/kg 体重。
4.25.3 残留物：吡丙醚。
4.25.4 最大残留限量：应符合表 25 的规定。

表 25

食品类别/名称	最大残留限量 mg/kg
油料和油脂	
棉籽	0.05
棉籽油毛油	0.01
棉籽油	0.01
蔬菜	
番茄	1
水果	
柑橘类水果	0.5

4.25.5 检测方法：油料和油脂参照 GB/T 19648 规定的方法测定；蔬菜、水果按照 GB/T 19648 规定的方法测定。

4.26 吡草醚(pyraflufen-ethyl)

4.26.1 主要用途：除草剂。
4.26.2 ADI：0.2 mg/kg 体重。
4.26.3 残留物：吡草醚。
4.26.4 最大残留限量：应符合表 26 的规定。

表 26

食品类别/名称	最大残留限量 mg/kg
谷物	
小麦	0.03
水果	
苹果	0.03

4.26.5 检测方法：谷物按照 GB/T 19649 规定的方法测定；水果按照 GB/T 19648、NY/T 1379 规定的方法测定。

4.27 吡虫啉(imidacloprid)

4.27.1 主要用途：杀虫剂。
4.27.2 ADI：0.06 mg/kg 体重。
4.27.3 残留物：吡虫啉。
4.27.4 最大残留限量：应符合表 27 的规定。

表 27

食品类别/名称	最大残留限量 mg/kg
谷物	
糙米	0.05
小麦	0.05
玉米	0.05
鲜食玉米	0.05
油料和油脂	
棉籽	0.5
蔬菜	
韭菜	1
结球甘蓝	1
芹菜	5
大白菜	0.2
番茄	1
茄子	1
黄瓜	1
节瓜	0.5
萝卜	0.5
水果	
柑橘	1
苹果	0.5
梨	0.5
糖料	
甘蔗	0.2
饮料类	
茶叶	0.5

4.27.5 检测方法：谷物按照 SN/T 1017.8、GB/T 20770 规定的方法测定；油料和油脂参照 SN/T 1017.8、GB/T 20770 规定的方法测定；蔬菜、水果按照 GB/T 23379、GB/T 20769、NY/T 1275 规定的方法测定；糖料、茶叶参照 GB/T 23379 规定的方法测定。

4.28 吡氟酰草胺(diflufenican)

4.28.1 主要用途：除草剂。

4.28.2 ADI：0.2 mg/kg 体重。

4.28.3 残留物：吡氟酰草胺。

4.28.4 最大残留限量：应符合表 28 的规定。

表 28

食品类别/名称	最大残留限量 mg/kg
谷物	
小麦	0.05

4.28.5 检测方法：谷物按照 SN/T 0712 规定的方法测定。

4.29 吡氟禾草灵和精吡氟禾草灵(fluazifop 和 fluazifop-P-butyl)

4.29.1 主要用途:除草剂。

4.29.2 ADI:0.007 4 mg/kg 体重。

4.29.3 残留物:吡氟禾草灵及其代谢物吡氟禾草酸之和,以吡氟禾草灵表示。

4.29.4 最大残留限量:应符合表 29 的规定。

表 29

食品类别/名称	最大残留限量 mg/kg
油料和油脂	
棉籽	0.1
大豆	0.5
花生仁	0.1
糖料	
甜菜	0.5

4.29.5 检测方法:油料和油脂、糖料按照 GB/T 5009.142 规定的方法测定。

4.30 吡嘧磺隆(pyrazosulfuron-ethyl)

4.30.1 主要用途:除草剂。

4.30.2 ADI:0.043 mg/kg 体重。

4.30.3 残留物:吡嘧磺隆。

4.30.4 最大残留限量:应符合表 30 的规定。

表 30

食品类别/名称	最大残留限量 mg/kg
谷物	
糙米	0.1

4.30.5 检测方法:谷物按照 SN/T 2325 规定的方法测定。

4.31 吡蚜酮(pymetrozine)

4.31.1 主要用途:杀虫剂。

4.31.2 ADI: 0.03 mg/kg 体重。

4.31.3 残留物:吡蚜酮。

4.31.4 最大残留限量:应符合表 31 的规定。

表 31

食品类别/名称	最大残留限量 mg/kg
谷物	
糙米	0.1
小麦	0.02

表 31（续）

食品类别/名称	最大残留限量 mg/kg
油料和油脂	
棉籽	0.1
蔬菜	
结球甘蓝	0.2

4.31.5 检测方法：谷物按照 GB/T 20770 规定的方法测定；油料和油脂、蔬菜参照 GB/T 20770 规定的方法测定。

4.32 吡唑醚菌酯（pyraclostrobin）

4.32.1 主要用途：杀菌剂。
4.32.2 ADI：0.03 mg/kg 体重。
4.32.3 残留物：吡唑醚菌酯。
4.32.4 最大残留限量：应符合表 32 的规定。

表 32

食品类别/名称	最大残留限量 mg/kg
油料和油脂	
花生仁	0.05
蔬菜	
结球甘蓝	0.5
大白菜	5
黄瓜	0.5
辣椒	0.5
马铃薯	0.02
水果	
苹果	0.5
葡萄	2
荔枝	0.05
芒果	0.05
香蕉	0.02
西瓜	0.5
甜瓜	0.5

4.32.5 检测方法：蔬菜、水果按照 GB/T 19648、GB/T 20769 规定的方法测定；油料和油脂参照 GB/T 20770规定的方法测定。

4.33 苄嘧磺隆（bensulfuron-methyl）

4.33.1 主要用途：除草剂。
4.33.2 ADI：0.2 mg/kg 体重。
4.33.3 残留物：苄嘧磺隆。
4.33.4 最大残留限量：应符合表 33 的规定。

表 33

食品类别/名称	最大残留限量 mg/kg
谷物	
大米	0.05
糙米	0.05
小麦	0.02

4.33.5 检测方法：谷物按照 SN/T 2212、SN/T 2325 规定的方法测定。

4.34 丙草胺(pretilachlor)

4.34.1 主要用途：除草剂。
4.34.2 ADI：0.018 mg/kg 体重。
4.34.3 残留物：丙草胺。
4.34.4 最大残留限量：应符合表 34 的规定。

表 34

食品类别/名称	最大残留限量 mg/kg
谷物	
大米	0.1
小麦	0.05

4.34.5 检测方法：谷物按照 SN/T 0712 规定的方法测定。

4.35 丙环唑(propiconazol)

4.35.1 主要用途：杀菌剂。
4.35.2 ADI：0.07 mg/kg 体重。
4.35.3 残留物：丙环唑。
4.35.4 最大残留限量：应符合表 35 的规定。

表 35

食品类别/名称	最大残留限量 mg/kg
谷物	
糙米	0.1
小麦	0.05
大麦	0.2
黑麦	0.02
小黑麦	0.02
油料和油脂	
油菜籽	0.02
大豆	0.2
花生仁	0.1

表 35(续)

食品类别/名称	最大残留限量 mg/kg
蔬菜	
玉米笋	0.05
水果	
苹果	0.1
越橘	0.3
香蕉	1
菠萝	0.02
糖料	
甘蔗	0.02
甜菜	0.02
坚果	
山核桃	0.02
饮料类	
咖啡豆	0.02

4.35.5 检测方法:谷物按照 GB/T 20770、GB/T 19649 规定的方法测定;油料和油脂、糖料、饮料类、坚果参照 SN/T 0519 规定的方法测定;蔬菜、水果按照 GB/T 20769、GB/T 19648 规定的方法测定。

4.36 丙硫菌唑(prothioconazole)

4.36.1 主要用途:杀菌剂。
4.36.2 ADI:0.05 mg/kg 体重。
4.36.3 残留物:丙硫菌唑脱硫代谢物,以丙硫菌唑表示。
4.36.4 最大残留限量:应符合表 36 的规定。

表 36

食品类别/名称	最大残留限量 mg/kg
谷物	
小麦	0.1[a]
大麦	0.2[a]
燕麦	0.05[a]
黑麦	0.05[a]
小黑麦	0.05[a]
杂粮类	1[a]
油料和油脂	
油菜籽	0.1[a]
大豆	1[a]
花生仁	0.02[a]
糖料	
甜菜	0.3[a]
[a] 该限量为临时限量。	

4.37 丙硫克百威(benfuracarb)

4.37.1 主要用途:杀虫剂。

4.37.2 ADI:0.01 mg/kg 体重。

4.37.3 残留物:丙硫克百威。

4.37.4 最大残留限量:应符合表 37 的规定。

表 37

食品类别/名称	最大残留限量 mg/kg
谷物	
大米	0.2[a]
糙米	0.2[a]
油料和油脂	
棉籽	0.5[a]
棉籽油	0.05[a]
[a] 该限量为临时限量。	

4.38 丙炔噁草酮(oxadiargyl)

4.38.1 主要用途:除草剂。

4.38.2 ADI:0.008 mg/kg 体重。

4.38.3 残留物:丙炔噁草酮。

4.38.4 最大残留限量:应符合表 38 的规定。

表 38

食品类别/名称	最大残留限量 mg/kg
谷物	
糙米	0.02[a]
蔬菜	
马铃薯	0.02[a]
[a] 该限量为临时限量。	

4.39 丙炔氟草胺(flumioxazin)

4.39.1 主要用途:除草剂。

4.39.2 ADI:0.02 mg/kg 体重。

4.39.3 残留物:丙炔氟草胺。

4.39.4 最大残留限量:应符合表 39 的规定。

表 39

食品类别/名称	最大残留限量 mg/kg
油料和油脂	
大豆	0.02
水果	
柑橘	0.05

4.39.5　检测方法：油料和油脂按照 SN/T 1983 规定的方法测定；水果按照 GB/T 19648 规定的方法测定。

4.40　丙森锌(propineb)

4.40.1　主要用途：杀菌剂。
4.40.2　ADI：0.007 mg/kg 体重。
4.40.3　残留物：二硫代氨基甲酸盐(或酯)，以二硫化碳表示。
4.40.4　最大残留限量：应符合表 40 的规定。

表 40

食品类别/名称	最大残留限量 mg/kg
蔬菜	
大白菜	5
番茄	5
黄瓜	5
水果	
苹果	5
梨	5
核果类水果(樱桃除外)	7
樱桃	0.2
葡萄	5

4.40.5　检测方法：蔬菜参照 SN/T 0711 规定的方法测定；水果参照 SN 0157、SN/T 0711 中规定的方法检测。

4.41　丙溴磷(profenofos)

4.41.1　主要用途：杀虫剂。
4.41.2　ADI：0.03 mg/kg 体重。
4.41.3　残留物：丙溴磷。
4.41.4　最大残留限量：应符合表 41 的规定。

表 41

食品类别/名称	最大残留限量 mg/kg
谷物	
糙米	0.02
油料和油脂	
棉籽油	0.05
蔬菜	
结球甘蓝	0.5
番茄	10
辣椒	3
马铃薯	0.05
水果	
柑橘	0.2
苹果	0.05
芒果	0.2
山竹	10
调味料	
干辣椒	20

4.41.5 检测方法:谷物按照 GB/T 20770、SN/T 2234 规定的方法测定;油料和油脂参照 GB/T 20770、SN/T 2234 规定的方法测定;蔬菜、水果按照 GB/T 19648、NY/T 761、SN/T 2234 规定的方法测定;调味料参照 GB/T 19648、NY/T 761、SN/T 2234 规定的方法测定。

4.42 草铵膦(glufosinate-ammonium)

4.42.1 主要用途:除草剂。

4.42.2 ADI:0.01 mg/kg 体重。

4.42.3 残留物:草铵膦。

4.42.4 最大残留限量:应符合表 42 的规定。

表 42

食品类别/名称	最大残留限量 mg/kg
蔬菜	
番茄	0.5[a]
水果	
柑橘	0.5[a]
香蕉	0.2[a]
番木瓜	0.2[a]
饮料类	
茶叶	0.5[a]

[a] 该限量为临时限量。

4.43 草除灵(benazolin-ethyl)

4.43.1 主要用途:除草剂。

4.43.2 ADI:0.006 mg/kg 体重。

4.43.3 残留物:草除灵。

4.43.4 最大残留限量:应符合表 43 的规定。

表 43

食品类别/名称	最大残留限量 mg/kg
油料和油脂	
油菜籽	0.2[a]

[a] 该限量为临时限量。

4.44 草甘膦(glyphosate)

4.44.1 主要用途:除草剂。

4.44.2 ADI:1 mg/kg 体重。

4.44.3 残留物:草甘膦。

4.44.4 最大残留限量:应符合表 44 的规定。

表 44

食品类别/名称	最大残留限量 mg/kg
谷物	
稻谷	0.1
小麦	5
小麦粉	0.5
全麦粉	5
玉米	1
油料和油脂	
棉籽油	0.05
水果	
柑橘类水果(柑橘除外)	0.1
柑橘	0.5
仁果类水果(苹果除外)	0.1
苹果	0.5
核果类水果	0.1
浆果和其他小型水果	0.1
热带和亚热带水果	0.1
瓜果类水果	0.1
糖料	
甘蔗	2
饮料类	
茶叶	1

4.44.5 检测方法：谷物、油料和油脂、糖料按照 GB/T 23750 规定的方法测定；水果按照 GB/T 23750、NY/T 1096、SN/T 1923 规定的方法测定；茶叶按照 SN/T 1923 规定的方法测定。

4.45 虫螨腈(chlorfenapyr)

4.45.1 主要用途：杀虫剂。
4.45.2 ADI：0.03 mg/kg 体重。
4.45.3 残留物：虫螨腈。
4.45.4 最大残留限量：应符合表 45 的规定。

表 45

食品类别/名称	最大残留限量 mg/kg
蔬菜	
结球甘蓝	1
大白菜	2
黄瓜	0.5

4.45.5 检测方法：蔬菜按照 GB/T 19648、NY/T 1379、SN/T 1986 规定的方法测定。

4.46 虫酰肼(tebufenozide)

4.46.1 主要用途：杀虫剂。
4.46.2 ADI：0.02 mg/kg 体重。
4.46.3 残留物：虫酰肼。
4.46.4 最大残留限量：应符合表 46 的规定。

表 46

食品类别/名称	最大残留限量 mg/kg
谷物	
糙米	2
油料和油脂	
油菜籽	2
蔬菜	
结球甘蓝	1
青花菜	0.5
叶菜类蔬菜(大白菜、菠菜除外)	10
菠菜	10
大白菜	0.5
番茄	1
辣椒	1
水果	
柑橘类水果	2
仁果类水果	1
桃	0.5
油桃	0.5

表 46（续）

食品类别/名称	最大残留限量 mg/kg
水果	
蓝莓	3
醋栗(红、黑)	2
越橘	0.5
葡萄	2
葡萄干	2
猕猴桃	0.5
鳄梨	1
坚果	
杏仁	0.05
核桃	0.05
山核桃	0.01
糖料	
甘蔗	1
调味料	
薄荷	20
干辣椒	10

4.46.5 检测方法：谷物参照 GB/T 20769 规定的方法测定；蔬菜、水果参照 GB/T 20769 规定的方法测定；油料和油脂、坚果、糖料、调味料参照 GB/T 20770、SN/T 2150 规定的方法测定。

4.47 除虫脲(diflubenzuron)

4.47.1 主要用途：杀虫剂。

4.47.2 ADI：0.02 mg/kg 体重。

4.47.3 残留物：除虫脲。

4.47.4 最大残留限量：应符合表 47 的规定。

表 47

食品类别/名称	最大残留限量 mg/kg
谷物	
稻谷	0.01
小麦	0.2
玉米	0.2
蔬菜	
结球甘蓝	2
花椰菜	1
菠菜	1
普通白菜	1
莴苣	1
大白菜	1

表 47（续）

食品类别/名称	最大残留限量 mg/kg
水果	
柑橘	1
橙	1
柚	1
仁果类水果（苹果、梨除外）	5
苹果	2
梨	1
柠檬	1
饮料类	
茶叶	20
食用菌	
蘑菇类（鲜）	0.3

4.47.5 检测方法：谷物按照 GB/T 5009.147 规定的方法测定；蔬菜、水果按照 GB/T 5009.147、NY/T 1720规定的方法测定；茶叶、食用菌参照 GB/T 5009.147、NY/T 1720 规定的方法测定。

4.48 春雷霉素（kasugamycin）

4.48.1 主要用途：杀菌剂。

4.48.2 ADI：0.113 mg/kg 体重。

4.48.3 残留物：春雷霉素。

4.48.4 最大残留限量：应符合表 48 的规定。

表 48

食品类别/名称	最大残留限量 mg/kg
谷物	
糙米	0.1[a]
蔬菜	
番茄	0.05[a]
水果	
柑橘	0.1[a]
荔枝	0.05[a]
[a] 该限量为临时限量。	

4.49 哒螨灵（pyridaben）

4.49.1 主要用途：杀螨剂。

4.49.2 ADI：0.01 mg/kg 体重。

4.49.3 残留物：哒螨灵。

4.49.4 最大残留限量：应符合表 49 的规定。

表 49

食品类别/名称	最大残留限量 mg/kg
油料和油脂	
棉籽	0.1
大豆	0.1
蔬菜	
辣椒	2
水果	
柑橘	2
苹果	2
饮料类	
茶叶	5

4.49.5 检测方法:油料和油脂参照 SN/T 2432 规定的方法测定;蔬菜、水果按照 GB/T 20769 规定的方法测定;茶叶按照 GB/T 23204、SN/T 2432 规定的方法测定。

4.50 代森铵(amobam)

4.50.1 主要用途:杀菌剂。
4.50.2 ADI:0.03 mg/kg 体重。
4.50.3 残留物:二硫代氨基甲酸盐(或酯),以二硫化碳表示。
4.50.4 最大残留限量:应符合表 50 的规定。

表 50

食品类别/名称	最大残留限量 mg/kg
水果	
苹果	5[a]
[a] 该限量为临时限量。	

4.50.5 检测方法:水果参照 SN/T 0711 规定的方法测定。

4.51 代森联(metriam)

4.51.1 主要用途:杀菌剂。
4.51.2 ADI:0.03 mg/kg 体重。
4.51.3 残留物:二硫代氨基甲酸盐(或酯),以二硫化碳表示。
4.51.4 最大残留限量:应符合表 51 的规定。

表 51

食品类别/名称	最大残留限量 mg/kg
谷物	
小麦	1

表 51(续)

食品类别/名称	最大残留限量 mg/kg
蔬菜	
结球莴苣	0.5
大白菜	0.5
马铃薯	0.5
辣椒	1
水果	
柑橘	3
仁果类水果(苹果除外)	5
苹果	5
加仑子(黑、红、白)	10
葡萄	5
西瓜	1
甜瓜	0.5
饮料类	
啤酒花	30

4.51.5 检测方法:谷物、蔬菜、水果、饮料类参照 SN 0157、SN/T 0139、SN/T 1541 规定的方法测定。

4.52 代森锰锌(mancozeb)

4.52.1 主要用途:杀菌剂。

4.52.2 ADI:0.03 mg/kg 体重。

4.52.3 残留物:二硫代氨基甲酸盐(或酯),以二硫化碳表示。

4.52.4 最大残留限量:应符合表 52 的规定。

表 52

食品类别/名称	最大残留限量 mg/kg
谷物	
鲜食玉米	1
油料和油脂	
花生仁	0.1
蔬菜	
大白菜	0.5
番茄	5
茄子	1
辣椒	1
甜椒	2
黄秋葵	2
黄瓜	5
菜豆	3
扁豆	3
豇豆	3
食荚豌豆	3

表 52（续）

食品类别/名称	最大残留限量 mg/kg
蔬菜	
马铃薯	0.5
甘薯	0.5
木薯	0.5
山药	0.5
水果	
柑橘	3
苹果	5
梨	5
枣	2
黑莓	5
醋栗	5
葡萄	5
猕猴桃	2
草莓	5
荔枝	5
芒果	2
香蕉	1
菠萝	2
西瓜	1
食用菌	
蘑菇类(鲜)	1

4.52.5　检测方法：谷物、油料和油脂、蔬菜、水果、食用菌参照 SN/T 0711、SN/T 1541 规定的方法测定。

4.53　代森锌(zineb)

4.53.1　主要用途：杀菌剂。

4.53.2　ADI：0.03 mg/kg 体重。

4.53.3　残留物：二硫代氨基甲酸盐(或酯)，以二硫化碳表示。

4.53.4　最大残留限量：应符合表 53 的规定。

表 53

食品类别/名称	最大残留限量 mg/kg
蔬菜	
芦笋	2
马铃薯	0.5
水果	
西瓜	1

4.53.5　检测方法：蔬菜、水果参照 SN/T 0711 规定的方法测定。

4.54 单甲脒和单甲脒盐酸盐(semiamitraz 和 semiamitraz chloride)

4.54.1 主要用途:杀虫剂。

4.54.2 ADI:0.004 mg/kg 体重。

4.54.3 残留物:单甲脒。

4.54.4 最大残留限量:应符合表 54 的规定。

表 54

食品类别/名称	最大残留限量 mg/kg
水果	
柑橘	0.5
苹果	0.5
梨	0.5

4.54.5 检测方法:水果按照 GB/T 5009.160 规定的方法测定。

4.55 单氰胺(cyanamide)

4.55.1 主要用途:植物生长调节剂。

4.55.2 ADI:0.002 mg/kg 体重。

4.55.3 残留物:单氰胺。

4.55.4 最大残留限量:应符合表 55 的规定。

表 55

食品类别/名称	最大残留限量 mg/kg
水果	
葡萄	0.05[a]
[a] 该限量为临时限量。	

4.56 单嘧磺隆(monosulfuron)

4.56.1 主要用途:除草剂。

4.56.2 ADI:0.12 mg/kg 体重。

4.56.3 残留物:单嘧磺隆。

4.56.4 最大残留限量:应符合表 56 的规定。

表 56

食品类别/名称	最大残留限量 mg/kg
谷物	
小麦	0.1[a]
[a] 该限量为临时限量。	

4.57 稻丰散(phenthoate)

4.57.1 主要用途:杀虫剂。
4.57.2 ADI:0.003 mg/kg 体重。
4.57.3 残留物:稻丰散。
4.57.4 最大残留限量:应符合表 57 的规定。

表 57

食品类别/名称	最大残留限量 mg/kg
谷物	
糙米	0.2
大米	0.05
蔬菜	
节瓜	0.1
水果	
柑橘	1

4.57.5 检测方法:谷物按照 GB/T 5009.20 规定的方法测定;蔬菜、水果按照 GB/T 5009.20、GB/T 19648、GB/T 20769 规定的方法测定。

4.58 稻瘟灵(isoprothiolane)

4.58.1 主要用途:杀菌剂。
4.58.2 ADI:0.016 mg/kg 体重。
4.58.3 残留物:稻瘟灵。
4.58.4 最大残留限量:应符合表 58 的规定。

表 58

食品类别/名称	最大残留限量 mg/kg
谷物	
大米	1

4.58.5 检测方法:谷物按照 GB/T 5009.155 规定的方法测定。

4.59 稻瘟酰胺(fenoxanil)

4.59.1 主要用途:杀菌剂。
4.59.2 ADI:0.007 mg/kg 体重。
4.59.3 残留物:稻瘟酰胺。
4.59.4 最大残留限量:应符合表 59 的规定。

表 59

食品类别/名称	最大残留限量 mg/kg
谷物	
糙米	1

4.59.5 检测方法：谷物按照 GB/T 19649、GB/T 20770 规定的方法测定。

4.60 敌百虫(trichlorfon)

4.60.1 主要用途：杀虫剂。
4.60.2 ADI：0.002 mg/kg 体重。
4.60.3 残留物：敌百虫。
4.60.4 最大残留限量：应符合表 60 的规定。

表 60

食品类别/名称	最大残留限量 mg/kg
谷物	
糙米	0.1
稻谷	0.1
小麦	0.1
油料和油脂	
花生仁	0.1
棉籽	0.1
蔬菜	
鳞茎类蔬菜	0.2
芸薹属类蔬菜(结球甘蓝除外)	0.2
结球甘蓝	0.1
叶菜类蔬菜(普通白菜除外)	0.2
普通白菜	0.1
茄果类蔬菜	0.2
瓜类蔬菜	0.2
豆类蔬菜	0.2
茎类蔬菜	0.2
根茎类和薯芋类蔬菜(萝卜除外)	0.2
萝卜	0.5
水生类蔬菜	0.2
芽菜类蔬菜	0.2
其他类蔬菜	0.2
水果	
柑橘类水果	0.2
仁果类水果	0.2
核果类水果	0.2
浆果和其他小型水果	0.2
热带和亚热带水果	0.2
瓜果类水果	0.2

4.60.5 检测方法：谷物按照 GB/T 20770 规定的方法测定；油料和油脂参照 GB/T 20770 规定的方法测定；蔬菜、水果按照 GB/T 20769 规定的方法测定。

4.61 敌稗(propanil)

4.61.1 主要用途：除草剂。

4.61.2 ADI：0.2 mg/kg 体重。

4.61.3 残留物：敌稗。

4.61.4 最大残留限量：应符合表 61 的规定。

表 61

食品类别/名称	最大残留限量 mg/kg
谷物	
大米	2

4.61.5 检测方法：谷物按照 GB/T 5009.177 规定的方法测定。

4.62 敌草快(diquat)

4.62.1 主要用途：除草剂。

4.62.2 ADI：0.005 mg/kg 体重。

4.62.3 残留物：敌草快阳离子，以二溴化合物表示。

4.62.4 最大残留限量：应符合表 62 的规定。

表 62

食品类别/名称	最大残留限量 mg/kg
谷物	
小麦	2
小麦粉	0.5
全麦粉	2
油料和油脂	
油菜籽	2
食用植物油	0.05
蔬菜	
马铃薯	0.05
甘薯	0.05
木薯	0.05
山药	0.05
水果	
苹果	0.1
糖料	
甘蔗	0.05

4.62.5 检测方法：谷物按照 GB/T 5009.221 规定的方法测定；水果按照 GB/T 5009.221 规定的方法测定；油料和油脂、蔬菜、糖料参照 GB/T 5009.221 规定的方法测定。

4.63 敌草隆(diuron)

4.63.1 主要用途:除草剂。

4.63.2 ADI:0.001 mg/kg 体重。

4.63.3 残留物:敌草隆。

4.63.4 最大残留限量:应符合表 63 的规定。

表 63

食品类别/名称	最大残留限量 mg/kg
糖料	
甘蔗	0.1

4.63.5 检测方法:糖料按照 GB/T 20769 规定的方法测定。

4.64 敌敌畏(dichlorvos)

4.64.1 主要用途:杀虫剂。

4.64.2 ADI:0.004 mg/kg 体重。

4.64.3 残留物:敌敌畏。

4.64.4 最大残留限量:应符合表 64 的规定。

表 64

食品类别/名称	最大残留限量 mg/kg
谷物	
糙米	0.2
稻谷	0.1
麦类	0.1
玉米	0.2
旱粮类	0.1
杂粮类	0.1
油料和油脂	
大豆	0.1
蔬菜	
鳞茎类蔬菜	0.2
芸薹属类蔬菜(结球甘蓝除外)	0.2
结球甘蓝	0.5
叶菜类蔬菜(大白菜除外)	0.2
大白菜	0.5
茄果类蔬菜	0.2
瓜类蔬菜	0.2
豆类蔬菜	0.2
茎类蔬菜	0.2
根茎类和薯芋类蔬菜(萝卜除外)	0.2
萝卜	0.5
水生类蔬菜	0.2

表 64（续）

食品类别/名称	最大残留限量 mg/kg
蔬菜	
芽菜类蔬菜	0.2
其他类蔬菜	0.2
水果	
柑橘类水果	0.2
仁果类水果	0.2
核果类水果(桃除外)	0.2
桃	0.1
浆果和其他小型水果	0.2
热带和亚热带水果	0.2
瓜果类水果	0.2

4.64.5 检测方法：谷物按照 SN/T 2324、GB/T 5009.20 规定的方法测定；油料和油脂参照 SN/T 2324 规定的方法测定；蔬菜、水果按照 NY/T 761、GB/T 19648、GB/T 5009.20 规定的方法测定。

4.65 敌磺钠(fenaminosulf)

4.65.1 主要用途：杀菌剂。

4.65.2 ADI：0.02 mg/kg 体重。

4.65.3 残留物：敌磺钠。

4.65.4 最大残留限量：应符合表 65 的规定。

表 65

食品类别/名称	最大残留限量 mg/kg
谷物	
糙米	0.5[a]
蔬菜	
黄瓜	0.5[a]

[a] 该限量为临时限量。

4.66 敌菌灵(anilazine)

4.66.1 主要用途：杀菌剂。

4.66.2 ADI：0.1 mg/kg 体重。

4.66.3 残留物：敌菌灵。

4.66.4 最大残留限量：应符合表 66 的规定。

表 66

食品类别/名称	最大残留限量 mg/kg
谷物	
稻谷	0.2
蔬菜	
番茄	10
黄瓜	10

4.66.5 检测方法：谷物按照 GB/T 5009.220 规定的方法测定；蔬菜按照 NY/T 1722 规定的方法测定。

4.67 敌螨普(dinocap)

4.67.1 主要用途：杀菌剂。

4.67.2 ADI：0.008 mg/kg 体重。

4.67.3 残留物：敌螨普的异构体和敌螨普酚的总量，以敌螨普表示。

4.67.4 最大残留限量：应符合表 67 的规定。

表 67

食品类别/名称	最大残留限量 mg/kg
蔬菜	
番茄	0.3[a]
辣椒	0.2[a]
瓜类蔬菜(西葫芦、黄瓜除外)	0.05[a]
西葫芦	0.07[a]
黄瓜	0.07[a]
水果	
苹果	0.2[a]
桃	0.1[a]
葡萄	0.5[a]
草莓	0.5[a]
瓜果类水果(甜瓜类水果除外)	0.05[a]
甜瓜类水果	0.5[a]
调味料	
干辣椒	2[a]
[a] 该限量为临时限量。	

4.68 敌瘟磷(edifenphos)

4.68.1 主要用途：杀菌剂。

4.68.2 ADI：0.003 mg/kg 体重。

4.68.3 残留物：敌瘟磷。

4.68.4 最大残留限量：应符合表 68 的规定。

表 68

食品类别/名称	最大残留限量 mg/kg
谷物	
大米	0.1
糙米	0.2

4.68.5 检测方法：谷物按照 GB/T 20770、SN/T 2324 规定的方法测定。

4.69 地虫硫磷(fonofos)

4.69.1 主要用途：杀虫剂。

4.69.2 ADI：0.002 mg/kg 体重。

4.69.3 残留物：地虫硫磷。

4.69.4 最大残留限量：应符合表 69 的规定。

表 69

食品类别/名称	最大残留限量 mg/kg
油料和油脂	
花生仁	0.1
蔬菜	
鳞茎类蔬菜	0.01
芸薹属类蔬菜	0.01
叶菜类蔬菜	0.01
茄果类蔬菜	0.01
瓜类蔬菜	0.01
豆类蔬菜	0.01
茎类蔬菜	0.01
根茎类和薯芋类蔬菜	0.01
水生类蔬菜	0.01
芽菜类蔬菜	0.01
其他类蔬菜	0.01
水果	
柑橘类水果	0.01
仁果类水果	0.01
核果类水果	0.01
浆果和其他小型水果	0.01
热带和亚热带水果	0.01
瓜果类水果	0.01
糖料	
甘蔗	0.1

4.69.5 检测方法：油料和油脂参照 GB/T 19649 规定的方法测定；蔬菜、水果按照 GB/T 19648 规定的方法测定；糖料参照 GB/T 19648、GB/T 20769、NY/T 761 规定的方法测定。

4.70 丁草胺(butachlor)

4.70.1 主要用途:除草剂。

4.70.2 ADI:0.1 mg/kg 体重。

4.70.3 残留物:丁草胺。

4.70.4 最大残留限量:应符合表 70 的规定。

表 70

食品类别/名称	最大残留限量 mg/kg
谷物	
大米	0.5
玉米	0.5

4.70.5 检测方法:谷物按照 GB/T 5009.164、GB/T 19649、GB/T 20770 规定的方法测定。

4.71 丁苯吗啉(fenpropimorph)

4.71.1 主要用途:杀菌剂。

4.71.2 ADI:0.003 mg/kg 体重。

4.71.3 残留物:丁苯吗啉。

4.71.4 最大残留限量:应符合表 71 的规定。

表 71

食品类别/名称	最大残留限量 mg/kg
谷物	
小麦	0.5
大麦	0.5
燕麦	0.5
黑麦	0.5
水果	
香蕉	2
糖料	
甜菜	0.05

4.71.5 检测方法:谷物按照 GB/T 20770、SN/T 2323 规定的方法测定;水果、糖料参照 GB/T 20769、SN/T 2323 规定的方法测定。

4.72 丁硫克百威(carbosulfan)

4.72.1 主要用途:杀虫剂。

4.72.2 ADI:0.01 mg/kg 体重。

4.72.3 残留物:丁硫克百威。

4.72.4 最大残留限量:应符合表 72 的规定。

表 72

食品类别/名称	最大残留限量 mg/kg
谷物	
糙米	0.5
稻谷	0.5
玉米	0.1
高粱	0.1
粟	0.1
油料和油脂	
棉籽	0.05
花生仁	0.05
蔬菜	
韭菜	0.05
结球甘蓝	1
菠菜	0.05
普通白菜	0.05
芹菜	0.05
大白菜	0.05
番茄	0.1
茄子	0.1
辣椒	0.1
甜椒	0.1
黄秋葵	0.1
黄瓜	0.2
节瓜	1
甘薯	1
水果	
柑橘	1
橙	0.1
柚	0.1
柠檬	0.1
苹果	0.2
糖料	
甘蔗	0.1
甜菜	0.3

4.72.5 检测方法：谷物按照 SN/T 2149 规定的方法测定；油料和油脂参照 SN/T 2149 规定的方法测定；蔬菜、水果按照 GB/T 23205 规定的方法测定；糖料参照 GB/T 23205、SN/T 2149 规定的方法测定。

4.73 **丁醚脲(diafenthiuron)**

4.73.1 主要用途：杀虫剂/杀螨剂。

4.73.2 ADI：0.003 mg/kg 体重。

4.73.3 残留物：丁醚脲。

4.73.4 最大残留限量：应符合表 73 的规定。

表 73

食品类别/名称	最大残留限量 mg/kg
蔬菜	
结球甘蓝	2[a]
普通白菜	1[a]
水果	
柑橘	0.2[a]
饮料类	
茶叶	5[a]
[a] 该限量为临时限量。	

4.74 丁虫腈(flufiprole)

4.74.1 主要用途:杀虫剂。

4.74.2 ADI:0.008 mg/kg 体重。

4.74.3 残留物:丁虫腈。

4.74.4 最大残留限量:应符合表 74 的规定。

表 74

食品类别/名称	最大残留限量 mg/kg
谷物	
糙米	0.02[a]
蔬菜	
结球甘蓝	0.1[a]
[a] 该限量为临时限量。	

4.75 丁香菌酯(coumoxystrobin)

4.75.1 主要用途:杀菌剂。

4.75.2 ADI:0.045 mg/kg 体重。

4.75.3 残留物:丁香菌酯。

4.75.4 最大残留限量:应符合表 75 的规定。

表 75

食品类别/名称	最大残留限量 mg/kg
水果	
苹果	0.2[a]
[a] 该限量为临时限量。	

4.76 啶虫脒(acetamiprid)

4.76.1 主要用途:杀虫剂。

4.76.2 ADI:0.07 mg/kg 体重。

4.76.3 残留物:啶虫脒。

4.76.4 最大残留限量:应符合表 76 的规定。

表 76

食品类别/名称	最大残留限量 mg/kg
谷物	
糙米	0.5
小麦	0.5
油料和油脂	
棉籽	0.1
蔬菜	
结球甘蓝	0.5
普通白菜	1
番茄	1
黄瓜	1
萝卜	0.5
水果	
柑橘类水果(柑橘除外)	2
柑橘	0.5
仁果类水果(苹果除外)	2
苹果	0.8
核果类水果	2
浆果和其他小型水果	2
热带和亚热带水果	2
瓜果类水果	2

4.76.5 检测方法:谷物按照 GB/T 20770 规定的方法测定;油料和油脂参照 GB/T 20770 规定的方法测定;蔬菜、水果按照 GB/T 23584、GB/T 20769 规定的方法测定。

4.77 啶酰菌胺(boscalid)

4.77.1 主要用途:杀菌剂。

4.77.2 ADI:0.04 mg/kg 体重。

4.77.3 残留物:啶酰菌胺。

4.77.4 最大残留限量:应符合表 77 的规定。

表 77

食品类别/名称	最大残留限量 mg/kg
蔬菜	
黄瓜	5

表 77（续）

食品类别/名称	最大残留限量 mg/kg
水果	
苹果	2
草莓	3
甜瓜	3

4.77.5 检测方法：蔬菜、水果参照 GB/T 20769 规定的方法测定。

4.78 啶氧菌酯(picoxystrobin)

4.78.1 主要用途：杀菌剂。
4.78.2 ADI：0.043 mg/kg 体重。
4.78.3 残留物：啶氧菌酯。
4.78.4 最大残留限量：应符合表 78 的规定。

表 78

食品类别/名称	最大残留限量 mg/kg
水果	
西瓜	0.05

4.78.5 检测方法：水果参照 GB/T 20769 规定的方法测定。

4.79 毒死蜱(chlorpyrifos)

4.79.1 主要用途：杀虫剂。
4.79.2 ADI：0.01 mg/kg 体重。
4.79.3 残留物：毒死蜱。
4.79.4 最大残留限量：应符合表 79 的规定。

表 79

食品类别/名称	最大残留限量 mg/kg
谷物	
稻谷	0.5
小麦	0.5
玉米	0.05
油料和油脂	
棉籽	0.3
大豆	0.1
花生仁	0.2
棉籽油	0.05

表 79（续）

食品类别/名称	最大残留限量 mg/kg
蔬菜	
韭菜	0.1
结球甘蓝	1
花椰菜	1
菠菜	0.1
普通白菜	0.1
莴苣	0.1
芹菜	0.05
大白菜	0.1
番茄	0.5
黄瓜	0.1
菜豆	1
芦笋	0.05
朝鲜蓟	0.05
萝卜	1
胡萝卜	1
根芹菜	1
芋	1
水果	
柑橘	1
橙	2
柚	2
柠檬	2
苹果	1
梨	1
荔枝	1
龙眼	1
糖料	
甜菜	1
甘蔗	0.05

4.79.5　检测方法：谷物按照 GB/T 5009.145、SN/T 2158 规定的方法测定；油料和油脂参照 GB/T 5009.145、SN/T 2158 规定的方法测定；蔬菜、水果按照 GB/T 19648、NY/T 761、SN/T 2158 规定的方法测定；糖料参照 NY/T 761 规定的方法测定。

4.80　对硫磷(parathion)

4.80.1　主要用途：杀虫剂。

4.80.2　ADI：0.004 mg/kg 体重。

4.80.3　残留物：对硫磷。

4.80.4　最大残留限量：应符合表 80 的规定。

表 80

食品类别/名称	最大残留限量 mg/kg
谷物	
稻谷	0.1
麦类	0.1
旱粮类	0.1
杂粮类	0.1
油料和油脂	
大豆	0.1
棉籽油	0.1
蔬菜	
鳞茎类蔬菜	0.01
芸薹属类蔬菜	0.01
叶菜类蔬菜	0.01
茄果类蔬菜	0.01
瓜类蔬菜	0.01
豆类蔬菜	0.01
茎类蔬菜	0.01
根茎类和薯芋类蔬菜	0.01
水生类蔬菜	0.01
芽菜类蔬菜	0.01
其他类蔬菜	0.01
水果	
柑橘类水果	0.01
仁果类水果	0.01
核果类水果	0.01
浆果和其他小型水果	0.01
热带和亚热带水果	0.01
瓜果类水果	0.01

4.80.5　检测方法：谷物、蔬菜、水果按照 GB/T 5009.145 规定的方法测定；油料和油脂参照 GB/T 5009.20规定的方法测定。

4.81　多果定(dodine)

4.81.1　主要用途：杀菌剂。

4.81.2　ADI：0.1 mg/kg 体重。

4.81.3　残留物：多果定。

4.81.4　最大残留限量：应符合表 81 的规定。

表 81

食品类别/名称	最大残留限量 mg/kg
水果	
仁果类水果	5
桃	5
油桃	5
樱桃	3

4.81.5 检测方法：水果参照 SN 0500 规定的方法测定。

4.82 多菌灵(carbendazim)

4.82.1 主要用途：杀菌剂。

4.82.2 ADI：0.03 mg/kg 体重。

4.82.3 残留物：多菌灵。

4.82.4 最大残留限量：应符合表 82 的规定。

表 82

食品类别/名称	最大残留限量 mg/kg
谷物	
大米	2
小麦	0.05
大麦	0.5
黑麦	0.05
玉米	0.5
杂粮类	0.5
油料和油脂	
大豆	0.2
花生仁	0.1
油菜籽	0.1
蔬菜	
韭菜	2
抱子甘蓝	0.5
结球莴苣	5
番茄	3
辣椒	2
黄瓜	0.5
西葫芦	0.5
菜豆	0.5
食荚豌豆	0.02
芦笋	0.1
胡萝卜	0.2

表 82（续）

食品类别/名称	最大残留限量 mg/kg
水果	
柑橘	5
橙	0.5
柚	0.5
柠檬	0.5
仁果类水果(苹果、梨除外)	3
苹果	3
梨	3
葡萄	3
桃	2
油桃	2
李子	0.5
李子干	0.5
杏	2
樱桃	0.5
枣	0.5
草莓	0.5
黑莓	0.5
醋栗	0.5
西瓜	0.5
无花果	0.5
橄榄	0.5
香蕉	0.1
菠萝	0.5
猕猴桃	0.5
荔枝	0.5
芒果	0.5
坚果	0.1
糖料	
甜菜	0.1
饮料类	
茶叶	5
咖啡豆	0.1
调味料	
干辣椒	20

4.82.5 检测方法：谷物按照 GB/T 20770 规定的方法测定；油料和油脂、糖料参照 NY/T 1680 规定的方法测定；蔬菜、水果按照 GB/T 20769、NY/T 1453 规定的方法测定；饮料类参照 GB/T 20769、NY/T 1453规定的方法测定；坚果、调味料参照 GB/T 20770 规定的方法测定。

4.83 多杀霉素(spinosad)

4.83.1 主要用途：杀虫剂。

4.83.2 ADI：0.02 mg/kg 体重。

4.83.3 残留物：多杀霉素 A 和多杀霉素 D 之和。

4.83.4 最大残留限量:应符合表 83 的规定。

表 83

食品类别/名称	最大残留限量 mg/kg
谷物	
稻谷	1
麦类	1
旱粮类	1
油料和油脂	
棉籽	0.1
大豆	0.01
蔬菜	
洋葱	0.1
葱	4
芸薹属蔬菜(结球甘蓝除外)	2
结球甘蓝	2
叶菜类蔬菜(芹菜除外)	10
芹菜	2
番茄	1
茄子	1
辣椒	1
甜椒	1
黄秋葵	1
瓜类蔬菜	0.2
豆类蔬菜	0.3
马铃薯	0.01
玉米笋	0.01
水果	
柑橘类水果	0.3
苹果	0.1
核果类水果	0.2
越橘	0.02
蓝莓	0.4
黑莓	1
醋栗(红、黑)	1
露莓(包括波森莓和罗甘莓)	1
葡萄	0.5
葡萄干	1
西番莲	0.7
猕猴桃	0.05
瓜果类水果	0.2
坚果	0.07

4.83.5 检测方法:谷物、油料和油脂、坚果参照 GB/T 20769、NY/T 1379、NY/T 1453 规定的方法测定;蔬菜、水果按照 GB/T 20769 规定的方法测定。

4.84 多效唑(paclobutrazol)

4.84.1 主要用途:植物生长调节剂。
4.84.2 ADI:0.1 mg/kg 体重。
4.84.3 残留物:多效唑。
4.84.4 最大残留限量:应符合表 84 的规定。

表 84

食品类别/名称	最大残留限量 mg/kg
谷物	
稻谷	0.5
小麦	0.5
油料和油脂	
油菜籽	0.2
花生仁	0.5
菜籽油	0.5
水果	
苹果	0.5
荔枝	0.5

4.84.5 检测方法:谷物按照 SN/T 1477 规定的方法测定;油料和油脂参照 SN/T 1477 规定的方法测定;水果按照 GB/T 20769、GB/T 20770、SN/T 1477 规定的方法测定。

4.85 噁草酮(oxadiazon)

4.85.1 主要用途:除草剂。
4.85.2 ADI:0.003 6 mg/kg 体重。
4.85.3 残留物:噁草酮。
4.85.4 最大残留限量:应符合表 85 的规定。

表 85

食品类别/名称	最大残留限量 mg/kg
谷物	
糙米	0.05
稻谷	0.05
油料和油脂	
花生仁	0.1
棉籽	0.1
蔬菜	
大蒜	0.1
蒜薹	0.05

4.85.5 检测方法:谷物按照 GB/T 5009.180 规定的方法测定;油料和油脂参照 GB/T 5009.180 规定的方法测定;蔬菜按照 GB/T 19648、NY/T 1379 规定的方法测定。

4.86 噁霉灵(hymexazol)

4.86.1 主要用途:杀菌剂。

4.86.2 ADI:0.2 mg/kg 体重。

4.86.3 残留物:噁霉灵。

4.86.4 最大残留限量:应符合表 86 的规定。

表 86

食品类别/名称	最大残留限量 mg/kg
谷物	
糙米	0.1[a]
蔬菜	
黄瓜	0.5[a]
水果	
西瓜	0.5[a]
糖料	
甜菜	0.1[a]

[a] 该限量为临时限量。

4.87 噁嗪草酮(oxaziclomefone)

4.87.1 主要用途:除草剂。

4.87.2 ADI:0.009 1 mg/kg 体重。

4.87.3 残留物:噁嗪草酮。

4.87.4 最大残留限量:应符合表 87 的规定。

表 87

食品类别/名称	最大残留限量 mg/kg
谷物	
糙米	0.05

4.87.5 检测方法:谷物按照 SN/T 2150 规定的方法测定。

4.88 噁霜灵(oxadixyl)

4.88.1 主要用途:杀菌剂。

4.88.2 ADI:0.01 mg/kg 体重。

4.88.3 残留物:噁霜灵。

4.88.4 最大残留限量:应符合表 88 的规定。

表 88

食品类别/名称	最大残留限量 mg/kg
蔬菜	
黄瓜	5

4.88.5 检测方法：蔬菜按照 GB/T 19648、NY/T 1379 规定的方法测定。

4.89 噁唑菌酮(famoxadone)

4.89.1 主要用途：杀菌剂。
4.89.2 ADI：0.006 mg/kg 体重。
4.89.3 残留物：噁唑菌酮。
4.89.4 最大残留限量：应符合表 89 的规定。

表 89

食品类别/名称	最大残留限量 mg/kg
谷物	
小麦	0.1
大麦	0.2
蔬菜	
番茄	2
黄瓜	1
西葫芦	0.2
水果	
柑橘	1
橙	1
柚	1
柠檬	1
苹果	0.2
梨	0.2
香蕉	0.5

4.89.5 检测方法：谷物参照 GB/T 20769 规定的方法检测；蔬菜、水果按照 GB/T 20769 规定的方法检测。

4.90 二苯胺(diphenylamine)

4.90.1 主要用途：杀菌剂。
4.90.2 ADI：0.08 mg/kg 体重。
4.90.3 残留物：二苯胺。
4.90.4 最大残留限量：应符合表 90 的规定。

表 90

食品类别/名称	最大残留限量 mg/kg
水果	
苹果	5
梨	5

4.90.5 检测方法：水果按照 GB/T 19648 规定的方法测定。

4.91 二甲戊灵(pendimethalin)

4.91.1 主要用途：除草剂。
4.91.2 ADI：0.03 mg/kg 体重。
4.91.3 残留物：二甲戊灵。
4.91.4 最大残留限量：应符合表 91 的规定。

表 91

食品类别/名称	最大残留限量 mg/kg
谷物	
糙米	0.1
玉米	0.1
蔬菜	
韭菜	0.2
大蒜	0.1
结球甘蓝	0.2
普通白菜	0.2
莴苣	0.1
菠菜	0.2
芹菜	0.2
大白菜	0.2

4.91.5 检测方法：谷物按照 SN/T 0712、GB/T 19649 规定的方法测定；蔬菜按照 GB/T 19648、NY/T 1379规定的方法测定。

4.92 二氯吡啶酸(clopyralid)

4.92.1 主要用途：除草剂。
4.92.2 ADI：0.15 mg/kg 体重。
4.92.3 残留物：二氯吡啶酸。
4.92.4 最大残留限量：应符合表 92 的规定。

表 92

食品类别/名称	最大残留限量 mg/kg
谷物	
小麦	2
玉米	1
油料和油脂	
油菜籽	2[a]
[a] 该限量为临时限量。	

4.92.5 检测方法：谷物参照 NY/T 1434 规定的方法测定。

4.93 二氯喹啉酸(quinclorac)

4.93.1 主要用途：除草剂。
4.93.2 ADI：0.3 mg/kg 体重。
4.93.3 残留物：二氯喹啉酸。
4.93.4 最大残留限量：应符合表 93 的规定。

表 93

食品类别/名称	最大残留限量 mg/kg
谷物	
糙米	1

4.93.5 检测方法：谷物按照 SN/T 1017.5 规定的方法测定。

4.94 二嗪磷(diazinon)

4.94.1 主要用途：杀虫剂。
4.94.2 ADI：0.005 mg/kg 体重。
4.94.3 残留物：二嗪磷。
4.94.4 最大残留限量：应符合表 94 的规定。

表 94

食品类别/名称	最大残留限量 mg/kg
谷物	
稻谷	0.1
小麦	0.1
玉米	0.02
油料和油脂	
棉籽	0.2
花生仁	0.5

表 94（续）

食品类别/名称	最大残留限量 mg/kg
蔬菜	
洋葱	0.05
葱	1
结球甘蓝	0.5
球茎甘蓝	0.2
羽衣甘蓝	0.05
青花菜	0.5
菠菜	0.5
普通白菜	0.2
叶用莴苣	0.5
结球莴苣	0.5
大白菜	0.05
番茄	0.5
甜椒	0.05
黄瓜	0.1
西葫芦	0.05
菜豆	0.2
食荚豌豆	0.2
萝卜	0.1
胡萝卜	0.5
马铃薯	0.01
玉米笋	0.02
水果	
仁果类水果	0.3
桃	0.2
樱桃	1
李子	1
李子干	2
哈密瓜	0.2
加仑子(黑、红、白)	0.2
黑莓	0.1
醋栗(红、黑)	0.2
越橘	0.2
波森莓	0.1
草莓	0.1
菠萝	0.1
坚果	
核桃	0.01
糖料	
甜菜	0.1
饮料类	
啤酒花	0.5
调味料	
干辣椒	0.5
果类调味料	0.1
种子类调味料	5
根茎类调味料	0.5

4.94.5 检测方法:谷物按照 GB/T 5009.107 规定的方法测定,油料和油脂参照 GB/T 5009.107 规定的方法测定;蔬菜、水果按照 GB/T 5009.107、GB/T 20769、NY/T 761 规定的方法测定;坚果、糖料、饮料类、调味料参照 NY/T 761 规定的方法测定。

4.95 二氰蒽醌(dithianon)

4.95.1 主要用途:杀菌剂。
4.95.2 ADI:0.01 mg/kg 体重。
4.95.3 残留物:二氰蒽醌。
4.95.4 最大残留限量:应符合表 95 的规定。

表 95

食品类别/名称	最大残留限量 mg/kg
蔬菜	
辣椒	2
水果	
苹果	5
梨	2

4.95.5 检测方法:蔬菜、水果参照 GB/T 20769 规定的方法测定。

4.96 粉唑醇(flutriafol)

4.96.1 主要用途:杀菌剂。
4.96.2 ADI:0.01 mg/kg 体重。
4.96.3 残留物:粉唑醇。
4.96.4 最大残留限量:应符合表 96 的规定。

表 96

食品类别/名称	最大残留限量 mg/kg
谷物	
小麦	0.5

4.96.5 检测方法:谷物按照 GB/T 19649 规定的方法测定。

4.97 砜嘧磺隆(rimsulfuron)

4.97.1 主要用途:除草剂。
4.97.2 ADI:0.1 mg/kg 体重。
4.97.3 残留物:砜嘧磺隆。
4.97.4 最大残留限量:应符合表 97 的规定。

表 97

食品类别/名称	最大残留限量 mg/kg
谷物	
玉米	0.1

4.97.5 检测方法：谷物按照 SN/T 2325 规定的方法测定。

4.98 伏杀硫磷(phosalone)

4.98.1 主要用途：杀虫剂。

4.98.2 ADI：0.02 mg/kg 体重。

4.98.3 残留物：伏杀硫磷。

4.98.4 最大残留限量：应符合表 98 的规定。

表 98

食品类别/名称	最大残留限量 mg/kg
油料和油脂	
棉籽油	0.1
蔬菜	
菠菜	1
普通白菜	1
莴苣	1
大白菜	1
水果	
仁果类水果	2
核果类水果	2
坚果	
杏仁	0.1
榛子	0.05
核桃	0.05
调味料	
果类调味料	2
种子类调味料	2
根茎类调味料	3

4.98.5 检测方法：油料和油脂参照 GB/T 19649、GB/T 20770 规定的方法测定；蔬菜、水果按照 GB/T 19648、NY/T 761 规定的方法测定；坚果、调味料参照 GB/T 19649、GB/T 20770 规定的方法测定。

4.99 氟胺氰菊酯(tau-fluvalinate)

4.99.1 主要用途：杀虫剂。

4.99.2 ADI：0.005 mg/kg 体重。

4.99.3 残留物：氟胺氰菊酯。

4.99.4 最大残留限量：应符合表 99 的规定。

表 99

食品类别/名称	最大残留限量 mg/kg
油料和油脂	
棉籽油	0.2
蔬菜	
韭菜	0.5
结球甘蓝	0.5
花椰菜	0.5
菠菜	0.5
普通白菜	0.5
芹菜	0.5
大白菜	0.5

4.99.5 检测方法：油料和油脂参照 NY/T 761 规定的方法测定；蔬菜按照 NY/T 761 规定的方法测定。

4.100 氟苯虫酰胺(flubendiamide)

4.100.1 主要用途：杀虫剂。
4.100.2 ADI：0.02 mg/kg 体重。
4.100.3 残留物：氟苯虫酰胺。
4.100.4 最大残留限量：应符合表 100 的规定。

表 100

食品类别/名称	最大残留限量 mg/kg
谷物	
糙米	0.2[a]
蔬菜	
结球甘蓝	0.2[a]
[a] 该限量为临时限量。	

4.101 氟苯脲(teflubenzuron)

4.101.1 主要用途：杀虫剂。
4.101.2 ADI：0.01 mg/kg 体重。
4.101.3 残留物：氟苯脲。
4.101.4 最大残留限量：应符合表 101 的规定。

表 101

食品类别/名称	最大残留限量 mg/kg
蔬菜	
韭菜	0.5
结球甘蓝	0.5
抱子甘蓝	0.5
菠菜	0.5
普通白菜	0.5
芹菜	0.5
大白菜	0.5
马铃薯	0.05
水果	
柑橘	0.5
仁果类水果	1
李子	0.1
李子干	0.1

4.101.5　检测方法:蔬菜、水果按照 NY/T 1453 规定的方法测定。

4.102　氟吡禾灵(haloxyfop)

4.102.1　主要用途:除草剂。

4.102.2　ADI:0.000 7 mg/kg 体重。

4.102.3　残留物:氟吡禾灵、氟吡禾灵酯及共轭物之和,以氟吡禾灵表示。

4.102.4　最大残留限量:应符合表 102 的规定。

表 102

食品类别/名称	最大残留限量 mg/kg
谷物	
豌豆	0.2
鹰嘴豆	0.05
蔬菜	
洋葱	0.2
水果	
柑橘类水果	0.02
仁果类水果	0.02
核果类水果	0.02
葡萄	0.02
香蕉	0.02
糖料	
甜菜	0.4
饮料类	
咖啡豆	0.02

4.102.5　检测方法:谷物按照 GB/T 20769 规定的方法测定;蔬菜、水果按照 GB/T 20769 规定的方法

测定;糖料、饮料类参照 GB/T 20769 规定的方法测定。

4.103 氟吡磺隆(flucetosulfuron)

4.103.1 主要用途:除草剂。

4.103.2 ADI:0.041 mg/kg 体重。

4.103.3 残留物:氟吡磺隆。

4.103.4 最大残留限量:应符合表 103 的规定。

表 103

食品类别/名称	最大残留限量 mg/kg
谷物	
糙米	0.05[a]

[a] 该限量为临时限量。

4.104 氟吡甲禾灵和高效氟吡甲禾灵(haloxyfop-methyl 和 haloxyfop-P-methyl)

4.104.1 主要用途:除草剂。

4.104.2 ADI:0.000 7 mg/kg 体重。

4.104.3 残留物:氟吡甲禾灵、氟吡禾灵及其共轭物之和,以氟吡甲禾灵表示。

4.104.4 最大残留限量:应符合表 104 的规定。

表 104

食品类别/名称	最大残留限量 mg/kg
油料和油脂	
棉籽	0.2
大豆	0.1
花生仁	0.1
食用植物油	1
蔬菜	
结球甘蓝	0.2

4.104.5 检测方法:油料和油脂参照 GB/T 20770 规定的方法测定;蔬菜按照 GB/T 20769 规定的方法测定。

4.105 氟吡菌胺(fluopicolide)

4.105.1 主要用途:杀菌剂。

4.105.2 ADI:0.08 mg/kg 体重。

4.105.3 残留物:氟吡菌胺及其代谢物之和。

4.105.4 最大残留限量:应符合表 105 的规定。

表 105

食品类别/名称	最大残留限量 mg/kg
蔬菜	
大白菜	0.5[a]
番茄	0.1[a]
辣椒	0.1[a]
黄瓜	0.5[a]
马铃薯	0.05[a]
水果	
西瓜	0.1[a]
[a] 该限量为临时限量。	

4.106 氟虫腈(fipronil)

4.106.1 主要用途:杀虫剂。

4.106.2 ADI:0.000 2 mg/kg 体重。

4.106.3 残留物:氟虫腈、氟甲腈(MB 46513)、MB 46136、MB 45950 之和,以氟虫腈表示。

4.106.4 最大残留限量:应符合表 106 的规定。

表 106

食品类别/名称	最大残留限量 mg/kg
谷物	
糙米	0.02
玉米	0.1
鲜食玉米	0.1
蔬菜	
韭菜	0.02
菠菜	0.02
结球甘蓝	0.02
普通白菜	0.02
芹菜	0.02
大白菜	0.02

4.106.5 检测方法:谷物参照 GB/T 20769、SN/T 1982 规定的方法测定;蔬菜按照 GB/T 20769、SN/T 1982规定的方法测定。

4.107 氟虫脲(flufenoxuron)

4.107.1 主要用途:杀虫剂。

4.107.2 ADI:0.04 mg/kg 体重。

4.107.3 残留物:氟虫脲。

4.107.4 最大残留限量:应符合表 107 的规定。

表 107

食品类别/名称	最大残留限量 mg/kg
水果	
柑橘	0.5
柠檬	0.5
柚	0.5
苹果	1
梨	1

4.107.5 检测方法:水果按照 NY/T 1720 规定的方法测定。

4.108 氟啶胺(fluazinam)

4.108.1 主要用途:杀菌剂。
4.108.2 ADI:0.01 mg/kg 体重。
4.108.3 残留物:氟啶胺。
4.108.4 最大残留限量:应符合表 108 的规定。

表 108

食品类别/名称	最大残留限量 mg/kg
蔬菜	
辣椒	3

4.108.5 检测方法:蔬菜参照 SN/T 2150 规定的方法测定。

4.109 氟啶虫胺腈(sulfoxaflor)

4.109.1 主要用途:杀虫剂。
4.109.2 ADI:0.05 mg/kg 体重。
4.109.3 残留物:氟啶虫胺腈。
4.109.4 最大残留限量:应符合表 109 的规定。

表 109

食品类别/名称	最大残留限量 mg/kg
谷物	
糙米	2[a]
油料和油脂	
棉籽	0.4[a]
蔬菜	
黄瓜	0.5[a]
[a] 该限量为临时限量。	

4.110 氟啶虫酰胺(flonicamid)

4.110.1 主要用途:杀虫剂。

4.110.2 ADI:0.025 mg/kg 体重。

4.110.3 残留物:氟啶虫酰胺。

4.110.4 最大残留限量:应符合表 110 的规定。

表 110

食品类别/名称	最大残留限量 mg/kg
谷物	
玉米	0.7[a]
蔬菜	
黄瓜	1[a]
马铃薯	0.2[a]
水果	
苹果	1[a]
[a] 该限量为临时限量。	

4.111 氟啶脲(chlorfluazuron)

4.111.1 主要用途:杀虫剂。

4.111.2 ADI:0.005 mg/kg 体重。

4.111.3 残留物:氟啶脲。

4.111.4 最大残留限量:应符合表 111 的规定。

表 111

食品类别/名称	最大残留限量 mg/kg
油料和油脂	
棉籽	0.1
蔬菜	
结球甘蓝	2
球茎茴香	0.1
大白菜	2
萝卜	0.1
胡萝卜	0.1
芜菁	0.1
根芹菜	0.1
芋	0.1
水果	
柑橘	0.5
糖料	
甜菜	0.1

4.111.5 检测方法:油料和油脂参照 GB/T 19648 规定的方法测定;蔬菜、水果按照 GB/T 19648、

SN/T 2095规定的方法测定；糖料按照 GB/T 19648 规定的方法测定。

4.112 氟硅唑(flusilazole)

4.112.1 主要用途：杀菌剂。

4.112.2 ADI：0.007 mg/kg 体重。

4.112.3 残留物：氟硅唑。

4.112.4 最大残留限量：应符合表 112 的规定。

表 112

食品类别/名称	最大残留限量 mg/kg
谷物	
稻谷	0.2
麦类	0.2
旱粮类	0.2
油料和油脂	
油菜籽	0.1
大豆	0.05
葵花籽	0.1
大豆油	0.1
蔬菜	
番茄	0.2
黄瓜	1
刀豆	0.2
玉米笋	0.01
水果	
仁果类水果(苹果、梨除外)	0.3
苹果	0.2
梨	0.2
桃	0.2
油桃	0.2
杏	0.2
葡萄	0.5
香蕉	1
糖料	
甜菜	0.05

4.112.5 检测方法：谷物按照 GB/T 19649、GB/T 20770 规定的方法测定；油料和油脂参照 GB/T 19649、GB/T 20770 规定的方法测定；蔬菜、水果按照 GB/T 19648、GB/T 20769、SN/T 2236 规定的方法测定；糖料参照 GB/T 19648、GB/T 20769、SN/T 2236 规定的方法测定。

4.113 氟环唑(epoxiconazole)

4.113.1 主要用途：杀菌剂。

4.113.2 ADI：0.02 mg/kg 体重。

4.113.3 残留物：氟环唑。

4.113.4 最大残留限量：应符合表 113 的规定。

表 113

食品类别/名称	最大残留限量 mg/kg
谷物	
糙米	0.5
小麦	0.05
水果	
苹果	0.5
香蕉	3

4.113.5 检测方法:谷物按照 GB/T 20770 规定的方法测定;水果按照 GB/T 19648、GB/T 20769 规定的方法测定。

4.114 氟磺胺草醚(fomesafen)

4.114.1 主要用途:除草剂。
4.114.2 ADI:0.002 5 mg/kg 体重。
4.114.3 残留物:氟磺胺草醚。
4.114.4 最大残留限量:应符合表 114 的规定。

表 114

食品类别/名称	最大残留限量 mg/kg
油料和油脂	
大豆	0.1
花生仁	0.2

4.114.5 检测方法:油料和油脂按照 GB/T 5009.130 规定的方法测定。

4.115 氟菌唑(triflumizole)

4.115.1 主要用途:杀菌剂。
4.115.2 ADI:0.035 mg/kg 体重。
4.115.3 残留物:氟菌唑及其代谢物[4-氯-α,α,α-三氟-*N*-(1-氨基-2-丙氧基亚乙基)-*o*-甲苯胺]之和,以氟菌唑表示。
4.115.4 最大残留限量:应符合表 115 的规定。

表 115

食品类别/名称	最大残留限量 mg/kg
蔬菜	
黄瓜	0.2[a]

[a] 该限量为临时限量。

4.115.5 检测方法:蔬菜按照 NY/T 1379 规定的方法测定。

4.116 **氟乐灵(trifluralin)**

4.116.1 主要用途:除草剂。

4.116.2 ADI:0.025 mg/kg 体重。

4.116.3 残留物:氟乐灵。

4.116.4 最大残留限量:应符合表 116 的规定。

表 116

食品类别/名称	最大残留限量 mg/kg
谷物	
玉米	0.05
油料和油脂	
棉籽	0.05
大豆	0.05
花生仁	0.05
大豆油	0.05
花生油	0.05

4.116.5 检测方法:谷物按照 GB/T 19649 规定的方法测定;油料和油脂按照 GB/T 5009.172 规定的方法测定。

4.117 **氟铃脲(hexaflumuron)**

4.117.1 主要用途:杀虫剂。

4.117.2 ADI:0.02 mg/kg 体重。

4.117.3 残留物:氟铃脲。

4.117.4 最大残留限量值:应符合表 117 的规定。

表 117

食品类别/名称	最大残留限量 mg/kg
油料和油脂	
棉籽	0.1
蔬菜	
结球甘蓝	0.5

4.117.5 检测方法:油料和油脂参照 GB/T 19648、NY/T 1720 规定的方法测定;蔬菜按照 GB/T 20769、NY/T 1720、SN/T 2152 规定的方法测定。

4.118 **氟氯氰菊酯和高效氟氯氰菊酯(cyfluthrin 和 beta-cyfluthrin)**

4.118.1 主要用途:杀虫剂。

4.118.2 ADI:0.04 mg/kg 体重。

4.118.3 残留物:氟氯氰菊酯(异构体之和)。

4.118.4 最大残留限量:应符合表 118 的规定。

表 118

食品类别/名称	最大残留限量 mg/kg
油料和油脂	
油菜籽	0.07
棉籽	0.05
蔬菜	
韭菜	0.5
结球甘蓝	0.5
花椰菜	0.1
菠菜	0.5
普通白菜	0.5
芹菜	0.5
大白菜	0.5
番茄	0.2
茄子	0.2
辣椒	0.2
马铃薯	0.01
水果	
柑橘类水果	0.3
柑橘脯	2
苹果	0.5
梨	0.1
饮料类	
茶叶	1
食用菌	
蘑菇类(鲜)	0.3
调味料	
干辣椒	1

4.118.5 检测方法:油料和油脂参照 SN/T 1117 规定的方法测定;蔬菜、水果、食用菌按照 GB/T 19648、GB/T 5009.146、NY/T 761 规定的方法测定;茶叶按照 SN/T 1117、GB/T 23204 规定的方法测定;调味料参照 GB/T 19648、GB/T 5009.146、NY/T 761 规定的方法测定。

4.119 氟吗啉(flumorph)

4.119.1 主要用途:杀菌剂。

4.119.2 ADI:0.16 mg/kg 体重。

4.119.3 残留物:氟吗啉。

4.119.4 最大残留限量:应符合表 119 的规定。

表 119

食品类别/名称	最大残留限量 mg/kg
蔬菜	
黄瓜	2[a]
水果	
葡萄	5[a]
荔枝	0.1[a]
[a] 该限量为临时限量。	

4.120 氟氰戊菊酯(flucythrinate)

4.120.1 主要用途:杀虫剂。

4.120.2 ADI:0.02 mg/kg 体重。

4.120.3 残留物:氟氰戊菊酯。

4.120.4 最大残留限量:应符合表 120 的规定。

表 120

食品类别/名称	最大残留限量 mg/kg
谷物	
鲜食玉米	0.2
绿豆	0.05
赤豆	0.05
油料和油脂	
大豆	0.05
棉籽油	0.2
蔬菜	
结球甘蓝	0.5
花椰菜	0.5
番茄	0.2
茄子	0.2
辣椒	0.2
萝卜	0.05
胡萝卜	0.05
山药	0.05
马铃薯	0.05
水果	
苹果	0.5
梨	0.5
糖料	
甜菜	0.05
饮料类	
茶叶	20
食用菌	
蘑菇类(鲜)	0.2

4.120.5 检测方法:谷物按照 GB/T 19649 规定的方法测定;油料和油脂、糖料参照 GB/T 19649 规定的方法测定;蔬菜、水果、食用菌按照 NY/T 761 规定的方法测定;茶叶按照 GB/T 23204 规定的方法测定。

4.121 氟烯草酸(flumiclorac)

4.121.1 主要用途:除草剂。
4.121.2 ADI:1 mg/kg 体重。
4.121.3 残留物:氟烯草酸。
4.121.4 最大残留限量:应符合表 121 的规定。

表 121

食品类别/名称	最大残留限量 mg/kg
油料和油脂	
棉籽	0.05

4.121.5 检测方法:油料和油脂参照 SN/T 2459 规定的方法测定。

4.122 氟酰胺(flutolanil)

4.122.1 主要用途:杀菌剂。
4.122.2 ADI:0.09 mg/kg 体重。
4.122.3 残留物:氟酰胺。
4.122.4 最大残留限量:应符合表 122 的规定。

表 122

食品类别/名称	最大残留限量 mg/kg
谷物	
大米	1
糙米	2

4.122.5 检测方法:谷物按照 GB/T 19649 规定的方法测定。

4.123 氟酰脲(novaluron)

4.123.1 主要用途:杀虫剂。
4.123.2 ADI:0.01 mg/kg 体重。
4.123.3 残留物:氟酰脲。
4.123.4 最大残留限量:应符合表 123 的规定。

表 123

食品类别/名称	最大残留限量 mg/kg
谷物	
杂粮类	0.1
油料和油脂	
棉籽	0.5
蔬菜	
芸薹类蔬菜	0.7
叶芥菜	25
茄果类蔬菜(番茄除外)	0.7
番茄	0.02
菜豆	0.7
菜用大豆	0.01
马铃薯	0.01
水果	
仁果类水果	3
核果类水果	7
李子干	3
蓝莓	7
草莓	0.5
糖料	
甘蔗	0.5
甜菜	15

4.123.5 检测方法:谷物、油料和油脂、蔬菜、水果和糖料参照 SN/T 2150 规定的方法测定。

4.124 氟唑磺隆(flucarbazone-sodium)

4.124.1 主要用途:除草剂。

4.124.2 ADI:0.36 mg/kg 体重。

4.124.3 残留物:氟唑磺隆及脱甲基代谢产物之和。

4.124.4 最大残留限量:应符合表 124 的规定。

表 124

食品类别/名称	最大残留限量 mg/kg
谷物	
小麦	0.01[a]
[a] 该限量为临时限量。	

4.125 腐霉利(procymidone)

4.125.1 主要用途:杀菌剂。

4.125.2 ADI:0.1 mg/kg 体重。

4.125.3 残留物:腐霉利。

4.125.4　最大残留限量：应符合表125的规定。

表 125

食品类别/名称	最大残留限量 mg/kg
谷物	
鲜食玉米	5
油料和油脂	
油菜籽	2
食用植物油	0.5
蔬菜	
韭菜	0.2
番茄	2
茄子	5
辣椒	5
黄瓜	2
水果	
葡萄	5
草莓	10
食用菌	
蘑菇类(鲜)	5

4.125.5　检测方法：谷物按照GB/T 19649规定的方法测定；油料和油脂参照GB/T 19649规定的方法测定；蔬菜、水果、食用菌按照GB/T 19648、NY/T 761规定的方法测定。

4.126　福美双(thiram)

4.126.1　主要用途：杀菌剂。

4.126.2　ADI：0.01 mg/kg体重。

4.126.3　残留物：二硫代氨基甲酸盐(或酯)，以二硫化碳表示。

4.126.4　最大残留限量：应符合表126的规定。

表 126

食品类别/名称	最大残留限量 mg/kg
谷物	
麦类	0.3
玉米	0.1
油料和油脂	
大豆	0.3
蔬菜	
番茄	5
黄瓜	5
水果	
苹果	5

4.126.5　检测方法：谷物、油料和油脂、蔬菜、水果参照SN/T 0711规定的方法测定。

4.127 福美锌(ziram)

4.127.1 主要用途:杀菌剂。
4.127.2 ADI:0.003 mg/kg 体重。
4.127.3 残留物:二硫代氨基甲酸盐(或酯),以二硫化碳表示。
4.127.4 最大残留限量:应符合表 127 的规定。

表 127

食品类别/名称	最大残留限量 mg/kg
水果	
苹果	5

4.127.5 检测方法:水果参照 SN/T 0711、SN/T 1541 规定的方法测定。

4.128 咯菌腈(fludioxonil)

4.128.1 主要用途:杀菌剂。
4.128.2 ADI:0.4 mg/kg 体重。
4.128.3 残留物:咯菌腈。
4.128.4 最大残留限量:应符合表 128 的规定。

表 128

食品类别/名称	最大残留限量 mg/kg
油料和油脂	
棉籽	0.05

4.128.5 检测方法:油料和油脂参照 GB/T 20770 规定的方法测定。

4.129 禾草丹(thiobencarb)

4.129.1 主要用途:除草剂。
4.129.2 ADI:0.007 mg/kg 体重。
4.129.3 残留物:禾草丹。
4.129.4 最大残留限量:应符合表 129 的规定。

表 129

食品类别/名称	最大残留限量 mg/kg
谷物	
糙米	0.2

4.129.5 检测方法:谷物按照 SN 0492 规定的方法测定。

4.130 禾草敌(molinate)

4.130.1 主要用途:除草剂。

4.130.2 ADI:0.001 mg/kg 体重。

4.130.3 残留物:禾草敌。

4.130.4 最大残留限量:应符合表130的规定。

表 130

食品类别/名称	最大残留限量 mg/kg
谷物	
大米	0.1
糙米	0.1

4.130.5 检测方法:谷物按照 GB/T 5009.134 规定的方法测定。

4.131 禾草灵(diclofop-methyl)

4.131.1 主要用途:除草剂。

4.131.2 ADI:0.002 3 mg/kg 体重。

4.131.3 残留物:禾草灵。

4.131.4 最大残留限量:应符合表131的规定。

表 131

食品类别/名称	最大残留限量 mg/kg
谷物	
小麦	0.1
糖料	
甜菜	0.1

4.131.5 检测方法:谷物按照 SN 0687 规定的方法测定;糖料参照 SN 0687 规定的方法测定。

4.132 环丙嘧磺隆(cyclosulfamuron)

4.132.1 主要用途:除草剂。

4.132.2 ADI:0.015 mg/kg 体重。

4.132.3 残留物:环丙嘧磺隆。

4.132.4 最大残留限量:应符合表132的规定。

表 132

食品类别/名称	最大残留限量 mg/kg
谷物	
糙米	0.1[a]
[a] 该限量为临时限量。	

4.132.5 检测方法:谷物按照 SN/T 2325 规定的方法测定。

4.133 环丙唑醇(cyproconazole)

4.133.1 主要用途:杀菌剂。
4.133.2 ADI:0.02 mg/kg 体重。
4.133.3 残留物:环丙唑醇。
4.133.4 最大残留限量:应符合表 133 的规定。

表 133

食品类别/名称	最大残留限量 mg/kg
谷物	
小麦	0.2

4.133.5 检测方法:谷物按照 GB/T 20770、GB/T 19649 规定的方法测定。

4.134 环嗪酮(hexazinone)

4.134.1 主要用途:除草剂。
4.134.2 ADI:0.05 mg/kg 体重。
4.134.3 残留物:环嗪酮。
4.134.4 最大残留限量:应符合表 134 的规定。

表 134

食品类别/名称	最大残留限量 mg/kg
糖料	
甘蔗	0.5

4.134.5 检测方法:糖料按照 GB/T 20769 规定的方法测定。

4.135 环酰菌胺(fenhexamid)

4.135.1 主要用途:杀菌剂。
4.135.2 ADI:0.2 mg/kg 体重。
4.135.3 残留物:环酰菌胺。
4.135.4 最大残留限量:应符合表 135 的规定。

表 135

食品类别/名称	最大残留限量 mg/kg
蔬菜	
结球莴苣	30[a]
叶用莴苣	30[a]
黄瓜	1[a]
腌制用小黄瓜	1[a]
番茄	2[a]

表 135（续）

食品类别/名称	最大残留限量 mg/kg
蔬菜	
茄子	2[a]
辣椒	2[a]
西葫芦	1[a]
水果	
李子	1[a]
李子干	1[a]
杏	10[a]
樱桃	7[a]
桃	10[a]
油桃	10[a]
越橘	5[a]
黑莓	15[a]
蓝莓	5[a]
加仑子(黑、红、白)	5[a]
悬钩子	5[a]
桑葚	5[a]
唐棣	5[a]
露莓(包括罗甘莓和波森莓)	15[a]
醋栗(红、黑)	15[a]
葡萄	15[a]
葡萄干	25[a]
猕猴桃	15[a]
草莓	10[a]
坚果	
杏仁	0.02[a]

[a] 该限量为临时限量。

4.136 环酯草醚(pyriftalid)

4.136.1 主要用途:除草剂。

4.136.2 ADI:0.005 6 mg/kg 体重。

4.136.3 残留物:环酯草醚。

4.136.4 最大残留限量:应符合表 136 的规定。

表 136

食品类别/名称	最大残留限量 mg/kg
谷物	
糙米	0.1

4.136.5 检测方法:谷物参照 GB/T 20770、GB/T 19649 规定的方法测定。

4.137 **磺草酮(sulcotrione)**

4.137.1 主要用途:除草剂。

4.137.2 ADI:0.000 4 mg/kg 体重。

4.137.3 残留物:磺草酮。

4.137.4 最大残留限量:应符合表 137 的规定。

表 137

食品类别/名称	最大残留限量 mg/kg
谷物	
玉米	0.05[a]
[a] 该限量为临时限量。	

4.138 **己唑醇(hexaconazole)**

4.138.1 主要用途:杀菌剂。

4.138.2 ADI:0.005 mg/kg 体重。

4.138.3 残留物:己唑醇。

4.138.4 最大残留限量:应符合表 138 的规定。

表 138

食品类别/名称	最大残留限量 mg/kg
谷物	
糙米	0.1
小麦	0.1
蔬菜	
番茄	0.5
水果	
苹果	0.5
梨	0.5
葡萄	0.1

4.138.5 检测方法:谷物按照 GB/T 20770、GB/T 19648 规定的方法测定;蔬菜、水果按照 GB/T 19648、GB/T 20769 规定的方法测定。

4.139 **甲氨基阿维菌素苯甲酸盐(emamectin benzoate)**

4.139.1 主要用途:杀虫剂。

4.139.2 ADI:0.000 5 mg/kg 体重。

4.139.3 残留物:甲氨基阿维菌素(B1a 和 B1b 之和)。

4.139.4 最大残留限量:应符合表 139 的规定。

表 139

食品类别/名称	最大残留限量 mg/kg
谷物	
糙米	0.02[a]
油料和油脂	
棉籽	0.02[a]
蔬菜	
结球甘蓝	0.1[a]
番茄	0.02[a]
黄瓜	0.02[a]
水果	
梨	0.02[a]
食用菌	
蘑菇类(鲜)	0.05[a]
[a] 该限量为临时限量。	

4.139.5 检测方法:谷物、油料和油脂参照 GB/T 20769 规定的方法测定;蔬菜、水果、食用菌按照 GB/T 20769规定的方法测定。

4.140 甲胺磷(methamidophos)

4.140.1 主要用途:杀虫剂。

4.140.2 ADI:0.004 mg/kg 体重。

4.140.3 残留物:甲胺磷。

4.140.4 最大残留限量:应符合表 140 的规定。

表 140

食品类别/名称	最大残留限量 mg/kg
谷物	
糙米	0.5
油料和油脂	
棉籽	0.1
蔬菜	
鳞茎类蔬菜	0.05
芸薹属类蔬菜	0.05
叶菜类蔬菜	0.05
茄果类蔬菜	0.05
瓜类蔬菜	0.05
豆类蔬菜	0.05
茎类蔬菜	0.05
根茎类和薯芋类蔬菜(萝卜除外)	0.05
萝卜	0.1
水生类蔬菜	0.05
芽菜类蔬菜	0.05
其他类蔬菜	0.05

表 140（续）

食品类别/名称	最大残留限量 mg/kg
水果	
柑橘类水果	0.05
仁果类水果	0.05
核果类水果	0.05
浆果和其他小型水果	0.05
热带和亚热带水果	0.05
瓜果类水果	0.05

4.140.5 检测方法：谷物、油料和油脂按照 GB/T 5009.103 规定的方法测定；蔬菜、水果按照 NY/T 761、GB/T 5009.103 规定的方法测定。

4.141 甲拌磷(phorate)

4.141.1 主要用途：杀虫剂。

4.141.2 ADI：0.000 7 mg/kg 体重。

4.141.3 残留物：甲拌磷其氧类似物(亚砜、砜)之和，以甲拌磷表示。

4.141.4 最大残留限量：应符合表 141 的规定。

表 141

食品类别/名称	最大残留限量 mg/kg
谷物	
小麦	0.02
高粱	0.02
玉米	0.05
油料和油脂	
棉籽	0.05
大豆	0.05
花生仁	0.1
花生油	0.05
蔬菜	
鳞茎类蔬菜	0.01[a]
芸薹属类蔬菜	0.01
叶菜类蔬菜	0.01
茄果类蔬菜	0.01
瓜类蔬菜	0.01
豆类蔬菜	0.01
茎类蔬菜	0.01
根茎类和薯芋类蔬菜	0.01
水生类蔬菜	0.01
芽菜类蔬菜	0.01
其他类蔬菜	0.01

表 141（续）

食品类别/名称	最大残留限量 mg/kg
水果	
柑橘类水果	0.01
仁果类水果	0.01
核果类水果	0.01
浆果和其他小型水果	0.01
热带和亚热带水果	0.01
瓜果类水果	0.01
糖料	
甘蔗	0.01
[a] 该限量为临时限量。	

4.141.5 检测方法：谷物按照 GB/T 5009.20、GB/T 19649、GB/T 14553 规定的方法测定；油料和油脂参照 GB/T 5009.20、GB/T 19649、GB/T 14553 规定的方法测定；蔬菜、水果按照 GB/T 19648 规定的方法测定；糖料参照 GB/T 5009.20 规定的方法测定。

4.142 甲苯氟磺胺(tolylfluanid)

4.142.1 主要用途：杀菌剂。

4.142.2 ADI：0.08 mg/kg 体重。

4.142.3 残留物：甲苯氟磺胺。

4.142.4 最大残留限量：应符合表 142 的规定。

表 142

食品类别/名称	最大残留限量 mg/kg
蔬菜	
韭葱	2
结球莴苣	15
番茄	3
甜椒	2
黄瓜	1
水果	
仁果类水果	5
黑莓	5
加仑子(黑、红、白)	0.5
醋栗(红、黑)	5
葡萄	3
草莓	5
饮料类	
啤酒花	50
调味料	
干辣椒	20

4.142.5 检测方法:蔬菜、水果按照 GB/T 19648 规定的方法测定;饮料、调味料参照 GB/T 19648 规定的方法测定。

4.143 甲草胺(alachlor)

4.143.1 主要用途:除草剂。
4.143.2 ADI:0.01 mg/kg 体重。
4.143.3 残留物:甲草胺。
4.143.4 最大残留限量:应符合表 143 的规定。

表 143

食品类别/名称	最大残留限量 mg/kg
谷物	
糙米	0.05
玉米	0.2
油料和油脂	
棉籽	0.02
大豆	0.2
花生仁	0.05

4.143.5 检测方法:谷物按照 GB/T 20770、GB/T 19649 规定的方法测定;油料和油脂按照 SN/T 1741 规定的方法测定。

4.144 甲磺隆(metsulfuron-methyl)

4.144.1 主要用途:除草剂。
4.144.2 ADI:0.25 mg/kg 体重。
4.144.3 残留物:甲磺隆。
4.144.4 最大残留限量:应符合表 144 的规定。

表 144

食品类别/名称	最大残留限量 mg/kg
谷物	
糙米	0.05
小麦	0.05

4.144.5 检测方法:谷物按照 SN/T 2325 规定的方法测定。

4.145 甲基碘磺隆钠盐(iodosulfuron-methyl-sodium)

4.145.1 主要用途:除草剂。
4.145.2 ADI:0.03 mg/kg 体重。
4.145.3 残留物:甲基碘磺隆钠盐。
4.145.4 最大残留限量:应符合表 145 的规定。

表 145

食品类别/名称	最大残留限量 mg/kg
谷物	
小麦	0.02[a]
[a] 该限量为临时限量。	

4.146 甲基毒死蜱(chlorpyrifos-methyl)

4.146.1 主要用途:杀虫剂。

4.146.2 ADI:0.01 mg/kg 体重。

4.146.3 残留物:甲基毒死蜱。

4.146.4 最大残留限量:应符合表 146 的规定。

表 146

食品类别/名称	最大残留限量 mg/kg
谷物	
稻谷	5[a]
麦类	5[a]
旱粮类	5[a]
杂粮类	5[a]
成品粮	5[a]
油料和油脂	
棉籽	0.02[a]
大豆	5[a]
蔬菜	
结球甘蓝	0.1[a]
薯类蔬菜	5[a]
[a] 该限量为临时限量。	

4.146.5 检测方法:谷物按照 GB/T 19649 规定的方法测定;油料和油脂参照 GB/T 19649 规定的方法测定;蔬菜按照 GB/T 19648、GB/T 20769、NY/T 761 规定的方法测定。

4.147 甲基对硫磷(parathion-methyl)

4.147.1 主要用途:杀虫剂。

4.147.2 ADI:0.003 mg/kg 体重。

4.147.3 残留物:甲基对硫磷。

4.147.4 最大残留限量:应符合表 147 的规定。

表 147

食品类别/名称	最大残留限量 mg/kg
谷物	
稻谷	0.1
小麦	0.1
玉米	0.1
油料和油脂	
棉籽油	0.1
蔬菜	
鳞茎类蔬菜	0.02
芸薹属类蔬菜	0.02
叶菜类蔬菜	0.02
茄果类蔬菜	0.02
瓜类蔬菜	0.02
豆类蔬菜	0.02
茎类蔬菜	0.02
根茎类和薯芋类蔬菜	0.02
水生类蔬菜	0.02
芽菜类蔬菜	0.02
其他类蔬菜	0.02
水果	
柑橘类水果	0.02
仁果类水果(苹果除外)	0.02
苹果	0.01
核果类水果	0.02
浆果和其他小型水果	0.02
热带和亚热带水果	0.02
瓜果类水果	0.02

4.147.5 检测方法:谷物按照 GB/T 5009.20 规定的方法测定;油料和油脂参照 GB/T 5009.20 规定的方法测定;蔬菜、水果按照 NY/T 761 规定的方法测定。

4.148 甲基二磺隆(mesosulfuron-methyl)

4.148.1 主要用途:除草剂。

4.148.2 ADI:1.55 mg/kg 体重。

4.148.3 残留物:甲基二磺隆。

4.148.4 最大残留限量:应符合表 148 的规定。

表 148

食品类别/名称	最大残留限量 mg/kg
谷物	
小麦	0.02[a]
[a] 该限量为临时限量。	

4.149 甲基立枯磷(tolclofos-methyl)

4.149.1 主要用途:杀菌剂。

4.149.2 ADI:0.07 mg/kg 体重。

4.149.3 残留物:甲基立枯磷。

4.149.4 最大残留限量:应符合表 149 的规定。

表 149

食品类别/名称	最大残留限量 mg/kg
谷物	
糙米	0.05
蔬菜	
结球莴苣	2
叶用莴苣	2
萝卜	0.1
马铃薯	0.2

4.149.5 检测方法:谷物按照 GB/T 19649、SN/T 2324 规定的方法测定;蔬菜按照 GB/T 19648 规定的方法测定。

4.150 甲基硫环磷(phosfolan-methyl)

4.150.1 主要用途:杀虫剂。

4.150.2 残留物:甲基硫环磷。

4.150.3 最大残留限量:应符合表 150 的规定。

表 150

食品类别/名称	最大残留限量 mg/kg
蔬菜	
鳞茎类蔬菜	0.03[a]
芸薹属类蔬菜	0.03[a]
叶菜类蔬菜	0.03[a]
茄果类蔬菜	0.03[a]
瓜类蔬菜	0.03[a]
豆类蔬菜	0.03[a]
茎类蔬菜	0.03[a]
根茎类和薯芋类蔬菜	0.03[a]
水生类蔬菜	0.03[a]
芽菜类蔬菜	0.03[a]
其他类蔬菜	0.03[a]
水果	
柑橘类水果	0.03[a]
仁果类水果	0.03[a]
核果类水果	0.03[a]
浆果和其他小型水果	0.03[a]

表 150（续）

食品类别/名称	最大残留限量 mg/kg
水果	
热带和亚热带水果	0.03[a]
瓜果类水果	0.03[a]

[a] 该限量为临时限量。

4.150.4 检测方法：蔬菜、水果按照 NY/T 761 规定的方法测定。

4.151 甲基硫菌灵(thiophanate-methyl)

4.151.1 主要用途：杀菌剂。

4.151.2 ADI：0.08 mg/kg 体重。

4.151.3 残留物：甲基硫菌灵和多菌灵之和，以多菌灵表示。

4.151.4 最大残留限量：应符合表 151 的规定。

表 151

食品类别/名称	最大残留限量 mg/kg
谷物	
糙米	1
小麦	0.5
蔬菜	
番茄	3
茄子	2
辣椒	2
甜椒	2
黄秋葵	2
芦笋	0.5
水果	
苹果	3
西瓜	2

4.151.5 检测方法：谷物按照 NY/T 1680 规定的方法测定；蔬菜、水果按照 GB/T 20769、NY/T 1680 规定的方法测定。

4.152 甲基嘧啶磷(pirimiphos-methyl)

4.152.1 主要用途：杀虫剂。

4.152.2 ADI：0.03 mg/kg 体重。

4.152.3 残留物：甲基嘧啶磷。

4.152.4 最大残留限量：应符合表 152 的规定。

表 152

食品类别/名称	最大残留限量 mg/kg
谷物	
稻谷	5
糙米	2
大米	1
小麦	5
全麦粉	5
小麦粉	2
调味料	
果类调味料	0.5
种子类调味料	3

4.152.5 检测方法：谷物按照 GB/T 5009.145 规定的方法测定；种子类调味料参照 GB/T 19649 规定的方法测定；果类调味料参照 GB/T 19648 规定的方法测定。

4.153 甲基异柳磷(isofenphos-methyl)

4.153.1 主要用途：杀虫剂。
4.153.2 ADI：0.003 mg/kg 体重。
4.153.3 残留物：甲基异柳磷。
4.153.4 最大残留限量：应符合表 153 的规定。

表 153

食品类别/名称	最大残留限量 mg/kg
谷物	
糙米	0.02[a]
玉米	0.02[a]
麦类	0.02[a]
旱粮类	0.02[a]
杂粮类	0.02[a]
油料和油脂	
大豆	0.02[a]
花生仁	0.05[a]
蔬菜	
鳞茎类蔬菜	0.01[a]
芸薹属类蔬菜	0.01[a]
叶菜类蔬菜	0.01[a]
茄果类蔬菜	0.01[a]
瓜类蔬菜	0.01[a]
豆类蔬菜	0.01[a]
茎类蔬菜	0.01[a]
根茎类和薯芋类蔬菜(甘薯除外)	0.01[a]
甘薯	0.05[a]

表 153（续）

食品类别/名称	最大残留限量 mg/kg
蔬菜	
水生类蔬菜	0.01[a]
芽菜类蔬菜	0.01[a]
其他类蔬菜	0.01[a]
水果	
柑橘类水果	0.01[a]
仁果类水果	0.01[a]
核果类水果	0.01[a]
浆果和其他小型水果	0.01[a]
热带和亚热带水果	0.01[a]
瓜果类水果	0.01[a]
糖料	
甜菜	0.05[a]
甘蔗	0.02[a]

[a] 该限量为临时限量。

4.153.5 检测方法：谷物、油料和油脂、蔬菜、水果按照 GB/T 5009.144 规定的方法测定；糖料参照 GB/T 5009.144规定的方法测定。

4.154 甲硫威(methiocarb)

4.154.1 主要用途：杀软体动物剂。

4.154.2 ADI：0.02 mg/kg 体重。

4.154.3 残留物：甲硫威、甲硫威砜和甲硫威亚砜之和，以甲硫威表示。

4.154.4 最大残留限量：应符合表 154 的规定。

表 154

食品类别/名称	最大残留限量 mg/kg
谷物	
小麦	0.05
大麦	0.05
玉米	0.05
豌豆	0.1
油料和油脂	
油菜籽	0.05
葵花籽	0.05
蔬菜	
洋葱	0.5
韭葱	0.5
结球甘蓝	0.1
抱子甘蓝	0.05
花椰菜	0.1

表 154（续）

食品类别/名称	最大残留限量 mg/kg
蔬菜	
结球莴苣	0.05
甜椒	2
食荚豌豆	0.1
朝鲜蓟	0.05
马铃薯	0.05
水果	
草莓	1
甜瓜类水果	0.2
坚果	
榛子	0.05
糖料	
甜菜	0.05

4.154.5 检测方法：谷物、油料和油脂、坚果参照 SN/T 2560 规定的方法测定；蔬菜、水果、糖料按照 GB/T 20769 规定的方法测定。

4.155 甲咪唑烟酸(imazapic)

4.155.1 主要用途：除草剂。
4.155.2 ADI：0.5 mg/kg 体重。
4.155.3 残留物：甲咪唑烟酸及其代谢物之和。
4.155.4 最大残留限量：应符合表 155 的规定。

表 155

食品类别/名称	最大残留限量 mg/kg
油料和油脂	
花生仁	0.1

4.155.5 检测方法：油料和油脂参照 GB/T 23205 规定的方法测定。

4.156 甲萘威(carbaryl)

4.156.1 主要用途：杀虫剂。
4.156.2 ADI：0.008 mg/kg 体重。
4.156.3 残留物：甲萘威。
4.156.4 最大残留限量：应符合表 156 的规定。

表 156

食品类别/名称	最大残留限量 mg/kg
谷物	
大米	1
油料和油脂	
大豆	1
棉籽	1
蔬菜	
鳞茎类蔬菜	1
芸薹属类蔬菜(结球甘蓝除外)	1
结球甘蓝	2
叶菜类蔬菜(大白菜除外)	1
大白菜	1
茄果类蔬菜	1
瓜类蔬菜	1
豆类蔬菜	1
茎类蔬菜	1
根茎类和薯芋类蔬菜	1
水生类蔬菜	1
芽菜类蔬菜	1
其他类蔬菜	1

4.156.5　检测方法：谷物、油料和油脂按照 GB/T 5009.21 规定的方法测定；蔬菜按照 GB/T 5009.145、GB/T 20769、NY/T 761 规定的方法测定。

4.157　甲氰菊酯(fenpropathrin)

4.157.1　主要用途：杀虫剂。

4.157.2　ADI：0.03 mg/kg 体重。

4.157.3　残留物：甲氰菊酯。

4.157.4　最大残留限量：应符合表 157 的规定。

表 157

食品类别/名称	最大残留限量 mg/kg
谷物	
小麦	0.1
油料和油脂	
棉籽	1
大豆	0.1
棉籽油毛油	3
蔬菜	
韭菜	1
结球甘蓝	0.5
菠菜	1

表 157（续）

食品类别/名称	最大残留限量 mg/kg
蔬菜	
普通白菜	1
莴苣	0.5
芹菜	1
大白菜	1
番茄	1
茄子	0.2
甜椒	1
腌制用小黄瓜	0.2
萝卜	0.5
水果	
仁果类水果	5
柑橘类水果	5
核果类水果	5
浆果和其他小型水果（葡萄除外）	5
葡萄	5
热带和亚热带水果	5
瓜果类水果	5
饮料类	
茶叶	5
调味料	
干辣椒	10

4.157.5 检测方法：谷物按照 GB/T 19649、GB/T 20770、SN/T 2233 规定的方法测定；油料和油脂按照 GB/T 19649、GB/T 20770、SN/T 2233 规定的方法测定；蔬菜、水果按照 NY/T 761 规定的方法测定；茶叶按照 GB/T 23376、SN/T 1117 规定的方法测定；调味料参照 SN/T 2233、GB/T 19648 规定的方法测定。

4.158 甲霜灵和精甲霜灵（metalaxyl 和 metalaxyl-M）

4.158.1 主要用途：杀菌剂。

4.158.2 ADI：0.08 mg/kg 体重。

4.158.3 残留物：甲霜灵。

4.158.4 最大残留限量：应符合表 158 的规定。

表 158

食品类别/名称	最大残留限量 mg/kg
谷物	
糙米	0.1
麦类	0.05
旱粮类（粟除外）	0.05
粟	0.05

表 158（续）

食品类别/名称	最大残留限量 mg/kg
油料和油脂	
棉籽	0.05
花生仁	0.1
葵花籽	0.05
蔬菜	
洋葱	2
结球甘蓝	0.5
抱子甘蓝	0.2
花椰菜	2
青花菜	0.5
菠菜	2
结球莴苣	2
番茄	0.5
辣椒	0.5
黄瓜	0.5
西葫芦	0.2
笋瓜	0.2
食荚豌豆	0.05
芦笋	0.05
胡萝卜	0.05
马铃薯	0.05
水果	
柑橘类水果	5
仁果类水果	1
醋栗（红、黑）	0.2
葡萄	1
荔枝	0.5
鳄梨	0.2
西瓜	0.2
甜瓜类水果	0.2
糖料	
甜菜	0.05
饮料类	
可可豆	0.2
啤酒花	10
调味料	
种子类调味料	5

4.158.5 检测方法：谷物按照 GB/T 19649、GB/T 20770 规定的方法测定；蔬菜、水果按照 GB/T 19648、GB/T 20769 规定的方法测定；油料和油脂、调味料、糖料、饮料类参照 GB/T 19649、GB/T 20770规定的方法测定。

4.159 甲羧除草醚（bifenox）

4.159.1 主要用途：除草剂。

4.159.2 ADI：0.3 mg/kg 体重。
4.159.3 残留物：甲羧除草醚。
4.159.4 最大残留限量：应符合表 159 的规定。

表 159

食品类别/名称	最大残留限量 mg/kg
油料和油脂	
大豆	0.05
蔬菜	
菜用大豆	0.1

4.159.5 检测方法：油料和油脂、蔬菜参照 SN/T 1737.2 规定的方法测定。

4.160 甲氧虫酰肼(methoxyfenozide)

4.160.1 主要用途：杀虫剂。
4.160.2 ADI：0.1 mg/kg 体重。
4.160.3 残留物：甲氧虫酰肼。
4.160.4 最大残留限量：应符合表 160 的规定。

表 160

食品类别/名称	最大残留限量 mg/kg
蔬菜	
结球甘蓝	2
水果	
苹果	3

4.160.5 检测方法：蔬菜、水果按照 GB/T 20769 规定的方法测定。

4.161 甲氧咪草烟(imazamox)

4.161.1 主要用途：除草剂。
4.161.2 ADI：9 mg/kg 体重。
4.161.3 残留物：甲氧咪草烟。
4.161.4 最大残留限量：应符合表 161 的规定。

表 161

食品类别/名称	最大残留限量 mg/kg
油料和油脂	
大豆	0.1[a]
[a] 该限量为临时限量。	

4.162 腈苯唑(fenbuconazole)

4.162.1 主要用途:杀菌剂。
4.162.2 ADI:0.03 mg/kg 体重。
4.162.3 残留物:腈苯唑。
4.162.4 最大残留限量:应符合表 162 的规定。

表 162

食品类别/名称	最大残留限量 mg/kg
谷物	
糙米	0.1
小麦	0.1
大麦	0.2
黑麦	0.1
油料和油脂	
油菜籽	0.05
葵花籽	0.05
蔬菜	
黄瓜	0.2
西葫芦	0.05
水果	
仁果类水果	0.1
桃	0.5
杏	0.5
樱桃	1
葡萄	1
香蕉	0.05
甜瓜类水果	0.2
坚果	0.01

4.162.5 检测方法:谷物按照 GB/T 19649、GB/T 20770 规定的方法测定;蔬菜、水果按照 GB/T 19648、GB/T 20769 规定的方法测定;油料和油脂、坚果参照 GB/T 19649 规定的方法测定。

4.163 腈菌唑(myclobutanil)

4.163.1 主要用途:杀菌剂。
4.163.2 ADI:0.03 mg/kg 体重。
4.163.3 残留物:腈菌唑。
4.163.4 最大残留限量:应符合表 163 的规定。

表 163

食品类别/名称	最大残留限量 mg/kg
谷物	
麦类	0.1
玉米	0.02
粟	0.02
高粱	0.02
蔬菜	
黄瓜	1
水果	
柑橘	5
仁果类水果(苹果、梨除外)	0.5
苹果	0.5
梨	0.5
核果类水果(李子除外)	2
李子	0.2
李子干	0.5
葡萄	1
草莓	1
荔枝	0.5
香蕉	2
饮料类	
啤酒花	2

4.163.5 检测方法:谷物按照 GB/T 20770 规定的方法测定;水果、蔬菜按照 GB/T 20769、GB/T 19648、NY/T 1455 规定的方法测定;饮料类参照 GB/T 20769、GB/T 19648、NY/T 1455 规定的方法测定。

4.164 精噁唑禾草灵(fenoxaprop-P-ethyl)

4.164.1 主要用途:除草剂。
4.164.2 ADI:0.002 5 mg/kg 体重。
4.164.3 残留物:噁唑禾草灵。
4.164.4 最大残留限量:应符合表 164 的规定。

表 164

食品类别/名称	最大残留限量 mg/kg
谷物	
糙米	0.1
麦类	0.1
油料和油脂	
油菜籽	0.5
棉籽	0.02
花生仁	0.1

表 164（续）

食品类别/名称	最大残留限量 mg/kg
蔬菜	
花椰菜	0.1
青花菜	0.1

4.164.5 检测方法：谷物、油料和油脂参照 NY/T 1379 规定的方法测定；蔬菜按照 NY/T 1379 规定的方法测定。

4.165 精二甲吩草胺(dimethenamid-P)

4.165.1 主要用途：除草剂。

4.165.2 ADI：0.07 mg/kg 体重。

4.165.3 残留物：精二甲吩草胺及其对映体之和。

4.165.4 最大残留限量：应符合表 165 的规定。

表 165

食品类别/名称	最大残留限量 mg/kg
谷物	
玉米	0.01
高粱	0.01
杂粮类	0.01
油料和油脂	
花生仁	0.01
大豆	0.01
蔬菜	
大蒜	0.01
洋葱	0.01
葱	0.01
马铃薯	0.01
甘薯	0.01
根甜菜	0.01
玉米笋	0.01
糖料	
甜菜	0.01

4.165.5 检测方法：谷物、油料和油脂、糖料参照 GB/T 19649、GB/T 20770 规定的方法测定；蔬菜按照 GB/T 20769、GB/T 19648、NY/T 1379 规定的方法测定。

4.166 久效磷(monocrotophos)

4.166.1 主要用途：杀虫剂。

4.166.2 ADI：0.000 6 mg/kg 体重。

4.166.3 残留物：久效磷。

4.166.4 最大残留限量：应符合表 166 的规定。

表 166

食品类别/名称	最大残留限量 mg/kg
谷物	
稻谷	0.02
小麦	0.02
油料和油脂	
棉籽油	0.05
蔬菜	
鳞茎类蔬菜	0.03
芸薹属类蔬菜	0.03
叶菜类蔬菜	0.03
茄果类蔬菜	0.03
瓜类蔬菜	0.03
豆类蔬菜	0.03
茎类蔬菜	0.03
根茎类和薯芋类蔬菜	0.03
水生类蔬菜	0.03
芽菜类蔬菜	0.03
其他类蔬菜	0.03
水果	
柑橘类水果	0.03
仁果类水果	0.03
核果类水果	0.03
浆果和其他小型水果	0.03
热带和亚热带水果	0.03
瓜果类水果	0.03
糖料	
甘蔗	0.02

4.166.5 检测方法：谷物、油料和油脂按照 GB/T 5009.20 规定的方法测定；蔬菜、水果按照 NY/T 761 规定的方法测定；糖料参照 NY/T 761 规定的方法测定。

4.167 抗蚜威(pirimicarb)

4.167.1 主要用途：杀虫剂。

4.167.2 ADI：0.02 mg/kg 体重。

4.167.3 残留物：抗蚜威。

4.167.4 最大残留限量：应符合表 167 的规定。

表 167

食品类别/名称	最大残留限量 mg/kg
谷物	
稻谷	0.05
小麦	0.05

表 167（续）

食品类别/名称	最大残留限量 mg/kg
谷物	
大麦	0.05
燕麦	0.05
黑麦	0.05
旱粮类（鲜食玉米除外）	0.05
鲜食玉米	0.05
杂粮类	0.2
油料和油脂	
油菜籽	0.2
大豆	0.05
葵花籽	0.1
蔬菜	
洋葱	0.1
大蒜	0.1
芸薹类蔬菜（羽衣甘蓝、结球甘蓝除外）	0.5
羽衣甘蓝	0.3
结球甘蓝	1
花椰菜	1
结球莴苣	5
叶用莴苣	5
茄果类蔬菜	0.5
瓜类蔬菜	1
豆类蔬菜	0.7
芦笋	0.01
朝鲜蓟	5
根茎类和薯芋类蔬菜	0.05
水果	
柑橘类水果	3
仁果类水果	1
桃	0.5
油桃	0.5
李子	0.5
杏	0.5
樱桃	0.5
枣	0.5
浆果及其他小型水果	1
瓜果类水果（甜瓜类水果除外）	1
甜瓜类水果	0.2
调味料	
干辣椒	20
种子类调味料	5

4.167.5 检测方法：谷物按照 GB/T 20770、GB/T 19649、SN/T 0134 规定的方法测定；油料和油脂参照 GB/T 20770、GB/T 19649、SN/T 0134 规定的方法测定；蔬菜、水果按照 GB/T 19648、NY/T 1379、

SN/T 0134 规定的方法测定；调味料参照 GB/T 20770、GB/T 19649 规定的方法测定。

4.168 克百威(carbofuran)

4.168.1 主要用途：杀虫剂。

4.168.2 ADI：0.001 mg/kg 体重。

4.168.3 残留物：克百威及三羟基克百威之和，以克百威表示。

4.168.4 最大残留限量：应符合表 168 的规定。

表 168

食品类别/名称	最大残留限量 mg/kg
谷物	
糙米	0.1
小麦	0.1
玉米	0.1
油料和油脂	
棉籽	0.1
大豆	0.2
花生仁	0.2
蔬菜	
鳞茎类蔬菜	0.02
芸薹属类蔬菜	0.02
叶菜类蔬菜	0.02
茄果类蔬菜	0.02
瓜类蔬菜	0.02
豆类蔬菜	0.02
茎类蔬菜	0.02
根茎类和薯芋类蔬菜(马铃薯除外)	0.02
马铃薯	0.1
水生类蔬菜	0.02
芽菜类蔬菜	0.02
其他类蔬菜	0.02
水果	
柑橘类水果	0.02
仁果类水果	0.02
核果类水果	0.02
浆果和其他小型水果	0.02
热带和亚热带水果	0.02
瓜果类水果	0.02
糖料	
甘蔗	0.1
甜菜	0.1

4.168.5 检测方法：谷物、油料和油脂、糖料参照 NY/T 761 的方法测定；蔬菜、水果按照 NY/T 761 规定的方法测定。

4.169 **克菌丹(captan)**

4.169.1 主要用途:杀菌剂。

4.169.2 ADI:0.1 mg/kg 体重。

4.169.3 残留物:克菌丹。

4.169.4 最大残留限量:应符合表 169 的规定。

表 169

食品类别/名称	最大残留限量 mg/kg
蔬菜	
黄瓜	5
马铃薯	0.05[a]
水果	
柑橘	5
仁果类水果(苹果、梨除外)	15
苹果	15
梨	15
桃	20
油桃	3
李子	10
李子干	10
樱桃	25
蓝莓	20
醋栗(红,黑)	20
葡萄	5
草莓	15
甜瓜类水果	10
坚果	
杏仁	0.3

[a] 该限量为临时限量。

4.169.5 检测方法:蔬菜、水果按照 GB/T 19468、SN 0654 规定的方法测定;坚果参照 GB/T 19648、SN 0654规定的方法测定。

4.170 **喹禾灵和精喹禾灵(quizalofop 和 quizalofop-P-ethyl)**

4.170.1 主要用途:除草剂。

4.170.2 ADI:0.000 9 mg/kg 体重。

4.170.3 残留物:喹禾灵。

4.170.4 最大残留限量:应符合表 170 的规定。

表 170

食品类别/名称	最大残留限量 mg/kg
油料和油脂	
油菜籽	0.1
棉籽	0.05
大豆	0.1
花生仁	0.1
蔬菜	
菜用大豆	0.2
糖料	
甜菜	0.1

4.170.5 检测方法:油料和油脂、蔬菜、糖料参照 GB/T 20770、SN/T 2228 规定的方法测定。

4.171 喹啉铜(oxine-copper)

4.171.1 主要用途:杀菌剂。

4.171.2 ADI:0.02 mg/kg 体重。

4.171.3 残留物:喹啉铜。

4.171.4 最大残留限量:应符合表 171 的规定。

表 171

食品类别/名称	最大残留限量 mg/kg
蔬菜	
黄瓜	2[a]
水果	
苹果	2[a]

[a] 该限量为临时限量。

4.172 喹硫磷(quinalphos)

4.172.1 主要用途:杀虫剂。

4.172.2 ADI:0.000 5 mg/kg 体重。

4.172.3 残留物:喹硫磷。

4.172.4 最大残留限量:应符合表 172 的规定。

表 172

食品类别/名称	最大残留限量 mg/kg
谷物	
大米	0.2[a]
水果	
柑橘	0.5[a]

[a] 该限量为临时限量。

4.172.5　检测方法：谷物按照 GB/T 5009.20 规定的方法测定；水果按照 NY/T 761 规定的方法测定。

4.173　喹螨醚（fenazaquin）

4.173.1　主要用途：杀螨剂。
4.173.2　ADI：0.005 mg/kg 体重。
4.173.3　残留物：喹螨醚。
4.173.4　最大残留限量：应符合表 173 的规定。

表 173

食品类别/名称	最大残留限量 mg/kg
饮料类	
茶叶	15

4.173.5　检测方法：茶叶按照 GB/T 23204、GB/T 23205 规定的方法测定。

4.174　喹氧灵（quinoxyfen）

4.174.1　主要用途：杀菌剂。
4.174.2　ADI：0.2 mg/kg 体重。
4.174.3　残留物：喹氧灵。
4.174.4　最大残留限量：应符合表 174 的规定。

表 174

食品类别/名称	最大残留限量 mg/kg
谷物	
小麦	0.01[a]
大麦	0.01[a]
蔬菜	
结球莴苣	8[a]
叶用莴苣	20[a]
辣椒	1[a]
水果	
樱桃	0.4[a]
加仑子（黑）	1[a]
葡萄	2[a]
草莓	1[a]
甜瓜类水果	0.1[a]
糖料	
甜菜	0.03[a]
调味料	
干辣椒	10[a]
饮料类	
啤酒花	1[a]
[a] 该限量为临时限量。	

4.175 乐果(dimethoate)

4.175.1 主要用途:杀虫剂。

4.175.2 ADI:0.002 mg/kg 体重。

4.175.3 残留物:乐果。

4.175.4 最大残留限量:应符合表 175 的规定。

表 175

食品类别/名称	最大残留限量 mg/kg
谷物	
稻谷	0.05[a]
小麦	0.05[a]
鲜食玉米	0.5[a]
油料和油脂	
大豆	0.05[a]
食用植物油	0.05[a]
蔬菜	
韭菜	0.2[a]
洋葱	0.2[a]
葱	0.2[a]
百合	0.2[a]
大蒜	0.2[a]
花椰菜	1[a]
结球甘蓝	1[a]
菠菜	1[a]
普通白菜	1[a]
莴苣	1[a]
大白菜	1[a]
番茄	0.5[a]
茄子	0.5[a]
辣椒	0.5[a]
豌豆	0.5[a]
菜豆	0.5[a]
蚕豆	0.5[a]
扁豆	0.5[a]
豇豆	0.5[a]
食荚豌豆	0.5[a]
芹菜	0.5[a]
芦笋	0.5[a]
朝鲜蓟	0.5[a]
萝卜	0.5[a]
胡萝卜	0.5[a]
山药	0.5[a]
马铃薯	0.5[a]

表 175（续）

食品类别/名称	最大残留限量 mg/kg
水果	
柑橘	2[a]
橙	2[a]
柚	2[a]
柠檬	2[a]
苹果	1[a]
梨	1[a]
桃	2[a]
油桃	2[a]
李子	2[a]
杏	2[a]
樱桃	2[a]
枣	2[a]
糖料	
甜菜	0.5[a]
食用菌	
蘑菇类(鲜)	0.5[a]
[a] 该限量为临时限量。	

4.175.5 检测方法：谷物、油料和油脂按照 GB/T 5009.20 规定的方法测定；蔬菜、水果、食用菌按照 GB/T 5009.145、GB/T 20769、NY/T 761 规定的方法测定；糖料参照 NY/T 761 规定的方法测定。

4.176 联苯肼酯(bifenazate)

4.176.1 主要用途：杀螨剂。

4.176.2 ADI：0.01 mg/kg 体重。

4.176.3 残留物：联苯肼酯。

4.176.4 最大残留限量：应符合表 176 的规定。

表 176

食品类别/名称	最大残留限量 mg/kg
谷物	
杂粮类	0.3
油料和油脂	
棉籽	0.3
蔬菜	
番茄	0.5
辣椒	3
甜椒	2
瓜类蔬菜	0.5
豆类蔬菜	7

表 176（续）

食品类别/名称	最大残留限量 mg/kg
水果	
柑橘	0.7
仁果类水果（苹果除外）	0.7
苹果	0.2
核果类水果	2
黑莓	7
露莓（包括波森莓和罗甘莓）	7
醋栗（红、黑）	7
葡萄	0.7
葡萄干	2
草莓	2
瓜果类水果	0.5
坚果	0.2
饮料类	
啤酒花	20
调味料	
薄荷	40

4.176.5 检测方法：谷物、油料和油脂、坚果、饮料类、调味料参照 SN/T 2150 标准规定的方法测定；蔬菜、水果按照 GB/T 20769、GB/T 19648 规定的方法测定。

4.177 联苯菊酯（bifenthrin）

4.177.1 主要用途：杀虫/杀螨剂。

4.177.2 ADI：0.01 mg/kg 体重。

4.177.3 残留物：联苯菊酯（异构体之和）。

4.177.4 最大残留限量：应符合表 177 的规定。

表 177

食品类别/名称	最大残留限量 mg/kg
谷物	
小麦	0.5
大麦	0.05
玉米	0.05
杂粮类	0.3
油料和油脂	
棉籽	0.5
大豆	0.3
油菜籽	0.05
食用菜籽油	0.1

表 177（续）

食品类别/名称	最大残留限量 mg/kg
蔬菜	
芸薹类蔬菜(结球甘蓝除外)	0.4
结球甘蓝	0.2
叶芥菜	4
萝卜叶	4
番茄	0.5
茄子	0.3
辣椒	0.5
根茎类和薯芋类蔬菜	0.05
水果	
柑橘	0.05
橙	0.05
柚	0.05
柠檬	0.05
苹果	0.5
梨	0.5
黑莓	1
露莓(包括波森莓和罗甘莓)	1
醋栗(红、黑)	1
草莓	1
香蕉	0.1
饮料类	
茶叶	5
啤酒花	20
调味料	
干辣椒	5

4.177.5 检测方法：谷物按照 SN/T 2151 规定的方法测定；油料和油脂参照 GB/T 5009.146 规定的方法测定；蔬菜、水果按照 GB/T 5009.146、NY/T 761、SN/T 1969 规定的方法测定；饮料类按照 SN/T 1969规定的方法测定；调味料参照 GB/T 19648、SN/T 1969 规定的方法测定。

4.178 联苯三唑醇(bitertanol)

4.178.1 主要用途：杀菌剂。

4.178.2 ADI：0.01 mg/kg 体重。

4.178.3 残留物：联苯三唑醇。

4.178.4 最大残留限量：应符合表 178 的规定。

表 178

食品类别/名称	最大残留限量 mg/kg
谷物	
小麦	0.05
大麦	0.05
燕麦	0.05
黑麦	0.05
小黑麦	0.05

表 178（续）

食品类别/名称	最大残留限量 mg/kg
蔬菜	
番茄	3
黄瓜	0.5
水果	
仁果类水果	2
桃	1
油桃	1
杏	1
李子	2
李子干	2
樱桃	1
香蕉	0.5

4.178.5 检测方法：谷物按照 GB/T 19649、GB/T 20770 规定的方法测定；蔬菜、水果按照 GB/T 19648、GB/T 20769 规定的方法测定。

4.179 磷胺（phosphamidon）

4.179.1 主要用途：杀虫剂。

4.179.2 ADI：0.000 5 mg/kg 体重。

4.179.3 残留物：磷胺。

4.179.4 最大残留限量：应符合表 179 的规定。

表 179

食品类别/名称	最大残留限量 mg/kg
谷物	
稻谷	0.02
蔬菜	
鳞茎类蔬菜	0.05
芸薹属类蔬菜	0.05
叶菜类蔬菜	0.05
茄果类蔬菜	0.05
瓜类蔬菜	0.05
豆类蔬菜	0.05
茎类蔬菜	0.05
根茎类和薯芋类蔬菜	0.05
水生类蔬菜	0.05
芽菜类蔬菜	0.05
其他类蔬菜	0.05
水果	
柑橘类水果	0.05
仁果类水果	0.05

表 179（续）

食品类别/名称	最大残留限量 mg/kg
水果	
核果类水果	0.05
浆果和其他小型水果	0.05
热带和亚热带水果	0.05
瓜果类水果	0.05

4.179.5　检测方法：谷物按照 SN 0701 规定的方法测定；蔬菜、水果按照 NY/T 761 规定的方法测定。

4.180　磷化铝(aluminium phosphide)

4.180.1　主要用途：杀虫剂。

4.180.2　ADI：0.011 mg/kg 体重。

4.180.3　残留物：磷化氢。

4.180.4　最大残留限量：应符合表 180 的规定。

表 180

食品类别/名称	最大残留限量 mg/kg
谷物	
稻谷	0.05
麦类	0.05
旱粮类	0.05
杂粮类	0.05
成品粮	0.05
油料和油脂	
大豆	0.05
蔬菜	
薯类蔬菜	0.05

4.180.5　检测方法：谷物、油料和油脂按照 GB/T 5009.36、GB/T 25222 规定的方法测定；蔬菜参照 GB/T 5009.36 规定的方法测定。

4.181　磷化镁(megnesium phosphide)

4.181.1　主要用途：杀虫剂。

4.181.2　ADI：0.011 mg/kg 体重。

4.181.3　残留物：磷化氢。

4.181.4　最大残留限量：应符合表 181 的规定。

表 181

食品类别/名称	最大残留限量 mg/kg
谷物	
稻谷	0.05

4.181.5 检测方法：谷物按照 GB/T 5009.36、GB/T 25222 规定的方法测定。

4.182 磷化氢(hydrogen phosphide)

4.182.1 主要用途：杀虫剂。

4.182.2 ADI：0.011 mg/kg 体重。

4.182.3 残留物：磷化氢。

4.182.4 最大残留限量：应符合表 182 的规定。

表 182

食品类别/名称	最大残留限量 mg/kg
蔬菜	
干蔬菜	0.01
水果	
干制水果	0.01
坚果	0.01
饮料类	
可可豆	0.01
调味料	0.01

4.182.5 检测方法：蔬菜、水果、坚果、饮料类和调味料参照 GB/T 5009.36 规定的方法测定。

4.183 邻苯基苯酚(2-phenylphenol)

4.183.1 主要用途：杀菌剂。

4.183.2 ADI：0.4 mg/kg 体重。

4.183.3 残留物：邻苯基苯酚和邻苯基苯酚钠之和，以邻苯基苯酚表示。

4.183.4 最大残留限量：应符合表 183 的规定。

表 183

食品类别/名称	最大残留限量 mg/kg
水果	
柑橘类水果	10
干柑橘脯	60
梨	20
饮料	
橙汁	0.5

4.183.5 检测方法：水果、饮料按照 SN 0597、GB/T 19648 规定的方法测定。

4.184 硫丹(endosulfan)

4.184.1 主要用途：杀虫剂。

4.184.2 ADI：0.006 mg/kg 体重。

4.184.3 残留物：α-硫丹和 β-硫丹及硫丹硫酸酯之和。

4.184.4 最大残留限量：应符合表 184 的规定。

表 184

食品类别/名称	最大残留限量 mg/kg
油料和油脂	
棉籽	1[a]
大豆	1[a]
大豆毛油	2[a]
蔬菜	
黄瓜	1[a]
甘薯	0.05[a]
芋	0.05[a]
马铃薯	0.05[a]
水果	
苹果	1[a]
梨	1[a]
荔枝	2[a]
瓜果类水果	2[a]
糖料	
甘蔗	0.5[a]
饮料类	
茶叶	10[a]
禽肉类(以脂肪计)	0.2[a]
肝脏(牛、羊、猪)	0.1[a]
肾脏(牛、羊、猪)	0.03[a]
禽肉类(包括内脏)	0.03[a]
蛋类	0.03[a]
生乳	0.01[a]
[a] 该限量为临时限量。	

4.184.5 检测方法：油料和油脂、糖料、茶叶按照 GB/T 5009.19 规定的方法测定；蔬菜、水果按照 NY/T 761规定的方法测定；动物源食品按照 GB/T 5009.162、GB/T 5009.19 规定的方法测定。

4.185 硫环磷(phosfolan)

4.185.1 主要用途：杀虫剂。

4.185.2 ADI：0.005 mg/kg 体重。

4.185.3 残留物：硫环磷。

4.185.4 最大残留限量：应符合表 185 的规定。

表 185

食品类别/名称	最大残留限量 mg/kg
蔬菜	
鳞茎类蔬菜	0.03[a]
芸薹属类蔬菜	0.03[a]
叶菜类蔬菜	0.03[a]
茄果类蔬菜	0.03[a]
瓜类蔬菜	0.03[a]
豆类蔬菜	0.03[a]
茎类蔬菜	0.03[a]
根茎类和薯芋类蔬菜	0.03[a]
水生类蔬菜	0.03[a]
芽菜类蔬菜	0.03[a]
其他类蔬菜	0.03[a]
水果	
柑橘类水果	0.03[a]
仁果类水果	0.03[a]
核果类水果	0.03[a]
浆果和其他小型水果	0.03[a]
热带和亚热带水果	0.03[a]
瓜果类水果	0.03[a]
[a] 该限量为临时限量。	

4.185.5 检测方法：蔬菜、水果按照 NY/T 761 规定的方法测定。

4.186 硫双威(thiodicarb)

4.186.1 主要用途：杀虫剂。
4.186.2 ADI：0.03 mg/kg 体重。
4.186.3 残留物：硫双威。
4.186.4 最大残留限量：应符合表 186 的规定。

表 186

食品类别/名称	最大残留限量 mg/kg
油料和油脂	
棉籽油	0.1

4.186.5 检测方法：油料和油脂参照 GB/T 20770 规定的方法测定。

4.187 硫酰氟(sulfuryl fluoride)

4.187.1 主要用途：杀虫剂。
4.187.2 ADI：0.01 mg/kg 体重。
4.187.3 残留物：硫酰氟。
4.187.4 最大残留限量：应符合表 187 的规定。

表 187

食品类别/名称	最大残留限量 mg/kg
谷物	
稻谷	0.05[a]
糙米	0.1[a]
大米	0.1[a]
旱粮类	0.05[a]
黑麦粉	0.1[a]
黑麦全麦粉	0.1[a]
小麦粉	0.1[a]
小麦全麦粉	0.1[a]
玉米粉	0.1[a]
玉米糁	0.1[a]
麦胚	0.1[a]
水果	
干制水果	0.06[a]
坚果	3[a]

[a] 该限量为临时限量。

4.188 硫线磷(cadusafos)

4.188.1 主要用途:杀虫剂。

4.188.2 ADI:0.000 5 mg/kg 体重。

4.188.3 残留物:硫线磷。

4.188.4 最大残留限量:应符合表 188 的规定。

表 188

食品类别/名称	最大残留限量 mg/kg
水果	
柑橘	0.005
糖料	
甘蔗	0.005

4.188.5 检测方法:水果、糖料参照 SN/T 2147 规定的方法测定。

4.189 螺虫乙酯(spirotetramat)

4.189.1 主要用途:杀虫剂。

4.189.2 ADI:0.05 mg/kg 体重。

4.189.3 残留物:螺虫乙酯及其烯醇类代谢产物之和,以螺虫乙酯表示。

4.189.4 最大残留限量:应符合表 189 的规定。

表 189

食品类别/名称	最大残留限量 mg/kg
谷物	
杂粮类	2[a]
油料和油脂	
棉籽	0.4[a]
大豆	4[a]
蔬菜	
洋葱	0.4[a]
结球甘蓝	2[a]
花椰菜	1[a]
叶菜类蔬菜(芹菜除外)	7[a]
芹菜	4[a]
番茄	1[a]
茄果类蔬菜(辣椒除外)	1[a]
辣椒	2[a]
瓜类蔬菜	0.2[a]
豆类蔬菜	1.5[a]
马铃薯	0.8[a]
水果	
柑橘类水果(柑橘除外)	0.5[a]
柑橘	1[a]
仁果类水果	0.7[a]
核果类水果	3[a]
李子干	5[a]
葡萄	2[a]
葡萄干	4[a]
猕猴桃	0.02[a]
荔枝	15[a]
芒果	0.3[a]
番木瓜	0.4[a]
瓜果类水果	0.2[a]
坚果	0.5[a]
饮料类	
啤酒花	15[a]
调味料	
干辣椒	15[a]

[a] 该限量为临时限量。

4.190 螺螨酯(spirodiclofen)

4.190.1 主要用途:杀螨剂。

4.190.2 ADI:0.01 mg/kg 体重。

4.190.3 残留物:螺螨酯。

4.190.4 最大残留限量:应符合表 190 的规定。

表 190

食品类别/名称	最大残留限量 mg/kg
油料和油脂	
棉籽	0.02
水果	
柑橘	0.5

4.190.5 检测方法：油料和油脂参照 GB/T 19649 规定的方法测定；水果按照 GB/T 19648、GB/T 20769 规定的方法测定。

4.191 绿麦隆(chlortoluron)

4.191.1 主要用途：除草剂。

4.191.2 ADI：0.04 mg/kg 体重。

4.191.3 残留物：绿麦隆。

4.191.4 最大残留限量：应符合表 191 的规定。

表 191

食品类别/名称	最大残留限量 mg/kg
谷物	
麦类	0.1
玉米	0.1
油料和油脂	
大豆	0.1

4.191.5 检测方法：谷物、油料和油脂按照 GB/T 5009.133 规定的方法测定。

4.192 氯氨吡啶酸(aminopyralid)

4.192.1 主要用途：除草剂。

4.192.2 ADI：0.9 mg/kg 体重。

4.192.3 残留物：氨氯吡啶酸及其能被水解的共轭物，以氯氨吡啶酸计表示。

4.192.4 最大残留限量：应符合表 192 的规定。

表 192

食品类别/名称	最大残留限量 mg/kg
谷物	
小麦	0.1[a]
大麦	0.1[a]
燕麦	0.1[a]
小黑麦	0.1[a]
[a] 该限量为临时限量。	

4.193 氯苯胺灵(chlorpropham)

4.193.1 主要用途:植物生长调节剂。

4.193.2 ADI:0.05 mg/kg 体重。

4.193.3 残留物:氯苯胺灵。

4.193.4 最大残留限量:应符合表 193 的规定。

表 193

食品类别/名称	最大残留限量 mg/kg
蔬菜	
马铃薯	30

4.193.5 检测方法:蔬菜按照 GB/T 19649 规定的方法测定。

4.194 氯苯嘧啶醇(fenarimol)

4.194.1 主要用途:杀菌剂。

4.194.2 ADI:0.01 mg/kg 体重。

4.194.3 残留物:氯苯嘧啶醇。

4.194.4 最大残留限量:应符合表 194 的规定。

表 194

食品类别/名称	最大残留限量 mg/kg
蔬菜	
甜椒	0.5
朝鲜蓟	0.1
水果	
仁果类水果(苹果、梨除外)	0.3
苹果	0.3
梨	0.3
桃	0.5
樱桃	1
葡萄	0.3
葡萄干	0.2
草莓	1
香蕉	0.2
甜瓜类水果	0.05
饮料类	
啤酒花	5
坚果	
山核桃	0.02
调味料	
干辣椒	5

4.194.5 检测方法:蔬菜、水果、饮料类按照 GB/T 20769、GB/T 19648 规定的方法测定;坚果、调味料

参照 GB/T 20769、GB/T 19648 规定的方法测定。

4.195 氯吡嘧磺隆(halosulfuron-methyl)

4.195.1 主要用途:除草剂。
4.195.2 ADI:0.1 mg/kg 体重。
4.195.3 残留物:氯吡嘧磺隆。
4.195.4 最大残留限量:应符合表 195 的规定。

表 195

食品类别/名称	最大残留限量 mg/kg
谷物	
玉米	0.05

4.195.5 检测方法:谷物按照 SN/T 2325 规定的方法测定。

4.196 氯吡脲(forchlorfenuron)

4.196.1 主要用途:植物生长调节剂。
4.196.2 ADI:0.07 mg/kg 体重。
4.196.3 残留物:氯吡脲。
4.196.4 最大残留限量:应符合表 196 的规定。

表 196

食品类别/名称	最大残留限量 mg/kg
蔬菜	
黄瓜	0.1
水果	
橙	0.05
枇杷	0.05
猕猴桃	0.05
葡萄	0.05
西瓜	0.1
甜瓜	0.1

4.196.5 检测方法:蔬菜、水果参照 GB/T 20770 规定的方法测定。

4.197 氯虫苯甲酰胺(chlorantraniliprole)

4.197.1 主要用途:杀虫剂。
4.197.2 ADI:2 mg/kg 体重。
4.197.3 残留物:氯虫苯甲酰胺。
4.197.4 最大残留限量:应符合表 197 的规定。

表 197

食品类别/名称	最大残留限量 mg/kg
谷物	
糙米	0.5[a]
麦类	0.02[a]
旱粮类(玉米除外)	0.02[a]
玉米	0.02[a]
油料和油脂	
棉籽	0.3[a]
蔬菜	
芸薹类蔬菜(结球甘蓝、花椰菜除外)	2[a]
结球甘蓝	2[a]
花椰菜	2[a]
叶菜类(芹菜除外)	20[a]
芹菜	7[a]
茄果类蔬菜	0.6[a]
瓜类蔬菜	0.3[a]
根茎类和薯芋类蔬菜	0.02[a]
玉米笋	0.01[a]
水果	
柑橘类水果	0.5[a]
仁果类水果(苹果除外)	0.4[a]
苹果	2[a]
核果类水果	1[a]
浆果及其他小型水果	1[a]
瓜果类水果	0.3[a]
坚果	0.02[a]
糖料	
甘蔗	0.05[a]
调味料	
薄荷	15[a]

[a] 该限量为临时限量。

4.198 氯啶菌酯(lvdingjunzhi)

4.198.1 主要用途:杀菌剂。

4.198.2 ADI:0.05 mg/kg 体重。

4.198.3 残留物:氯啶菌酯。

4.198.4 最大残留限量:应符合表 198 的规定。

表 198

食品类别/名称	最大残留限量 mg/kg
谷物	
糙米	2[a]
小麦	0.2[a]
油料和油脂	
油菜籽	0.5[a]
[a] 该限量为临时限量。	

4.199 氯氟吡氧乙酸和氯氟吡氧乙酸异辛酯(fluroxypyr 和 fluroxypyr-methyl)

4.199.1 主要用途:除草剂。

4.199.2 ADI:1 mg/kg 体重。

4.199.3 残留物:氯氟吡氧乙酸。

4.199.4 最大残留限量:应符合表 199 的规定。

表 199

食品类别/名称	最大残留限量 mg/kg
谷物	
稻谷	0.2
小麦	0.2
玉米	0.05[a]
[a] 该限量为临时限量。	

4.199.5 检测方法:谷物按照 GB/T 22243 规定的方法测定。

4.200 氯氟氰菊酯和高效氯氟氰菊酯(cyhalothrin 和 lambda-cyhalothrin)

4.200.1 主要用途:杀虫剂。

4.200.2 ADI:0.02 mg/kg 体重。

4.200.3 残留物:氯氟氰菊酯(异构体之和)。

4.200.4 最大残留限量:应符合表 200 的规定。

表 200

食品类别/名称	最大残留限量 mg/kg
谷物	
糙米	1
小麦	0.05
大麦	0.5
燕麦	0.05
黑麦	0.05
小黑麦	0.05
玉米	0.02
鲜食玉米	0.2

表 200（续）

食品类别/名称	最大残留限量 mg/kg
油料和油脂	
含油种籽（大豆、棉籽除外）	0.2
棉籽	0.05
大豆	0.02
棉籽油	0.02
蔬菜	
韭菜	0.5
鳞茎类蔬菜	0.2
结球甘蓝	1
花椰菜	0.5
菠菜	2
普通白菜	2
莴苣	2
芹菜	0.5
大白菜	1
茄果类蔬菜（番茄、茄子、辣椒除外）	0.3
番茄	0.2
茄子	0.2
辣椒	0.2
瓜类蔬菜	0.05
豆类蔬菜	0.2
芦笋	0.02
根茎类和薯芋类蔬菜	0.01
水果	
柑橘类水果（柑橘除外）	0.2
柑橘	0.2
仁果类水果（苹果、梨除外）	0.2
苹果	0.2
梨	0.2
桃	0.5
油桃	0.5
杏	0.5
李子	0.2
李子干	0.2
樱桃	0.3
葡萄干	0.3
浆果及其他小型水果	0.2
橄榄	1
荔枝	0.1
芒果	0.2
瓜果类水果	0.05
坚果	0.01
糖料	
甘蔗	0.05

表 200（续）

食品类别/名称	最大残留限量 mg/kg
饮料类	
茶叶	15
食用菌	
蘑菇类(鲜)	0.5
调味料	
干辣椒	3

4.200.5　检测方法：谷物按照 GB/T 5009.146、GB/T 19649、SN/T 2151 规定的方法测定；油料和油脂、坚果、糖料、调味料参照 GB/T 5009.146、GB/T 19649、SN/T 2151 规定的方法测定；蔬菜、水果、食用菌按照 GB/T 5009.146、NY/T 761 规定的方法测定；茶叶按照 SN/T 1117 规定的方法测定。

4.201　**氯化苦(chloropicrin)**

4.201.1　主要用途：熏蒸剂。

4.201.2　ADI：0.001 mg/kg 体重。

4.201.3　残留物：氯化苦。

4.201.4　最大残留限量：应符合表 201 的规定。

表 201

食品类别/名称	最大残留限量 mg/kg
谷物	
稻谷	0.1
麦类	0.1
旱粮类	0.1
杂粮类	0.1
油料和油脂	
大豆	0.1
蔬菜	
茄子	0.05[a]
姜	0.05[a]
其他薯芋类蔬菜	0.1
水果	
草莓	0.05[a]
甜瓜	0.05[a]
[a] 该限量为临时限量。	

4.201.5　检测方法：谷物按照 GB/T 5009.36 规定的方法测定；油料和油脂、蔬菜、水果参照 GB/T 5009.36 规定的方法测定。

4.202　**氯磺隆(chlorsulfuron)**

4.202.1　主要用途：除草剂。

4.202.2 ADI:0.2 mg/kg 体重。
4.202.3 残留物:氯磺隆。
4.202.4 最大残留限量:应符合表 202 的规定。

表 202

食品类别/名称	最大残留限量 mg/kg
谷物	
小麦	0.1

4.202.5 检测方法:谷物按照 GB/T 20770 规定的方法测定。

4.203 氯菊酯(permethrin)

4.203.1 主要用途:杀虫剂。
4.203.2 ADI:0.05 mg/kg 体重。
4.203.3 残留物:氯菊酯(异构体之和)。
4.203.4 最大残留限量:应符合表 203 的规定。

表 203

食品类别/名称	最大残留限量 mg/kg
谷物	
稻谷	2
麦类	2
杂粮类	2
旱粮类	2
小麦粉	0.5
麦胚	2
小麦全麦粉	2
油料和油脂	
油菜籽	0.05
棉籽	0.5
大豆	2
花生仁	0.1
葵花籽	1
棉籽油	0.1
葵花油毛油	1
蔬菜	
鳞茎类蔬菜(韭葱、葱除外)	1
韭葱	0.5
葱	0.5
芸薹属类蔬菜(单列的除外)	1
结球甘蓝	5
球茎甘蓝	0.1
抱子甘蓝	1
羽衣甘蓝	5

表 203（续）

食品类别/名称	最大残留限量 mg/kg
蔬菜	
花椰菜	0.5
青花菜	2
叶菜类蔬菜（菠菜、结球莴苣、芹菜、大白菜除外）	1
菠菜	2
结球莴苣	2
芹菜	2
大白菜	5
茄果类蔬菜（番茄、茄子、辣椒除外）	1
番茄	1
茄子	1
辣椒	1
瓜类蔬菜（黄瓜、腌制用小黄瓜、西葫芦、笋瓜除外）	1
黄瓜	0.5
腌制用小黄瓜	0.5
西葫芦	0.5
笋瓜	0.5
豆类蔬菜（食荚豌豆、菜豆除外）	1
食荚豌豆	0.1
菜豆	1
茎类蔬菜（芦笋除外）	1
芦笋	1
根茎类和薯芋类蔬菜（萝卜、胡萝卜、马铃薯等）	1
萝卜	0.1
胡萝卜	0.1
马铃薯	0.05
水生类蔬菜	1
芽菜类蔬菜	1
其他类蔬菜（玉米笋除外）	1
玉米笋	0.1
水果	
柑橘类水果	2
仁果类水果	2
核果类水果	2
浆果和其他小型水果（单列的除外）	2
悬钩子	2
加仑子（黑、红、白）	2
黑莓	1
醋栗（红、黑）	1
露莓（包括波森莓和罗甘莓）	1
猕猴桃	2
葡萄	2
草莓	1
热带和亚热带水果（橄榄除外）	2

表 203（续）

食品类别/名称	最大残留限量 mg/kg
水果	
橄榄	1
瓜果类水果	2
坚果	
杏仁	0.1
开心果	0.05
糖料	
甜菜	0.05
饮料类	
茶叶	20
咖啡豆	0.05
啤酒花	50
食用菌	
蘑菇类（鲜）	0.1
调味料	
调味料（干辣椒、山葵除外）	0.05
山葵	0.5
干辣椒	10

4.203.5 检测方法：谷物按照 GB/T 5009.146、SN/T 2151 规定的方法测定；油料和油脂、糖料、饮料类（茶叶除外）、调味料、坚果、食用菌参照 GB/T 5009.146、SN/T 2151 规定的方法测定；蔬菜、水果按照 NY/T 761 规定的方法测定；茶叶按照 GB/T 23204、SN/T 1117 规定的方法测定。

4.204 氯嘧磺隆（chlorimuron-ethyl）

4.204.1 主要用途：除草剂。
4.204.2 ADI：0.09 mg/kg 体重。
4.204.3 残留物：氯嘧磺隆。
4.204.4 最大残留限量：应符合表 204 的规定。

表 204

食品类别/名称	最大残留限量 mg/kg
油料和油脂	
大豆	0.02

4.204.5 检测方法：油料和油脂参照 GB/T 20770 规定的方法测定。

4.205 氯氰菊酯和高效氯氰菊酯（cypermethrin 和 beta-cypermethrin）

4.205.1 主要用途：杀虫剂。
4.205.2 ADI：0.02 mg/kg 体重。
4.205.3 残留物：氯氰菊酯（异构体之和）。
4.205.4 最大残留限量：应符合表 205 的规定。

表 205

食品类别/名称	最大残留限量 mg/kg
谷物	
谷物(单列的除外)	0.3
稻谷	2
小麦	0.2
大麦	2
黑麦	2
燕麦	2
玉米	0.05
鲜食玉米	0.5
杂粮类	0.05
油料和油脂	
小型油籽类	0.1
棉籽	0.2
大型油籽类(大豆除外)	0.1
大豆	0.05
初榨橄榄油	0.5
精炼橄榄油	0.5
蔬菜	
韭葱	0.05
洋葱	0.01
韭菜	1
芸薹类蔬菜(结球甘蓝除外)	1
结球甘蓝	5
菠菜	2
普通白菜	2
莴苣	2
芹菜	1
大白菜	2
番茄	0.5
茄子	0.5
辣椒	0.5
秋葵	0.5
瓜类蔬菜(黄瓜除外)	0.07
黄瓜	0.2
豌豆	0.5
菜豆	0.5
蚕豆	0.5
扁豆	0.5
豇豆	0.5
食荚豌豆	0.5
芦笋	0.4
朝鲜蓟	0.1
根茎类和薯芋类蔬菜	0.01
玉米笋	0.05

表 205（续）

食品类别/名称	最大残留限量 mg/kg
水果	
橙	2
柚	2
柠檬	2
柑橘	1
苹果	2
梨	2
核果类水果(桃除外)	2
桃	1
葡萄	0.2
葡萄干	0.5
草莓	0.07
橄榄	0.05
杨桃	0.2
龙眼	0.5
荔枝	0.5
芒果	0.7
番木瓜	0.5
榴莲	1
瓜果类水果	0.07
坚果	0.05
糖料	
甘蔗	0.2
甜菜	0.1
饮料类	
茶叶	20
咖啡豆	0.05
食用菌	
蘑菇类(鲜)	0.5
调味料	
干辣椒	10
果类调味料	0.1
根茎类调味料	0.2

4.205.5 检测方法：谷物按照 GB/T 5009.110、GB/T 19649 规定的方法测定；油料和油脂、坚果、糖料、调味料参照 GB/T 5009.110、GB/T 5009.146、GB/T 19649 规定的方法测定；蔬菜、水果、食用菌按照 GB/T 5009.146、GB/T 19648、NY/T 761 规定的方法测定；饮料类按照 GB/T 23204、SN/T 1117 规定的方法测定。

4.206 氯噻啉(imidaclothiz)

4.206.1 主要用途：杀虫剂。

4.206.2 ADI：0.025 mg/kg 体重。

4.206.3 残留物：氯噻啉。

4.206.4 最大残留限量：应符合表 206 的规定。

表 206

食品类别/名称	最大残留限量 mg/kg
谷物	
糙米	0.1[a]
小麦	0.2[a]
水果	
柑橘	0.2[a]
饮料类	
茶叶	3[a]
[a] 该限量为临时限量。	

4.207 **氯硝胺(dicloran)**

4.207.1 主要用途:杀菌剂。

4.207.2 ADI:0.01 mg/kg 体重。

4.207.3 残留物:氯硝胺。

4.207.4 最大残留限量:应符合表 207 的规定。

表 207

食品类别/名称	最大残留限量 mg/kg
蔬菜	
洋葱	0.2
胡萝卜	15
水果	
桃	7
油桃	7
葡萄	7

4.207.5 检测方法:蔬菜按照 GB/T 19648、GB/T 20769、NY/T 1379 规定的方法测定;水果按照 GB/T 19648、GB/T 20769 规定的方法测定。

4.208 **氯唑磷(isazofos)**

4.208.1 主要用途:杀虫剂。

4.208.2 ADI:0.000 05 mg/kg 体重。

4.208.3 残留物:氯唑磷。

4.208.4 最大残留限量:应符合表 208 的规定。

表 208

食品类别/名称	最大残留限量 mg/kg
谷物	
糙米	0.05[a]
蔬菜	
鳞茎类蔬菜	0.01[a]
芸薹属类蔬菜	0.01[a]
叶菜类蔬菜	0.01[a]
茄果类蔬菜	0.01[a]
瓜类蔬菜	0.01[a]
豆类蔬菜	0.01[a]
茎类蔬菜	0.01[a]
根茎类和薯芋类蔬菜	0.01[a]
水生类蔬菜	0.01[a]
芽菜类蔬菜	0.01[a]
其他类蔬菜	0.01[a]
水果	
柑橘类水果	0.01[a]
仁果类水果	0.01[a]
核果类水果	0.01[a]
浆果和其他小型水果	0.01[a]
热带和亚热带水果	0.01[a]
瓜果类水果	0.01[a]
[a] 该限量为临时限量。	

4.208.5 检测方法：谷物按照 GB/T 19649 规定的方法测定；蔬菜、水果按照 GB/T 20769 规定的方法测定。

4.209 马拉硫磷(malathion)

4.209.1 主要用途：杀虫剂。
4.209.2 ADI：0.3 mg/kg 体重。
4.209.3 残留物：马拉硫磷。
4.209.4 最大残留限量：应符合表 209 的规定。

表 209

食品类别/名称	最大残留限量 mg/kg
谷物	
糙米	1
大米	0.1
稻谷	8
麦类	8
鲜食玉米	0.5
旱粮类	8
杂粮类	8

表 209（续）

食品类别/名称	最大残留限量 mg/kg
油料和油脂	
大豆	8
蔬菜	
洋葱	1
葱	5
大蒜	0.5
结球甘蓝	0.5
花椰菜	0.5
菠菜	2
普通白菜	8
莴苣	8
叶芥菜	2
芜菁叶	5
芹菜	1
大白菜	8
番茄	0.5
茄子	0.5
辣椒	0.5
黄瓜	0.2
菜豆	2
豌豆	2
蚕豆	2
扁豆	2
豇豆	2
食荚豌豆	2
芦笋	1
芜菁	0.2
萝卜	0.5
胡萝卜	0.5
山药	0.5
马铃薯	0.5
甘薯	8
芋	8
玉米笋	0.02
水果	
柑橘	2
橙	4
柚	4
柠檬	4
苹果	2
梨	2
桃	6
油桃	6
李子	6

表 209（续）

食品类别/名称	最大残留限量 mg/kg
水果	
杏	6
樱桃	6
枣	6
蓝莓	10
葡萄	8
草莓	1
荔枝	0.5
糖料	
甜菜	0.5
食用菌	
蘑菇类(鲜)	0.5
饮料类	
番茄汁	0.01
调味料	
种子类调味料	2
果类调味料	1
根茎类调味料	0.5

4.209.5 检测方法：谷物按照 GB/T 5009.145、GB/T 5009.20、GB/T 19649 规定的方法测定；油料和油脂按照 GB/T 5009.145、GB/T 5009.20 规定的方法测定；蔬菜、水果、食用菌按照 GB/T 19648、GB/T 20769、NY/T 761 规定的方法测定；糖料参照 NY/T 761 规定的方法测定；调味料参照 GB/T 5009.20、GB/T 5009.145 规定的方法测定。

4.210 麦草畏(dicamba)

4.210.1 主要用途：除草剂。

4.210.2 ADI：0.3 mg/kg 体重。

4.210.3 残留物：麦草畏。

4.210.4 最大残留限量：应符合表 210 的规定。

表 210

食品类别/名称	最大残留限量 mg/kg
谷物	
小麦	0.5
玉米	0.5

4.210.5 检测方法：谷物按照 SN/T 1606、SN/T 2228 规定的方法测定。

4.211 咪鲜胺和咪鲜胺锰盐(prochloraz 和 prochloraz-manganese chloride complex)

4.211.1 主要用途：杀菌剂。

4.211.2 ADI：0.01 mg/kg 体重。

4.211.3 残留物：咪鲜胺及其含有2,4,6-三氯苯酚部分的代谢产物之和，以咪鲜胺表示。

4.211.4 最大残留限量：应符合表211的规定。

表 211

食品类别/名称	最大残留限量 mg/kg
谷物	
稻谷	0.5
麦类(小麦除外)	2
小麦	0.5
旱粮类	2
油料和油脂	
油菜籽	0.5
亚麻籽	0.05
葵花籽	0.5
葵花油毛油	1
蔬菜	
大蒜	0.1
菜薹	2
辣椒	2
黄瓜	1
水果	
柑橘类水果(柑橘除外)	10
柑橘	5
苹果	2
葡萄	2
皮不可食热带和亚热带水果(单列的除外)	7
荔枝	2
龙眼	5
芒果	2
香蕉	5
西瓜	0.1
食用菌	
蘑菇类(鲜)	2
调味料	
胡椒(黑、白)	10

4.211.5 检测方法：谷物、油料和油脂、调味料参照NY/T 1456规定的方法测定；水果、蔬菜、食用菌按照NY/T 1456规定的方法测定。

4.212 咪唑喹啉酸(imazaquin)

4.212.1 主要用途：除草剂。

4.212.2 ADI：0.25 mg/kg 体重。

4.212.3 残留物：咪唑喹啉酸。

4.212.4 最大残留限量：应符合表212的规定。

表 212

食品类别/名称	最大残留限量 mg/kg
油料和油脂	
大豆	0.05

4.212.5 检测方法:油料和油脂按照 GB/T 23818 规定的方法测定。

4.213 咪唑乙烟酸(imazethapyr)

4.213.1 主要用途:除草剂。
4.213.2 ADI:2.5 mg/kg 体重。
4.213.3 残留物:咪唑乙烟酸。
4.213.4 最大残留限量:应符合表 213 的规定。

表 213

食品类别/名称	最大残留限量 mg/kg
油料和油脂	
大豆	0.1

4.213.5 检测方法:油料和油脂按照 GB/T 23818 规定的方法测定。

4.214 醚磺隆(cinosulfuron)

4.214.1 主要用途:除草剂。
4.214.2 ADI:0.077 mg/kg 体重。
4.214.3 残留物:醚磺隆。
4.214.4 最大残留限量:应符合表 214 的规定。

表 214

食品类别/名称	最大残留限量 mg/kg
谷物	
糙米	0.1

4.214.5 检测方法:谷物按照 SN/T 2325 规定的方法测定。

4.215 醚菊酯(etofenprox)

4.215.1 主要用途:杀虫剂。
4.215.2 ADI:0.03 mg/kg 体重。
4.215.3 残留物:醚菊酯。
4.215.4 最大残留限量:应符合表 215 的规定。

表 215

食品类别/名称	最大残留限量 mg/kg
谷物	
糙米	0.01
玉米	0.05
杂粮类	0.05
油料和油脂	
油菜籽	0.01
水果	
苹果	0.6
梨	0.6
桃	0.6
油桃	0.6
葡萄干	8
蔬菜	
韭菜	1
结球甘蓝	0.5
菠菜	1
普通白菜	1
芹菜	1
大白菜	1

4.215.5 检测方法：谷物按照 GB/T 19649、SN/T 2151 规定的方法测定；油料和油脂参照 GB/T 19649 规定的方法测定；蔬菜参照 SN/T 2151 规定的方法测定；水果按照 GB/T 19648 规定的方法测定。

4.216 醚菌酯(kresoxim-methyl)

4.216.1 主要用途：杀菌剂。
4.216.2 ADI：0.4 mg/kg 体重。
4.216.3 残留物：醚菌酯。
4.216.4 最大残留限量：应符合表 216 的规定。

表 216

食品类别/名称	最大残留限量 mg/kg
谷物	
小麦	0.05
大麦	0.1
黑麦	0.05
油料和油脂	
初榨橄榄油	0.7
蔬菜	
黄瓜	0.5

表 216（续）

食品类别/名称	最大残留限量 mg/kg
水果	
橙	0.5
柚	0.5
仁果类水果(苹果除外)	0.2
苹果	0.2
草莓	2
橄榄	0.2
甜瓜	1

4.216.5　检测方法：谷物按照 GB/T 19649、GB/T 20770 规定的方法测定；油料和油脂参照GB/T 19649规定的方法测定；蔬菜、水果按照 GB/T 19648、GB/T 20769 规定的方法测定。

4.217　嘧苯胺磺隆(orthosulfamuron)

4.217.1　主要用途：除草剂。

4.217.2　ADI：0.05 mg/kg 体重。

4.217.3　残留物：嘧苯胺磺隆。

4.217.4　最大残留限量：应符合表 217 的规定。

表 217

食品类别/名称	最大残留限量 mg/kg
谷物	
糙米	0.05[a]
[a] 该限量为临时限量。	

4.218　嘧菌酯(azoxystrobin)

4.218.1　主要用途：杀菌剂。

4.218.2　ADI：0.2 mg/kg 体重。

4.218.3　残留物：嘧菌酯。

4.218.4　最大残留限量：应符合表 218 的规定。

表 218

食品类别/名称	最大残留限量 mg/kg
蔬菜	
黄瓜	0.5
冬瓜	1
马铃薯	0.1

表 218（续）

食品类别/名称	最大残留限量 mg/kg
水果	
柑橘	1
葡萄	5
荔枝	0.5
芒果	1
香蕉	2
西瓜	1

4.218.5　检测方法：蔬菜、水果按照 GB/T 20769、NY/T 1453、SN/T 1976 规定的方法测定。

4.219　**嘧菌环胺(cyprodinil)**

4.219.1　主要用途：杀菌剂。

4.219.2　ADI：0.03 mg/kg 体重。

4.219.3　残留物：嘧菌环胺。

4.219.4　最大残留限量：应符合表 219 的规定。

表 219

食品类别/名称	最大残留限量 mg/kg
谷物	
小麦	0.5
大麦	3
蔬菜	
洋葱	0.3
结球莴苣	10
叶用莴苣	10
番茄	0.5
茄子	0.2
甜椒	0.5
黄瓜	0.2
西葫芦	0.2
豆类蔬菜	0.5
水果	
梨	1
核果类水果	2
李子干	5
醋栗(红、黑)	0.5
草莓	2
坚果	
杏仁	0.02

4.219.5　检测方法：谷物、坚果参照 GB/T 20769、GB/T 19649 规定的方法测定；蔬菜按照 NY/T 1379、GB/T 20769、GB/T 19648 规定的方法测定；水果按照 GB/T 20769、GB/T 19648 规定的方法测定。

4.220 嘧霉胺(pyrimethanil)

4.220.1 主要用途:杀菌剂。

4.220.2 ADI:0.2 mg/kg 体重。

4.220.3 残留物:嘧霉胺。

4.220.4 最大残留限量:应符合表 220 的规定。

表 220

食品类别/名称	最大残留限量 mg/kg
谷物	
豌豆	0.5
蔬菜	
洋葱	0.2
葱	3
结球莴苣	3
番茄	1
黄瓜	2
菜豆	3
胡萝卜	1
马铃薯	0.05
水果	
柑橘类水果	7
仁果类水果(梨除外)	7
梨	1
桃	4
油桃	4
杏	3
李子	2
李子干	2
樱桃	4
葡萄	4
草莓	3
香蕉	0.1
坚果	
杏仁	0.2

4.220.5 检测方法:谷物按照 GB/T 19649、GB/T 20770 规定的方法测定;蔬菜、水果按照GB/T 19648、GB/T 20769 规定的方法测定;坚果参照 GB/T 19649、GB/T 20770 规定的方法测定。

4.221 灭草松(bentazone)

4.221.1 主要用途:除草剂。

4.221.2 ADI:0.1 mg/kg 体重。

4.221.3 残留物:灭草松,6-羟基灭草松及 8-羟基灭草松之和,以灭草松表示。

4.221.4 最大残留限量:应符合表 221 的规定。

表 221

食品类别/名称	最大残留限量 mg/kg
谷物	
稻谷	0.1
麦类	0.1
玉米	0.2
高粱	0.1
杂粮类	0.05
油料和油脂	
亚麻籽	0.1
大豆	0.05
蔬菜	
洋葱	0.1
菜豆	0.2
利马豆(荚可食)	0.05
豌豆(鲜)	0.2

4.221.5 检测方法:谷物、油料和油脂、蔬菜按照 SN/T 0292 规定的方法测定。

4.222 灭多威(methomyl)

4.222.1 主要用途:除草剂。

4.222.2 ADI:0.02 mg/kg 体重。

4.222.3 残留物:灭多威。

4.222.4 最大残留限量:应符合表 222 的规定。

表 222

食品类别/名称	最大残留限量 mg/kg
谷物	
小麦	0.5
玉米	0.05
油料和油脂	
大豆	0.2
棉籽	0.5
蔬菜	
结球甘蓝	2
花椰菜	2
菜薹	1
水果	
柑橘	1
苹果	2
饮料类	
茶叶	3

4.222.5 检测方法:谷物、油料和油脂按照 SN/T 0134 规定的方法测定;蔬菜、水果按照 NY/T 761 规

定的方法测定;茶叶参照 NY/T 761 规定的方法测定。

4.223 灭菌丹(folpet)

4.223.1 主要用途:杀菌剂。
4.223.2 ADI:0.1 mg/kg 体重。
4.223.3 残留物:灭菌丹。
4.223.4 最大残留限量:应符合表 223 的规定。

表 223

食品类别/名称	最大残留限量 mg/kg
蔬菜	
洋葱	1
结球莴苣	50
番茄	3
黄瓜	1
马铃薯	0.1
水果	
苹果	10
葡萄	10
葡萄干	40
草莓	5
甜瓜类水果	3

4.223.5 检测方法:蔬菜、水果按照 SN/T 2320、GB/T 20769 规定的方法测定。

4.224 灭瘟素(blasticidin-S)

4.224.1 主要用途:杀菌剂。
4.224.2 ADI:0.01 mg/kg 体重。
4.224.3 残留物:灭瘟素。
4.224.4 最大残留限量:应符合表 224 的规定。

表 224

食品类别/名称	最大残留限量 mg/kg
谷物	
糙米	0.1[a]

[a] 该限量为临时限量。

4.225 灭线磷(ethoprophos)

4.225.1 主要用途:杀线虫剂。
4.225.2 ADI:0.000 4 mg/kg 体重。
4.225.3 残留物:灭线磷。
4.225.4 最大残留限量:应符合表 225 的规定。

表 225

食品类别/名称	最大残留限量 mg/kg
谷物	
糙米	0.02
油料和油脂	
花生仁	0.02
蔬菜	
鳞茎类蔬菜	0.02
芸薹属类蔬菜	0.02
叶菜类蔬菜	0.02
茄果类蔬菜	0.02
瓜类蔬菜	0.02
豆类蔬菜	0.02
茎类蔬菜	0.02
根茎类和薯芋类蔬菜	0.02
水生类蔬菜	0.02
芽菜类蔬菜	0.02
其他类蔬菜	0.02
水果	
柑橘类水果	0.02
仁果类水果	0.02
核果类水果	0.02
浆果和其他小型水果	0.02
热带和亚热带水果	0.02
瓜果类水果	0.02

4.225.5　检测方法：谷物参照 NY/T 761 规定的方法测定；油料和油脂按照 SN/T 0351 规定的方法测定；蔬菜、水果按照 NY/T 761 规定的方法测定。

4.226　灭锈胺(mepronil)

4.226.1　主要用途：杀菌剂。

4.226.2　ADI：0.05 mg/kg 体重。

4.226.3　残留物：灭锈胺。

4.226.4　最大残留限量：应符合表 226 的规定。

表 226

食品类别/名称	最大残留限量 mg/kg
谷物	
糙米	0.2[a]
[a] 该限量为临时限量。	

4.226.5　检测方法：谷物按照 GB/T 19649 规定的方法测定。

4.227 灭蝇胺(cyromazine)

4.227.1 主要用途:杀虫剂。

4.227.2 ADI:0.06 mg/kg 体重。

4.227.3 残留物:灭蝇胺。

4.227.4 最大残留限量:应符合表 227 的规定。

表 227

食品类别/名称	最大残留限量 mg/kg
蔬菜	
黄瓜	1
豌豆	0.5
菜豆	0.5
蚕豆	0.5
扁豆	0.5
豇豆	0.5
食荚豌豆	0.5

4.227.5 检测方法:蔬菜按照 NY/T 1725 规定的方法测定。

4.228 灭幼脲(chlorbenzuron)

4.228.1 主要用途:杀虫剂。

4.228.2 ADI:1.25 mg/kg 体重。

4.228.3 残留物:灭幼脲。

4.228.4 最大残留限量:应符合表 228 的规定。

表 228

食品类别/名称	最大残留限量 mg/kg
谷物	
小麦	3
粟	3
蔬菜	
结球甘蓝	3
花椰菜	3

4.228.5 检测方法:谷物、蔬菜按照 GB/T 5009.135 规定的方法测定。

4.229 萘乙酸和萘乙酸钠(1-naphthylacetic acid 和 sodium 1-naphthalacitic acid)

4.229.1 主要用途:植物生长调节剂。

4.229.2 ADI:0.15 mg/kg 体重。

4.229.3 残留物:萘乙酸。

4.229.4 最大残留限量:应符合表 229 的规定。

表 229

食品类别/名称	最大残留限量 mg/kg
谷物	
糙米	0.1
小麦	0.05
油料和油脂	
棉籽	0.05
大豆	0.05
蔬菜	
番茄	0.1
水果	
苹果	0.1

4.229.5 检测方法：谷物、油料和油脂参照 SN/T 2228、SN 0346 规定的方法测定；蔬菜、水果按照 SN 0346规定的方法测定。

4.230 宁南霉素(ningnanmycin)

4.230.1 主要用途：杀菌剂。
4.230.2 ADI：0.24 mg/kg 体重。
4.230.3 残留物：宁南霉素。
4.230.4 最大残留限量：应符合表 230 的规定。

表 230

食品类别/名称	最大残留限量 mg/kg
谷物	
糙米	0.2[a]
水果	
苹果	1[a]
[a] 该限量为临时限量。	

4.231 内吸磷(demeton)

4.231.1 主要用途：杀虫/杀螨剂。
4.231.2 ADI：0.000 04 mg/kg 体重。
4.231.3 残留物：内吸磷。
4.231.4 最大残留限量：应符合表 231 的规定。

表 231

食品类别/名称	最大残留限量 mg/kg
蔬菜	
鳞茎类蔬菜	0.02
芸薹属类蔬菜	0.02
叶菜类蔬菜	0.02
茄果类蔬菜	0.02
瓜类蔬菜	0.02
豆类蔬菜	0.02
茎类蔬菜	0.02
根茎类和薯芋类蔬菜	0.02
水生类蔬菜	0.02
芽菜类蔬菜	0.02
其他类蔬菜	0.02
水果	
柑橘类水果	0.02
仁果类水果	0.02
核果类水果	0.02
浆果和其他小型水果	0.02
热带和亚热带水果	0.02
瓜果类水果	0.02

4.231.5 检测方法：蔬菜、水果按照 GB/T 20769 规定的方法测定。

4.232 哌草丹（dimepiperate）

4.232.1 主要用途：除草剂。

4.232.2 ADI：0.001 mg/kg 体重。

4.232.3 残留物：哌草丹。

4.232.4 最大残留限量：应符合表 232 的规定。

表 232

食品类别/名称	最大残留限量 mg/kg
谷物	
糙米	0.05[a]
[a] 该限量为临时限量。	

4.232.5 检测方法：谷物参照 NY/T 1379 规定的方法测定。

4.233 嗪氨灵（triforine）

4.233.1 主要用途：杀菌剂。

4.233.2 ADI：0.02 mg/kg 体重。

4.233.3 残留物：嗪氨灵和三氯乙醛之和，以嗪氨灵表示。

4.233.4 最大残留限量：应符合表 233 的规定。

表 233

食品类别/名称	最大残留限量 mg/kg
谷物	
稻谷	0.1
麦类	0.1
旱粮类	0.1
蔬菜	
抱子甘蓝	0.2
番茄	0.5
瓜类蔬菜	0.5
菜豆	1
水果	
苹果	2
桃	5
樱桃	2
李子	2
李子干	2
蓝莓	1
加仑子(黑、红、白)	1
悬钩子	1
草莓	1
瓜果类水果	0.5

4.233.5　检测方法:谷物按照 SN 0695 规定的方法测定,蔬菜、水果参照 SN 0695 规定的方法测定。

4.234　嗪草酮(metribuzin)

4.234.1　主要用途:除草剂。

4.234.2　ADI:0.013 mg/kg 体重。

4.234.3　残留物:嗪草酮。

4.234.4　最大残留限量:应符合表 234 的规定。

表 234

食品类别/名称	最大残留限量 mg/kg
谷物	
玉米	0.05
油料和油脂	
大豆	0.05

4.234.5　检测方法:谷物按照 GB/T 19649 规定的方法测定;油料和油脂参照 GB/T 19649 规定的方法测定。

4.235　氰草津(cyanazine)

4.235.1　主要用途:除草剂。

4.235.2 ADI：0.002 mg/kg 体重。

4.235.3 残留物：氰草津。

4.235.4 最大残留限量：应符合表 235 的规定。

表 235

食品类别/名称	最大残留限量 mg/kg
谷物	
玉米	0.05

4.235.5 检测方法：谷物参照 SN/T 1605 规定的方法测定。

4.236 氰氟草酯(cyhalofop-butyl)

4.236.1 主要用途：除草剂。

4.236.2 ADI：0.01 mg/kg 体重。

4.236.3 残留物：氰氟草酯和氰氟草酸之和。

4.236.4 最大残留限量：应符合表 236 的规定。

表 236

食品类别/名称	最大残留限量 mg/kg
谷物	
糙米	0.1

4.236.5 检测方法：谷物参照 GB/T 23204 规定的方法测定。

4.237 氰霜唑(cyazofamid)

4.237.1 主要用途：杀菌剂。

4.237.2 ADI：0.17 mg/kg 体重。

4.237.3 残留物：氰霜唑及其代谢物 4-氯-5-(4-甲苯基)-1*H*-咪唑-2 腈之和。

4.237.4 最大残留限量：应符合表 237 的规定。

表 237

食品类别/名称	最大残留限量 mg/kg
蔬菜	
黄瓜	0.5[a]
马铃薯	0.02[a]
水果	
葡萄	1[a]
荔枝	0.02[a]
[a] 该限量为临时限量。	

4.237.5 检测方法：蔬菜、水果参照 GB/T 23206 规定的方法测定。

4.238 氰戊菊酯和S-氰戊菊酯(fenvalerate和esfenvalerate)

4.238.1 主要用途:杀虫剂。

4.238.2 ADI:0.02 mg/kg体重。

4.238.3 残留物:氰戊菊酯(异构体之和)。

4.238.4 最大残留限量:应符合表238的规定。

表 238

食品类别/名称	最大残留限量 mg/kg
谷物	
小麦	2
玉米	0.02
鲜食玉米	0.2
小麦粉	0.2
全麦粉	2
油料和油脂	
棉籽	0.2
大豆	0.1
花生仁	0.1
棉籽油	0.1
蔬菜	
结球甘蓝	0.5
花椰菜	0.5
菠菜	1
普通白菜	1
莴苣	1
大白菜	3
番茄	0.2
茄子	0.2
辣椒	0.2
黄瓜	0.2
西葫芦	0.2
丝瓜	0.2
南瓜	0.2
萝卜	0.05
胡萝卜	0.05
山药	0.05
马铃薯	0.05
水果	
柑橘类水果(柑橘除外)	0.2
柑橘	1
仁果类水果(苹果、梨除外)	0.2
苹果	1
梨	1
核果类水果	0.2
浆果和其他小型水果	0.2

表 238（续）

食品类别/名称	最大残留限量 mg/kg
水果	
热带和亚热带水果	0.2
瓜果类水果	0.2
糖料	
甜菜	0.05
食用菌	
蘑菇类(鲜)	0.2

4.238.5 检测方法：谷物按照 GB/T 5009.110 规定的方法测定；蔬菜、水果按照 NY/T 761 规定的方法测定；油料和油脂、糖料、食用菌参照 GB/T 5009.110 规定的方法测定。

4.239 炔草酯（clodinafop-propargyl）

4.239.1 主要用途：除草剂。

4.239.2 ADI：0.000 3 mg/kg 体重。

4.239.3 残留物：炔草酯及炔草酸之和。

4.239.4 最大残留限量：应符合表 239 的规定。

表 239

食品类别/名称	最大残留限量 mg/kg
谷物	
小麦	0.1

4.239.5 检测方法：谷物参照 SN/T 2433 规定的方法测定。

4.240 炔螨特（propargite）

4.240.1 主要用途：杀螨剂。

4.240.2 ADI：0.01 mg/kg 体重。

4.240.3 残留物：炔螨特。

4.240.4 最大残留限量：应符合表 240 的规定。

表 240

食品类别/名称	最大残留限量 mg/kg
油料和油脂	
棉籽	0.1
棉籽油	0.1
蔬菜	
菠菜	2
普通白菜	2
莴苣	2
大白菜	2

表 240（续）

食品类别/名称	最大残留限量 mg/kg
水果	
橙	5
柑橘	5
柚	5
柠檬	5
苹果	5
梨	5

4.240.5 检测方法：油料和油脂参照 GB/T 19649、NY/T 1652、SN 0701 规定的方法测定；蔬菜、水果按照 NY/T 1652 规定的方法测定。

4.241 乳氟禾草灵(lactofen)

4.241.1 主要用途：除草剂。

4.241.2 ADI：0.008 mg/kg 体重。

4.241.3 残留物：乳氟禾草灵。

4.241.4 最大残留限量：应符合表 241 的规定。

表 241

食品类别/名称	最大残留限量 mg/kg
油料和油脂	
大豆	0.05
花生仁	0.05

4.241.5 检测方法：油料和油脂参照 GB/T 20769 规定的方法测定。

4.242 噻苯隆(thidiazuron)

4.242.1 主要用途：植物生长调节剂。

4.242.2 ADI：0.04 mg/kg 体重。

4.242.3 残留物：噻苯隆。

4.242.4 最大残留限量：应符合表 242 的规定。

表 242

食品类别/名称	最大残留限量 mg/kg
油料和油脂	
棉籽	1[a]
蔬菜	
黄瓜	0.05[a]
水果	
葡萄	0.05[a]
甜瓜	0.05[a]
[a] 该限量为临时限量。	

4.243 噻虫啉(thiacloprid)

4.243.1 主要用途:杀虫剂。

4.243.2 ADI:0.01 mg/kg 体重。

4.243.3 残留物:噻虫啉。

4.243.4 最大残留限量:应符合表 243 的规定。

表 243

食品类别/名称	最大残留限量 mg/kg
谷物	
小麦	0.1
油料和油脂	
油菜籽	0.5
芥菜籽	0.5
棉籽	0.02
蔬菜	
番茄	0.5
茄子	0.7
甜椒	1
黄瓜	1
马铃薯	0.02
水果	
仁果类水果	0.7
核果类水果	0.5
浆果及其他小型水果(猕猴桃除外)	1
猕猴桃	0.2
甜瓜类水果	0.2
坚果	0.02

4.243.5 检测方法:谷物按照 GB/T 20770 规定的方法测定;油料和油脂、坚果参照 GB/T 20770 规定的方法测定;蔬菜、水果按照 GB/T 20769、GB/T 19648 规定的方法测定。

4.244 噻虫嗪(thiamethoxam)

4.244.1 主要用途:杀虫剂。

4.244.2 ADI:0.08 mg/kg 体重。

4.244.3 残留物:噻虫嗪。

4.244.4 最大残留限量:应符合表 244 的规定。

表 244

食品类别/名称	最大残留限量 mg/kg
谷物	
糙米	0.1

表 244（续）

食品类别/名称	最大残留限量 mg/kg
蔬菜	
结球甘蓝	0.2
黄瓜	0.5
水果	
西瓜	0.2
饮料类	
茶叶	10

4.244.5　检测方法：谷物按照 GB/T 19649 规定的方法测定；蔬菜、水果按照 GB/T 19648、GB/T 20769 规定的方法测定；茶叶参照 GB/T 20770 规定的方法测定。

4.245　噻吩磺隆(thifensulfuron-methyl)

4.245.1　主要用途：除草剂。

4.245.2　ADI：0.07 mg/kg 体重。

4.245.3　残留物：噻吩磺隆。

4.245.4　最大残留限量：应符合表 245 的规定。

表 245

食品类别/名称	最大残留限量 mg/kg
谷物	
小麦	0.05
玉米	0.05
油料和油脂	
大豆	0.05
花生仁	0.05

4.245.5　检测方法：谷物按照 GB/T 20770 规定的方法测定；油料和油脂参照 GB/T 20770 规定的方法测定。

4.246　噻呋酰胺(thifluzamide)

4.246.1　主要用途：杀菌剂。

4.246.2　ADI：0.014 mg/kg 体重。

4.246.3　残留物：噻呋酰胺。

4.246.4　最大残留限量：应符合表 246 的规定。

表 246

食品类别/名称	最大残留限量 mg/kg
谷物	
糙米	3
蔬菜	
马铃薯	2

4.246.5　检测方法：谷物按照 GB/T 19649 规定的方法测定；蔬菜参照 GB/T 19649 规定的方法测定。

4.247　噻节因(dimethipin)

4.247.1　主要用途：调节剂。

4.247.2　ADI：0.02 mg/kg 体重。

4.247.3　残留物：噻节因。

4.247.4　最大残留限量：应符合表 247 的规定。

表 247

食品类别/名称	最大残留限量 mg/kg
油料和油脂	
油菜籽	0.2
棉籽	1
葵花籽	1
棉籽油毛油	0.1
食用棉籽油	0.1
蔬菜	
马铃薯	0.05

4.247.5　检测方法：油料和油脂按照 GB/T 23210 规定的方法测定；蔬菜按照 NY/T 1379 规定的方法测定。

4.248　噻菌灵(thiabendazole)

4.248.1　主要用途：杀菌剂。

4.248.2　ADI：0.1 mg/kg 体重。

4.248.3　残留物：噻菌灵。

4.248.4　最大残留限量：应符合表 248 的规定。

表 248

食品类别/名称	最大残留限量 mg/kg
蔬菜	
菊苣	0.05
马铃薯	15

表 248（续）

食品类别/名称	最大残留限量 mg/kg
水果	
柑橘	10
柚	10
橙	10
柠檬	10
仁果类水果	3
芒果	5
鳄梨	15
番木瓜	10
香蕉	5
食用菌	
香菇（鲜）	5

4.248.5 检测方法：蔬菜、水果按照 NY/T 1680、GB/T 20769 规定的方法测定；食用菌按照GB/T 20769、NY/T 1453、NY/T 1680 规定的方法测定。

4.249 噻螨酮（hexythiazox）

4.249.1 主要用途：杀螨剂。

4.249.2 ADI：0.03 mg/kg 体重。

4.249.3 残留物：噻螨酮。

4.249.4 最大残留限量：应符合表 249 的规定。

表 249

食品类别/名称	最大残留限量 mg/kg
油料和油脂	
棉籽	0.05
蔬菜	
瓜类蔬菜	0.05
番茄	0.1
茄子	0.1
水果	
柑橘	0.5
橙	0.5
柚	0.5
柠檬	0.5
仁果类水果（苹果、梨除外）	0.4
苹果	0.5
梨	0.5
核果类水果（枣除外）	0.3
枣	2
李子干	1

表 249（续）

食品类别/名称	最大残留限量 mg/kg
水果	
葡萄	1
葡萄干	1
草莓	0.5
瓜果类水果	0.05
坚果	0.05
饮料类	
啤酒花	3
茶叶	15

4.249.5 检测方法：油料和油脂参照 GB/T 20770 规定的方法测定；蔬菜、水果按照 GB/T 19648、GB/T 20769 规定的方法测定；坚果、饮料类参照 GB/T 19648、GB/T 20769 规定的方法测定。

4.250 噻霉酮（benziothiazolinone）

4.250.1 主要用途：杀菌剂。

4.250.2 ADI：0.017 mg/kg 体重。

4.250.3 残留物：噻霉酮。

4.250.4 最大残留限量：应符合表 250 的规定。

表 250

食品类别/名称	最大残留限量 mg/kg
蔬菜	
黄瓜	0.1[a]
[a] 该限量为临时限量。	

4.251 噻嗪酮（buprofezin）

4.251.1 主要用途：杀虫剂。

4.251.2 ADI：0.009 mg/kg 体重。

4.251.3 残留物：噻嗪酮。

4.251.4 最大残留限量：应符合表 251 的规定。

表 251

食品类别/名称	最大残留限量 mg/kg
谷物	
糙米	0.3
稻谷	0.3

表 251（续）

食品类别/名称	最大残留限量 mg/kg
蔬菜	
番茄	2
水果	
柑橘	0.5
橙	0.5
柚	0.5
柠檬	0.5
饮料类	
茶叶	10

4.251.5 检测方法：谷物按照 GB/T 5009.184、SN/T 2150 规定的方法测定；蔬菜、水果按照 GB/T 19648、GB/T 20769 规定的方法测定；茶叶按照 GB/T 23376 规定的方法测定。

4.252 噻唑膦(fosthiazate)

4.252.1 主要用途：杀线虫剂。

4.252.2 ADI：0.004 mg/kg 体重。

4.252.3 残留物：噻唑膦。

4.252.4 最大残留限量：应符合表 252 的规定。

表 252

食品类别/名称	最大残留限量 mg/kg
蔬菜	
黄瓜	0.2

4.252.5 检测方法：蔬菜按照 GB/T 20769 规定的方法测定。

4.253 噻唑锌(zinc-thiazole)

4.253.1 主要用途：杀菌剂。

4.253.2 ADI：0.01 mg/kg 体重。

4.253.3 残留物：噻二唑。

4.253.4 最大残留限量：应符合表 253 的规定。

表 253

食品类别/名称	最大残留限量 mg/kg
谷物	
糙米	0.2[a]
水果	
柑橘	0.5[a]

[a] 该限量为临时限量。

4.254 三苯基氢氧化锡(**fentin hydroxide**)

4.254.1 主要用途:杀菌剂。

4.254.2 ADI:0.000 5 mg/kg 体重。

4.254.3 残留物:三苯基氢氧化锡。

4.254.4 最大残留限量:应符合表 254 的规定。

表 254

食品类别/名称	最大残留限量 mg/kg
蔬菜	
马铃薯	0.1[a]

[a] 该限量为临时限量。

4.255 三氟羧草醚(**acifluorfen**)

4.255.1 主要用途:除草剂。

4.255.2 ADI:0.013 mg/kg 体重。

4.255.3 残留物:三氟羧草醚。

4.255.4 最大残留限量:应符合表 255 的规定。

表 255

食品类别/名称	最大残留限量 mg/kg
油料和油脂	
大豆	0.1

4.255.5 检测方法:油料和油脂参照 SN/T 2228 规定的方法测定。

4.256 三环唑(**tricyclazole**)

4.256.1 主要用途:杀菌剂。

4.256.2 ADI:0.04 mg/kg 体重。

4.256.3 残留物:三环唑。

4.256.4 最大残留限量:应符合表 256 的规定。

表 256

食品类别/名称	最大残留限量 mg/kg
谷物	
稻谷	2
蔬菜	
菜薹	2

4.256.5 检测方法:谷物按照 GB/T 5009.115 规定的方法测定;蔬菜按照 NY/T 1379 规定的方法

测定。

4.257 三氯杀螨醇(dicofol)

4.257.1 主要用途:杀螨剂。

4.257.2 ADI:0.002 mg/kg 体重。

4.257.3 残留物:三氯杀螨醇(o,p'-异构体和 p,p'-异构体之和)。

4.257.4 最大残留限量:应符合表 257 规定。

表 257

食品类别/名称	最大残留限量 mg/kg
油料和油脂	
棉籽油	0.5
水果	
柑橘	1
橙	1
柚	1
柠檬	1
苹果	1
梨	1

4.257.5 检测方法:油料和油脂按照 GB/T 5009.176 规定的方法测定;水果按照 NY/T 761 规定的方法测定。

4.258 三氯杀螨砜(tetradifon)

4.258.1 主要用途:杀螨剂。

4.258.2 ADI:0.02 mg/kg 体重。

4.258.3 残留物:三氯杀螨砜。

4.258.4 最大残留限量:应符合表 258 的规定。

表 258

食品类别/名称	最大残留限量 mg/kg
水果	
苹果	2

4.258.5 检测方法:水果按照 NY/T 1379 规定的方法测定。

4.259 三乙膦酸铝(fosetyl-aluminium)

4.259.1 主要用途:杀菌剂。

4.259.2 ADI:3 mg/kg 体重。

4.259.3 残留物:乙基磷酸和亚磷酸及其盐之和,以乙基磷酸表示。

4.259.4 最大残留限量:应符合表 259 的规定。

表 259

食品类别/名称	最大残留限量 mg/kg
蔬菜	
黄瓜	30[a]
水果	
苹果	30[a]
荔枝	1[a]
[a] 该限量为临时限量。	

4.260 三环锡(cyhexatin)

4.260.1 主要用途:杀螨剂。
4.260.2 ADI:0.007 mg/kg 体重。
4.260.3 残留物:三环锡。
4.260.4 最大残留限量:应符合表 260 的规定。

表 260

食品类别/名称	最大残留限量 mg/kg
水果	
橙	0.2
加仑子(黑、红、白)	0.1
葡萄	0.3
调味料	
干辣椒	5

4.260.5 检测方法:水果按照 SN/T 1990 规定的方法测定;调味料参照 SN/T 1990 规定的方法测定。

4.261 三唑醇(triadimenol)

4.261.1 主要用途:杀菌剂。
4.261.2 ADI:0.03 mg/kg 体重。
4.261.3 残留物:三唑醇。
4.261.4 最大残留限量:应符合表 261 的规定。

表 261

食品类别/名称	最大残留限量 mg/kg
谷物	
稻谷	0.2
糙米	0.05
麦类(小麦除外)	0.2
小麦	0.2
旱粮类(玉米、高粱除外)	0.2

表 261（续）

食品类别/名称	最大残留限量 mg/kg
谷物	
玉米	0.1
高粱	0.1
蔬菜	
茄果类蔬菜	1
瓜类蔬菜	0.2
朝鲜蓟	0.7
水果	
苹果	0.3
加仑子(黑、红、白)	0.7
葡萄干	10
草莓	0.7
香蕉	1
菠萝	5
瓜果类水果	0.2
糖料	
甜菜	0.05
饮料类	
咖啡豆	0.5
调味料	
干辣椒	5

4.261.5 检测方法：谷物按照 GB/T 19649、SN/T 2232 规定的方法测定；蔬菜、水果按照 GB/T 19648 规定的方法测定；糖料、饮料类参照 GB/T 20769 规定的方法测定；调味料参照 GB/T 20769、GB/T 19648规定的方法测定。

4.262 三唑磷(triazophos)

4.262.1 主要用途：杀虫剂。

4.262.2 ADI：0.001 mg/kg 体重。

4.262.3 残留物：三唑磷。

4.262.4 最大残留限量：应符合表 262 的规定。

表 262

食品类别/名称	最大残留限量 mg/kg
谷物	
稻谷	0.05
麦类	0.05
旱粮类	0.05
油料和油脂	
棉籽	0.1
蔬菜	
结球甘蓝	0.1
节瓜	0.1

表 262（续）

食品类别/名称	最大残留限量 mg/kg
水果	
柑橘	0.2
苹果	0.2
荔枝	0.2

4.262.5　检测方法：谷物按照 GB/T 20770、GB/T 19649 规定的方法测定；油料和油脂参照GB/T 19649 规定的方法测定；蔬菜、水果按照 NY/T 761 规定的方法测定。

4.263　**三唑酮（triadimefon）**

4.263.1　主要用途：杀菌剂。

4.263.2　ADI：0.03 mg/kg 体重。

4.263.3　残留物：三唑酮。

4.263.4　最大残留限量：应符合表 263 的规定。

表 263

食品类别/名称	最大残留限量 mg/kg
谷物	
稻谷	0.5
麦类（小麦除外）	0.2
小麦	0.2
旱粮类（玉米除外）	0.2
玉米	0.5
油料和油脂	
油菜籽	0.2
棉籽	0.05
蔬菜	
结球甘蓝	0.05
茄果类蔬菜	1
瓜类蔬菜（黄瓜除外）	0.2
黄瓜	0.1
豌豆	0.05
朝鲜蓟	0.7
水果	
柑橘	1
苹果	1
梨	0.5
加仑子（黑、红、白）	0.7
葡萄干	10
草莓	0.7
荔枝	0.05
香蕉	0.05

表 263（续）

食品类别/名称	最大残留限量 mg/kg
水果	
菠萝	5
瓜果类水果	0.2
糖料	
甜菜	0.1
饮料类	
咖啡豆	0.5
调味料	
干辣椒	5

4.263.5　检测方法：谷物按照 GB/T 5009.126、GB/T 20770、GB/T 19649 规定的方法测定；油料和油脂、糖料参照 GB/T 5009.126 规定的方法测定；蔬菜、水果按照 NY/T 761、GB/T 20769、GB/T 19648 规定的方法测定；饮料类、调味料参照 GB/T 20770、GB/T 20769 规定的方法测定。

4.264　三唑锡(azocyclotin)

4.264.1　主要用途：杀螨剂。

4.264.2　ADI：0.003 mg/kg 体重。

4.264.3　残留物：三环锡。

4.264.4　最大残留限量：应符合表 264 的规定。

表 264

食品类别/名称	最大残留限量 mg/kg
水果	
柑橘	2
橙	0.2
柚	0.2
柠檬	0.2
苹果	0.5
梨	0.2
加仑子(红、黑、白)	0.1
葡萄	0.3

4.264.5　检测方法：水果按照 SN 0150、SN/T 1990 规定的方法测定。

4.265　杀草强(amitrole)

4.265.1　主要用途：除草剂。

4.265.2　ADI：0.002 mg/kg 体重。

4.265.3　残留物：杀草强。

4.265.4　最大残留限量：应符合表 265 的规定。

表 265

食品类别/名称	最大残留限量 mg/kg
水果	
仁果类水果	0.05
核果类水果	0.05
葡萄	0.05

4.265.5 检测方法：水果按照 SN/T 1737.6 规定的方法测定。

4.266 杀虫单(thiosultap-monosodium)

4.266.1 主要用途：杀虫剂。

4.266.2 ADI：0.01 mg/kg 体重。

4.266.3 残留物：沙蚕毒素。

4.266.4 最大残留限量：应符合表 266 的规定。

表 266

食品类别/名称	最大残留限量 mg/kg
谷物	
糙米	0.5
蔬菜	
结球甘蓝	0.2
菜豆	2
水果	
苹果	1
糖料	
甘蔗	0.1

4.266.5 检测方法：谷物按照 GB/T 5009.114 规定的方法测定；蔬菜按照 SN 0345 规定的方法测定；水果、糖料参照 SN 0345 规定的方法测定。

4.267 杀虫环(thiocyclam)

4.267.1 主要用途：杀虫剂。

4.267.2 ADI：0.05 mg/kg 体重。

4.267.3 残留物：杀虫环。

4.267.4 最大残留限量：应符合表 267 的规定。

表 267

食品类别/名称	最大残留限量 mg/kg
谷物	
大米	0.2

4.267.5 检测方法:谷物按照 GB/T 5009.113 规定的方法测定。

4.268 杀虫脒(chlordimeform)

4.268.1 主要用途:杀虫剂。

4.268.2 ADI:0.001 mg/kg 体重。

4.268.3 残留物:杀虫脒。

4.268.4 最大残留限量:应符合表 268 的规定。

表 268

食品类别/名称	最大残留限量 mg/kg
蔬菜	
鳞茎类蔬菜	0.01[a]
芸薹属类蔬菜	0.01[a]
叶菜类蔬菜	0.01[a]
茄果类蔬菜	0.01[a]
瓜类蔬菜	0.01[a]
豆类蔬菜	0.01[a]
茎类蔬菜	0.01[a]
根茎类和薯芋类蔬菜	0.01[a]
水生类蔬菜	0.01[a]
芽菜类蔬菜	0.01[a]
其他类蔬菜	0.01[a]
水果	
柑橘类水果	0.01[a]
仁果类水果	0.01[a]
核果类水果	0.01[a]
浆果和其他小型水果	0.01[a]
热带和亚热带水果	0.01[a]
瓜果类水果	0.01[a]

[a] 该限量为临时限量。

4.268.5 检测方法:蔬菜、水果按照 GB/T 20769 规定的方法测定。

4.269 杀虫双(bisultap thiosultap-disodium)

4.269.1 主要用途:杀虫剂。

4.269.2 ADI:0.01 mg/kg 体重。

4.269.3 残留物:沙蚕毒素。

4.269.4 最大残留限量:应符合表 269 的规定。

表 269

食品类别/名称	最大残留限量 mg/kg
谷物	
大米	0.2

4.269.5 检测方法:谷物按照 GB/T 5009.114 规定的方法测定。

4.270 杀铃脲(triflumuron)

4.270.1 主要用途:杀虫剂。
4.270.2 ADI:0.014 mg/kg 体重。
4.270.3 残留物:杀铃脲。
4.270.4 最大残留限量:应符合表 270 的规定。

表 270

食品类别/名称	最大残留限量 mg/kg
水果	
柑橘	0.05
苹果	0.1

4.270.5 检测方法:水果按照 GB/T 20769、NY/T 1720 规定的方法测定。

4.271 杀螟丹(cartap)

4.271.1 主要用途:杀虫剂。
4.271.2 ADI:0.1 mg/kg 体重。
4.271.3 残留物:杀螟丹。
4.271.4 最大残留限量:应符合表 271 的规定。

表 271

食品类别/名称	最大残留限量 mg/kg
谷物	
大米	0.1
糙米	0.1
蔬菜	
大白菜	3
水果	
柑橘	3
饮料类	
茶叶	20
糖料	
甘蔗	0.1

4.271.5 检测方法:谷物按照 GB/T 20770 规定的方法测定;蔬菜、水果按照 GB/T 20769 规定的方法测定;茶叶、糖料参照 GB/T 20769 规定的方法测定。

4.272 杀螟硫磷(fenitrothion)

4.272.1 主要用途:杀虫剂。
4.272.2 ADI:0.006 mg/kg 体重。
4.272.3 残留物:杀螟硫磷。

4.272.4 最大残留限量：应符合表272的规定。

表 272

食品类别/名称	最大残留限量 mg/kg
谷物	
大米	1[a]
稻谷	5[a]
麦类	5[a]
小麦粉	1[a]
全麦粉	5[a]
旱粮类	5[a]
杂粮类	5[a]
油料和油脂	
大豆	5[a]
棉籽	0.1[a]
蔬菜	
鳞茎类蔬菜	0.5[a]
芸薹属类蔬菜（结球甘蓝除外）	0.5[a]
结球甘蓝	0.2[a]
叶菜类蔬菜	0.5[a]
茄果类蔬菜	0.5[a]
瓜类蔬菜	0.5[a]
豆类蔬菜	0.5[a]
茎类蔬菜	0.5[a]
根茎类和薯芋类蔬菜	0.5[a]
水生类蔬菜	0.5[a]
芽菜类蔬菜	0.5[a]
其他类蔬菜	0.5[a]
水果	
柑橘类水果	0.5[a]
仁果类水果	0.5[a]
核果类水果	0.5[a]
浆果和其他小型水果	0.5[a]
热带和亚热带水果	0.5[a]
瓜果类水果	0.5[a]
饮料类	
茶叶	0.5[a]
[a] 该限量为临时限量。	

4.272.5 检测方法：谷物按照GB/T 14553、GB/T 5009.20规定的方法测定；油料和油脂参照GB/T 14553、GB/T 5009.20规定的方法测定；蔬菜、水果按照GB/T 14553、GB/T 20769、NY/T 761规定的方法测定；茶叶参照GB/T 14553、GB/T 20769、NY/T 761规定的方法测定。

4.273 杀扑磷（methidathion）

4.273.1 主要用途：杀虫剂。

4.273.2 ADI：0.001 mg/kg 体重。

4.273.3 残留物：杀扑磷。

4.273.4 最大残留限量：应符合表 273 的规定。

表 273

食品类别/名称	最大残留限量 mg/kg
水果	
柑橘	2

4.273.5 检测方法：水果按照 GB/T 14553、GB/T 19648、NY/T 761 规定的方法测定。

4.274 杀线威(oxamyl)

4.274.1 主要用途：杀虫剂。

4.274.2 ADI：0.009 mg/kg 体重。

4.274.3 残留物：杀线威和杀线威肟之和，以杀线威表示。

4.274.4 最大残留限量：应符合表 274 的规定。

表 274

食品类别/名称	最大残留限量 mg/kg
油料和油脂	
棉籽	0.2
花生仁	0.05
蔬菜	
番茄	2
甜椒	2
黄瓜	2
胡萝卜	0.1
马铃薯	0.1
水果	
柑橘类水果	5
甜瓜类水果	2

4.274.5 检测方法：油料和油脂参照 SN/T 0134 规定的方法测定；蔬菜、水果按照 NY/T 1453、SN/T 0134规定的方法测定。

4.275 生物苄呋菊酯(bioresmethrin)

4.275.1 主要用途：杀虫剂。

4.275.2 ADI：0.03 mg/kg 体重。

4.275.3 残留物：生物苄呋菊酯。

4.275.4 最大残留限量：应符合表 275 的规定。

表 275

食品类别/名称	最大残留限量 mg/kg
谷物	
小麦	1
小麦粉	1
麦胚	3
全麦粉	1

4.275.5 检测方法:谷物按照 SN/T 2151、GB/T 20770 规定的方法测定。

4.276 双氟磺草胺(florasulam)

4.276.1 主要用途:除草剂。
4.276.2 ADI:0.05 mg/kg 体重。
4.276.3 残留物:双氟磺草胺。
4.276.4 最大残留限量:应符合表 276 的规定。

表 276

食品类别/名称	最大残留限量 mg/kg
谷物	
小麦	0.01

4.276.5 检测方法:谷物参照 GB/T 20769 规定的方法测定。

4.277 双胍三辛烷基苯磺酸盐[iminoctadinetris (albesilate)]

4.277.1 主要用途:杀菌剂。
4.277.2 ADI:0.009 mg/kg 体重。
4.277.3 残留物:双胍辛胺。
4.277.4 最大残留限量:应符合表 277 的规定。

表 277

食品类别/名称	最大残留限量 mg/kg
蔬菜	
番茄	1[a]
黄瓜	2[a]
芦笋	1[a]
水果	
柑橘	3[a]
苹果	2[a]
葡萄	1[a]
西瓜	0.2[a]
[a] 该限量为临时限量。	

4.278 双甲脒(amitraz)

4.278.1 主要用途:杀螨剂。

4.278.2 ADI:0.01 mg/kg 体重。

4.278.3 残留物:双甲脒及 *N*-(2,4-二甲苯基)-*N*′-甲基甲脒之和,以双甲脒表示。

4.278.4 最大残留限量:应符合表 278 的规定。

表 278

食品类别/名称	最大残留限量 mg/kg
谷物	
鲜食玉米	0.5
油料和油脂	
棉籽	0.5
棉籽油	0.05
蔬菜	
番茄	0.5
茄子	0.5
辣椒	0.5
黄瓜	0.5
水果	
柑橘	0.5
橙	0.5
柚	0.5
柠檬	0.5
仁果类水果(苹果、梨除外)	0.5
苹果	0.5
梨	0.5
樱桃	0.5
桃	0.5
食用菌	
蘑菇类(鲜)	0.5

4.278.5 检测方法:谷物、油料和油脂、蔬菜、水果、食用菌按照 GB/T 5009.143、SN 0279 规定的方法测定。

4.279 双炔酰菌胺(mandipropamid)

4.279.1 主要用途:杀菌剂。

4.279.2 ADI:0.2 mg/kg 体重。

4.279.3 残留物:双炔酰菌胺。

4.279.4 最大残留限量:应符合表 279 的规定。

表 279

食品类别/名称	最大残留限量 mg/kg
蔬菜	
洋葱	0.1[a]
葱	7[a]
结球甘蓝	3[a]
青花菜	2[a]
叶菜类(芹菜除外)	25[a]
芹菜	20[a]
辣椒	1[a]
西葫芦	0.2[a]
黄瓜	0.2[a]
马铃薯	0.01[a]
水果	
葡萄	2[a]
荔枝	0.2[a]
西瓜	0.2[a]
甜瓜类水果	0.5[a]

[a] 该限量为临时限量。

4.280 **霜霉威和霜霉威盐酸盐(propamocarb 和 propamocarb hydrochloride)**

4.280.1 主要用途:杀菌剂。

4.280.2 ADI:0.4 mg/kg 体重。

4.280.3 残留物:霜霉威。

4.280.4 最大残留限量:应符合表 280 的规定。

表 280

食品类别/名称	最大残留限量 mg/kg
蔬菜	
菊苣	2
茄子	0.3
甜椒	3
番茄	2
瓜类蔬菜	5
萝卜	1
马铃薯	0.3
水果	
葡萄	2
瓜果类水果	5
调味料	
干辣椒	10

4.280.5 检测方法:蔬菜按照 GB/T 20769、NY/T 1379 规定的方法测定;水果按照 GB/T 20769 规定

的方法测定;调味料参照 SN 0685 规定的方法测定。

4.281 霜脲氰(cymoxanil)

4.281.1 主要用途:杀菌剂。

4.281.2 ADI:0.013 mg/kg 体重。

4.281.3 残留物:霜脲氰。

4.281.4 最大残留限量:应符合表 281 的规定。

表 281

食品类别/名称	最大残留限量 mg/kg
蔬菜	
黄瓜	0.5
马铃薯	0.5
水果	
葡萄	0.5
荔枝	0.1

4.281.5 检测方法:蔬菜、水果按照 GB/T 20769 规定的方法测定。

4.282 水胺硫磷(isocarbophos)

4.282.1 主要用途:杀虫剂。

4.282.2 ADI:0.003 mg/kg 体重。

4.282.3 残留物:水胺硫磷。

4.282.4 最大残留限量:应符合表 282 的规定。

表 282

食品类别/名称	最大残留限量 mg/kg
谷物	
稻谷	0.1
糙米	0.1
油料和油脂	
棉籽	0.05
水果	
柑橘	0.02
苹果	0.01

4.282.5 检测方法:谷物按照 GB/T 19649 规定的方法测定;油料和油脂参照 GB/T 19649 规定的方法测定;水果按照 GB/T 5009.20 规定的方法测定。

4.283 四聚乙醛(metaldehyde)

4.283.1 主要用途:杀螺剂。

4.283.2 ADI:0.01 mg/kg 体重。

4.283.3 残留物:四聚乙醛。

4.283.4 最大残留限量:应符合表 283 的规定。

表 283

食品类别/名称	最大残留限量 mg/kg
谷物	
糙米	0.2[a]
蔬菜	
韭菜	1[a]
结球甘蓝	2[a]
菠菜	1[a]
普通白菜	3[a]
芹菜	1[a]
大白菜	1[a]
[a] 该限量为临时限量。	

4.284 四氯苯酞(fthalide phthalide)

4.284.1 主要用途:杀菌剂。

4.284.2 ADI:0.15 mg/kg 体重。

4.284.3 残留物:四氯苯酞。

4.284.4 最大残留限量:应符合表 284 的规定。

表 284

食品类别/名称	最大残留限量 mg/kg
谷物	
稻谷	0.5[a]
糙米	1[a]
[a] 该限量为临时限量。	

4.284.5 检测方法:谷物按照 GB/T 19649 规定的方法测定。

4.285 四氯硝基苯(tecnazene)

4.285.1 主要用途:杀菌剂/植物生长调节剂。

4.285.2 ADI:0.02 mg/kg 体重。

4.285.3 残留物:四氯硝基苯。

4.285.4 最大残留限量:应符合表 285 的规定。

表 285

食品类别/名称	最大残留限量 mg/kg
蔬菜	
马铃薯	20

4.285.5 检测方法:蔬菜按照 GB/T 19648 规定的方法测定。

4.286 四螨嗪(clofentezine)

4.286.1 主要用途:杀螨剂。

4.286.2 ADI:0.02 mg/kg 体重。

4.286.3 残留物:四螨嗪。

4.286.4 最大残留限量:应符合表 286 的规定。

表 286

食品类别/名称	最大残留限量 mg/kg
蔬菜	
番茄	0.5
黄瓜	0.5
水果	
柑橘	0.5
橙	0.5
柚	0.5
柠檬	0.5
仁果类水果(苹果、梨除外)	0.5
苹果	0.5
梨	0.5
核果类水果(枣除外)	0.5
枣	1
加仑子(黑、红、白)	0.2
葡萄	2
葡萄干	2
草莓	2
甜瓜类水果	0.1
坚果	0.5

4.286.5 检测方法:蔬菜、水果按照 GB/T 20769、SN/T 1740 规定的方法测定;坚果参照 GB/T 20769 规定的方法测定。

4.287 特丁硫磷(terbufos)

4.287.1 主要用途:杀虫剂。

4.287.2 ADI:0.000 6 mg/kg 体重。

4.287.3 残留物:特丁硫磷及其氧类似物(亚砜、砜)之和,以特丁硫磷表示。

4.287.4 最大残留限量:应符合表 287 的规定。

表 287

食品类别/名称	最大残留限量 mg/kg
油料和油脂	
花生仁	0.02
蔬菜	
鳞茎类蔬菜	0.01
芸薹属类蔬菜	0.01
叶菜类蔬菜	0.01
茄果类蔬菜	0.01
瓜类蔬菜	0.01
豆类蔬菜	0.01
茎类蔬菜	0.01
根茎类和薯芋类蔬菜	0.01
水生类蔬菜	0.01
芽菜类蔬菜	0.01
其他类蔬菜	0.01
水果	
柑橘类水果	0.01
仁果类水果	0.01
核果类水果	0.01
浆果和其他小型水果	0.01
热带和亚热带水果	0.01
瓜果类水果	0.01

4.287.5 检测方法：油料和油脂参照 NY/T 761、SN 0522 规定的方法测定；蔬菜、水果按照 NY/T 761、NY/T 1379 规定的方法测定。

4.288 涕灭威(aldicarb)

4.288.1 主要用途：杀虫剂。

4.288.2 ADI：0.003 mg/kg 体重。

4.288.3 残留物：涕灭威及其氧类似物(亚砜、砜)之和，以涕灭威表示。

4.288.4 最大残留限量：应符合表 288 的规定。

表 288

食品类别/名称	最大残留限量 mg/kg
油料和油脂	
棉籽	0.1
花生仁	0.02
棉籽油	0.01
花生油	0.01
蔬菜	
鳞茎类蔬菜	0.03
芸薹属类蔬菜	0.03

表 288（续）

食品类别/名称	最大残留限量 mg/kg
蔬菜	
叶菜类蔬菜	0.03
茄果类蔬菜	0.03
瓜类蔬菜	0.03
豆类蔬菜	0.03
茎类蔬菜	0.03
根茎类和薯芋类蔬菜（甘薯、马铃薯、木薯、山药除外）	0.03
甘薯	0.1
马铃薯	0.1
木薯	0.1
山药	0.1
水生类蔬菜	0.03
芽菜类蔬菜	0.03
其他类蔬菜	0.03
水果	
柑橘类水果	0.02
仁果类水果	0.02
核果类水果	0.02
浆果和其他小型水果	0.02
热带和亚热带水果	0.02
瓜果类水果	0.02

4.288.5　检测方法：油料和油脂按照 GB/T 14929.2 规定的方法测定；蔬菜、水果按照 NY/T 761 规定的方法测定。

4.289　甜菜安(desmedipham)

4.289.1　主要用途：除草剂。
4.289.3　ADI：0.04 mg/kg 体重。
4.289.4　残留物：甜菜安。
4.289.5　最大残留限量：应符合表 289 的规定。

表 289

食品类别/名称	最大残留限量 mg/kg
糖料	
甜菜	0.1[a]

[a] 该限量为临时限量。

4.290　甜菜宁(phenmedipham)

4.290.1　主要用途：除草剂。
4.290.2　ADI：0.03 mg/kg 体重。

4.290.3 残留物:甜菜宁。

4.290.4 最大残留限量:应符合表290的规定。

表290

食品类别/名称	最大残留限量 mg/kg
糖料	
甜菜	0.1

4.290.5 检测方法:糖料按照GB/T 20769规定的方法测定。

4.291 威百亩(metam-sodium)

4.291.1 主要用途:杀线虫剂。

4.291.2 ADI:0.001 mg/kg体重。

4.291.3 残留物:威百亩。

4.291.4 最大残留限量:应符合表291的规定。

表291

食品类别/名称	最大残留限量 mg/kg
蔬菜	
黄瓜	0.05[a]
[a] 该限量为临时限量。	

4.292 萎锈灵(carboxin)

4.292.1 主要用途:杀菌剂。

4.292.2 ADI:0.008 mg/kg体重。

4.292.3 残留物:萎锈灵。

4.292.4 最大残留限量:应符合表292的规定。

表292

食品类别/名称	最大残留限量 mg/kg
谷物	
糙米	0.2
玉米	0.2
油料和油脂	
棉籽	0.2

4.292.5 检测方法:谷物按照GB/T 19649、GB/T 20770规定的方法测定;油料和油脂参照GB/T 19649、GB/T 20770规定的方法测定。

4.293 肟菌酯(trifloxystrobin)

4.293.1 主要用途:杀菌剂。

4.293.2 ADI：0.04 mg/kg 体重。

4.293.3 残留物：肟菌酯。

4.293.4 最大残留限量：应符合表293的规定。

表 293

食品类别/名称	最大残留限量 mg/kg
水果	
柑橘	0.5
苹果	0.7

4.293.5 检测方法：水果按照 GB/T 20769、GB/T 19648 规定的方法测定。

4.294 五氯硝基苯(quintozene)

4.294.1 主要用途：杀菌剂。

4.294.2 ADI：0.01 mg/kg 体重。

4.294.3 残留物：植物源食品为五氯硝基苯，动物源食品为五氯硝基苯、五氯苯胺和五氯苯醚之和。

4.294.4 最大残留限量：应符合表294的规定。

表 294

食品类别/名称	最大残留限量 mg/kg
谷物	
小麦	0.01
大麦	0.01
玉米	0.01
鲜食玉米	0.1
杂粮类(豌豆除外)	0.02
豌豆	0.01
油料和油脂	
大豆	0.01
花生仁	0.5
棉籽油	0.01
蔬菜	
结球甘蓝	0.1
花椰菜	0.05
番茄	0.1
茄子	0.1
辣椒	0.1
甜椒	0.05
菜豆	0.1
马铃薯	0.2
水果	
西瓜	0.02
糖料	
甜菜	0.01

表 294（续）

食品类别/名称	最大残留限量 mg/kg
食用菌	
蘑菇类(鲜)	0.1
调味料	
干辣椒	0.1
果类调味料	0.02
种子类调味料	0.1
根茎类调味料	2
禽肉类	0.1
禽类内脏	0.1
蛋类	0.03

4.294.5 检测方法：谷物、蔬菜按照 GB/T 5009.136、GB/T 5009.19 规定的方法测定；油料和油脂、糖料、食用菌、调味料参照 GB/T 5009.136、GB/T 5009.19 规定的方法测定；动物源食品按照 GB/T 5009.162、GB/T 5009.19 规定的方法测定。

4.295 戊菌唑(penconazole)

4.295.1 主要用途：杀菌剂。

4.295.2 ADI：0.03 mg/kg 体重。

4.295.3 残留物：戊菌唑。

4.295.4 最大残留限量：应符合表 295 的规定。

表 295

食品类别/名称	最大残留限量 mg/kg
蔬菜	
黄瓜	0.1
番茄	0.2
水果	
仁果类水果	0.2
油桃	0.1
桃	0.1
葡萄	0.2
葡萄干	0.5
草莓	0.1
甜瓜类水果	0.1
饮料类	
啤酒花	0.5

4.295.5 检测方法：蔬菜、水果按照 GB/T 19648、GB/T 20769 规定的方法测定；饮料类参照 GB/T 23204 规定的方法测定。

4.296 戊唑醇(tebuconazole)

4.296.1 主要用途:杀菌剂。

4.296.2 ADI:0.03 mg/kg 体重。

4.296.3 残留物:戊唑醇。

4.296.4 最大残留限量:应符合表 296 的规定。

表 296

食品类别/名称	最大残留限量 mg/kg
谷物	
糙米	0.5
小麦	0.05
大麦	2
燕麦	2
黑麦	0.15
小黑麦	0.15
杂粮类	0.3
油料和油脂	
油菜籽	0.3
棉籽	2
花生仁	0.1
大豆	0.15
蔬菜	
洋葱	0.1
大蒜	0.1
韭葱	0.7
结球甘蓝	1
抱子甘蓝	0.3
青花菜	0.2
花椰菜	0.05
结球莴苣	5
茄子	0.1
甜椒	1
黄瓜	1
西葫芦	0.2
朝鲜蓟	0.6
胡萝卜	0.4
玉米笋	0.6
水果	
柑橘	2
仁果类水果(苹果、梨除外)	0.5
苹果	2
梨	0.5
桃	2
樱桃	4
杏	2

表 296（续）

食品类别/名称	最大残留限量 mg/kg
水果	
油桃	2
李子	1
李子干	3
桑葚	1.5
葡萄	2
橄榄	0.05
芒果	0.05
西番莲	0.1
番木瓜	2
甜瓜类水果	0.15
坚果	0.05
饮料类	
咖啡豆	0.1
啤酒花	40
调味料	
干辣椒	10

4.296.5 检测方法：谷物按照 GB/T 20770 规定的方法测定；油料和油脂、坚果、饮料类参照 GB/T 20770 规定的方法测定；蔬菜、水果、调味料按照 GB/T 19648、GB/T 20769 规定的方法测定。

4.297 西草净（simetryn）

4.297.1 主要用途：除草剂。

4.297.2 ADI：0.025 mg/kg 体重。

4.297.3 残留物：西草净。

4.297.4 最大残留限量：应符合表 297 的规定。

表 297

食品类别/名称	最大残留限量 mg/kg
谷物	
糙米	0.05

4.297.5 检测方法：谷物按照 GB/T 20770 规定的方法测定。

4.298 西玛津（simazine）

4.298.1 主要用途：除草剂。

4.298.2 ADI：0.018 mg/kg 体重。

4.298.3 残留物：西玛津。

4.298.4 最大残留限量：应符合表 298 的规定。

表 298

食品类别/名称	最大残留限量 mg/kg
谷物	
玉米	0.1
糖料	
甘蔗	0.5

4.298.5 检测方法:谷物、糖料参照 GB/T 19648、NY/T 761、NT/T 1379 规定的方法测定。

4.299 烯草酮(clethodim)

4.299.1 主要用途:除草剂。

4.299.2 ADI:0.01 mg/kg 体重。

4.299.3 残留物:烯草酮及代谢物亚砜、砜之和,以烯草酮表示。

4.299.4 最大残留限量:应符合表 299 的规定。

表 299

食品类别/名称	最大残留限量 mg/kg
谷物	
杂粮类	2
油料和油脂	
油菜籽	0.5
棉籽	0.5
大豆	0.1
花生仁	5
葵花籽	0.5
棉籽油毛油	0.5
食用棉籽油	0.5
葵花油毛油	0.1
蔬菜	
大蒜	0.5
洋葱	0.5
番茄	1
豆类蔬菜	0.5
马铃薯	0.5
糖料	
甜菜	0.1

4.299.5 检测方法:谷物按照 GB/T 19649、GB/T 20770 规定的方法测定;油料和油脂参照GB/T 19649、GB/T 20770、SN/T 2325 规定的方法测定;蔬菜按照 GB/T 19648 规定的方法测定;糖料参照 GB/T 19648规定的方法测定。

4.300 烯啶虫胺(nitenpyram)

4.300.1 主要用途:杀虫剂。

4.300.2 ADI:0.53 mg/kg 体重。

4.300.3 残留物:烯啶虫胺。

4.300.4 最大残留限量:应符合表 300 的规定。

表 300

食品类别/名称	最大残留限量 mg/kg
油料和油脂	
棉籽	0.05[a]
水果	
柑橘	0.5[a]
[a] 该限量为临时限量。	

4.300.5 检测方法:油料和油脂参照 GB/T 20769 规定的方法测定;水果按照 GB/T 20769 规定的方法测定。

4.301 烯禾啶(sethoxydim)

4.301.1 主要用途:除草剂。

4.301.2 ADI:0.14 mg/kg 体重。

4.301.3 残留物:烯禾啶。

4.301.4 最大残留限量:应符合表 301 的规定。

表 301

食品类别/名称	最大残留限量 mg/kg
油料和油脂	
油菜籽	0.5
亚麻籽	0.5
棉籽	0.5
大豆	2
花生仁	2
糖料	
甜菜	0.5

4.301.5 检测方法:油料和油脂、糖料参照 GB/T 19649、GB/T 20770 规定的方法测定。

4.302 烯肟菌胺(xiwojunan)

4.302.1 主要用途:杀菌剂。

4.302.2 ADI:0.069 mg/kg 体重。

4.302.3 残留物:烯肟菌胺。

4.302.4 最大残留限量:应符合表 302 的规定。

表 302

食品类别/名称	最大残留限量 mg/kg
谷物	
小麦	0.1[a]
[a] 该限量为临时限量。	

4.303 **烯酰吗啉(dimethomorph)**

4.303.1 主要用途:杀菌剂。

4.303.2 ADI:0.2 mg/kg 体重。

4.303.3 残留物:烯酰吗啉。

4.303.4 最大残留限量:应符合表 303 的规定。

表 303

食品类别/名称	最大残留限量 mg/kg
蔬菜	
结球甘蓝	2
青花菜	1
野苣	10
茄果类蔬菜	1
瓜类蔬菜(黄瓜除外)	0.5
黄瓜	5
结球莴苣	10
马铃薯	0.05
水果	
葡萄	5
草莓	0.05
菠萝	0.01
瓜果类水果(甜瓜除外)	0.5
甜瓜	0.5
饮料类	
啤酒花	80

4.303.5 检测方法:蔬菜、水果按照 GB/T 20769 规定的方法测定;饮料类参照 GB/T 20769 规定的方法测定。

4.304 **烯唑醇(diniconazole)**

4.304.1 主要用途:杀菌剂。

4.304.2 ADI:0.005 mg/kg 体重。

4.304.3 残留物:烯唑醇。

4.304.4 最大残留限量:应符合表 304 的规定。

表 304

食品类别/名称	最大残留限量 mg/kg
谷物	
稻谷	0.05
小麦	0.2
玉米	0.05
高粱	0.05
粟	0.05
稷	0.05
蔬菜	
芦笋	0.5
水果	
柑橘	1
苹果	0.2
梨	0.1
葡萄	0.2
香蕉	2

4.304.5 检测方法：谷物按照 GB/T 20770 规定的方法测定；蔬菜、水果按照 GB/T 20769、GB/T 5009.201、SN/T 1114 规定的方法测定。

4.305 酰嘧磺隆(amidosulfuron)

4.305.1 主要用途：除草剂。

4.305.2 ADI：0.2 mg/kg 体重。

4.305.3 残留物：酰嘧磺隆。

4.305.4 最大残留限量：应符合表 305 的规定。

表 305

食品类别/名称	最大残留限量 mg/kg
谷物	
麦类	0.01[a]
[a] 该限量为临时限量。	

4.306 硝磺草酮(mesotrione)

4.306.1 主要用途：除草剂。

4.306.2 ADI：0.01 mg/kg 体重。

4.306.3 残留物：硝磺草酮。

4.306.4 最大残留限量：应符合表 306 的规定。

表 306

食品类别/名称	最大残留限量 mg/kg
谷物	
玉米	0.01[a]

[a] 该限量为临时限量。

4.307 **辛硫磷(phoxim)**

4.307.1 主要用途:杀虫剂。

4.307.2 ADI:0.004 mg/kg 体重。

4.307.3 残留物:辛硫磷。

4.307.4 最大残留限量:应符合表 307 的规定。

表 307

食品类别/名称	最大残留限量 mg/kg
谷物	
稻谷	0.05
麦类	0.05
旱粮类	0.05
杂粮类	0.05
油料和油脂	
油菜籽	0.1
大豆	0.05
花生仁	0.05
蔬菜	
鳞茎类蔬菜(大蒜除外)	0.05
大蒜	0.1
芸薹属类蔬菜(结球甘蓝除外)	0.05
结球甘蓝	0.1
叶菜类蔬菜(普通白菜除外)	0.05
普通白菜	0.1
茄果类蔬菜	0.05
瓜类蔬菜	0.05
豆类蔬菜(菜豆除外)	0.05
菜豆	0.05
茎类蔬菜	0.05
根茎类和薯芋类蔬菜	0.05
水生类蔬菜	0.05
芽菜类蔬菜	0.05
其他类蔬菜	0.05
水果	
柑橘类水果	0.05
仁果类水果(梨除外)	0.05

表 307（续）

食品类别/名称	最大残留限量 mg/kg
水果	
梨	0.05
核果类水果	0.05
浆果和其他小型水果	0.05
热带和亚热带水果	0.05
瓜果类水果	0.05
糖料	
甘蔗	0.05

4.307.5 检测方法：谷物按照 GB/T 5009.102、SN 0209 规定的方法测定；油料和油脂参照GB/T 5009.102、SN/T 0209 规定的方法测定；蔬菜、水果按照 GB/T 5009.102、GB/T 20769 规定的方法测定；糖料参照 GB/T 5009.102、GB/T 20769 规定的方法测定。

4.308 溴苯腈(bromoxynil)

4.308.1 主要用途：除草剂。
4.308.2 ADI：0.01 mg/kg 体重。
4.308.3 残留物：溴苯腈。
4.308.4 最大残留限量：应符合表 308 的规定。

表 308

食品类别/名称	最大残留限量 mg/kg
谷物	
小麦	0.05
玉米	0.1

4.308.5 检测方法：谷物按照 SN/T 2228 规定的方法测定。

4.309 溴甲烷(methyl bromide)

4.309.1 主要用途：熏蒸剂。
4.309.2 ADI：1 mg/kg 体重。
4.309.3 残留物：溴甲烷。
4.309.4 最大残留限量：应符合表 309 的规定。

表 309

食品类别/名称	最大残留限量 mg/kg
谷物	
稻谷	5
麦类	5

表 309（续）

食品类别/名称	最大残留限量 mg/kg
谷物	
旱粮类	5
杂粮类	5
成品粮	5
油料和油脂	
大豆	5
蔬菜	
薯类蔬菜	5
水果	
草莓	30

4.309.5 检测方法：谷物按照 SN 0649 规定的方法测定；油料和油脂、蔬菜、水果参照 SN 0649 规定的方法测定。

4.310 溴菌腈(bromothalonil)

4.310.1 主要用途：杀菌剂。

4.310.2 ADI：0.001 mg/kg 体重。

4.310.3 残留物：溴菌腈。

4.310.4 最大残留限量：应符合表 310 的规定。

表 310

食品类别/名称	最大残留限量 mg/kg
水果	
苹果	0.2[a]
蔬菜	
黄瓜	0.5[a]
[a] 该限量为临时限量。	

4.311 溴螨酯(bromopropylate)

4.311.1 主要用途：杀螨剂。

4.311.2 ADI：0.03 mg/kg 体重。

4.311.3 残留物：溴螨酯。

4.311.4 最大残留限量：应符合表 311 的规定。

表 311

食品类别/名称	最大残留限量 mg/kg
蔬菜	
黄瓜	0.5
西葫芦	0.5
菜豆	3
水果	
柑橘	2
橙	2
柚	2
柠檬	2
仁果类水果(苹果、梨除外)	2
苹果	2
梨	2
李子	2
李子干	2
葡萄	2
草莓	2
甜瓜类水果	0.5

4.311.5 检测方法:蔬菜按照 GB/T 19648、NY/T 1379 规定的方法测定;水果按照 GB/T 19648、SN 0192 规定的方法测定。

4.312 溴氰菊酯(deltamethrin)

4.312.1 主要用途:杀虫剂。

4.312.2 ADI:0.01 mg/kg 体重。

4.312.3 残留物:溴氰菊酯(异构体之和)。

4.312.4 最大残留限量:应符合表 312 的规定。

表 312

食品类别/名称	最大残留限量 mg/kg
谷物	
稻谷	0.5
麦类	0.5
旱粮类(鲜食玉米除外)	0.5
鲜食玉米	0.2
杂粮类(豌豆、小扁豆除外)	0.5
豌豆	1
小扁豆	1
成品粮(小麦粉除外)	0.5
小麦粉	0.2

表 312（续）

食品类别/名称	最大残留限量 mg/kg
油料和油脂	
油菜籽	0.1
棉籽	0.1
大豆	0.05
花生仁	0.01
葵花籽	0.05
蔬菜	
洋葱	0.05
韭葱	0.2
结球甘蓝	0.5
花椰菜	0.5
菠菜	0.5
普通白菜	0.5
莴苣	0.5
大白菜	0.5
番茄	0.2
茄子	0.2
辣椒	0.2
豆类蔬菜	0.2
萝卜	0.2
胡萝卜	0.2
芜菁	0.2
马铃薯	0.01
根芹菜	0.2
芋	0.2
甘薯	0.5
水果	
柑橘	0.05
橙	0.05
柚	0.05
柠檬	0.05
苹果	0.1
梨	0.1
核果类水果	0.05
葡萄	0.2
猕猴桃	0.05
草莓	0.2
橄榄	1
荔枝	0.05
芒果	0.05
香蕉	0.05
菠萝	0.05

表 312（续）

食品类别/名称	最大残留限量 mg/kg
坚果	
榛子	0.02
核桃	0.02
饮料类	
茶叶	10
食用菌	
蘑菇类(鲜)	0.2

4.312.5 检测方法：谷物、油料和油脂按照 GB/T 5009.110、GB/T 19649 规定的方法测定；蔬菜、水果、食用菌按照 NY/T 761 规定的方法测定；坚果参照 GB/T 5009.110、GB/T 19649 规定的方法测定；茶叶按照 GB/T 5009.110、SN/T 1117 规定的方法测定。

4.313 蚜灭磷(vamidothion)

4.313.1 主要用途：杀虫剂。
4.313.2 ADI：0.008 mg/kg 体重。
4.313.3 残留物：蚜灭磷。
4.313.4 最大残留限量：应符合表 313 的规定。

表 313

食品类别/名称	最大残留限量 mg/kg
水果	
苹果	1
梨	1

4.313.5 检测方法：水果按照 GB/T 20769 规定的方法测定。

4.314 亚胺硫磷(phosmet)

4.314.1 主要用途：杀虫剂。
4.314.2 ADI：0.01 mg/kg 体重。
4.314.3 残留物：亚胺硫磷。
4.314.4 最大残留限量：应符合表 314 的规定。

表 314

食品类别/名称	最大残留限量 mg/kg
谷物	
稻谷	0.5
玉米	0.05

表 314（续）

食品类别/名称	最大残留限量 mg/kg
油料和油脂	
棉籽	0.05
蔬菜	
大白菜	0.5
马铃薯	0.05
水果	
柑橘	5
橙	5
柚	5
柠檬	5
仁果类水果	3
桃	10
油桃	10
杏	10
蓝莓	10
葡萄	10
坚果	0.2

4.314.5 检测方法：谷物按照 GB/T 5009.131 规定的方法测定；油料和油脂参照 GB/T 5009.131 规定的方法测定；蔬菜、水果按照 GB/T 5009.131、NY/T 761 规定的方法测定；坚果参照 GB/T 19648、GB/T 20770 规定的方法测定。

4.315 亚砜磷（oxydemeton-methyl）

4.315.1 主要用途：杀虫剂。

4.315.2 ADI：0.000 3 mg/kg 体重。

4.315.3 残留物：亚砜磷、甲基内吸磷和砜吸磷之和，以亚砜磷表示。

4.315.4 最大残留限量：应符合表 315 的规定。

表 315

食品类别/名称	最大残留限量 mg/kg
谷物	
小麦	0.02
大麦	0.02
黑麦	0.02
杂粮类	0.1
油料和油脂	
棉籽	0.05
蔬菜	
球茎甘蓝	0.05
羽衣甘蓝	0.01
花椰菜	0.01
马铃薯	0.01

表 315（续）

食品类别/名称	最大残留限量 mg/kg
水果	
梨	0.05
柠檬	0.2
糖料	
甜菜	0.01

4.315.5 检测方法：谷物按照 GB/T 5009.131 规定的方法测定；蔬菜、水果按照 NY/T 761 规定的方法测定；油料和油脂、糖料参照 GB/T 5009.131 规定的方法测定。

4.316 亚胺唑(imibenconazole)

4.316.1 主要用途：杀菌剂。
4.316.2 ADI：0.009 8 mg/kg 体重。
4.316.3 残留物：亚胺唑。
4.316.4 最大残留限量：应符合表 316 的规定。

表 316

食品类别/名称	最大残留限量 mg/kg
水果	
柑橘	1[a]
苹果	1[a]
青梅	3[a]
葡萄	3[a]

[a] 该限量为临时限量。

4.317 烟碱(nicotine)

4.317.1 主要用途：杀虫剂。
4.317.2 ADI：0.000 8 mg/kg 体重。
4.317.3 残留物：烟碱。
4.317.4 最大残留限量：应符合表 317 的规定。

表 317

食品类别/名称	最大残留限量 mg/kg
蔬菜	
结球甘蓝	0.2
水果	
柑橘	0.2

4.317.5 检测方法：蔬菜、水果按 GB/T 20769、SN/T 2397 规定的方法测定。

4.318 烟嘧磺隆(nicosulfuron)

4.318.1 主要用途:除草剂。
4.318.2 ADI:2 mg/kg 体重。
4.318.3 残留物:烟嘧磺隆。
4.318.4 最大残留限量:应符合表 318 的规定。

表 318

食品类别/名称	最大残留限量 mg/kg
谷物	
玉米	0.1

4.318.5 检测方法:谷物参照 NY/T 1616 规定的方法测定。

4.319 氧乐果(omethoate)

4.319.1 主要用途:杀虫剂。
4.319.2 ADI:0.000 3 mg/kg 体重。
4.319.3 残留物:氧乐果。
4.319.4 最大残留限量:应符合表 319 的规定。

表 319

食品类别/名称	最大残留限量 mg/kg
谷物	
小麦	0.02
油料和油脂	
棉籽	0.02
大豆	0.05
蔬菜	
鳞茎类蔬菜	0.02
芸薹属类蔬菜	0.02
叶菜类蔬菜	0.02
茄果类蔬菜	0.02
瓜类蔬菜	0.02
豆类蔬菜	0.02
茎类蔬菜	0.02
根茎类和薯芋类蔬菜	0.02
水生类蔬菜	0.02
芽菜类蔬菜	0.02
其他类蔬菜	0.02
水果	
仁果类水果	0.02
柑橘类水果	0.02
核果类水果	0.02
浆果和其他小型水果	0.02
热带和亚热带水果	0.02
瓜果类水果	0.02

4.319.5 检测方法：谷物按照 GB/T 20770 规定的方法测定；油料和油脂参照 SN/T 1739 规定的方法测定；蔬菜、水果按照 NY/T 761、NY/T 1379 规定的方法测定。

4.320 野麦畏(triallate)

4.320.1 主要用途：除草剂。
4.320.2 ADI：0.025 mg/kg 体重。
4.320.3 残留物：野麦畏。
4.320.4 最大残留限量：应符合表 320 的规定。

表 320

食品类别/名称	最大残留限量 mg/kg
谷物	
小麦	0.05

4.320.5 检测方法：谷物按照 GB/T 20770 规定的方法测定。

4.321 野燕枯(difenzoquat)

4.321.1 主要用途：除草剂。
4.321.2 ADI：0.25 mg/kg 体重。
4.321.3 残留物：野燕枯。
4.321.4 最大残留限量：应符合表 321 的规定。

表 321

食品类别/名称	最大残留限量 mg/kg
谷物	
麦类	0.1

4.321.5 检测方法：谷物按照 GB/T 5009.200 规定的方法测定。

4.322 依维菌素(ivermectin)

4.322.1 主要用途：杀虫剂。
4.322.2 ADI：0.001 mg/kg 体重。
4.322.3 残留物：依维菌素。
4.322.4 最大残留限量：应符合表 322 规定。

表 322

食品类别/名称	最大残留限量 mg/kg
蔬菜	
结球甘蓝	0.02

4.322.5 检测方法：蔬菜参照 GB/T 22968 规定的方法测定。

4.323 乙草胺(acetochlor)

4.323.1 主要用途:除草剂。
4.323.2 ADI:0.02 mg/kg 体重。
4.323.3 残留物:乙草胺。
4.323.4 最大残留限量:应符合表 323 的规定。

表 323

食品类别/名称	最大残留限量 mg/kg
谷物	
糙米	0.05
玉米	0.05
油料和油脂	
大豆	0.1
油菜籽	0.2
花生仁	0.1

4.323.5 检测方法:谷物按照 GB/T 20770、GB/T 19649、SN/T 2322 规定的方法测定;油料和油脂按照 SN/T 2322 规定的方法测定。

4.324 乙虫腈(ethiprole)

4.324.1 主要用途:杀虫剂。
4.324.2 ADI:0.005 mg/kg 体重。
4.324.3 残留物:乙虫腈。
4.324.4 最大残留限量:应符合表 324 的规定。

表 324

食品类别/名称	最大残留限量 mg/kg
谷物	
糙米	0.2

4.324.5 检测方法:谷物参照 GB/T 20769 规定的方法测定。

4.325 乙基多杀菌素(spinetoram)

4.325.1 主要用途:杀虫剂。
4.325.2 ADI:0.05 mg/kg 体重。
4.325.3 残留物:乙基多杀菌素。
4.325.4 最大残留限量:应符合表 325 的规定。

表 325

食品类别/名称	最大残留限量 mg/kg
蔬菜	
结球甘蓝	0.5[a]
茄子	0.1[a]
豇豆	0.1[a]

[a] 该限量为临时限量。

4.326 乙硫磷(ethion)

4.326.1 主要用途:杀虫剂。

4.326.2 ADI:0.002 mg/kg 体重。

4.326.3 残留物:乙硫磷。

4.326.4 最大残留限量:应符合表 326 的规定。

表 326

食品类别/名称	最大残留限量 mg/kg
谷物	
稻谷	0.2
油料和油脂	
棉籽油	0.5

4.326.5 检测方法:谷物按照 GB/T 5009.20 规定的方法测定;油料和油脂参照 GB/T 5009.20 规定的方法测定。

4.327 乙螨唑(etoxazole)

4.327.1 主要用途:杀螨剂。

4.327.2 ADI:0.05 mg/kg 体重。

4.327.3 残留物:乙螨唑。

4.327.4 最大残留限量:应符合表 327 的规定。

表 327

食品类别/名称	最大残留限量 mg/kg
水果	
柑橘	0.5

4.327.5 检测方法:水果按照 GB/T 19648 规定的方法测定。

4.328 乙霉威(diethofencarb)

4.328.1 主要用途:杀菌剂。

4.328.2 ADI：0.004 mg/kg 体重。

4.328.3 残留物：乙霉威。

4.328.4 最大残留限量：应符合表 328 的规定。

表 328

食品类别/名称	最大残留限量 mg/kg
蔬菜	
番茄	1
黄瓜	5

4.328.5 检测方法：蔬菜按照 GB/T 20769 规定的方法测定。

4.329 乙嘧酚(**ethirimol**)

4.329.1 主要用途：杀菌剂。

4.329.2 ADI：0.035 mg/kg 体重。

4.329.3 残留物：乙嘧酚。

4.329.4 最大残留限量：应符合表 329 的规定。

表 329

食品类别/名称	最大残留限量 mg/kg
蔬菜	
黄瓜	1

4.329.5 检测方法：蔬菜按照 GB/T 20769 规定的方法测定。

4.330 乙羧氟草醚(**fluoroglycofen-ethyl**)

4.330.1 主要用途：除草剂。

4.330.2 ADI：0.01 mg/kg 体重。

4.330.3 残留物：乙羧氟草醚。

4.330.4 最大残留限量：应符合表 330 的规定。

表 330

食品类别/名称	最大残留限量 mg/kg
油料和油脂	
大豆	0.05

4.330.5 检测方法：油料和油脂按照 SN/T 1737.2 规定的方法测定。

4.331 乙蒜素(**ethylicin**)

4.331.1 主要用途：杀菌剂。

4.331.2 ADI：0.001 mg/kg 体重。

4.331.3 残留物：乙蒜素。

4.331.4 最大残留限量：应符合表 331 的规定。

表 331

食品类别/名称	最大残留限量 mg/kg
谷物	
糙米	0.05[a]
油料和油脂	
棉籽	0.05[a]
蔬菜	
黄瓜	0.1[a]

[a] 该限量为临时限量。

4.332 乙烯菌核利(vinclozolin)

4.332.1 主要用途：杀菌剂。

4.332.2 ADI：0.01 mg/kg 体重。

4.332.3 残留物：乙烯菌核利及其所有含 3,5-二氯苯胺部分的代谢产物之和，以乙烯菌核利表示。

4.332.4 最大残留限量：应符合表 332 的规定。

表 332

食品类别/名称	最大残留限量 mg/kg
蔬菜	
番茄	3
黄瓜	1
调味料	0.05

4.332.5 检测方法：蔬菜按照 NY/T 761 规定的方法测定；调味料参照 GB/T 19649、NY/T 761、SN 0584 规定的方法测定。

4.333 乙烯利(ethephon)

4.333.1 主要用途：植物生长调节剂。

4.333.2 ADI：0.05 mg/kg 体重。

4.333.3 残留物：乙烯利。

4.333.4 最大残留限量：应符合表 333 的规定。

表 333

食品类别/名称	最大残留限量 mg/kg
谷物	
小麦	1
黑麦	1
玉米	0.5

表 333（续）

食品类别/名称	最大残留限量 mg/kg
油料和油脂	
棉籽	2
蔬菜	
番茄	2
辣椒	5
水果	
苹果	5
樱桃	10
蓝莓	20
葡萄	1
葡萄干	5
猕猴桃	2
荔枝	2
芒果	2
香蕉	2
菠萝	2
哈密瓜	1
干制无花果	10
无花果蜜饯	10
坚果	
榛子	0.2
核桃	0.5
调味料	
干辣椒	50

4.333.5 检测方法：谷物、油料和油脂、坚果、调味料参照 NY/T 1016 规定的方法测定；蔬菜、水果按照 NY/T 1016 规定的方法测定。

4.334 乙酰甲胺磷(acephate)

4.334.1 主要用途：杀虫剂。

4.334.2 ADI：0.03 mg/kg 体重。

4.334.3 残留物：乙酰甲胺磷。

4.334.4 最大残留限量：应符合表 334 的规定。

表 334

食品类别/名称	最大残留限量 mg/kg
谷物	
糙米	1
小麦	0.2
玉米	0.2

表 334（续）

食品类别/名称	最大残留限量 mg/kg
油料和油脂	
大豆	0.3
棉籽	2
蔬菜	
鳞茎类蔬菜	1
芸薹属类蔬菜	1
叶菜类蔬菜	1
茄果类蔬菜	1
瓜类蔬菜	1
豆类蔬菜	1
茎类蔬菜(朝鲜蓟除外)	1
朝鲜蓟	0.3
根茎类和薯芋类蔬菜	1
水生类蔬菜	1
芽菜类蔬菜	1
其他类蔬菜	1
水果	
柑橘类水果	0.5
仁果类水果	0.5
核果类水果	0.5
浆果和其他小型水果(越橘除外)	0.5
越橘	0.5
热带和亚热带水果	0.5
瓜果类水果	0.5
饮料类	
茶叶	0.1
调味料	
调味料(干辣椒除外)	0.2
干辣椒	50

4.334.5　检测方法：谷物、油料和油脂按照 GB/T 5009.103、SN 0585 规定的方法测定；蔬菜按照 GB/T 5009.103、GB/T 5009.145、NY/T 761 规定的方法测定；水果按照 NY/T 761 规定的方法测定；调味料参照 SN/T 1950 规定的方法测定；茶叶参照 GB/T 5009.103 规定的方法测定。

4.335　乙氧喹啉(ethoxyquin)

4.335.1　主要用途：杀菌剂。

4.335.2　ADI：0.005 mg/kg 体重。

4.335.3　残留物：乙氧喹啉。

4.335.4　最大残留限量：应符合表 335 的规定。

表 335

食品类别/名称	最大残留限量 mg/kg
水果	
梨	3

4.335.5 检测方法：水果按照 SN 0287、GB/T 5009.129 规定的方法测定。

4.336 乙氧氟草醚(oxyfluorfen)

4.336.1 主要用途：除草剂。

4.336.2 ADI：0.03 mg/kg 体重。

4.336.3 残留物：乙氧氟草醚。

4.336.4 最大残留限量：应符合表 336 的规定。

表 336

食品类别/名称	最大残留限量 mg/kg
谷物	
糙米	0.05
蔬菜	
大蒜	0.05
蒜薹	0.1
蒜苗	0.1

4.336.5 检测方法：谷物按照 GB/T 19649、GB/T 20770 规定的方法测定；蔬菜按照 GB/T 19648、GB/T 20769 规定的方法测定。

4.337 乙氧磺隆(ethoxysulfuron)

4.337.1 主要用途：除草剂。

4.337.2 ADI：0.04 mg/kg 体重。

4.337.3 残留物：乙氧磺隆。

4.337.4 最大残留限量：应符合表 337 的规定。

表 337

食品类别/名称	最大残留限量 mg/kg
谷物	
糙米	0.05

4.337.5 检测方法：谷物按照 GB/T 20770 规定的方法测定。

4.338 异丙草胺(propisochlor)

4.338.1 主要用途：除草剂。

4.338.2　ADI：0.013 mg/kg 体重。
4.338.3　残留物：异丙草胺。
4.338.4　最大残留限量：应符合表 338 的规定。

表 338

食品类别/名称	最大残留限量 mg/kg
谷物	
玉米	0.1[a]
油料和油脂	
大豆	0.1[a]
蔬菜	
菜用大豆	0.1[a]
甘薯	0.05[a]

[a] 该限量为临时限量。

4.338.5　检测方法：谷物按照 GB/T 19649 规定的方法测定；油料和油脂、蔬菜参照 GB/T 19649 规定的方法测定。

4.339　异丙甲草胺和精异丙甲草胺(metolachlor 和 s-metolachlor)

4.339.1　主要用途：除草剂。
4.339.2　ADI：0.1 mg/kg 体重。
4.339.3　残留物：异丙甲草胺。
4.339.4　最大残留限量：应符合表 339 的规定。

表 339

食品类别/名称	最大残留限量 mg/kg
谷物	
糙米	0.1
玉米	0.1
油料和油脂	
油菜籽	0.1
芝麻	0.1
大豆	0.5
花生仁	0.5
蔬菜	
菜用大豆	0.1
糖料	
甘蔗	0.05
甜菜	0.1

4.339.5　检测方法：谷物按照 GB/T 19649 规定的方法测定；油料和油脂按照 GB/T 5009.174 规定的方法测定；蔬菜、糖料参照 GB/T 19649 规定的方法测定。

4.340 异丙隆(isoproturon)

4.340.1 主要用途:除草剂。
4.340.2 ADI:0.015 mg/kg 体重。
4.340.3 残留物:异丙隆。
4.340.4 最大残留限量:应符合表 340 的规定。

表 340

食品类别/名称	最大残留限量 mg/kg
谷物	
糙米	0.05
小麦	0.05

4.340.5 检测方法:谷物按照 GB/T 20770 规定的方法测定。

4.341 异丙威(isoprocarb)

4.341.1 主要用途:杀虫剂。
4.341.2 ADI:0.002 mg/kg 体重。
4.341.3 残留物:异丙威。
4.341.4 最大残留限量:应符合表 341 的规定。

表 341

食品类别/名称	最大残留限量 mg/kg
谷物	
大米	0.2
蔬菜	
黄瓜	0.5

4.341.5 检测方法:谷物按照 GB/T 5009.104 规定的方法测定;蔬菜按照 NY/T 761 规定的方法测定。

4.342 异稻瘟净(iprobenfos)

4.342.1 主要用途:杀菌剂。
4.342.2 ADI:0.035 mg/kg 体重。
4.342.3 残留物:异稻瘟净。
4.342.4 最大残留限量:应符合表 342 的规定。

表 342

食品类别/名称	最大残留限量 mg/kg
谷物	
糙米	0.5

4.342.5 检测方法：谷物按照 GB/T 19649、GB/T 20770、SN/T 1967 规定的方法测定。

4.343 异噁草酮(clomazone)

4.343.1 主要用途：除草剂。
4.343.2 ADI：0.133 mg/kg 体重。
4.343.3 残留物：异噁草酮。
4.343.4 最大残留限量：应符合表 343 的规定。

表 343

食品类别/名称	最大残留限量 mg/kg
谷物	
糙米	0.02
油料和油脂	
大豆	0.05
糖料	
甘蔗	0.1

4.343.5 检测方法：谷物按照 GB/T 19649 规定的方法测定；油料和油脂、糖料参照 GB/T 19649 规定的方法测定。

4.344 异菌脲(iprodione)

4.344.1 主要用途：杀菌剂。
4.344.2 ADI：0.06 mg/kg 体重。
4.344.3 残留物：异菌脲。
4.344.4 最大残留限量：应符合表 344 的规定。

表 344

食品类别/名称	最大残留限量 mg/kg
油料和油脂	
油菜籽	2
蔬菜	
番茄	5
黄瓜	2
水果	
苹果	5
梨	5
葡萄	10
香蕉	10

4.344.5 检测方法：油料和油脂参照 GB/T 19649 规定的方法测定；蔬菜、水果按照 GB/T 19648、NY/T 761、NY/T 1277 规定的方法测定。

4.345 抑霉唑(imazalil)

4.345.1 主要用途：杀菌剂。

4.345.2　ADI:0.03 mg/kg 体重。

4.345.3　残留物:抑霉唑。

4.345.4　最大残留限量:应符合表 345 的规定。

表 345

食品类别/名称	最大残留限量 mg/kg
谷物	
小麦	0.01
蔬菜	
黄瓜	0.5
腌制用小黄瓜	0.5
马铃薯	5
水果	
柑橘	5
橙	5
柚	5
柠檬	5
仁果类水果	5
醋栗(红、黑)	2
草莓	2
柿	2
甜瓜类水果	2

4.345.5　检测方法:谷物按照 GB/T 20770 规定的方法测定;蔬菜、水果按照 GB/T 19648、GB/T 20769 规定的方法测定。

4.346　抑芽丹(maleic hydrazide)

4.346.1　主要用途:植物生长调节剂/除草剂。

4.346.2　ADI:0.3 mg/kg 体重。

4.346.3　残留物:抑芽丹。

4.346.4　最大残留限量:应符合表 346 的规定。

表 346

食品类别/名称	最大残留限量 mg/kg
蔬菜	
大蒜	15
洋葱	15
葱	15
马铃薯	50

4.346.5　检测方法:蔬菜参照 GB/T 19611 规定的方法测定。

4.347　印楝素(azadirachtin)

4.347.1　主要用途:杀虫剂。

4.347.2 ADI:0.1 mg/kg 体重。

4.347.3 残留物:印楝素。

4.347.4 最大残留限量:应符合表 347 的规定。

表 347

食品类别/名称	最大残留限量 mg/kg
蔬菜	
结球甘蓝	0.1[a]
[a] 该限量为临时限量。	

4.348 茚虫威(indoxacarb)

4.348.1 主要用途:杀虫剂。

4.348.2 ADI:0.01 mg/kg 体重。

4.348.3 残留物:茚虫威。

4.348.4 最大残留限量:应符合表 348 的规定。

表 348

食品类别/名称	最大残留限量 mg/kg
谷物	
糙米	0.1
油料和油脂	
棉籽	0.1
蔬菜	
结球甘蓝	3
花椰菜	1
芥蓝	2
菠菜	3
普通白菜	2

4.348.5 检测方法:谷物按照 GB/T 20770 规定的方法测定;油料和油脂参照 GB/T 20770 规定的方法测定;蔬菜按照 GB/T 20769 规定的方法测定。

4.349 蝇毒磷(coumaphos)

4.349.1 主要用途:杀虫剂。

4.349.2 ADI:0.000 3 mg/kg 体重。

4.349.3 残留物:蝇毒磷。

4.349.4 最大残留限量:应符合表 349 的规定。

表 349

食品类别/名称	最大残留限量 mg/kg
蔬菜	
鳞茎类蔬菜	0.05
芸薹属类蔬菜	0.05
叶菜类蔬菜	0.05
茄果类蔬菜	0.05
瓜类蔬菜	0.05
豆类蔬菜	0.05
茎类蔬菜	0.05
根茎类和薯芋类蔬菜	0.05
水生类蔬菜	0.05
芽菜类蔬菜	0.05
其他类蔬菜	0.05
水果	
柑橘类水果	0.05
仁果类水果	0.05
核果类水果	0.05
浆果和其他小型水果	0.05
热带和亚热带水果	0.05
瓜果类水果	0.05

4.349.5 检测方法：蔬菜、水果按照 GB/T 19648 规定的方法测定。

4.350 莠灭净(ametryn)

4.350.1 主要用途：除草剂。

4.350.2 ADI：0.072 mg/kg 体重。

4.350.3 残留物：莠灭净。

4.350.4 最大残留限量：应符合表 350 的规定。

表 350

食品类别/名称	最大残留限量 mg/kg
水果	
菠萝	0.2
糖料	
甘蔗	0.05

4.350.5 检测方法：水果按照 GB/T 19648 规定的方法测定；糖料参照 GB/T 23816 规定的方法测定。

4.351 莠去津(atrazine)

4.351.1 主要用途：除草剂。

4.351.2 ADI：0.02 mg/kg 体重。

4.351.3 残留物：莠去津。

4.351.4 最大残留限量：应符合表 351 的规定。

表 351

食品类别/名称	最大残留限量 mg/kg
谷物	
玉米	0.05
糖料	
甘蔗	0.05

4.351.5 检测方法：谷物、糖料按照 GB/T 5009.132 规定的方法测定。

4.352 鱼藤酮(rotenone)

4.352.1 主要用途：杀虫剂。

4.352.2 ADI：0.000 4 mg/kg 体重。

4.352.3 残留物：鱼藤酮。

4.352.4 最大残留限量：应符合表 352 的规定。

表 352

食品类别/名称	最大残留限量 mg/kg
蔬菜	
结球甘蓝	0.5

4.352.5 检测方法：蔬菜参照 GB/T 20769 规定的方法测定。

4.353 增效醚(piperonyl butoxide)

4.353.1 主要用途：增效剂。

4.353.2 ADI：0.2 mg/kg 体重。

4.353.3 残留物：增效醚。

4.353.4 最大残留限量：应符合表 353 的规定。

表 353

食品类别/名称	最大残留限量 mg/kg
谷物	
稻谷	30
麦类	30
麦胚	90
旱粮类	30
杂粮类	0.2
小麦粉	10
全麦粉	30

表 353（续）

食品类别/名称	最大残留限量 mg/kg
油料和油脂	
大豆	0.2
花生仁	1
玉米毛油	80
蔬菜	
菠菜	50
叶芥菜	50
萝卜叶	50
叶用莴苣	50
番茄	2
辣椒	2
瓜类蔬菜	1
根茎类和薯芋类蔬菜	0.5
水果	
柑橘类水果	5
瓜果类水果	1
干制水果	0.2
饮料类	
番茄汁	0.3
橙汁	0.05
调味料	
干辣椒	20

4.353.5　检测方法：谷物按照 SN/T 2150 规定的方法测定；蔬菜、水果、饮料类按照 GB/T 19648 规定的方法测定；油料和油脂、调味料参照 SN/T 2150 规定的方法测定。

4.354　治螟磷(sulfotep)

4.354.1　主要用途：杀虫剂。

4.354.2　ADI：0.001 mg/kg 体重。

4.354.3　残留物：治螟磷。

4.354.4　最大残留限量：应符合表 354 的规定。

表 354

食品类别/名称	最大残留限量 mg/kg
蔬菜	
鳞茎类蔬菜	0.01
芸薹属类蔬菜	0.01
叶菜类蔬菜	0.01
茄果类蔬菜	0.01
瓜类蔬菜	0.01
豆类蔬菜	0.01

表 354（续）

食品类别/名称	最大残留限量 mg/kg
蔬菜	
茎类蔬菜	0.01
根茎类和薯芋类蔬菜	0.01
水生类蔬菜	0.01
芽菜类蔬菜	0.01
其他类蔬菜	0.01
水果	
柑橘类水果	0.01
仁果类水果	0.01
核果类水果	0.01
浆果和其他小型水果	0.01
热带和亚热带水果	0.01
瓜果类水果	0.01

4.354.5 检测方法：蔬菜、水果按照 NY/T 761、GB/T 19648 规定的方法测定。

4.355 仲丁灵（butralin）

4.355.1 主要用途：除草剂。
4.355.2 ADI：0.2 mg/kg 体重。
4.355.3 残留物：仲丁灵。
4.355.4 最大残留限量：应符合表 355 的规定。

表 355

食品类别/名称	最大残留限量 mg/kg
油料和油脂	
棉籽	0.05

4.355.5 检测方法：油料和油脂参照 GB/T 20770、GB/T 19649 规定的方法测定。

4.356 仲丁威（fenobucarb）

4.356.1 主要用途：杀虫剂。
4.356.2 ADI：0.06 mg/kg 体重。
4.356.3 残留物：仲丁威。
4.356.4 最大残留限量：应符合表 356 的规定。

表 356

食品类别/名称	最大残留限量 mg/kg
谷物	
稻谷	0.5
蔬菜	
节瓜	0.05

4.356.5 检测方法：谷物按照 GB/T 5009.145 规定的方法测定；蔬菜按照 NY/T 1679、NY/T 761、SN/T 2560 规定的方法测定。

4.357 唑草酮(carfentrazone-ethyl)

4.357.1 主要用途：除草剂。
4.357.2 ADI：0.03 mg/kg 体重。
4.357.3 残留物：唑草酮。
4.357.4 最大残留限量：应符合表 357 的规定。

表 357

食品类别/名称	最大残留限量 mg/kg
谷物	
糙米	0.1
小麦	0.1

4.357.5 检测方法：谷物参照 GB/T 23216 规定的方法测定。

4.358 唑虫酰胺(tolfenpyrad)

4.358.1 主要用途：杀虫剂。
4.358.2 ADI：0.006 mg/kg 体重。
4.358.3 残留物：唑虫酰胺。
4.358.4 最大残留限量：应符合表 358 的规定。

表 358

食品类别/名称	最大残留限量 mg/kg
蔬菜	
结球甘蓝	0.5
大白菜	0.5
茄子	0.5

4.358.5 检测方法：蔬菜按照 GB/T 20769 规定的方法测定。

4.359 唑螨酯(fenpyroximate)

4.359.1 主要用途：杀螨剂。

4.359.2 ADI：0.01 mg/kg 体重。

4.359.3 残留物：唑螨酯。

4.359.4 最大残留限量：应符合表 359 的规定。

表 359

食品类别/名称	最大残留限量 mg/kg
油料和油脂	
棉籽	0.1
水果	
柑橘	0.2
苹果	0.3

4.359.5 检测方法：油料和油脂参照 GB/T 19649、GB/T 20770 规定的方法测定；水果按照GB/T 19648、GB/T 20769、SN/T 1977 规定的方法测定。

4.360 唑嘧磺草胺(flumetsulam)

4.360.1 主要用途：除草剂。

4.360.2 ADI：1 mg/kg 体重。

4.360.3 残留物：唑嘧磺草胺。

4.360.4 最大残留限量：应符合表 360 的规定。

表 360

食品类别/名称	最大残留限量 mg/kg
谷物	
玉米	0.05[a]
油料和油脂	
大豆	0.05[a]
[a] 该限量为临时限量。	

4.361 唑菌酯(pyraoxystrobin)

4.361.1 主要用途：杀菌剂。

4.361.2 ADI：0.001 3 mg/kg 体重。

4.361.3 残留物：唑菌酯。

4.361.4 最大残留限量：应符合表 361 的规定。

表 361

食品类别/名称	最大残留限量 mg/kg
蔬菜	
黄瓜	1[a]
[a] 该限量为临时限量。	

4.362 艾氏剂(aldrin)

4.362.1 主要用途:杀虫剂。

4.362.2 ADI:0.000 1 mg/kg 体重。

4.362.3 残留物:艾氏剂。

4.362.4 再残留限量:应符合表 362 规定。

表 362

食品类别/名称	再残留限量 mg/kg
谷物	
稻谷	0.02
麦类	0.02
旱粮类	0.02
杂粮类	0.02
成品粮	0.02
油料和油脂	
大豆	0.05
蔬菜	
鳞茎类蔬菜	0.05
芸薹属类蔬菜	0.05
叶菜类蔬菜	0.05
茄果类蔬菜	0.05
瓜类蔬菜	0.05
豆类蔬菜	0.05
茎类蔬菜	0.05
根茎类和薯芋类蔬菜	0.05
水生类蔬菜	0.05
芽菜类蔬菜	0.05
其他类蔬菜	0.05
水果	
柑橘类水果	0.05
仁果类水果	0.05
核果类水果	0.05
浆果和其他小型水果	0.05
热带和亚热带水果	0.05
瓜果类水果	0.05
哺乳动物肉类(海洋哺乳动物除外)	0.2(以脂肪计)
禽肉类	0.2(以脂肪计)
蛋类	0.1
生乳	0.006

4.362.5 检测方法:植物源食品(蔬菜、水果除外)按照 GB/T 5009.19 规定的方法测定;蔬菜、水果按照 NY/T 761、GB/T 5009.19 规定的方法测定;动物源食品按照 GB/T 5009.162、GB/T 5009.19 规定的方法测定。

4.363 **滴滴涕(DDT)**

4.363.1 主要用途:杀虫剂。

4.363.2 ADI:0.01 mg/kg 体重。

4.363.3 残留物:*p*,*p*′-滴滴涕、*o*,*p*′-滴滴涕、*p*,*p*′-滴滴伊和 *p*,*p*′-滴滴滴之和。

4.363.4 再残留限量:应符合表 363 的规定。

表 363

食品类别/名称	再残留限量 mg/kg
谷物	
稻谷	0.1
麦类	0.1
旱粮类	0.1
杂粮类	0.05
成品粮	0.05
油料和油脂	
大豆	0.05
蔬菜	
鳞茎类蔬菜	0.05
芸薹属类蔬菜	0.05
叶菜类蔬菜	0.05
茄果类蔬菜	0.05
瓜类蔬菜	0.05
豆类蔬菜	0.05
茎类蔬菜	0.05
根茎类和薯芋类蔬菜(胡萝卜除外)	0.05
胡萝卜	0.2
水生类蔬菜	0.05
芽菜类蔬菜	0.05
其他类蔬菜	0.05
水果	
柑橘类水果	0.05
仁果类水果	0.05
核果类水果	0.05
浆果和其他小型水果	0.05
热带和亚热带水果	0.05
瓜果类水果	0.05
饮料类	
茶叶	0.2
哺乳动物肉类及其制品	
脂肪含量 10%以下	0.2(以原样计)
脂肪含量 10%及以上	2(以脂肪计)
水产品	0.5
蛋类	0.1
生乳	0.02

4.363.5 检测方法:植物源食品(蔬菜、水果除外)按照 GB/T 5009.19 规定的方法测定;蔬菜、水果按照

NY/T 761、GB/T 5009.19 规定的方法测定；动物源食品按照 GB/T 5009.162、GB/T 5009.19 规定的方法测定。

4.364 狄氏剂(dieldrin)

4.364.1 主要用途：杀虫剂。

4.364.2 ADI：0.000 1 mg/kg 体重。

4.364.3 残留物：狄氏剂。

4.364.4 再残留限量：应符合表 364 的规定。

表 364

食品类别/名称	再残留限量 mg/kg
谷物	
稻谷	0.02
麦类	0.02
旱粮类	0.02
杂粮类	0.02
成品粮	0.02
油料和油脂	
大豆	0.05
蔬菜	
鳞茎类蔬菜	0.05
芸薹属类蔬菜	0.05
叶菜类蔬菜	0.05
茄果类蔬菜	0.05
瓜类蔬菜	0.05
豆类蔬菜	0.05
茎类蔬菜	0.05
根茎类和薯芋类蔬菜	0.05
水生类蔬菜	0.05
芽菜类蔬菜	0.05
其他类蔬菜	0.05
水果	
柑橘类水果	0.02
仁果类水果	0.02
核果类水果	0.02
浆果和其他小型水果	0.02
热带和亚热带水果	0.02
瓜果类水果	0.02
哺乳动物肉类(海洋哺乳动物除外)	0.2(以脂肪计)
禽肉类	0.2(以脂肪计)
蛋类	0.1
生乳	0.006

4.364.5 检测方法：植物源食品(蔬菜、水果除外)按照 GB/T 5009.19 规定的方法测定；蔬菜、水果按照 NY/T 761、GB/T 5009.19 规定的方法测定；动物源食品按照 GB/T 5009.162、GB/T 5009.19 规定的方法测定。

4.365 毒杀芬(camphechlor)

4.365.1 主要用途:杀虫剂。

4.365.2 ADI:0.000 25 mg/kg 体重。

4.365.3 残留物:毒杀芬。

4.365.4 再残留限量:应符合表 365 的规定。

表 365

食品类别/名称	再残留限量 mg/kg
谷物	
稻谷	0.01[a]
麦类	0.01[a]
旱粮类	0.01[a]
杂粮类	0.01[a]
油料和油脂	
大豆	0.01[a]
蔬菜	
鳞茎类蔬菜	0.05[a]
芸薹属类蔬菜	0.05[a]
叶菜类蔬菜	0.05[a]
茄果类蔬菜	0.05[a]
瓜类蔬菜	0.05[a]
豆类蔬菜	0.05[a]
茎类蔬菜	0.05[a]
根茎类和薯芋类蔬菜	0.05[a]
水生类蔬菜	0.05[a]
芽菜类蔬菜	0.05[a]
其他类蔬菜	0.05[a]
水果	
柑橘类水果	0.05[a]
仁果类水果	0.05[a]
核果类水果	0.05[a]
浆果和其他小型水果	0.05[a]
热带和亚热带水果	0.05[a]
瓜果类水果	0.05[a]

[a] 该限量为临时限量。

4.365.5 检测方法:谷物、油料和油脂、蔬菜、水果参照 YC/T 180 规定的方法测定。

4.366 林丹(lindane)

4.366.1 主要用途:杀虫剂。

4.366.2 ADI:0.005 mg/kg 体重。

4.366.3 残留物:林丹。

4.366.4 再残留限量:应符合表 366 的规定。

表 366

食品类别/名称	再残留限量 mg/kg
谷物	
小麦	0.05
大麦	0.01
黑麦	0.01
燕麦	0.01
玉米	0.01
鲜食玉米	0.01
高粱	0.01
哺乳动物肉类(海洋哺乳动物除外)	
脂肪含量 10%以下	0.1(以原样计)
脂肪含量 10%及以上	1(以脂肪计)
可食用内脏(哺乳动物)	0.01
禽肉类	
家禽肉(脂肪)	0.05
禽类内脏	
可食用家禽内脏	0.01
蛋类	0.1
生乳	0.01

4.366.5 检测方法:植物源食品按照 GB/T 5009.146、GB/T 5009.19 规定的方法测定;动物源食品按照 GB/T 5009.162、GB/T 5009.19 规定的方法测定。

4.367 六六六(HCH)

4.367.1 主要用途:杀虫剂。

4.367.2 ADI:0.005 mg/kg 体重。

4.367.3 残留物:α-六六六、β-六六六、γ-六六六和δ-六六六之和。

4.367.4 再残留限量:应符合表 367 的规定。

表 367

食品类别/名称	再残留限量 mg/kg
谷物	
稻谷	0.05
麦类	0.05
旱粮类	0.05
杂粮类	0.05
成品粮	0.05
油料和油脂	
大豆	0.05
蔬菜	
鳞茎类蔬菜	0.05
芸薹属类蔬菜	0.05
叶菜类蔬菜	0.05
茄果类蔬菜	0.05

表 367（续）

食品类别/名称	再残留限量 mg/kg
蔬菜	
瓜类蔬菜	0.05
豆类蔬菜	0.05
茎类蔬菜	0.05
根茎类和薯芋类蔬菜	0.05
水生类蔬菜	0.05
芽菜类蔬菜	0.05
其他类蔬菜	0.05
水果	
柑橘类水果	0.05
仁果类水果	0.05
核果类水果	0.05
浆果和其他小型水果	0.05
热带和亚热带水果	0.05
瓜果类水果	0.05
饮料类	
茶叶	0.2
哺乳动物肉类及其制品(海洋哺乳动物除外)	
脂肪含量 10%以下	0.1(以原样计)
脂肪含量 10%及以上	1(以脂肪计)
水产品	0.1
蛋类	0.1
生乳	0.02

4.367.5　检测方法：植物源食品(蔬菜、水果除外)按照 GB/T 5009.19 规定的方法测定；蔬菜、水果按照 NY/T 761、GB/T 5009.19 规定的方法测定；动物源食品按照 GB/T 5009.162、GB/T 5009.19 规定的方法测定。

4.368　氯丹(chlordane)

4.368.1　主要用途：杀虫剂。

4.368.2　ADI：0.000 5 mg/kg 体重。

4.368.3　残留物：植物源食品为顺式氯丹、反式氯丹之和；动物源食品为顺式氯丹、反式氯丹与氧氯丹之和。

4.368.4　再残留限量：应符合表 368 的规定。

表 368

食品类别/名称	再残留限量 mg/kg
谷物	0.02
油料和油脂	
大豆	0.02
植物毛油	0.05
植物油	0.02

表 368（续）

食品类别/名称	再残留限量 mg/kg
蔬菜	
鳞茎类蔬菜	0.02
芸薹属类蔬菜	0.02
叶菜类蔬菜	0.02
茄果类蔬菜	0.02
瓜类蔬菜	0.02
豆类蔬菜	0.02
茎类蔬菜	0.02
根茎类和薯芋类蔬菜	0.02
水生类蔬菜	0.02
芽菜类蔬菜	0.02
其他类蔬菜	0.02
水果	
柑橘类水果	0.02
仁果类水果	0.02
核果类水果	0.02
浆果和其他小型水果	0.02
热带和亚热带水果	0.02
瓜果类水果	0.02
坚果	0.02
哺乳动物肉类(海洋哺乳动物除外)	0.05(以脂肪计)
禽肉类	0.5(以脂肪计)
蛋类	0.02
生乳	0.002

4.368.5　检测方法：植物源食品按照 GB/T 5009.19 规定的方法测定；动物源食品按照GB/T 5009.162、GB/T 5009.19 规定的方法测定。

4.369　灭蚁灵(mirex)

4.369.1　主要用途：杀虫剂。

4.369.2　ADI：0.000 2 mg/kg 体重。

4.369.3　残留物：灭蚁灵。

4.369.4　再残留限量：应符合表 369 的规定。

表 369

食品类别/名称	再残留限量 mg/kg
谷物	
稻谷	0.01
麦类	0.01
旱粮类	0.01
杂粮类	0.01

表 369（续）

食品类别/名称	再残留限量 mg/kg
油料和油脂	
大豆	0.01
蔬菜	
鳞茎类蔬菜	0.01
芸薹属类蔬菜	0.01
叶菜类蔬菜	0.01
茄果类蔬菜	0.01
瓜类蔬菜	0.01
豆类蔬菜	0.01
茎类蔬菜	0.01
根茎类和薯芋类蔬菜	0.01
水生类蔬菜	0.01
芽菜类蔬菜	0.01
其他类蔬菜	0.01
水果	
柑橘类水果	0.01
仁果类水果	0.01
核果类水果	0.01
浆果和其他小型水果	0.01
热带和亚热带水果	0.01
瓜果类水果	0.01

4.369.5 检测方法：谷物、油料和油脂、蔬菜、水果按照 GB/T 5009.19 规定的方法测定。

4.370 七氯（heptachlor）

4.370.1 主要用途：杀虫剂。

4.370.2 ADI：0.000 1 mg/kg 体重。

4.370.3 残留物：七氯与环氧七氯之和。

4.370.4 再残留限量：应符合表 370 的规定。

表 370

食品类别/名称	再残留限量 mg/kg
谷物	
稻谷	0.02
麦类	0.02
旱粮类	0.02
杂粮类	0.02
成品粮	0.02
油料和油脂	
棉籽	0.02
大豆	0.02
大豆毛油	0.05
大豆油	0.02

表 370（续）

食品类别/名称	再残留限量 mg/kg
蔬菜	
鳞茎类蔬菜	0.02
芸薹属类蔬菜	0.02
叶菜类蔬菜	0.02
茄果类蔬菜	0.02
瓜类蔬菜	0.02
豆类蔬菜	0.02
茎类蔬菜	0.02
根茎类和薯芋类蔬菜	0.02
水生类蔬菜	0.02
芽菜类蔬菜	0.02
其他类蔬菜	0.02
水果	
柑橘类水果	0.01
仁果类水果	0.01
核果类水果	0.01
浆果和其他小型水果	0.01
热带和亚热带水果	0.01
瓜果类水果	0.01
禽肉类	0.2
哺乳动物肉类(海洋哺乳动物除外)	0.2
蛋类	0.05
生乳	0.006

4.370.5 检测方法：植物源食品(蔬菜、水果除外)按照 GB/T 5009.19 规定的方法测定；蔬菜、水果按照 NY/T 761、GB/T 5009.19 规定的方法测定；动物源食品按照 GB/T 5009.162、GB/T 5009.19 规定的方法测定。

4.371 异狄氏剂(endrin)

4.371.1 主要用途：杀虫剂。

4.371.2 ADI：0.000 2 mg/kg 体重。

4.371.3 残留物：异狄氏剂与异狄氏剂醛、酮之和。

4.371.4 再残留限量：应符合表 371 的规定。

表 371

食品类别/名称	再残留限量 mg/kg
谷物	
稻谷	0.01
麦类	0.01
旱粮类	0.01
杂粮类	0.01

表 371（续）

食品类别/名称	再残留限量 mg/kg
油料和油脂	
大豆	0.01
蔬菜	
鳞茎类蔬菜	0.05
芸薹属类蔬菜	0.05
叶菜类蔬菜	0.05
茄果类蔬菜	0.05
瓜类蔬菜	0.05
豆类蔬菜	0.05
茎类蔬菜	0.05
根茎类和薯芋类蔬菜	0.05
水生类蔬菜	0.05
芽菜类蔬菜	0.05
其他类蔬菜	0.05
水果	
柑橘类水果	0.05
仁果类水果	0.05
核果类水果	0.05
浆果和其他小型水果	0.05
热带和亚热带水果	0.05
瓜果类水果	0.05
哺乳动物肉类(海洋哺乳动物除外)	0.1(以脂肪计)

4.371.5　检测方法：植物源食品(蔬菜、水果除外)按照 GB/T 5009.19 规定的方法测定；蔬菜、水果按照 NY/T 761、GB/T 5009.19 规定的方法测定；动物源食品按照 GB/T 5009.162、GB/T 5009.19 规定的方法测定。

附 录 A
（规范性附录）
食品类别及测定部位

食品类别及测定部位见表 A.1。

表 A.1 食品类别及测定部位

食品类别	类别说明	测定部位
谷物	1. 稻类 稻谷等	整粒
	2. 麦类 小麦、大麦、燕麦、黑麦、小黑麦等	整粒
	3. 旱粮类 玉米、高粱、粟、稷、薏仁、荞麦等	整粒，鲜食玉米(包括玉米粒和轴)
	4. 杂粮类 绿豆、豌豆、赤豆、小扁豆、鹰嘴豆等	整粒
	5. 成品粮 大米粉、小麦粉、全麦粉、玉米糁、玉米粉、高粱米、大麦粉、荞麦粉、莜麦粉、甘薯粉、高粱粉、黑麦粉、黑麦全粉、大米、糙米、麦胚等	
油料和油脂	1. 小型油籽类 油菜籽、芝麻、亚麻籽、芥菜籽等	整粒
	2. 中型油籽类 棉籽	整粒
	3. 大型油籽类 大豆、花生仁、葵花籽、油茶籽等	整粒
	4. 油脂 a) 植物毛油：大豆毛油、菜籽毛油、花生毛油、棉籽毛油、玉米毛油、葵花籽毛油 b) 植物油：大豆油、菜籽油、花生油、棉籽油、初榨橄榄油、精炼橄榄油、葵花籽油、玉米油	
蔬菜 （鳞茎类）	1. 鳞茎葱类 大蒜、洋葱、薤等	可食部分
	2. 绿叶葱类 韭菜、葱、青蒜、蒜薹、韭葱等	整株
	3. 百合	鳞茎头
蔬菜 （芸薹属类）	1. 结球芸薹属 结球甘蓝、球茎甘蓝、抱子甘蓝、赤球甘蓝、羽衣甘蓝等	整棵
	2. 头状花序芸薹属 花椰菜、青花菜等	整棵，去除叶

表 A.1（续）

食品类别	类别说明	测定部位
蔬菜（芸薹属类）	3. 茎类芸薹属 芥蓝、菜薹、茎芥菜等	整棵，去除根
蔬菜（叶菜类）	1. 绿叶类 菠菜、普通白菜（小白菜、小油菜、青菜）、苋菜、蕹菜、茼蒿、大叶茼蒿、叶用莴苣、结球莴苣、莴笋、苦苣、野苣、落葵、油麦菜、叶芥菜、萝卜叶、芜菁叶、菊苣等	整棵，去除根
	2. 叶柄类 芹菜、小茴香、球茎茴香等	整棵，去除根
	3. 大白菜	整棵，去除根
蔬菜（茄果类）	1. 番茄类 番茄、樱桃番茄等	全果（去柄）
	2. 其他茄果类 茄子、辣椒、甜椒、黄秋葵、酸浆等	全果（去柄）
蔬菜（瓜类）	1. 黄瓜、腌制用小黄瓜	全瓜（去柄）
	2. 小型瓜类 西葫芦、节瓜、苦瓜、丝瓜、线瓜、瓠瓜等	全瓜（去柄）
	3. 大型瓜类 冬瓜、南瓜、笋瓜等	全瓜（去柄）
蔬菜（豆类）	1. 荚可食类： 豇豆、菜豆、食荚豌豆、四棱豆、扁豆、刀豆、利马豆等	全荚
	2. 荚不可食类： 菜用大豆、蚕豆、豌豆、菜豆等	全豆（去荚）
蔬菜（茎类）	芦笋、朝鲜蓟、大黄等	整棵
蔬菜（根茎类和薯芋类）	1. 根茎类 萝卜、胡萝卜、根甜菜、根芹菜、根芥菜、姜、辣根、芜菁、桔梗等	整棵，去除顶部叶及叶柄
	2. 马铃薯	全薯
	3. 其他薯芋类 甘薯、山药、牛蒡、木薯、芋、葛、魔芋等	全薯
蔬菜（水生类）	1. 茎叶类 水芹、豆瓣菜、茭白、蒲菜等	整棵，茭白去除外皮
	2. 果实类 菱角、芡实等	全果（去壳）
	3. 根类 莲藕、荸荠、慈姑等	整棵
蔬菜（芽菜类）	绿豆芽、黄豆芽、萝卜芽、苜蓿芽、花椒芽、香椿芽等	全部

表 A.1（续）

食品类别	类别说明	测定部位
蔬菜(其他类)	黄花菜、竹笋、仙人掌、玉米笋等	全部
水果(柑橘类)	橙、橘、柠檬、柚、柑、佛手柑、金橘等	全果
水果(仁果类)	苹果、梨、山楂、枇杷、榅桲等	全果(去柄)，枇杷参照核果
水果(核果类)	桃、油桃、杏、枣、李子、樱桃等	全果(去柄和果核)，残留量计算应计入果核的重量
水果 (浆果和其他小型水果)	1. 藤蔓和灌木类 枸杞、黑莓、蓝莓、覆盆子、越橘、加仑子、悬钩子、醋栗、桑葚、唐棣、露莓等	全果(去柄)
	2. 小型攀缘类 a) 皮可食：葡萄、树番茄、五味子等 b) 皮不可食：猕猴桃、西番莲等	全果
	3. 草莓	全果(去柄)
水果 (热带和亚热带水果)	1. 皮可食 柿子、杨梅、橄榄、无花果、杨桃、莲雾等	全果(去柄)，杨梅、橄榄检测果肉部分，残留量计算应计入果核的重量
	2. 皮不可食 a) 小型果：荔枝、龙眼、红毛丹等	果肉，残留量计算应计入果核的重量
	b) 中型果 芒果、石榴、鳄梨、番荔枝、番石榴、西榴莲、黄皮、山竹等	全果，鳄梨和芒果去除核，山竹测定果肉，残留量计算应计入果核的重量
	c) 大型果 香蕉、番木瓜、椰子等	香蕉测定全蕉；番木瓜测定去除果核的所有部分，残留量计算应计入果核的重量；椰子测定椰汁和椰肉
	d) 带刺果 菠萝、菠萝蜜、榴莲、火龙果等	菠萝、火龙果去除叶冠部分；菠萝蜜、榴莲测定果肉，残留量计算应计入果核的重量
水果 (瓜果类)	1. 西瓜	全瓜
	2. 甜瓜类 薄皮甜瓜、网纹甜瓜、哈密瓜、白兰瓜、香瓜等	全瓜
干制水果	柑橘脯、李子干、葡萄干、干制无花果、无花果蜜饯	全果(测定果肉，残留量计算应计入果核的重量)
坚果	1. 小粒坚果 杏仁、榛子、腰果、松仁、开心果等	全果(去壳)
	2. 大粒坚果 核桃、板栗、山核桃、澳洲坚果等	全果(去壳)
糖料	1. 甘蔗	整根甘蔗，去除顶部叶及叶柄
	2. 甜菜	整根甜菜，去除顶部叶及叶柄

表 A.1(续)

食品类别	类别说明	测定部位
饮料	1. 茶叶	
	2. 咖啡豆、可可豆	
	3. 啤酒花	
	4. 菊花、玫瑰花等	
	5. 果汁 a) 蔬菜汁:番茄汁等 b) 水果汁:橙汁、苹果汁等	
食用菌	1. 蘑菇类 香菇、金针菇、平菇、茶树菇、竹荪、草菇、羊肚菌、牛肝菌、口蘑、松茸、双孢蘑菇、猴头、白灵菇、杏鲍菇等	整棵
	2. 木耳类 木耳、银耳、金耳、毛木耳、石耳等	整棵
调味料	1. 叶类 芫荽、薄荷、罗勒、艾蒿、紫苏等	整棵,去除根
	2. 干辣椒	全果(去柄)
	3. 果类调味料 花椒、胡椒、豆蔻等	全果
	4. 种子类调味料 芥末、八角茴香等	果实整粒
	5. 根茎类调味料 桂皮、山葵等	整棵
药用植物	1. 根茎类 人参、三七、天麻、甘草、半夏、当归等	根、茎部分
	2. 叶及茎杆类 车前草、鱼腥草、艾、蒿等	茎、叶部分
	3. 花及果实类 金银花、银杏等	花、果实部分
动物源食品	1. 哺乳动物肉类(海洋哺乳动物除外) 猪、牛、羊、驴、马肉等	肉(去除骨),包括脂肪含量小于10%的脂肪组织
	2. 哺乳动物内脏(海洋哺乳动物除外) 心、肝、肾、舌、胃等	肉(去除骨),包括脂肪含量小于10%的脂肪组织
	3. 禽肉类 鸡、鸭、鹅肉等	肉,去除骨
	4. 禽类内脏	整付
	5. 蛋类(鲜蛋)	整枚(去壳)
	6. 生乳 奶及其脂肪	
	7. 水产品	可食部分,去除骨和鳞

索　　引

农药中文通用名称索引

农药英文通用名称索引

B

C

D

ICS 83.180
G 38

中华人民共和国国家标准

GB/T 2792—2014
代替 GB/T 2792—1998

胶粘带剥离强度的试验方法

Measurement of peel adhesion properties for adhesive tapes

(ISO 29862:2007,Self adhesive tapes—Determination of peel adhesion properties,MOD)

2014-07-08 发布　　2014-12-01 实施

中华人民共和国国家质量监督检验检疫总局
中国国家标准化管理委员会　发布

前　言

本标准按照 GB/T 1.1—2009 给出的规则起草。

本标准代替 GB/T2792—1998《压敏胶粘带 180°剥离强度试验方法》，与 GB/T 2792—1998 相比，主要技术变化如下：

——修改了标准名称，将标准的名称修改为《胶粘带剥离强度的试验方法》

——删除了引用标准 JB/T 7499—1994《耐水砂纸》(见 1998 版的第 2 章)；

——修改了"剥离强度"术语的定义(见 3.1，1998 版的第 3 章)；

——增加了"样件"术语(见 3.2)；

——增加了"表面平均粗糙度"术语(见 3.3)；

——修改了清洗剂的种类(见 5.2.2，1998 版的 5.3.1)；

——增加了试样的裁取方法(见 5.3.1)；

——修改了标准试验钢板的要求(见 5.3.3，1998 版的 5.2)；

——修改了压辊的尺寸和质量(见 5.3.4.1，1998 版的 4.1.1 和 4.1.3)；

——修改了试验室的标准试验条件(见 5.4.1，1998 版的 6.2)；

——修改了试样的标准尺寸(见 5.4.2，1998 版的 5.1)；

——增加了钢板的清洗方法(见 5.5.2.1)；

——修改了压辊次数(见 5.5.3.1，1998 版的 7.3)；

——修改了试样的制样时间和试验前的滞留时间(见 5.5.3.1，1998 版的 7.4)；

——增加了胶粘带与自身背膜的 180°剥离强度试验方法(见第 6 章)；

——增加了胶粘带与防粘材料的 180°剥离强度试验方法(见第 8 章)；

——增加了低温下胶粘带 180°剥离强度试验方法(见附录 A)；

——增加了胶粘带 90°剥离强度的试验方法(见附录 B)。

本标准使用重新起草法修改采用 ISO 29862:2007《粘胶带　抗剥离粘附性能的测定》。

本标准与 ISO 29862:2007 相比在结构上有一些调整，附录 C 中列出了本标准与 ISO 29862:2007 的章条编号对照一览表。

本标准与 ISO 29862:2007 相比，存在技术性差异，这些差异涉及的条款已通过在其外侧页边空白位置的垂直单线(|)进行了标示，附录 D 中给出了技术性差异及其原因的一览表。

本标准还对 ISO 29862:2007 作了下列编辑性修改：

——"本国际标准"一词改为本标准；

——剥离强度的单位"N/10 mm"改为"N/cm"。

本标准由中国石油和化学工业联合会提出。

本标准由全国胶粘剂标准化技术委员会(SAC/TC 185)归口。

本标准起草单位：上海橡胶制品研究所、开平市齐裕胶粘制品科技有限公司、联冠(中山)胶粘制品有限公司、永大(中山)有限公司、广州宏昌胶粘带厂、无锡市万力粘合材料有限公司、宁波综研化学有限公司、上海晶华粘胶制品发展有限公司。

本标准主要起草人：金卫星、陈维斌、王灿、张建庆、罗吉尔、陈华昌、杨春强、刘小丽、许宁。

本标准所代替标准的历次版本发布情况为：

——GB/T 2792—1981、GB/T 2792—1998。

胶粘带剥离强度的试验方法

1 范围

本标准规定了胶粘带剥离强度的一系列试验方法。

本标准适用于胶粘带剥离强度的测定，用于胶粘带产品的质量控制。

2 规范性引用文件

下列文件对于本文件的应用是必不可少的。凡是注日期的引用文件，仅注日期的版本适用于本文件。凡是不注日期的引用文件，其最新版本(包括所有的修改单)适用于本文件。

GB/T 2523—2008 冷轧金属薄板(带)表面粗糙度和峰值数测量方法

GB/T 3280—2007 不锈钢冷轧钢板和钢带

GB/T 22396 压敏胶粘制品术语

3 术语与定义

GB/T 22396 界定的以及下列术语和定义适用于本文件。

3.1

剥离强度 peel strength

以一定的角度和速率将单位宽度的胶粘带从特定粘接面上剥离所需要的力。单位 N/cm。

3.2

样件 test assembly

将被测试胶粘带粘贴在钢板后形成的组合件。

3.3

表面平均粗糙度 roughness average

粗糙度轮廓的算术平均偏差。即在取样长度内粗糙度轮廓偏距绝对值的算术平均值。

4 分类

本标准方法按胶粘带粘接的不同对象、温度和剥离角度可分为以下几种：

——方法 1：胶粘带与不锈钢 180°剥离强度的试验方法；

——方法 2：胶粘带与自身背膜 180°剥离强度的试验方法；

——方法 3：双面胶粘带、转移胶粘带与不锈钢 180°剥离强度的试验方法；

——方法 4：胶粘带与防粘材料 180°剥离强度的试验方法；

——附录 A：胶粘带低温剥离强度的试验方法；

——附录 B：胶粘带 90°剥离强度的试验方法。

各种方法的使用说明见表 1。

表 1　试验方法和附录的使用说明

被粘材料	剥离角度	试验方法	
		23 ℃	低温
胶粘带与不锈钢板	180°	方法 1	附录 A
	90°	附录 B	—
胶粘带与胶粘带自身背膜	180°	方法 2	附录 A
	90°	附录 B	—
双面胶粘带和转移胶粘带与不锈钢板	180°	方法 3	附录 A
	90°	附录 B	—
胶粘带与防粘材料	180°	方法 4	附录 A
	90°	附录 B	—

注 1：上述方法对给定类型胶粘带中胶粘剂的均匀性进行评定。评估对象可为一卷胶粘带、几卷胶粘带间或批次之间胶粘带产品。

注 2：胶粘带背膜和胶粘剂的变化会影响试验结果，因此，此方法不用于具体说明不均匀性的原因。

注 3：这些方法不适用于对下述胶粘带进行试验，即具有相对较硬的背膜和防粘材料的胶粘带，或施小力便可拉伸背膜的胶粘带。这些特性会导致试验结果的变化很大，无法体现剥离强度的原本特性。

5　方法 1：胶粘带与不锈钢 180°剥离强度的试验方法

5.1　原理

方法 1 规定了 180°时从不锈钢板上去除一条胶粘带所需力的试验方法。

将一条胶粘带粘在不锈钢板上，不锈钢板固定在拉力试验机的一个夹具上，试验机的另一个夹具夹住胶粘带自由端，与不锈钢板呈 180°角，以规定速率拉开胶粘带。

通过持续从不锈钢板上剥离胶粘带所需的力测量出剥离力，转换为剥离强度。注意剥离线垂直于作用力的方向。

5.2　材料

5.2.1　吸收性清洁材料

如医用纱布、棉线或棉纸。合适的材料应在使用过程中不掉绒、易吸收，不含可溶于 5.2.2 中所述溶剂的添加剂，并且完全由原生材料制成。

5.2.2　清洗剂

以下一种或者多种溶剂：

——双丙酮醇(4-羟基-4-甲基-2-戊酮)；

——异丙醇；

——甲醇；

——甲基乙基酮；

——丙酮；

——正庚酮；

——正庚烷和一个氟化烃(例如:制冷剂)的混合物(在有毒性或可燃性限制条件下适用)。

溶剂为普通化学试剂级,盛放在合适的容器中。

5.3 仪器

5.3.1 试样裁刀

将两个单刃刀片分别固定在平行的平面内,保持一个精确的距离,形成一个具有准确试样宽度的试样裁刀,裁刀切割宽度为 12 mm 和 24 mm;或者使用不会使边缘产生损害的其他刀具,刀片之间距离的精确度为标称宽度±0.1 mm。

5.3.2 试验机

采用恒速拉伸试验机,自动记录仪至少每剥离 1 mm 胶粘带记录一次数值。试验机配备的两个夹具(校准在同一中心线上),平行对齐,在移动方向上处于同一平面内。整幅夹紧试样,以(5.0±0.2)mm/s 的速率匀速移动,记录下负荷读数。最大允许误差 2%。

5.3.3 不锈钢板

不锈钢板表面平整光滑,至少 125 mm 长,50 mm 宽,1.1 mm 厚;不锈钢种类符合 GB/T 3280—2007 规定的 06Cr19Ni10 材质,退火抛光,不锈钢板(以下简称钢板)表面光亮,粗糙度(GB/T 2523—2008)为(50±25)nm。

不应使用有污点、变色或划痕较多的钢板。使用前,按照 5.5.2 中的说明,对钢板进行清洁;使用中,保护钢板试验表面不被划伤和污染,并按 5.4.1 中描述的条件保存。

5.3.4 机动或手动压辊

5.3.4.1 圆柱体的钢质压辊(简称压辊)的直径为(85±2.5)mm,宽(45±1.5)mm,表面包覆有约 6 mm 厚的橡胶,硬度(80±5)邵氏 A,没有凸凹偏差。压辊的质量为(2 000±100)g。

5.3.4.2 在使用过程中,任何仪器部分都不应增加压辊的重量。压辊以(10 ±0.5)mm/s 的速率通过机动或手动方式滚动。

5.4 样品和试样

5.4.1 状态调节。将整卷胶粘带样品、实验板置于温度(23±1)℃、相对湿度(50±5)%的条件下,停放 24 h 以上。

如果不能保持此测试条件,尽量接近此条件,并在报告中注明。

5.4.2 试验需要三个试样。试样宽度为(24±0.5)mm、长度约 300 mm。

当样品宽度小于 24 mm 时,以样品的实际宽带进行测试,并在试验结果中注明。

5.4.3 在进行制样之前,从样品卷上撕去最外的 3～6 层胶带。

5.4.4 每个试验至少制取三个试样。从待测样品卷上以 500 mm/s～750 mm/s 的速率解卷试样。当胶粘带卷解卷力较大,无法在规定速率解卷试样时,在接近 500 mm/s 的速率下解卷。

5.4.5 当胶粘带宽度大于 24 mm 时,使用 5.3.1 所述的试样裁刀,从 5.4.4 所述的胶粘带条的中心位置,裁取规定宽度的试样。

5.4.6 在解卷后的 5 min 内粘贴试样。

5.5 试验步骤

5.5.1 标准试验条件

标准试验环境温度(23±1)℃、相对湿度(50±5)%。

5.5.2 钢板预处理

5.5.2.1 用5.2.2中所述的一种溶剂擦拭钢板，用新的吸收性清洁材料擦干。使用同种溶剂，重复清洗3次。最后一次用甲基乙基酮或丙酮清洗。

5.5.2.2 洗后的钢板至少晾置10 min；10 h内未使用的试验钢板需重新清洗。为了得到一致的结果，新钢板在使用前，用甲基乙基酮或丙酮清洗至少10次。

注：丢弃有污点、变色或多处划痕的钢板。避免用手接触钢板表面。在贮存中，注意使钢板免受破坏或污染。

5.5.3 剥离强度样件制备与试验

5.5.3.1 样件制备

如5.4.4描述，从测试的胶粘带样品中裁取300 mm长试样。沿试样长度方向，将一端胶粘面对折粘贴成约12 mm长的折叠层。拿住该折叠层，将试样的另一端粘贴在钢板的一端，使胶粘带自然地置于钢板上方（不接触钢板），然后用手动或机械方法，将压辊来回滚压两次，防止胶粘面和钢板之间有空气残留。如有空气残留，则试样作废，重新制备。

每个试样逐一制样、试验，控制在1 min内完成。

注：剥离强度会随不同的胶粘带停留时间增大而增大。如需要选择较长的停留时间，另外注明。

5.5.3.2 剥离强度试验

从胶粘带折叠的一端从钢板上剥下25 mm的胶粘带，把钢板的一端夹在拉力试验机的夹具里，胶粘带自由端夹到另一夹具里。在(5.0±0.2)mm/s的速率下连续剥离。

负载夹具运转后，忽略第一个25 mm胶粘带机械剥离时获得的值，以下一个50 mm胶粘带获得的平均力值作为剥离力，转换为剥离强度。

注：经过长期的停放，温度将传递到不锈钢板上，因此，胶粘带一旦粘贴到钢板上后，测试人员尽快操作。

5.6 试验结果

每组试样个数不少于3个，试验结果以剥离强度的算术平均值表征，单位N/cm。

5.7 试验报告

试验报告应包含如下信息：

a) 参照标准的名称和编号；
b) 说明本次采用方法与规定方法的差异；
c) 标识每卷测试胶粘带；
d) 试验期间的异常现象（如胶粘层转移）；
e) 胶粘带剥离强度以N/cm表述，精确到0.1 N/cm；
f) 样件放置时间；
g) 非24 mm的试样宽度；
h) 非(23±1)℃、相对湿度为(50±5)%的标准试验条件。

6 方法2：胶粘带与自身背膜180°剥离强度的试验方法

6.1 原理

方法2给出了在180°角时，从同一胶粘带第二段胶粘带的背膜上剥离胶粘带所需力的试验方法。

将同卷胶粘带的第一段胶粘带叠加在已粘贴于5.5.3.1所述钢板上的第二段胶粘带背面上，然后将钢板的一端固定在拉力机的夹具里，另一夹具以180°角从胶粘带背膜上剥离胶粘带的自由端。

通过持续从同卷胶粘带的第二段的背膜上剥离胶粘带所需的力测量出剥离力，转换为剥离强度。注意剥离线垂直于作用力的方向。

6.2 仪器

6.2.1 试样裁刀

同5.3.1。

6.2.2 拉力试验机

同5.3.2。

6.2.3 合适的钢板

任何宽为50 mm，长为125 mm，厚度不小于1.1 mm的适当的干净硬性钢板。

6.2.4 机动或手动压辊

同5.3.4。

6.3 样品和试样

同5.4。

6.4 试验步骤

6.4.1 标准试验条件

同5.4.1。

6.4.2 试样制备

6.4.2.1 按5.4.4所述，从将进行试验的胶粘带样品中裁取300 mm长的试样。将它粘贴到钢板上，压辊滚压。同样裁取第二个300 mm长的试样，粘贴在第一条的胶粘带背膜上。在第二条胶粘带粘贴时，先将第二条胶粘带的一端触碰试验钢板的一端，然后机械或手动来回滚动二次，使得第二个条胶粘带紧贴在第一条胶粘带背膜上。注意防止两层胶粘带之间有空气残留，如果有空气残留，则试样作废，重新制样。样件制备、剥离强度的测定分别控制在1 min内完成。

6.4.2.2 剥离强度试验，同5.5.3.2。

6.5 试验结果

同5.6。

6.6 试验报告

同5.7。

7 方法3：双面胶粘带和转移胶粘带与不锈钢板180°剥离强度的试验方法

7.1 原理

方法3规定了从表面覆有25 μm聚酯膜的双面胶粘带或转移胶粘带从不锈钢板上剥离时所需力

的试验方法。

将一定长度双面胶粘带或转移胶粘带粘贴在钢板上，钢板固定在拉力试验机的一个夹具里。另一个夹具夹住试样的自由端，并以180°连续剥离。测得移动双面胶粘带或转移胶粘带从钢板上连续剥离所需的力，转换为剥离强度。注意剥离线垂直于作用力的方向。

7.2 材料

同5.2。

——聚酯薄膜为25 μm厚，比待测试样宽约3 mm(聚酯薄膜宽一般为27 mm)。

7.3 仪器

同5.3。

7.4 样品和试样

同5.4。

7.5 试验步骤

7.5.1 标准试验条件

同5.4.1。

7.5.2 钢板的预处理

同5.5.2。

7.5.3 双面胶粘带或转移胶粘带的外粘性面与不锈钢板180°剥离的试验步骤

7.5.3.1 将试样粘贴在钢板上

如5.4.4描述的那样，制取300 mm长的待测试样，在试样的一端将胶粘面对折粘贴成一个12 mm长的折叠层。拿住该折叠层，将试样的另一端粘贴到钢板的一端，使胶粘带自然地置于钢板的上方(不接触钢板)，用机动或手动方式将压辊沿纵向滚压一次，使胶粘带紧贴到钢板上。注意防止胶粘带和钢板之间有空气残留，如有空气残留，则试样作废。

揭去胶粘带的防粘材料，将25 μm厚聚酯薄膜与之贴合。压辊使聚酯薄膜与双面胶粘带粘贴，并使贴有薄膜层的胶粘带紧贴在钢板上。

在粘贴聚酯薄膜时，可手动来回滚压一次，滚动速率可增加至50 mm/s。

7.5.3.2 从钢板上剥离试样

同5.5.3.2。

7.5.4 双面胶粘带或转移胶粘带内粘性面与不锈钢板180°剥离的试验步骤

7.5.4.1 将试样粘贴在钢板上

如5.4.4描述的那样，制取300 mm长的待测试样，将胶粘带粘贴在25 μm厚聚酯薄膜上，机械或手动压辊滚压，防止空气残留进入胶粘带和聚酯薄膜之间。

揭去胶粘带的防粘材料，在试样的一端将胶粘面折叠成一个12 mm长的折叠层，拿住该折叠层，将试样的另一端粘贴到钢板的一端，使胶粘带自然地置于钢板的上方(不接触钢板)，用机动或手动方式将压辊来回滚压一次，使胶粘带紧贴到钢板上。注意防止胶粘带和钢板之间有空气残留，如有空气残留，则试样作废。

7.5.4.2 从钢板上剥离试样

同5.5.3.2。

7.6 试验结果

同5.6。

7.7 试验报告

同5.7。

——外粘性面胶粘带或者内粘性面胶粘带的测试报告。

8 方法4：胶粘带与防粘材料180°剥离强度的试验方法

8.1 原理

规定了以180°将防粘材料从胶粘带上去除时所需力的试验方法。

8.1.1 双面胶粘带

将一段双面胶粘带粘贴到钢板上。把钢板的一端夹在拉力试验机的一个夹具里。另一个夹具夹住防粘材料的自由端，并以180°角将防粘材料从胶粘带上剥离开。通过持续将防粘材料从胶粘带上剥离所需的力测量出剥离力，转换为剥离强度，注意剥离线垂直于作用力的方向。

8.1.2 单面胶粘带

同8.1.1，除需用双面胶带把单面胶带粘贴到试验钢板上之外。

8.2 材料

同5.2。

8.3 仪器

同5.3，采用6.2.3中所描述的合适钢板。

8.4 样品与试样

同5.4。

8.5 试验步骤

8.5.1 双面胶粘带

8.5.1.1 同5.5.2.1。

8.5.1.2 将125 mm长试样的胶粘面粘贴到钢板上，压辊以(10.0±0.5)mm/s的速率来回滚压两次。揭开防粘材料的自由端，以180°对折防粘材料，从胶粘带上剥离25 mm的防粘材料。把钢板的一端夹到拉力试验机的一个夹具里，防粘材料自由端夹到另一个夹具里，以(5.0±0.2)mm/s的速率操作拉力试验机。

可移动夹具运转后,忽略剥离第一个 25 mm 胶粘带时获得的值。把从钢板上剥离的下一个50 mm 胶粘带获得的平均力值转化为剥离强度。

8.5.2 单面胶粘带

8.5.2.1 同 5.5.2.1。

8.5.2.2 将双面胶粘带粘贴到整条钢板上,揭去双面胶粘带上的防粘材料;将另 125 mm 的单面胶粘带背面粘贴在该双面胶粘带上,压辊以(10.0±0.5)mm/s 的速率来回滚压两次。剥开单面胶粘带防粘材料自由端,剪去多余的单面胶粘带,180°对折单面胶粘带的防粘材料,从单面胶粘带上剥开 25 mm 长的防粘材料,但不要掀开粘贴在钢板上的单面胶粘带的防粘材料;将钢板的一端夹到拉力试验机的夹具里,单面胶粘带防粘材料的自由端夹到另一个夹具里,以(5.0±0.2)mm/s 的速率连续剥离。

可移动夹具运转后,忽略剥离第一个 25 mm 胶粘带时获得的值。把从钢板上剥离的下一个50 mm 单面胶粘带获得的平均力值,转化为剥离强度。

8.6 试验结果

同 5.6。

8.7 试验报告

同 5.7。

附 录 A
（规范性附录）
胶粘带低温剥离强度试验方法

A.1 原理

本附录规定了在选定低温条件下，按照本标准中的方法之一，剥离粘贴于物体表面的胶粘带所需力的试验方法。

在测试前，胶粘带按本标准介绍的方法粘贴在测试板表面上，在选定的低温条件下停放 16 h～24 h。

A.2 仪器

——根据试验方法，采用合适的仪器；

——根据温度要求，采用合适的恒温恒湿箱或环境室。

A.3 样品和试样

A.3.1 样品、试样和钢板（清洗后）在选定的低温下放置 2 h。

A.3.2 按照相应的试验方法试验。

A.4 试验步骤

A.4.1 整个试验在选定的低温下进行。

A.4.2 按照相应的试验方法试验，剥离试样在低温下放置 16 h～24 h。

A.5 试验报告

试验报告同 5.7，标明本标准附录的试验方法和试验温度。

附 录 B
（规范性附录）
胶粘带90°剥离强度试验方法

B.1 原理

本附录规定了按照本标准中的方法之一，以90°剥离粘贴于物体表面的胶粘带所需力的试验方法。

把粘贴有胶粘带的钢板固定在仪器中，再将该仪器放入试验机的固定夹具上，胶粘带的自由端固定在可移动夹具里，将胶粘带垂直地从钢板表面剥离，并通过水平移动钢板，从而保证钢板与胶粘带一直保持90°角度。

B.2 仪器

B.2.1 根据试验方法，采用合适的仪器。

B.2.2 90°剥离试验仪器

图B.1显示了一个合适的仪器，钢板相对于设备呈水平开口，可以随着夹具的移动而水平移动且保持90°的剥离角度。

钢板可在正常压力下自由移动，或通过与可移动夹具直接连接进行移动。

B.3 试验步骤

除要用90°剥离仪器之外，严格按照相关的试验方法规定进行试验。

试样的自由端固定在可移动夹具上，按常规试验方法进行剥离强度的测量。

B.4 试验报告

同5.7。

试验报告注明采用了本标准附录规定的试验方法。

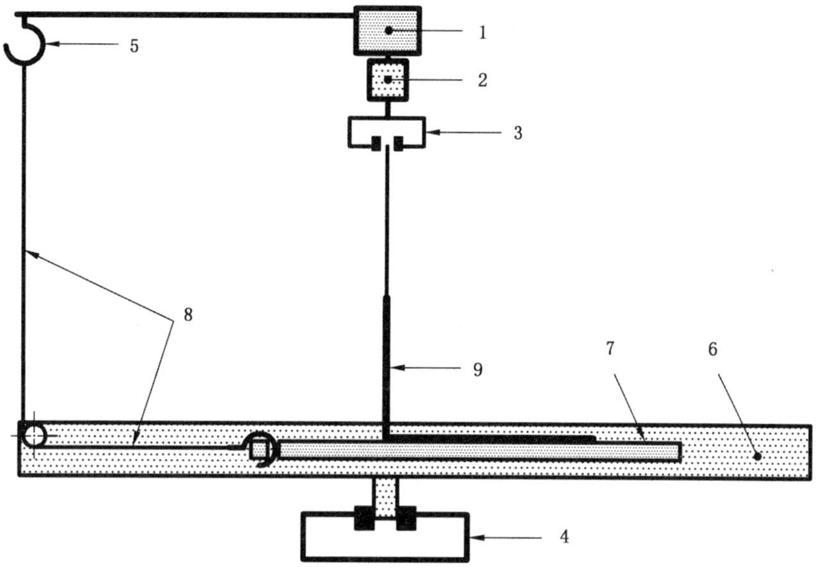

a） 试验装置示意图

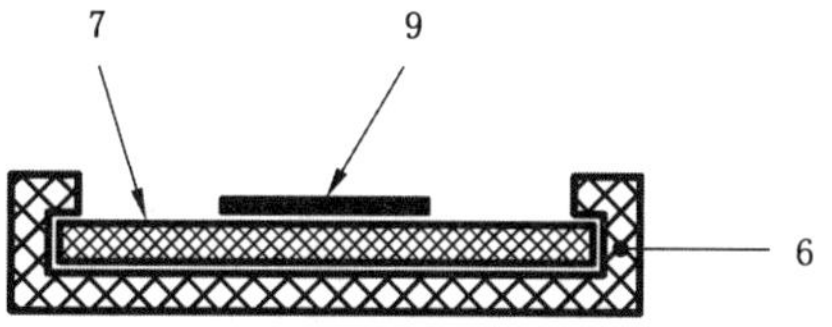

b） 试样位置示意图

说明：

1——拉力试验机的上部可移动部件；

2—— 荷载传感器；

3——上部夹具；

4——下部夹具；

5——拉力试验机的上部可移动部件上安装的挂钩；

6——钢板的夹持装置；

7——试验钢板；

8——线；

9——胶粘带。

图 B.1　90°剥离强度示意图

附　录　C
（资料性附录）
本标准与 ISO 29862:2007 相比的结构变化情况

本标准与 ISO 29862:2007 相比在结构上基本一致，调整的具体章条编号对照情况见表 C.1。

表 C.1　本标准与 ISO 29862:2007 的章条编号对照情况

本标准章条编号	对应的 ISO 29862:2007 章条编号
3.2	—
3.3	—
—	3.2
—	3.3
—	3.4
—	第 4 章
第 4 章	第 1 章的第三段到第九段
第 4 章的表 1	第 1 章的表 1
附表 A	—
附表 B	—
注：表中没列出的章条与 ISO 章条一致。	

附　录　D
（资料性附录）
本标准与 ISO 29862:2007 的技术性差异及其原因

表 D.1 给出了本标准与 ISO 29862:2007 的技术性差异及其原因。

表 D.1　本标准与 ISO 29862:2007 的技术差异及其原因

本标准章条编号	技术性差异	原　因
第 1 章	将“方法的分类及使用说明”列入第 4 章	试验方法的种类和使用说明内容不宜放在范围中
第 2 章	关于规范性引用文件，本标准做了技术性的调整，调整的情况集中反映在第 2 章“规范性引用文件”中，具体调整如下： 删除了引用 EN 12418:2000 增加了引用 GB/T 22396； 删除了引用 EN 10088-2:1995 增加了引用 GB/T 2523—2008 增加引用了 GB/T 3280—2007	引用 GB/T 22396，便于标准使用者使用中文术语； 引用 GB/T 2523—2008 和 GB/T 3280—2007，便于标准使用者理解和使用，以适应我国国情
3.2	增加了“样件”术语	增加可操作性，便于标准的理解和执行
3.3	增加了“表面平均粗糙度”术语	增加可操作性，便于标准的执行
—	删除了原第 4 章：重要性和用途	这章内容是对标准技术内容的说明，不宜写在标准正文中，以适应我国国情
第 4 章	增加了：新的第 4 章“分类”	根据 GB/T 1.1—2009 要求，将 ISO 标准的范围中方法种类的描述另起一章，明确了标准的技术内容概况
5.2.2	增加了：“异丙醇“为清洗剂	以适应我国技术条件
5.4.1	增加了：样品在标准环境条件下放置时间 24 h 以上	增加可操作性，便于标准的执行
5.4.2	将注修改为段：当样品宽度小于 24 mm 时，以样品的实际宽带进行测试，并在试验结果中注明	根据 GB/T 1.1—2009 要求、我国实际情况，增加可操作性，便于标准的执行
5.4.4	增加了：至少做三个试样	增加可操作性，便于标准的执行
5.6	增加了：“每组试样个数不少于 3 个”	提高数据的精确度
7.5.3.1	将注修改为段：“在粘贴聚酯薄膜时，可手动来回滚压一次，滚动速率可增加至 50 mm/s”	根据 GB/T 1.1—2009 要求、我国实际情况，增加可操作性，便于标准的执行

ICS 65.060.35
B 91

中华人民共和国国家标准

GB/T 2816—2014
代替 GB/T 2816—2002

井用潜水泵

Submersible pumps for deep well

2014-06-09 发布

2015-01-01 实施

中华人民共和国国家质量监督检验检疫总局
中国国家标准化管理委员会
发布

前　言

本标准按照 GB/T 1.1—2009 给出的规则起草。

本标准代替 GB/T 2816—2002《井用潜水泵》。

本标准与 GB/T 2816—2002 相比，除编辑性修改外主要技术差异如下：

——扩大了适用机座号范围，增加了 75 mm、125 mm、225 mm、500 mm 机座号的产品。75 mm 机座号 2 个流量等级为 1 m^3/h、2 m^3/h；125 mm 机座号 5 个流量等级为 5 m^3/h、8 m^3/h、10 m^3/h、15 m^3/h、20 m^3/h；225 mm 机座号 7 个流量等级为 32 m^3/h、40 m^3/h、50 m^3/h、63 m^3/h、80 m^3/h、100 m^3/h、125 m^3/h；500 mm 机座号 4 个流量等级为 500 m^3/h、630 m^3/h、800 m^3/h、1 000 m^3/h（见表 1）。

——增加了原有机座号流量等级。100 mm 机座号增加了 12 m^3/h、15 m^3/h 流量等级；150 mm 机座号增加了 40 m^3/h、50 m^3/h 流量等级；175 mm 机座号增加了 5 m^3/h 流量等级；200 mm 机座号增加了 10 m^3/h 流量等级；250 mm 机座号增加了 160 m^3/h、240 m^3/h 流量等级；300 mm机座号增加了 160 m^3/h 流量等级；400 mm 机座号增加了 400 m^3/h 流量等级（见表 1）。

——随着每个机座号功率档次的提升，提高了各流量等级对应的扬程数值。其中，100 mm 机座号最高扬程由原来 200 m 提高到 480 m；150 mm 机座号最高扬程由原来 300 m 提高到 850 m；175 mm 机座号最高扬程由原来 247 m 提高到 754 m；200 mm 机座号最高扬程由原来 308 m 提高到 917 m；250 mm 机座号最高扬程由原来 598 m 提高到 897 m；300 mm 机座号最高扬程由原来 336 m 提高到 567 m；350 mm 机座号最高扬程由原来 192 m 提高到 504 m；400 mm 机座号最高扬程由原来 75 m 提高到 288 m（见表 1）。

——增加了 350 mm、400 mm 机座号泵转速为 2 900 r/min 的性能指标（见表 1）。

——规定了泵配带电动机额定功率的倍率（见 4.3.3）。

——修改了电动机与潜水泵的连接尺寸及公差（见表 2，2002 版表 2）。

——规定了输入功率的最大值计算方法（见 5.2.1）。

——为适应新产品的发展，给出了每个机座号各流量等级效率取值补充曲线（见附录 A）。

本标准由中国机械工业联合会提出。

本标准由全国农业机械标准化技术委员会（SAC/TC 201）归口。

本标准起草单位：中国农业机械化科学研究院、江苏大学流体机械工程技术研究中心、新界泵业集团股份有限公司、山西天海泵业有限公司、山东颜山泵业有限公司、山东名流实业集团有限公司、浙江大元泵业有限公司、台州佳迪泵业有限公司、海城三鱼泵业有限公司。

本标准主要起草人：张咸胜、钱一超、袁秀文、王洋、赵丽伟、侯永胜、许敏田、尚怀元、王磊、周建全、张桂成、陈贤元、李璐璐、蔡振华。

本标准所代替标准的历次版本发布情况为：

——GB/T 2816—1981、GB/T 2816—1991、GB/T 2816—2002。

井 用 潜 水 泵

1 范围

本标准规定了井用潜水泵的型式、型号、基本参数、连接尺寸、技术要求、试验方法、检验规则、标志、包装和贮存、泵装置的成套范围和资料等。

本标准适用于与井用潜水电动机连成一体潜入水中提取清水的井用潜水泵(以下简称泵)。

2 规范性引用文件

下列文件对于本文件的应用是必不可少的。凡是注日期的引用文件,仅注日期的版本适用于本文件。凡是不注日期的引用文件,其最新版本(包括所有的修改单)适用于本文件。

GB/T 191 包装储运图示标志

GB/T 1095 平键 键槽的剖面尺寸

GB/T 1096 普通型 平键

GB/T 1144 矩形花键尺寸、公差和检验

GB/T 2818 井用潜水异步电动机

GB/T 2828.1 计数抽样检验程序 第1部分:按接收质量限(AQL)检索的逐批检验抽样计划

GB/T 5013.4 额定电压450/750 V及以下橡皮绝缘电缆 第4部分:软线和软电缆

GB /T 7021 离心泵名词术语

GB 10395.8 农林拖拉机和机械 安全技术要求 第8部分:排灌泵和泵机组

GB/T 12785—2014 潜水电泵 试验方法

GB/T 13306 标牌

GB/T 13384 机电产品包装通用技术条件

JB/T 5673 农林拖拉机和机具涂漆 通用技术条件

JB/T 50080 潜水电泵 可靠性考核评定方法

3 术语和定义

GB/T 7021界定的以及下列术语和定义适用于本文件。

3.1

轴向水推力 radial thrust

泵在起动或正常工作时,叶轮前、后盖板产生压力差,该压力差形成的合力。

注:轴向水推力一般由后盖板指向叶轮吸入口方向,但有时也相反。

3.2

泵工作部件 pump parts

由叶轮、导流壳(导叶)等零件组成的部件。

3.3

泵装置　pumping device

由泵工作部件、电动机、扬水管、防水电缆、泵座、控制柜及其相关附件等部分组成的装置，如图1所示。

泵装置配带的附件包括：电缆卡子、电缆防护罩、电缆接头材料、地脚螺栓以及扬水管结合面的密封垫等。

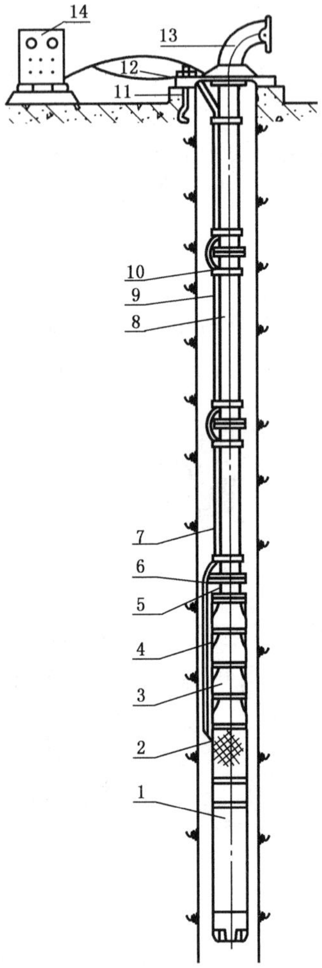

说明：

1 ——电动机；

2 ——滤水网(泵进水口)；

3 ——泵工作部件；

4 ——电缆防护罩；

5 ——短扬水管；

6 ——电动机引出电缆；

7 ——电缆接头；

8 ——扬水管；

9 ——防水电缆；

10——电缆卡子；

11——地脚螺栓；

12——泵座(底板或夹板)；

13——弯头；

14——控制箱。

图1　泵装置

4　型式、型号和基本参数及连接尺寸

4.1　型式

4.1.1　泵为立式，具有导流壳或导叶，离心或混流叶轮型式。

4.1.2　泵与潜水电动机为直接连接或同轴。

4.1.3　从驱动端看轴一般为顺时针方向旋转。

4.2　型号

型号由汉语拼音大写字母和阿拉伯数字组成，具体如下：

□ QJ □-□

- 扬程，单位为米(m)
- 流量，单位为立方米每小时(m^3/h)
- 型式特征，井用潜水
- 机座号，适用最小井径，单位为毫米(mm)

示例：机座号为200，流量80 m^3/h，扬程55 m的泵，其标记为200QJ80-55

4.3 基本参数

4.3.1 泵规定点的基本参数应符合表1的规定。基本参数的容差系数应符合5.2.2的规定。

表 1

型 号	流量 Q m^3/h	扬程 H m	转速 n r/min	效率 η %	配套电动机功率 P kW	电泵井下最大径向尺寸 mm
75QJ1-20		20			0.25	
75QJ1-35		35			0.37	
75QJ1-50		50			0.55	
75QJ1-73		73			0.75	
75QJ1-115	1	115	2 850	30	1.5	71
75QJ1-130		130				
75QJ1-160		160				
75QJ1-190		190			2.2	
75QJ1-200		200				
75QJ2-22		22			0.37	
75QJ2-30		30			0.55	
75QJ2-47		47			0.75	
75QJ2-65		65			1.1	
75QJ2-70	2	70	2 850	42		71
75QJ2-85		85			1.5	
75QJ2-100		100				
75QJ2-130		130			2.2	
75QJ2-150		150				
100QJ2-35		35			0.55	
100QJ2-50		50			0.75	
100QJ2-70		70			1.1	
100QJ2-75		75				
100QJ2-90		90				
100QJ2-100		100			1.5	
100QJ2-105		105				
100QJ2-140	2	140	2 850	44		96
100QJ2-150		150			2.2	
100QJ2-155		155				
100QJ2-190		190			3	
100QJ2-200		200				
100QJ2-250		250			4	
100QJ2-350		350			5.5	
100QJ2-480		480			7.5	
100QJ3.2-23		23			0.55	
100QJ3.2-36		36			0.75	
100QJ3.2-50		50			1.1	
100QJ3.2-68		68			1.5	
100QJ3.2-72	3.2	72	2 850	48		96
100QJ3.2-99		99			2.2	
100QJ3.2-103		103				
100QJ3.2-135		135			3	
100QJ3.2-144		144				

表 1（续）

型　号	流量 Q m^3/h	扬程 H m	转速 n r/min	效率 η %	配套电动机功率 P kW	电泵井下最大径向尺寸 mm
100QJ3.2-189	3.5	189	2 850	48	4	96
100QJ3.2-243		243			5.5	
100QJ3.2-342		342			7.5	
100QJ5-16	5	16	2 850	51	0.55	96
100QJ5-24		24			0.75	
100QJ5-32		32			1.1	
100QJ5-36		36				
100QJ5-48		48			1.5	
100QJ5-64		64			2.2	
100QJ5-72		72				
100QJ5-88		88			3	
100QJ5-96		96				
100QJ5-120		120			4	
100QJ5-160		160			5.5	
100QJ5-225		225			7.5	
100QJ8-14	8	14	2 850	53	0.75	96
100QJ8-21		21			1.1	
100QJ8-28		28			1.5	
100QJ8-32		32				
100QJ8-42		42			2.2	
100QJ8-45		45				
100QJ8-56		56			3	
100QJ8-63		63				
100QJ8-84		84			4	
100QJ8-112		112			5.5	
100QJ8-147		147			7.5	
100QJ12-15	12	15	2 850	56	1.1	96
100QJ12-20		20			1.5	
100QJ12-32		32			2.2	
100QJ12-45		45			3	
100QJ12-60		60			4	
100QJ12-80		80			5.5	
100QJ12-100		100			7.5	
100QJ12-110		110				
100QJ15-18	15	18	2 850	57	1.5	96
100QJ15-24		24			2.2	
100QJ15-34		34			3	
100QJ15-44		44			4	
100QJ15-60		60			5.5	
100QJ15-88		88			7.5	
125QJ5-36	5	36	2 850	45	1.5	120
125QJ5-63		63			2.2	
125QJ5-81		81			3	

表 1（续）

型　号	流量 Q m^3/h	扬程 H m	转速 n r/min	效率 η %	配套电动机功率 P kW	电泵井下最大径向尺寸 mm
125QJ5-108	5	108	2 850	45	4	120
125QJ5-153		153			5.5	
125QJ5-216		216			7.5	
125QJ5-261		261			9.2	
125QJ5-315		315			11	
125QJ5-369		369			13	
125QJ5-432		432			15	
125QJ5-531		531			18.5	
125QJ5-630		630			22	
125QJ8-40	8	40	2 850	53	2.2	120
125QJ8-64		64			3	
125QJ8-80		80			4	
125QJ8-112		112			5.5	
125QJ8-144		144			7.5	
125QJ8-176		176			9.2	
125QJ8-216		216			11	
125QJ8-256		256			13	
125QJ8-288		288			15	
125QJ8-352		352			18.5	
125QJ8-448		448			22	
125QJ10-48	10	48	2 850	55	3	120
125QJ10-64		64			4	
125QJ10-88		88			5.5	
125QJ10-128		128			7.5	
125QJ10-160		160			9.2	
125QJ10-184		184			11	
125QJ10-216		216			13	
125QJ10-248		248			15	
125QJ10-312		312			18.5	
125QJ10-376		376			22	
125QJ15-48	15	48	2 850	59	4	120
125QJ15-64		64			5.5	
125QJ15-88		88			7.5	
125QJ15-112		112			9.2	
125QJ15-128		128			11	
125QJ15-160		160			13	
125QJ15-176		176			15	
125QJ15-224		224			18.5	
125QJ15-264		264			22	
125QJ20-35	20	35	2 850	63	4	120
125QJ20-49		49			5.5	
125QJ20-70		70			7.5	

表 1（续）

型　号	流量 Q m³/h	扬程 H m	转速 n r/min	效率 η %	配套电动机功率 P kW	电泵井下最大径向尺寸 mm
125QJ20-84	20	84	2 850	63	9.2	120
125QJ20-105		105			11	
125QJ20-119		119			13	
125QJ20-140		140			15	
125QJ20-175		175			18.5	
125QJ20-210		210			22	
150QJ5-50	5	50	2 850	58	1.5	143
150QJ5-100		100			3	
150QJ5-150		150			4	
150QJ5-200		200			5.5	
150QJ5-250		250			7.5	
150QJ5-300		300			9.2	
150QJ5-400		400			11	
150QJ5-450		450			13	
150QJ5-500		500			15	
150QJ5-650		650			18.5	
150QJ5-750		750			22	
150QJ5-850		850			25	
150QJ10-50	10	50	2 850	63	3	143
150QJ10-100		100			5.5	
150QJ10-150		150			7.5	
150QJ10-200		200			11	
150QJ10-250		250			13	
150QJ10-300		300			15	
150QJ10-350		350			18.5	
150QJ10-400		400			22	
150QJ10-450		450			25	
150QJ10-550		550			30	
150QJ10-700		700			37	
150QJ20-26	20	26	2 850	65	3	143
150QJ20-39		39			4	
150QJ20-52		52			5.5	
150QJ20-78		78			7.5	
150QJ20-98		98			9.2	
150QJ20-104		104			11	
150QJ20-111		111				
150QJ20-143		143			15	
150QJ20-156		156				
150QJ20-182		182			18.5	
150QJ20-214		214			22	
150QJ20-247		247			25	
150QJ20-312		312			30	
150QJ20-351		351			37	

表 1（续）

型　号	流量 Q m³/h	扬程 H m	转速 n r/min	效率 η %	配套电动机功率 P kW	电泵井下最大径向尺寸 mm
150QJ20-429	20	429	2 850	65	45	143
150QJ32-18	32	18	2 850	66	3	143
150QJ32-24		24			4	
150QJ32-36		36			5.5	
150QJ32-42		42			7.5	
150QJ32-54		54			9.2	
150QJ32-66		66			11	
150QJ32-84		84			13	
150QJ32-96		96			15	
150QJ32-114		114			18.5	
150QJ32-138		138			22	
150QJ32-150		150			25	
150QJ32-180		180			30	
150QJ32-228		228			37	
150QJ32-270		270			45	
150QJ40-24	40	24	2 850	66	5.5	143
150QJ40-36		36			7.5	
150QJ40-48		48			9.2	
150QJ40-54		54			11	
150QJ40-60		60			13	
150QJ40-78		78			15	
150QJ40-90		90			18.5	
150QJ40-96		96				
150QJ40-114		114			22	
150QJ40-126		126			25	
150QJ40-144		144			30	
150QJ40-150		150				
150QJ40-180		180			37	
150QJ40-192		192				
150QJ40-216		216			45	
150QJ50-18	50	18	2 850	66	5.5	143
150QJ50-30		30			7.5	
150QJ50-36		36			9.2	
150QJ50-42		42			11	
150QJ50-48		48			13	
150QJ50-54		54				
150QJ50-60		60			15	
150QJ50-72		72			18.5	
150QJ50-90		90			22	
150QJ50-102		102			25	
150QJ50-120		120			30	
150QJ50-150		150			37	
150QJ50-180		180			45	

表 1（续）

型　号	流量 Q m³/h	扬程 H m	转速 n r/min	效率 η %	配套电动机功率 P kW	电泵井下最大径向尺寸 mm
175QJ5-65	5	65	2 850	40	3	168
175QJ5-91		91			4	
175QJ5-117		117			5.5	
175QJ5-130		130				
175QJ5-156		156			7.5	
175QJ5-182		182				
175QJ5-221		221			9.2	
175QJ5-234		234				
175QJ5-247		247			11	
175QJ5-260		260				
175QJ5-273		273				
175QJ5-286		286			13	
175QJ5-299		299				
175QJ5-312		312				
175QJ5-364		364			15	
175QJ5-377		377				
175QJ5-390		390			18.5	
175QJ5-416		416				
175QJ5-442		442				
175QJ5-494		494			22	
175QJ5-546		546				
175QJ5-624		624			25	
175QJ5-689		689			30	
175QJ5-754		754				
175QJ10-42	10	42	2 850	53	3	168
175QJ10-63		63			4	
175QJ10-84		84			5.5	
175QJ10-126		126			7.5	
175QJ10-147		147			9.2	
175QJ10-168		168			11	
175QJ10-210		210			13	
175QJ10-238		238			15	
175QJ10-280		280			18.5	
175QJ10-336		336			22	
175QJ10-388		388			25	
175QJ10-434		434			30	
175QJ10-476		476				
175QJ10-588		588			37	
175QJ10-616		616				
175QJ10-700		700			45	
175QJ15-42	15	42	2 850	58	4	168
175QJ15-63		63			5.5	
175QJ15-84		84			7.5	

表 1（续）

型 号	流量 Q m^3/h	扬程 H m	转速 n r/min	效率 η %	配套电动机功率 P kW	电泵井下最大径向尺寸 mm
175QJ15-105		105			9.2	
175QJ15-126		126			11	
175QJ15-147		147			13	
175QJ15-168		168			15	
175QJ15-210		210			18.5	
175QJ15-266		266			22	
175QJ15-294	15	294	2 850	58	25	168
175QJ15-364		364			30	
175QJ15-448		448			37	
175QJ15-497		497			45	
175QJ15-546		546				
175QJ15-616		616			55	
175QJ15-672		672				
175QJ20-26		26			3	
175QJ20-39		39			4	
175QJ20-52		52			5.5	
175QJ20-65		65			7.5	
175QJ20-91		91			9.2	
175QJ20-104		104			11	
175QJ20-130		130			13	
175QJ20-156		156			15	
175QJ20-182	20	182	2 850	64	18.5	168
175QJ20-208		208			22	
175QJ20-247		247			25	
175QJ20-299		299			30	
175QJ20-364		364			37	
175QJ20-442		442			45	
175QJ20-494		494			55	
175QJ20-546		546				
175QJ20-624		624			63	
175QJ25-39		39			5.5	
175QJ25-52		52			7.5	
175QJ25-78		78			9.2	
175QJ25-91		91			11	
175QJ25-104		104			13	
175QJ25-117		117			15	
175QJ25-156	25	156	2 850	66	18.5	168
175QJ25-182		182			22	
175QJ25-208		208			25	
175QJ25-234		234			30	
175QJ25-299		299			37	
175QJ25-377		377			45	

表 1（续）

型　号	流量 Q m^3/h	扬程 H m	转速 n r/min	效率 η %	配套电动机功率 P kW	电泵井下最大径向尺寸 mm
175QJ25-455	25	455	2 850	66	55	168
175QJ25-520		520			63	
175QJ32-24	32	24	2 850	68	4	168
175QJ32-36		36			5.5	
175QJ32-48		48			7.5	
175QJ32-60		60			9.2	
175QJ32-72		72			11	
175QJ32-84		84			13	
175QJ32-96		96			15	
175QJ32-120		120			18.5	
175QJ32-144		144			22	
175QJ32-168		168			25	
175QJ32-192		192			30	
175QJ32-240		240			37	
175QJ32-300		300			45	
175QJ32-360		360			55	
175QJ32-420		420			63	
175QJ40-36	40	36	2 850	70	7.5	168
175QJ40-48		48			9.2	
175QJ40-60		60			11	
175QJ40-72		72			13	
175QJ40-84		84			15	
175QJ40-96		96			18.5	
175QJ40-120		120			22	
175QJ40-132		132			25	
175QJ40-156		156			30	
175QJ40-204		204			37	
175QJ40-240		240			45	
175QJ40-300		300			55	
175QJ40-348		348			63	
175QJ50-24	50	24	2 850	72	5.5	168
175QJ50-36		36			9.2	
175QJ50-48		48			11	
175QJ50-60		60			13	
175QJ50-84		84			18.5	
175QJ50-96		96			22	
175QJ50-108		108			25	
175QJ50-120		120			30	
175QJ50-168		168			37	
175QJ50-204		204			45	
175QJ50-240		240			55	
175QJ50-276		276			63	

表 1（续）

型　号	流量 Q m^3/h	扬程 H m	转速 n r/min	效率 η %	配套电动机功率 P kW	电泵井下最大径向尺寸 mm
175QJ63-22	63	22	2 850	72	7.5	168
175QJ63-44		44			13	
175QJ63-55		55			15	
175QJ63-66		66			18.5	
175QJ63-77		77			22	
175QJ63-88		88			25	
175QJ63-99		99			30	
175QJ63-132		132			37	
175QJ63-154		154			45	
175QJ63-198		198			55	
175QJ63-220		220			63	
175QJ80-9	80	9	2 850	73	4	168
175QJ80-18		18			7.5	
175QJ80-27		27			11	
175QJ80-36		36			15	
175QJ80-45		45			18.5	
175QJ80-54		54			22	
175QJ80-63		63			25	
175QJ80-81		81			30	
175QJ80-99		99			37	
175QJ80-126		126			45	
175QJ80-153		153			55	
175QJ80-180		180			63	
200QJ10-47	10	47	2 850	51	3	190
200QJ10-62		62			4	
200QJ10-78		78			5.5	
200QJ10-93		93			7.5	
200QJ10-109		109				
200QJ10-124		124			9.2	
200QJ10-140		140				
200QJ10-155		155			11	
200QJ10-171		171				
200QJ10-186		186			13	
200QJ10-202		202				
200QJ10-217		217			15	
200QJ10-233		233				
200QJ10-248		248			18.5	
200QJ10-264		264				
200QJ10-279		279				
200QJ10-295		295				
200QJ10-326		326			22	
200QJ10-341		341				
200QJ10-355		355				

表 1（续）

型 号	流量 Q m^3/h	扬程 H m	转速 n r/min	效率 η %	配套电动机功率 P kW	电泵井下最大径向尺寸 mm
200QJ10-372	10	372	2 850	51	25	190
200QJ10-388		388				
200QJ10-403		403				
200QJ10-419		419			30	
200QJ10-434		434				
200QJ10-450		450				
200QJ10-465		465				
200QJ10-496		496			37	
200QJ10-512		512				
200QJ10-728		728			45	
200QJ10-806		806			55	
200QJ10-883		883				
200QJ20-40	20	40	2 850	66	4	190
200QJ20-54		54			5.5	
200QJ20-68		68			7.5	
200QJ20-81		81				
200QJ20-93		93			9.2	
200QJ20-108		108			11	
200QJ20-121		121			13	
200QJ20-135		135				
200QJ20-148		148			15	
200QJ20-175		175			18.5	
200QJ20-189		189				
200QJ20-202		202			22	
200QJ20-216		216				
200QJ20-243		243			25	
200QJ20-270		270			30	
200QJ20-311		311				
200QJ20-351		351			37	
200QJ20-372		372				
200QJ20-452		452			45	
200QJ20-500		500			55	
200QJ20-558		558				
200QJ20-638		638			63	
200QJ20-705		705			75	
200QJ20-771		771				
200QJ20-851		851			90	
200QJ20-917		917				
200QJ25-28	25	28	2 850	68	4	190
200QJ25-42		42			5.5	
200QJ25-56		56			7.5	
200QJ25-70		70			9.2	
200QJ25-84		84			11	

表 1（续）

型　号	流量 Q m³/h	扬程 H m	转速 n r/min	效率 η %	配套电动机功率 P kW	电泵井下最大径向尺寸 mm
200QJ25-112	25	112	2 850	68	13	190
200QJ25-126		126			15	
200QJ25-154		154			18.5	
200QJ25-182		182			22	
200QJ25-210		210			25	
200QJ25-252		252			30	
200QJ25-308		308			37	
200QJ25-378		378			45	
200QJ25-462		462			55	
200QJ25-532		532			63	
200QJ25-630		630			75	
200QJ25-770		770			90	
200QJ25-854		854			100	
200QJ32-26	32	26	2 850	70	4	190
200QJ32-39		39			5.5	
200QJ32-52		52			7.5	
200QJ32-78		78			11	
200QJ32-91		91			15	
200QJ32-104		104				
200QJ32-130		130			18.5	
200QJ32-143		143			22	
200QJ32-169		169			25	
200QJ32-195		195			30	
200QJ32-247		247			37	
200QJ32-299		299			45	
200QJ32-364		364			55	
200QJ32-429		429			63	
200QJ32-507		507			75	
200QJ32-611		611			90	
200QJ32-689		689			100	
200QJ32-754		754			110	
200QJ40-26	40	26	2 850	72	5.5	190
200QJ40-39		39			7.5	
200QJ40-52		52			9.2	
200QJ40-65		65			15	
200QJ40-78		78				
200QJ40-104		104			18.5	
200QJ40-117		117			22	
200QJ40-143		143			25	
200QJ40-169		169			30	
200QJ40-195		195			37	
200QJ40-208		208				
200QJ40-247		247			45	

表 1（续）

型　号	流量 Q m^3/h	扬程 H m	转速 n r/min	效率 η %	配套电动机功率 P kW	电泵井下最大径向尺寸 mm
200QJ40-312	40	312	2 850	72	55	190
200QJ40-351		351			63	
200QJ40-416		416			75	
200QJ40-507		507			90	
200QJ40-559		559			100	
200QJ40-624		624			110	
200QJ50-26	50	26	2 850	74	5.5	190
200QJ50-39		39			9.2	
200QJ50-52		52			11	
200QJ50-65		65			15	
200QJ50-78		78			18.5	
200QJ50-91		91			22	
200QJ50-104		104			25	
200QJ50-130		130			30	
200QJ50-156		156			37	
200QJ50-195		195			45	
200QJ50-247		247			55	
200QJ50-286		286			63	
200QJ50-338		338			75	
200QJ50-416		416			90	
200QJ50-455		455			100	
200QJ50-507		507			110	
200QJ63-24	63	24	2 850	74	7.5	190
200QJ63-36		36			11	
200QJ63-60		60			18.5	
200QJ63-72		72			22	
200QJ63-84		84			25	
200QJ63-96		96			30	
200QJ63-120		120			37	
200QJ63-144		144			45	
200QJ63-156		156				
200QJ63-192		192			55	
200QJ63-228		228			63	
200QJ63-264		264			75	
200QJ63-324		324			90	
200QJ63-360		360			100	
200QJ63-408		408			110	
200QJ80-22	80	22	2 850	75	7.5	190
200QJ80-33		33			11	
200QJ80-44		44			15	
200QJ80-55		55			18.5	
200QJ80-66		66			22	
200QJ80-88		88			30	

表 1（续）

型　号	流量 Q m³/h	扬程 H m	转速 n r/min	效率 η %	配套电动机功率 P kW	电泵井下最大径向尺寸 mm
200QJ80-99	80	99	2 850	75	37	190
200QJ80-121		121			45	
200QJ80-132		132				
200QJ80-143		143			55	
200QJ80-154		154				
200QJ80-176		176			63	
200QJ80-209		209			75	
200QJ80-253		253			90	
200QJ80-286		286			100	
200QJ80-319		319			110	
200QJ100-18	100	18	2 850	75	7.5	190
200QJ100-36		36			15	
200QJ100-45		45			22	
200QJ100-54		54			25	
200QJ100-63		63			30	
200QJ100-72		72				
200QJ100-81		81			37	
200QJ100-90		90			45	
200QJ100-126		126			55	
200QJ100-144		144			63	
200QJ100-171		171			75	
200QJ100-207		207			90	
200QJ100-234		234			100	
225QJ32-44	32	44	2 850	70	7.5	213
225QJ32-66		66			11	
225QJ32-88		88			13	
225QJ32-110		110			18.5	
225QJ32-132		132			22	
225QJ32-154		154				
225QJ32-176		176			25	
225QJ32-198		198			30	
225QJ32-220		220			37	
225QJ32-242		242				
225QJ32-264		264			45	
225QJ32-286		286				
225QJ32-308		308				
225QJ32-330		330			55	
225QJ32-352		352				
225QJ32-374		374				
225QJ32-396		396			63	
225QJ32-418		418				
225QJ32-440		440			75	
225QJ32-462		462				

表 1（续）

型　号	流量 Q m^3/h	扬程 H m	转速 n r/min	效率 η %	配套电动机功率 P kW	电泵井下最大径向尺寸 mm
225QJ32-484	32	484	2 875	70	75	213
225QJ32-506		506				
225QJ32-550		550			90	
225QJ32-572		572				
225QJ32-594		594				
225QJ32-616		616				
225QJ32-654		654			100	
225QJ32-676		676				
225QJ32-698		698			110	
225QJ32-720		720				
225QJ32-792		792			125	
225QJ40-21	40	21	2 875	73	4	213
225QJ40-42		42			7.5	
225QJ40-63		63			11	
225QJ40-84		84			15	
225QJ40-105		105			18.5	
225QJ40-126		126			22	
225QJ40-147		147			25	
225QJ40-168		168			30	
225QJ40-189		189			37	
225QJ40-210		210				
225QJ40-231		231			45	
225QJ40-252		252				
225QJ40-273		273			55	
225QJ40-294		294				
225QJ40-315		315				
225QJ40-357		357			63	
225QJ40-378		378			75	
225QJ40-399		399				
225QJ40-420		420				
225QJ40-462		462			90	
225QJ40-483		483				
225QJ40-504		504				
225QJ40-525		525			100	
225QJ40-546		546				
225QJ40-567		567				
225QJ40-588		588			110	
225QJ40-609		609				
225QJ40-651		651			125	
225QJ40-672		672				
225QJ40-693		693				
225QJ50-24	50	24	2 875	74	5.5	213
225QJ50-48		48			11	

表 1（续）

型 号	流量 Q m^3/h	扬程 H m	转速 n r/min	效率 η %	配套电动机功率 P kW	电泵井下最大径向尺寸 mm
225QJ50-72	50	72	2 875	74	18.5	213
225QJ50-96		96			22	
225QJ50-120		120			30	
225QJ50-144		144			37	
225QJ50-168		168				
225QJ50-192		192			45	
225QJ50-216		216			55	
225QJ50-240		240				
225QJ50-288		288			63	
225QJ50-336		336			75	
225QJ50-360		360			90	
225QJ50-384		384				
225QJ50-408		408				
225QJ50-432		432			100	
225QJ50-456		456				
225QJ50-480		480			110	
225QJ50-504		504				
225QJ50-528		528			125	
225QJ50-552		552				
225QJ50-576		576				
225QJ63-21	63	21	2 875	75	5.5	213
225QJ63-42		42			11	
225QJ63-63		63			18.5	
225QJ63-84		84			22	
225QJ63-105		105			30	
225QJ63-126		126			37	
225QJ63-147		147			45	
225QJ63-168		168				
225QJ63-189		189			55	
225QJ63-210		210			63	
225QJ63-252		252			75	
225QJ63-294		294			90	
225QJ63-315		315				
225QJ63-336		336				
225QJ63-357		357			100	
225QJ63-378		378			110	
225QJ63-399		399				
225QJ63-420		420			125	
225QJ63-441		441				
225QJ80-22	80	22	2 875	75	7.5	213
225QJ80-44		44			15	
225QJ80-66		66			22	
225QJ80-88		88			30	

表 1（续）

型　号	流量 Q m³/h	扬程 H m	转速 n r/min	效率 η %	配套电动机功率 P kW	电泵井下最大径向尺寸 mm
225QJ80-110	80	110	2 875	75	37	213
225QJ80-132		132			45	
225QJ80-154		154			55	
225QJ80-176		176			63	
225QJ80-198		198			75	
225QJ80-220		220				
225QJ80-242		242			90	
225QJ80-264		264				
225QJ80-284		284			100	
225QJ80-306		306			110	
225QJ80-328		328				
225QJ80-350		350			125	
225QJ80-372		372				
225QJ100-15	100	15	2 875	76	7.5	213
225QJ100-30		30			13	
225QJ100-45		45			18.5	
225QJ100-60		60			25	
225QJ100-75		75			37	
225QJ100-90		90				
225QJ100-105		105			45	
225QJ100-120		120			55	
225QJ100-135		135			63	
225QJ100-150		150				
225QJ100-165		165			75	
225QJ100-180		180				
225QJ100-195		195			90	
225QJ100-210		210				
225QJ100-225		225			100	
225QJ100-240		240				
225QJ100-255		255			110	
225QJ100-270		270			125	
225QJ100-285		285				
225QJ125-16	125	16	2 875	76	9.2	213
225QJ125-32		32			18.5	
225QJ125-48		48			25	
225QJ125-64		64			37	
225QJ125-80		80			45	
225QJ125-96		96			55	
225QJ125-112		112			63	
225QJ125-128		128			75	
225QJ125-144		144				
225QJ125-160		160			90	
225QJ125-176		176				

表 1（续）

型　号	流量 Q m^3/h	扬程 H m	转速 n r/min	效率 η %	配套电动机功率 P kW	电泵井下最大径向尺寸 mm
225QJ125-192	125	192	2 875	76	100	213
225QJ125-208		208			110	
225QJ125-224		224			125	
250QJ32-69	32	69	2 875	66	11	236
250QJ32-92		92			15	
250QJ32-115		115			18.5	
250QJ32-138		138			22	
250QJ32-161		161			25	
250QJ32-184		184			30	
250QJ32-230		230			37	
250QJ32-276		276			45	
250QJ32-322		322			55	
250QJ32-391		391			63	
250QJ32-460		460			75	
250QJ32-552		552			90	
250QJ32-598		598			100	
250QJ32-644		644			110	
250QJ32-690		690				
250QJ32-736		736			125	
250QJ32-782		782				
250QJ32-828		828			140	
250QJ32-897		897				
250QJ40-22	40	22	2 875	70	4	236
250QJ40-44		44			9.2	
250QJ40-66		66			13	
250QJ40-88		88			18.5	
250QJ40-110		110			22	
250QJ40-132		132			25	
250QJ40-154		154			30	
250QJ40-198		198			37	
250QJ40-242		242			45	
250QJ40-286		286			55	
250QJ40-330		330			63	
250QJ40-396		396			75	
250QJ40-484		484			90	
250QJ40-528		528			100	
250QJ40-594		594			110	
250QJ40-660		660			125	
250QJ40-726		726			140	
250QJ40-770		770				
250QJ40-836		836			160	
250QJ40-880		880				
250QJ50-20	50	20	2 875	72	5.5	236

表 1（续）

型　号	流量 Q m^3/h	扬程 H m	转速 n r/min	效率 η %	配套电动机功率 P kW	电泵井下最大径向尺寸 mm
250QJ50-40	50	40	2 875	72	9.2	236
250QJ50-60		60			13	
250QJ50-80		80			18.5	
250QJ50-100		100			22	
250QJ50-120		120			30	
250QJ50-140		140				
250QJ50-160		160			37	
250QJ50-200		200			45	
250QJ50-240		240			55	
250QJ50-280		280			63	
250QJ50-320		320			75	
250QJ50-400		400			90	
250QJ50-440		440			100	
250QJ50-500		500			110	
250QJ50-560		560			125	
250QJ50-620		620			140	
250QJ50-680		680			160	
250QJ50-720		720				
250QJ50-780		780			185	
250QJ50-840		840				
250QJ63-20	63	20	2 875	74	5.5	236
250QJ63-40		40			11	
250QJ63-60		60			18.5	
250QJ63-80		80			22	
250QJ63-100		100			30	
250QJ63-120		120			37	
250QJ63-160		160			45	
250QJ63-200		200			55	
250QJ63-220		220			63	
250QJ63-260		260			75	
250QJ63-300		300			90	
250QJ63-360		360			100	
250QJ63-400		400			110	
250QJ63-440		440			125	
250QJ63-500		500			140	
250QJ63-540		540			160	
250QJ63-580		580				
250QJ63-640		640			185	
250QJ63-680		680				
250QJ80-20	80	20	2 875	75	7.5	236
250QJ80-40		40			15	
250QJ80-60		60			22	
250QJ80-80		80			30	
250QJ80-100		100			37	

表 1（续）

型　号	流量 Q m³/h	扬程 H m	转速 n r/min	效率 η %	配套电动机功率 P kW	电泵井下最大径向尺寸 mm
250QJ80-120	80	120	2 875	75	45	236
250QJ80-160		160			55	
250QJ80-180		180			63	
250QJ80-200		200			75	
250QJ80-240		240			90	
250QJ80-280		280			100	
250QJ80-300		300			110	
250QJ80-360		360			125	
250QJ80-400		400			140	
250QJ80-460		460			160	
250QJ80-540		540			185	
250QJ80-600		600			220	
250QJ80-640		640				
250QJ100-18	100	18	2 875	75	7.5	236
250QJ100-36		36			15	
250QJ100-54		54			25	
250QJ100-72		72			30	
250QJ100-108		108			45	
250QJ100-126		126			55	
250QJ100-144		144			63	
250QJ100-162		162			75	
250QJ100-198		198			90	
250QJ100-216		216			100	
250QJ100-252		252			110	
250QJ100-288		288			125	
250QJ100-324		324			140	
250QJ100-360		360			160	
250QJ100-432		432			185	
250QJ100-504		504			220	
250QJ125-16	125	16	2 875	76	9.2	236
250QJ125-32		32			18.5	
250QJ125-48		48			25	
250QJ125-64		64			37	
250QJ125-80		80			45	
250QJ125-96		96			55	
250QJ125-112		112			63	
250QJ125-128		128			75	
250QJ125-160		160			90	
250QJ125-176		176			100	
250QJ125-192		192			110	
250QJ125-224		224			125	
250QJ125-256		256			140	
250QJ125-288		288			160	

表 1（续）

型　号	流量 Q m^3/h	扬程 H m	转速 n r/min	效率 η %	配套电动机功率 P kW	电泵井下最大径向尺寸 mm
250QJ125-336	125	336	2 875	76	185	236
250QJ125-416		416			220	
250QJ140-15	140	15	2 875	76	9.2	236
250QJ140-30		30			18.5	
250QJ140-45		45			30	
250QJ140-60		60			37	
250QJ140-75		75			45	
250QJ140-90		90			55	
250QJ140-105		105			63	
250QJ140-120		120			75	
250QJ140-150		150			90	
250QJ140-165		165			100	
250QJ140-180		180			110	
250QJ140-210		210			125	
250QJ140-225		225			140	
250QJ140-255		255			160	
250QJ140-300		300			185	
250QJ140-360		360			220	
250QJ160-18	160	18	2 875	75	13	236
250QJ160-36		36			25	
250QJ160-54		54			37	
250QJ160-74		74			55	
250QJ160-90		90			63	
250QJ160-108		108			75	
250QJ160-126		126			90	
250QJ160-162		162			110	
250QJ160-180		180			125	
250QJ160-198		198			140	
250QJ160-234		234			160	
250QJ160-270		270			185	
250QJ160-324		324			220	
250QJ200-40	200	40	2 875	75	37	236
250QJ200-60		60			55	
250QJ200-80		80			75	
250QJ200-100		100			90	
250QJ200-120		120			100	
250QJ200-140		140			125	
250QJ200-160		160			140	
250QJ200-180		180			160	
250QJ200-200		200			185	
250QJ200-260		260			220	
250QJ240-40	240	40	2 875	75	45	236
250QJ240-60		60			63	

表 1（续）

型　号	流量 Q m³/h	扬程 H m	转速 n r/min	效率 η %	配套电动机功率 P kW	电泵井下最大径向尺寸 mm
250QJ240-80	240	80	2 875	75	90	236
250QJ240-100		100			110	
250QJ240-120		120			125	
250QJ240-140		140			160	
250QJ240-160		160			185	
250QJ240-200		200			220	
300QJ125-44	125	44	2 900	75	25	281
300QJ125-66		66			37	
300QJ125-88		88			45	
300QJ125-110		110			63	
300QJ125-132		132			75	
300QJ125-154		154			90	
300QJ125-176		176			100	
300QJ125-198		198			110	
300QJ125-220		220			125	
300QJ125-242		242			140	
300QJ125-286		286			160	
300QJ125-330		330			185	
300QJ125-374		374			220	
300QJ125-396		396				
300QJ125-440		440			250	
300QJ125-462		462				
300QJ125-484		484			280	
300QJ125-506		506				
300QJ140-42	140	42	2 900	75	30	281
300QJ140-63		63			37	
300QJ140-84		84			55	
300QJ140-105		105			63	
300QJ140-126		126			75	
300QJ140-147		147			90	
300QJ140-168		168			100	
300QJ140-189		189			110	
300QJ140-210		210			125	
300QJ140-231		231			140	
300QJ140-252		252			160	
300QJ140-294		294			185	
300QJ140-336		336			220	
300QJ140-357		357				
300QJ140-399		399			250	
300QJ140-420		420				
300QJ140-441		441			280	
300QJ140-462		462				
300QJ140-483		483			315	

表 1（续）

型　号	流量 Q m^3/h	扬程 H m	转速 n r/min	效率 η %	配套电动机功率 P kW	电泵井下最大径向尺寸 mm
300QJ140-504	140	504	2 900	75	315	281
300QJ140-525		525				
300QJ140-546		546			355	
300QJ140-567		567			355	
300QJ160-25	160	25	2 900	75	18.5	281
300QJ160-50		50			37	
300QJ160-75		75			55	
300QJ160-100		100			75	
300QJ160-125		125			90	
300QJ160-150		150			110	
300QJ160-175		175			125	
300QJ160-200		200			140	
300QJ160-225		225			160	
300QJ160-250		250			185	
300QJ160-300		300			220	
300QJ160-350		350			250	
300QJ160-400		400			280	
300QJ160-425		425			315	
300QJ160-450		450				
300QJ160-475		475			355	
300QJ160-500		500				
300QJ200-20	200	20	2 900	76	18.5	281
300QJ200-40		40			37	
300QJ200-60		60			55	
300QJ200-80		80			75	
300QJ200-100		100			90	
300QJ200-120		120			100	
300QJ200-140		140			125	
300QJ200-160		160			140	
300QJ200-180		180			160	
300QJ200-200		200			185	
300QJ200-240		240			220	
300QJ200-260		260				
300QJ200-280		280			250	
300QJ200-300		300				
300QJ200-320		320			280	
300QJ200-340		340			315	
300QJ200-360		360				
300QJ200-400		400			355	
300QJ200-420		420				
300QJ240-22	240	22	2 900	76	25	281
300QJ240-44		44			45	
300QJ240-66		66			75	

表 1（续）

型　号	流量 Q m³/h	扬程 H m	转速 n r/min	效率 η %	配套电动机功率 P kW	电泵井下最大径向尺寸 mm
300QJ240-88	240	88	2 900	76	90	281
300QJ240-110		110			110	
300QJ240-132		132			140	
300QJ240-154		154			160	
300QJ240-176		176			185	
300QJ240-198		198			220	
300QJ240-220		220				
300QJ240-242		242			250	
300QJ240-264		264			280	
300QJ240-286		286			315	
300QJ240-308		308				
300QJ240-330		330			355	
300QJ240-352		352				
300QJ320-21	320	21	2 900	77	30	281
300QJ320-42		42			55	
300QJ320-63		63			90	
300QJ320-84		84			110	
300QJ320-105		105			140	
300QJ320-126		126			185	
300QJ320-147		147			220	
300QJ320-168		168				
300QJ320-189		189			250	
300QJ320-210		210			280	
300QJ320-231		231			315	
300QJ320-252		252			355	
300QJ400-17	400	17	2 900	77	30	281
300QJ400-34		34			55	
300QJ400-51		51			90	
300QJ400-68		68			110	
300QJ400-85		85			140	
300QJ400-102		102			185	
300QJ400-119		119			220	
300QJ400-136		136			250	
300QJ400-153		153			280	
300QJ400-170		170				
300QJ400-187		187			315	
300QJ400-204		204			355	
350QJ200-28	200	28	2 900	74	25	330
350QJ200-56		56			55	
350QJ200-84		84			75	
350QJ200-112		112			100	
350QJ200-140		140			125	
350QJ200-168		168			160	

表 1（续）

型　号	流量 Q m³/h	扬程 H m	转速 n r/min	效率 η %	配套电动机功率 P kW	电泵井下最大径向尺寸 mm
350QJ200-196	200	196	2 900	74	185	330
350QJ200-224		224			220	
350QJ200-252		252				
350QJ200-282		282			250	
350QJ200-308		308			280	
350QJ200-336		336			315	
350QJ200-392		392			355	
350QJ200-420		420			400	
350QJ200-448		448				
350QJ200-476		476			450	
350QJ200-504		504				
350QJ200-36	200	36	1 450	75	30	330
350QJ200-48		48			45	
350QJ200-60		60			55	
350QJ200-72		72			63	
350QJ200-84		84			75	
350QJ200-96		96			90	
350QJ200-120		120			110	
350QJ200-144		144			125	
350QJ200-168		168			140	
350QJ200-192		192			160	
350QJ200-204		204			185	
350QJ200-216		216				
350QJ200-240		240			220	
350QJ200-252		252				
350QJ200-276		276			250	
350QJ200-288		288				
350QJ200-312		312			280	
350QJ200-324		324				
350QJ200-336		336			315	
350QJ200-348		348				
350QJ200-360		360				
350QJ200-384		384			355	
350QJ200-396		396				
350QJ200-408		408				
350QJ320-30	320	30	2 900	75	45	330
350QJ320-60		60			90	
350QJ320-90		90			125	
350QJ320-120		120			160	
350QJ320-150		150			220	
350QJ320-180		180			250	
350QJ320-210		210			315	
350QJ320-240		240			355	

表 1（续）

型　号	流量 Q m^3/h	扬程 H m	转速 n r/min	效率 η %	配套电动机功率 P kW	电泵井下最大径向尺寸 mm
350QJ320-270	320	270	2 900	75	400	330
350QJ320-330		330			450	
350QJ320-22		22	1 450	76	30	330
350QJ320-33		33			45	
350QJ320-44		44			63	
350QJ320-55		55			75	
350QJ320-66		66			90	
350QJ320-77	320	77	1 450	76	110	330
350QJ320-88		88			125	
350QJ320-99		99			140	
350QJ320-110		110			160	
350QJ320-121		121				
350QJ320-132		132			185	
350QJ320-154		154			220	
350QJ320-165		165			220	
350QJ320-176		176			250	
350QJ320-180		180			250	
350QJ320-202		202			280	
350QJ320-224		224			315	
350QJ320-246		246			355	
350QJ320-257		257				
400QJ400-40	400	40	2 900	75	75	377
400QJ400-80		80			140	
400QJ400-120		120			220	
400QJ400-160		160			280	
400QJ400-200		200			355	
400QJ400-240		240			450	
400QJ400-280		280			500	
400QJ400-16	400	16	1 450	76	30	377
400QJ400-32		32			55	
400QJ400-48		48			90	
400QJ400-64		64			110	
400QJ400-80		80			140	
400QJ400-96		96			160	
400QJ400-112		112			185	
400QJ400-128		128			220	
400QJ400-144		144			250	
400QJ400-160		160			280	
400QJ400-176		176			315	
400QJ400-192		192			355	
400QJ400-208		208				
400QJ400-224		224			400	
400QJ400-240		240				
400QJ400-256		256			450	

表 1（续）

型　号	流量 Q m^3/h	扬程 H m	转速 n r/min	效率 η %	配套电动机功率 P kW	电泵井下最大径向尺寸 mm
400QJ400-272	400	272	1 450	76	500	377
400QJ400-288		288				
400QJ500-40	500	40	2 900	75	90	377
400QJ500-80		80			185	
400QJ500-120		120			280	
400QJ500-160		160			355	
400QJ500-200		200			450	
400QJ500-15	500	15	1 450	77	30	377
400QJ500-30		30			63	
400QJ500-45		45			100	
400QJ500-60		60			125	
400QJ500-75		75			160	
400QJ500-90		90			185	
400QJ500-105		105			220	
400QJ500-120		120			250	
400QJ500-135		135			280	
400QJ500-150		150			315	
400QJ500-165		165			355	
400QJ500-180		180			400	
400QJ500-210		210			450	
400QJ500-225		225			500	
400QJ500-240		240				
500QJ500-18	500	18	1 450	76	37	460
500QJ500-36		36			75	
500QJ500-54		54			125	
500QJ500-72		72			160	
500QJ500-90		90			185	
500QJ500-108		108			250	
500QJ500-144		144			315	
500QJ500-162		162			355	
500QJ500-180		180			400	
500QJ500-198		198			450	
500QJ500-216		216			500	
500QJ630-18	630	18	1 450	76	55	460
500QJ630-36		36			110	
500QJ630-54		54			140	
500QJ630-72		72			185	
500QJ630-90		90			250	
500QJ630-108		108			280	
500QJ630-126		126			355	
500QJ630-144		144			400	
500QJ630-162		162			450	
500QJ630-180		180			500	
500QJ800-18	800	18	1 450	77	63	460

表 1（续）

型　号	流量 Q m^3/h	扬程 H m	转速 n r/min	效率 η %	配套电动机功率 P kW	电泵井下最大径向尺寸 mm
500QJ800-36		36			125	
500QJ800-54		54			185	
500QJ800-72		72			250	
500QJ800-90	800	90	1 450	77	315	460
500QJ800-108		108			355	
500QJ800-126		126			450	
500QJ800-144		144			500	
500QJ1000-18		18			75	
500QJ1000-36		36			160	
500QJ1000-54	1000	54	1 450	77	220	460
500QJ1000-72		72			315	
500QJ1000-90		90			400	
500QJ1000-108		108			450	

4.3.2　泵的基本参数不在表 1 规定的范围内时，其泵的效率可按附录 A 曲线查得。

4.3.3　泵的基本参数不在表 1 规定的范围内时，其配套电动机的额定功率应不小于泵规定点轴功率的 1.14 倍。

4.4　连接尺寸

4.4.1　泵与潜水电动机连接尺寸及配合公差应符合图 2 和表 2 的规定。

4.4.2　未注公差的尺寸轴按 h14，孔按 H14，长度按 Js14 级制造。

4.4.3　联轴器定位销孔不应承受轴向力。

4.4.4　电缆槽可按需要采用 1 个或 2 个，位置一般按图 2。

4.4.5　电动机轴与水泵连接形式，也可采用花键等方式连接。

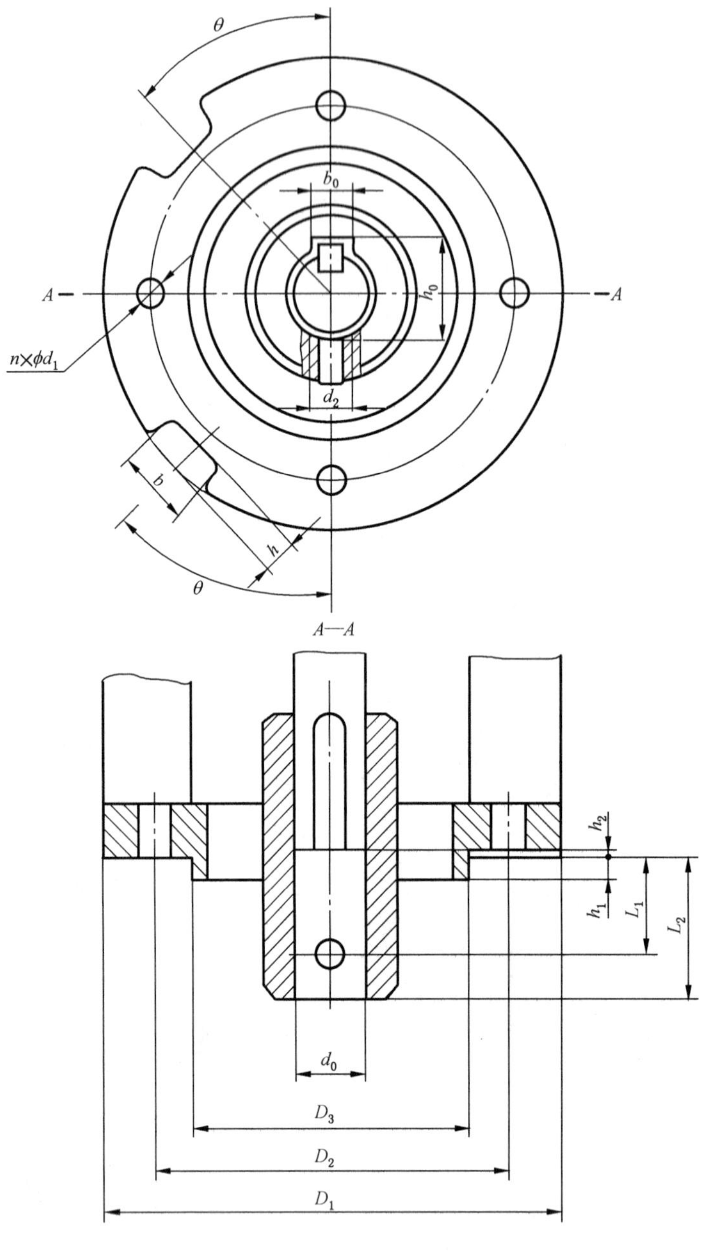

图 2

表 2

单位为毫米

机座号	电泵井下部分径向最大尺寸	凸缘配合部位尺寸							轴、联轴器配合部位尺寸						电缆槽尺寸	
		D_1	D_2	D_3	h_1	h_2	$n\times\phi d_1$	θ (°)	d_0	d_2	L_1	L_2	b_0	h_0	b	h
75	71	70	56	42g6	4.5	0±0.5	$4\times\phi 9$	45	14H7	M8	20	30	5	$16.3^{+0.1}$	12	6
100	96	90	75	60g6					16H7					$18.3^{+0.1}$	14	8
									(14H7)					$16.3^{+0.1}$		
125	120	110	90	70g6					18H7			35	6	$20.8^{+0.1}$	22	10
150	143	135	110	90g6	6		$4\times\phi 12$		18H7	M10	20			$20.8^{+0.1}$		
									25H7		25	45	8	$28.3^{+0.2}$		
									28H7		30	55		$31.3^{+0.2}$	32	13
175	168	160	130	95g6			$4\times\phi 14.5$		25H7	M10	25	45		$28.3^{+0.2}$		
									28H7		30	55		$31.3^{+0.2}$		
									32H7	M12	35	70	10	$35.3^{+0.2}$		
200	190	180	150	95g6			$4\times\phi 14.5$		25H7	M10	25	45	8	$28.3^{+0.2}$		
									28H7		30	55		$31.3^{+0.2}$		
									32H7	M12	35	70	10	$35.3^{+0.2}$	44	19
									38H7					$41.3^{+0.2}$		
225	213	200	165	100g6			$4\times\phi 18.5$		28H7	M10	30	55	8	$31.3^{+0.2}$	32	13
									32H7	M12	35	70	10	$35.3^{+0.2}$	44	19
									38H7					$41.3^{+0.2}$		
									50H7	M16	40	85	14	$53.8^{+0.2}$	50	22
250	236	210	165	110g6			$4\times\phi 18.5$		28H7	M10	30	55	8	$31.3^{+0.2}$	44	19
									32H7	M12	35	70	10	$35.3^{+0.2}$		
									38H7					$41.3^{+0.2}$		
									50H7	M16	40	85	14	$53.8^{+0.2}$	50	22
300	281	265	215	130g6			$4\times\phi 24$		38H7	M12	35	70	10	$41.3^{+0.2}$		
									45H7	M16	40	85	14	$48.8^{+0.2}$		
									50H7					$53.8^{+0.2}$		
									60H7	M18	50	100	18	$64.4^{+0.2}$	60	25
350	330	310	250	190g6			$4\times\phi 24$		45H7	M16	40	85	14	$48.8^{+0.2}$	50	22
									50H7					$53.8^{+0.2}$		
									60H7	M18	50	100	18	$64.4^{+0.2}$	60	25
									70H7	M24	60		20	$74.9^{+0.2}$		
400	377	360	310	190g6			$8\times\phi 24$	22.5	50H7	M16	40	85	14	$53.8^{+0.2}$	50	22
									60H7	M18	50	100	18	$64.4^{+0.2}$	60	25
									70H7	M24	60		20	$74.9^{+0.2}$		
									80H7	M26	70	140	22	$85.4^{+0.2}$	70	30
500	460	450	380	250g6	8		$8\times\phi 26$		60H7	M18	50	100	18	$64.4^{+0.2}$	75	35
									70H7	M24	60		20	$74.9^{+0.2}$		
									80H7	M26	70	140	22	$85.4^{+0.2}$		
									90H7		80	160	25	$95.4^{+0.2}$		

5 技术要求

5.1 基本要求

5.1.1 泵产品应符合本标准的要求，并按经规定程序批准的图样和技术文件制造。

5.1.2 泵抽送符合下列要求的水质应能正常运行：

a) 温度不高于 20 ℃；

b) 固体物含量(按质量分数计)不大于 0.01%；

c) 酸碱度 pH 值 6.5～8.5；

d) 硫化氢的含量不大于 1.5 mg/L；

e) 氯离子的含量不大于 400 mg/L。

5.2 基本参数的容差

5.2.1 泵在 0.8 倍～1.2 倍规定流量范围内电动机的输入功率不超过允许的最大输入功率 P_{max}。最大输入功率 P_{max} 按式(1)或式(2)计算：

当 $P_N \leqslant 150$ kW 时：

$$P_{max} = P_N / [\eta_m - 0.15(1 - \eta_m)] \quad \cdots\cdots (1)$$

当 $P_N > 150$ kW 时：

$$P_{max} = P_N / [\eta_m - 0.10(1 - \eta_m)] \quad \cdots\cdots (2)$$

式中：

P_{max}——最大输入功率，单位为千瓦(kW)；

P_N——电动机额定功率，单位为千瓦(kW)；

η_m——电动机额定功率效率，%。

5.2.2 出厂检验和型式检验的泵流量、扬程、功率和效率的容差系数应至少符合 GB/T 12785—2014 表 7中 2B 等级的规定。

5.3 轴向力

在泵允许使用的性能范围内，向下的轴向力(包括轴向水推力和转子自重)应小于表 3 的规定值。

表 3

机座号	75	100	125	150	175	200	225	250	300	350	400	500
允许轴向力/kN	0.8	1.5	4	6	8	10	12	15	22			28

5.4 泵工作部件

5.4.1 叶轮可用平键、锥形套、六方轴、花键连接等方式传递扭矩。

用平键传递扭矩时，平键和键槽的型式尺寸应符合 GB/T 1095 和 GB/T 1096 的规定。

叶轮用锥形套固定，锥孔和锥套的有效接触面积应不小于配合面积的 60%。

用花键传递扭矩时，矩形花键尺寸、公差和检验应符合 GB/T 1144 的规定。

5.4.2 叶轮应做静平衡试验。平衡品质等级采用附录 B 中的 G6.3 级。静平衡的许用剩余不平衡量按式(3)计算。

$$U_{per} \leqslant e_{per} \cdot m \qquad \cdots\cdots\cdots\cdots(3)$$

式中：

U_{per}——静平衡许用剩余不平衡量，单位为克毫米(g·mm)；

e_{per}——静平衡许用剩余不平衡度，单位为克毫米每千克(g·mm/kg)。当工作转数为 3 000 r/min 时，e_{per}=20 g·mm/kg；当工作转数为 1 500 r/min 时，e_{per}=40 g·mm/kg；

m——单个叶轮的质量，单位为千克(kg)。

当 $U_{per}/R<1$ g 时，以 1 g 计。R 为叶轮去重部分半径，单位为毫米(mm)。

在叶轮盖板上光滑去除不平衡质量，去除厚度不应超过盖板壁厚的 1/3。

5.4.3 采用封闭式叶轮时，导流壳与叶轮的口环相配合处应根据需要设置可更换的密封环。

5.4.4 各导流壳(包括进水段和阀体)之间用止口定位，各结合面处应有密封措施。

5.4.5 设置在进水段周围的滤水网，其孔的最大尺寸不应超过水泵流道最小尺寸的 70%，孔的总有效面积一般不小于叶轮进口有效面积的 5 倍。

5.4.6 泵工作部件上端应安装逆止阀。但对于扬程较低的泵，当确认泵在停机时，扬水管中倒流的水压不足以使泵工作部件造成损坏，可不装逆止阀。

5.5 电动机

与泵配套的电动机应符合 GB/T 2818 的规定。

5.6 防水电缆

引出电缆应符合 GB/T 5013.4 的规定。

5.7 水压试验

对导流壳、阀体、泵座(弯头)等承受水压的零件应做水压试验。试验压力为额定工作压力的 1.5 倍，保压 5 min，不允许渗漏。

5.8 防锈

5.8.1 用普通钢材或铸铁制作的零件，其配合表面应涂刷防锈油脂，非配合表面应涂漆。涂漆技术要求应符合 JB/T 5673 的规定。

5.8.2 用普通钢材制作的进水滤网、电缆防护罩以及连接用螺钉、螺母等零件应有防锈措施。

5.8.3 泵的工作部件在完成性能试验后，应除净内部积水并作防锈处理。

5.9 泵工作部件的装配

泵工作部件在装配完成之后，应检查转动部分，转动应均匀、无卡滞现象。

5.10 安全技术

泵的安全技术要求应符合 GB 10395.8 的有关规定。

5.11 可靠性

在本标准规定的使用条件下，泵平均首次故障前工作时间(MTTFF)应不小于 2 500 h。

6 试验方法与检验规则

6.1 试验方法

6.1.1 泵性能试验方法和试验结果的分析计算按 GB/T 12785—2014 的规定执行。

6.1.2 泵试验时允许使用专供试验用的电动机进行试验，但电动机的额定功率不应大于所需轴功率的 2 倍。

6.1.3 泵的可靠性试验方法按 JB/T 50080 的规定执行。

6.2 检验规则

6.2.1 出厂检验

6.2.1.1 检验项目为：

a) 0.8 倍规定流量、规定流量和 1.2 倍规定流量下的扬程、电泵输入功率；

b) 安全标志检查；

c) 泵中承受水压的零部件的水压试验；

d) 防锈；

e) 装配。

6.2.1.2 对每台泵全检上述项目，每台电泵均应经制造厂检验部门检验合格后，并附有产品合格证和使用说明书才可出厂。

6.2.2 型式检验

6.2.2.1 有下列情况之一应做型式检验：

a) 新产品试制或定型产品转厂生产时；

b) 批量生产的产品定期检验(定期抽查一般每年进行一次)；

c) 因定型产品在结构、材料、工艺等方面改变影响到产品性能时；

d) 产品长期停产后，再次恢复生产时；

e) 出厂检验不合格时；

f) 国家质量监督机构提出进行型式检验的要求时。

6.2.2.2 检验项目为：

a) 6.2.1.1 中的 b)、c)、d)、e)项。

b) 泵特性曲线的测定(包括扬程-流量曲线、泵效率-流量曲线、轴功率-流量曲线)。

c) 叶轮静平衡试验，可采用零件的过程检查代替，无需解体进行(当有特殊要求必须解体检验时，应对解体可能影响性能的因素加以考虑)。

d) 轴向水推力试验。轴向水推力的测试通常在试制的样机中进行。对同一型号、同一水力模型的泵允许只对某一规格进行测试然后将测试结果推算到其他规格中。当改变叶轮的水力设计或叶轮的口环处密封间隙时，应重新进行轴向水推力的测试。

e) 配套电动机检验。

f) 防水电缆的检验。

g) 可靠性的检验。

h) 安全检验。

6.2.2.3 型式检验样本量不应小于 2 台。

6.2.2.4 抽样和判断处置规则应符合 GB/T 2828.1 的规定。推荐采用正常检验一次抽样方案，检查批为产品月(或日)产量或一次订货批量(台),检验水平为特殊检验水平 S-1,接受质量限(AQL)为 6.5;也可由供需双方协商确定。

7 标志、包装和贮存

7.1 标志

7.1.1 在泵座(或出水弯头)上牢固的固定产品标牌,标牌的尺寸和技术要求应符合 GB/T 13306 的规定。标牌上应注明如下内容:

a) 制造厂名称;

b) 泵的名称、型号及规格;

c) 主要技术参数:流量(m^3/h)、扬程(m)、效率(%)、转速(r/min)、配套功率(kW)、泵总质量(kg);

d) 执行标准编号;

e) 出厂编号及出厂日期。

7.1.2 在泵工作部件上应设置转向标志。

7.2 包装

产品的包装应符合 GB/T 191 和 GB/T 13384 的规定,保证产品交付用户时包装的产品或文件不致遗失或损坏。

7.3 贮存

泵及备件、附件在保管过程中应能防止锈蚀和损坏。

8 泵装置的成套范围和资料

8.1 泵装置的成套范围应包括:

a) 总装配图所规定的全部零件、部件,包括电动机、泵工作部件、扬水管、泵座或出水弯头、紧固件、防水电缆及控制柜等;

b) 必要的附件,包括电缆卡子、电缆防护罩、电缆接头、地脚螺栓以及扬水管结合面上的密封垫等;

c) 必要的拆装工具;

d) 必需的配件,包括叶轮、密封环、轴承、轴套等。

成套项目和数量可按订货要求供给。

8.2 泵出厂时应附有下列随机文件:

a) 使用说明书;

b) 产品装箱单;

c) 产品合格证书。

附 录 A
（规范性附录）
效率取值补充曲线

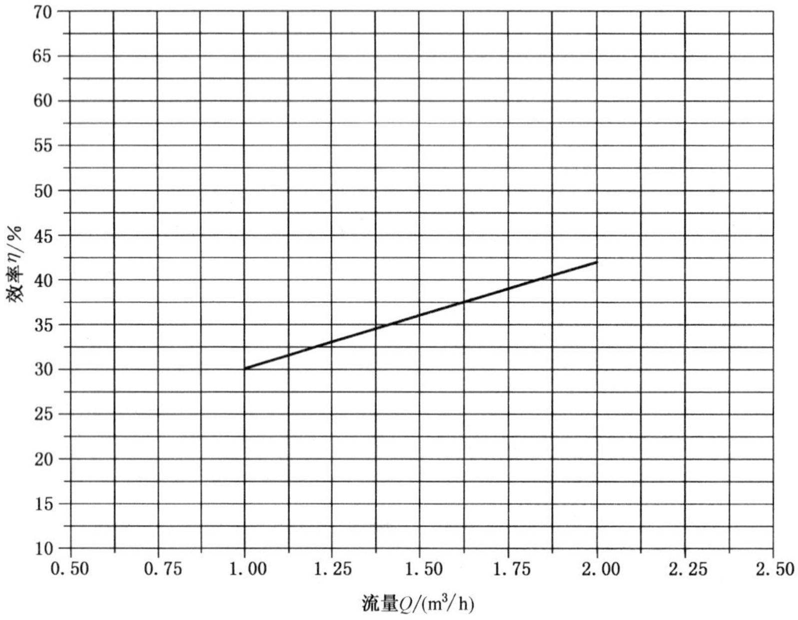

图 A.1 75 mm 机座号系列效率曲线

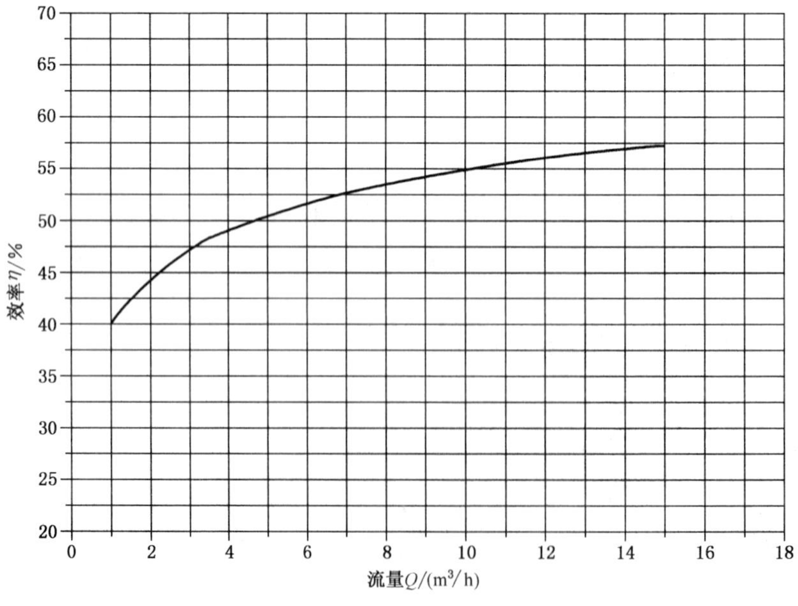

图 A.2 100 mm 机座号系列效率曲线

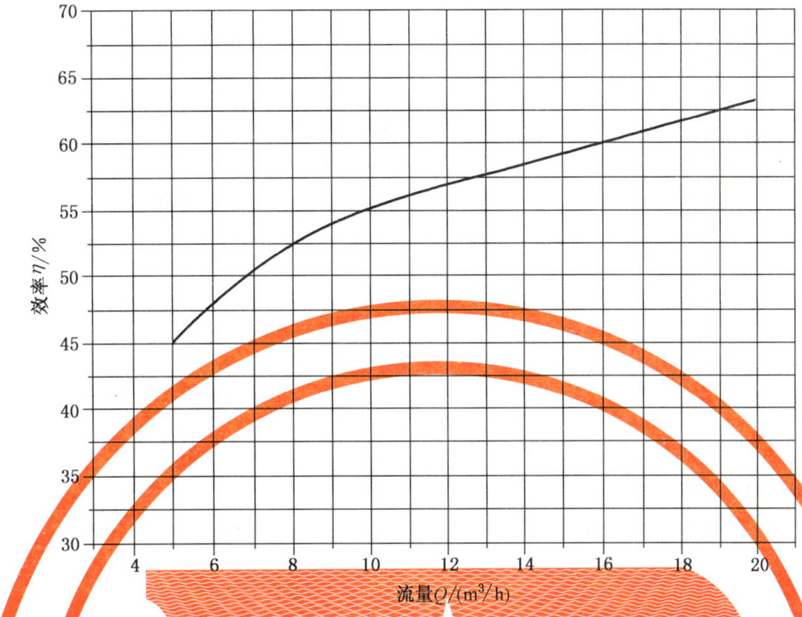

图 A.3　125 mm 机座号系列效率曲线

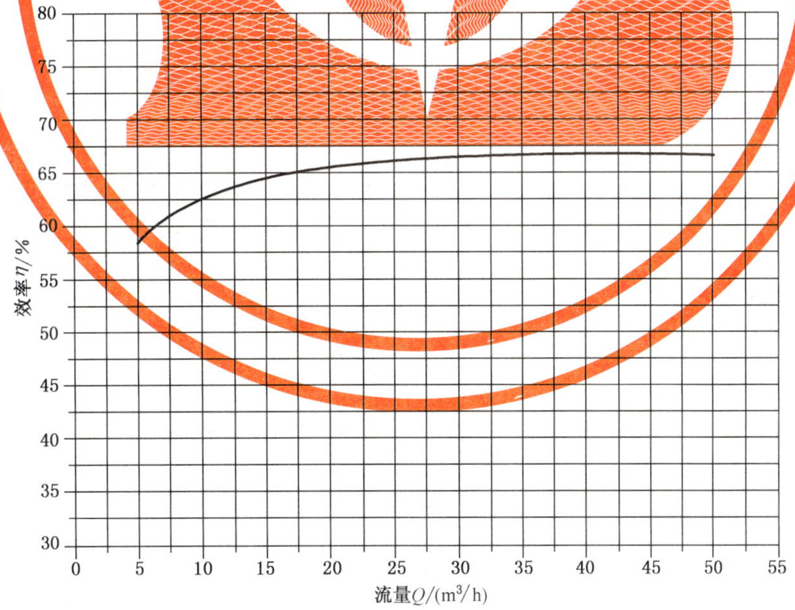

图 A.4　150 mm 机座号系列效率曲线

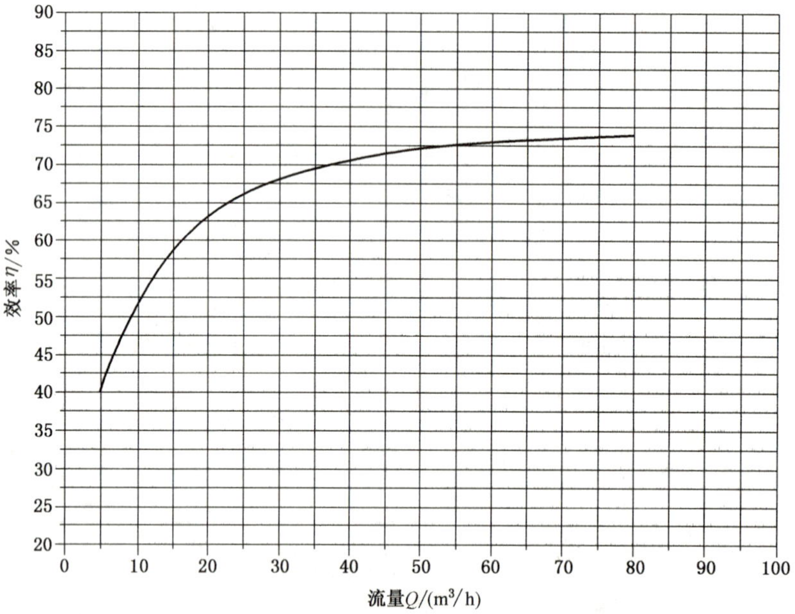

图 A.5　175 mm 机座号系列效率曲线

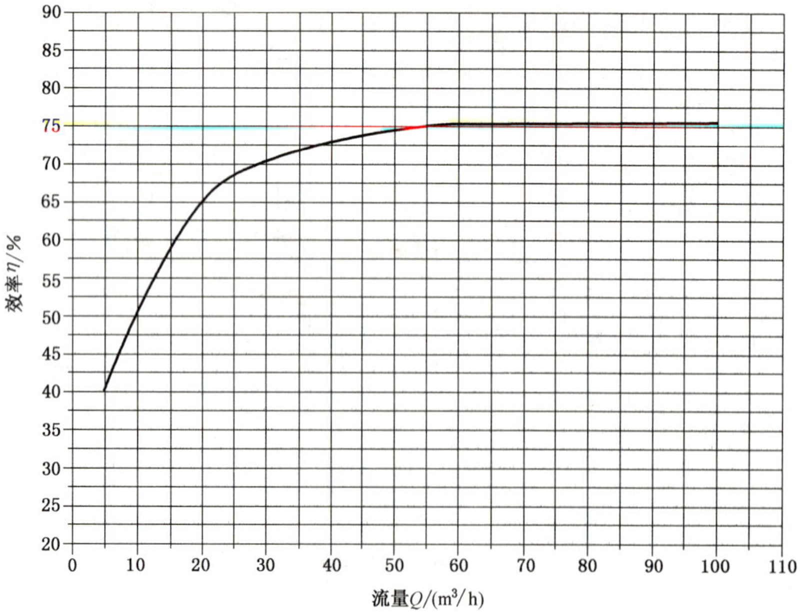

图 A.6　200 mm 机座号系列效率曲线

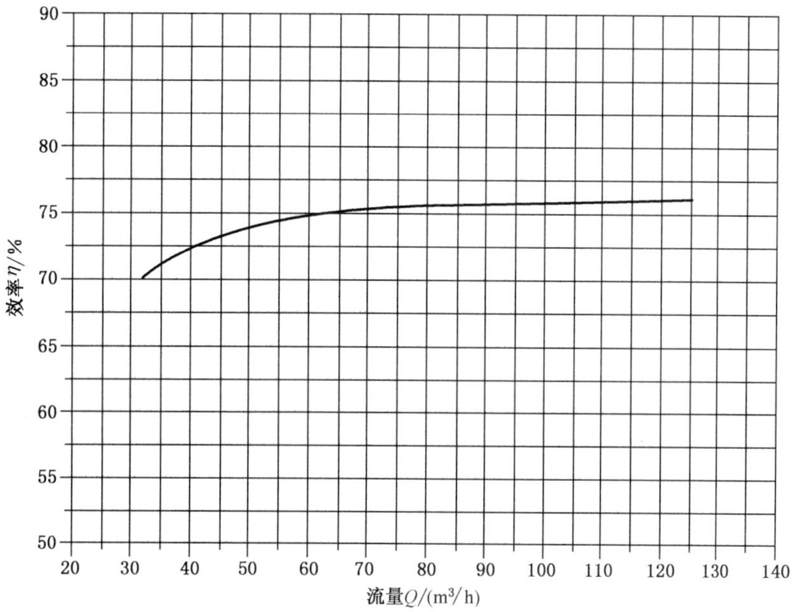

图 A.7　225 mm 机座号系列效率曲线

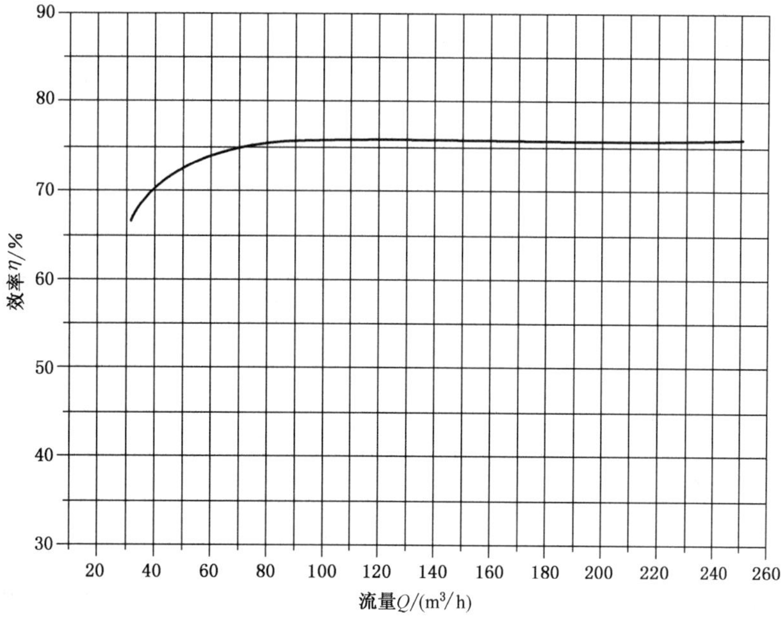

图 A.8　250 mm 机座号系列效率曲线

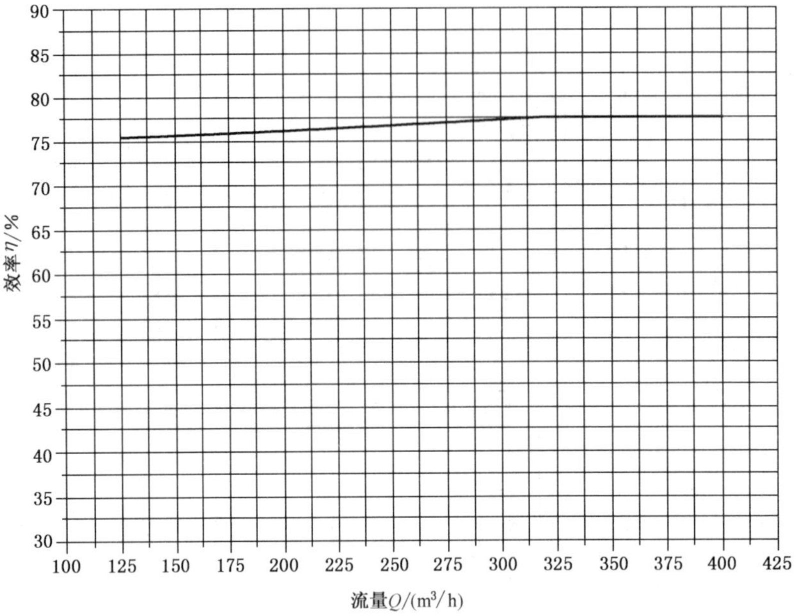

图 A.9 300 mm 机座号系列效率曲线

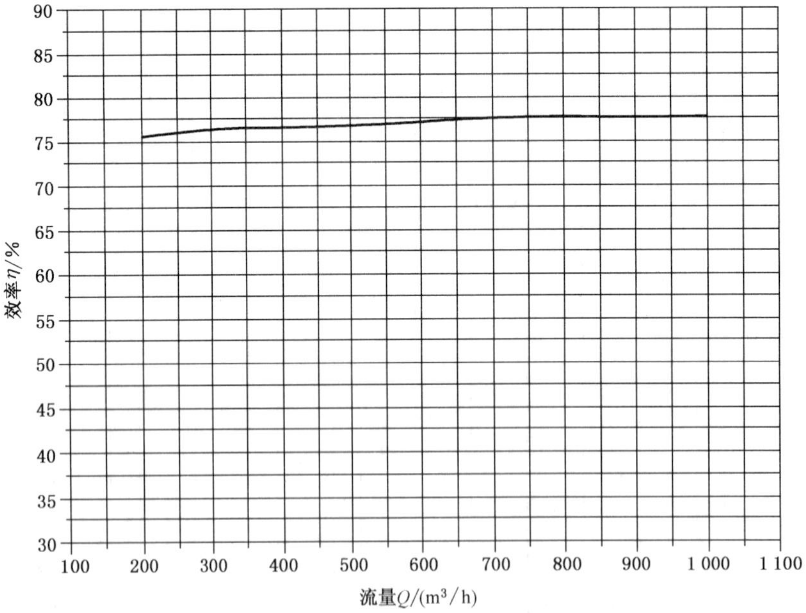

图 A.10 350 mm、400 mm、500 mm 机座号系列效率曲线(1 450 r/min)

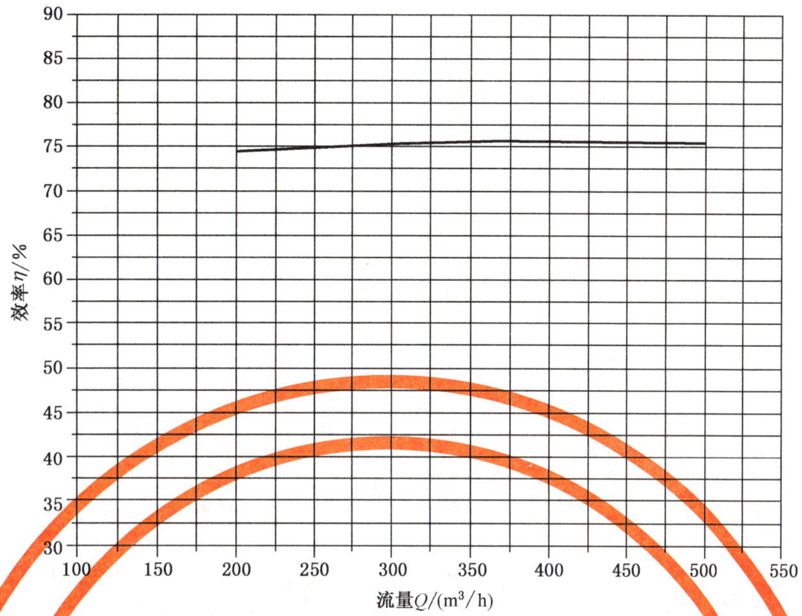

图 A.11　350 mm、400 mm 机座号系列效率曲线(2 900 r/min)

附　录　B
（规范性附录）
许用剩余不平衡度

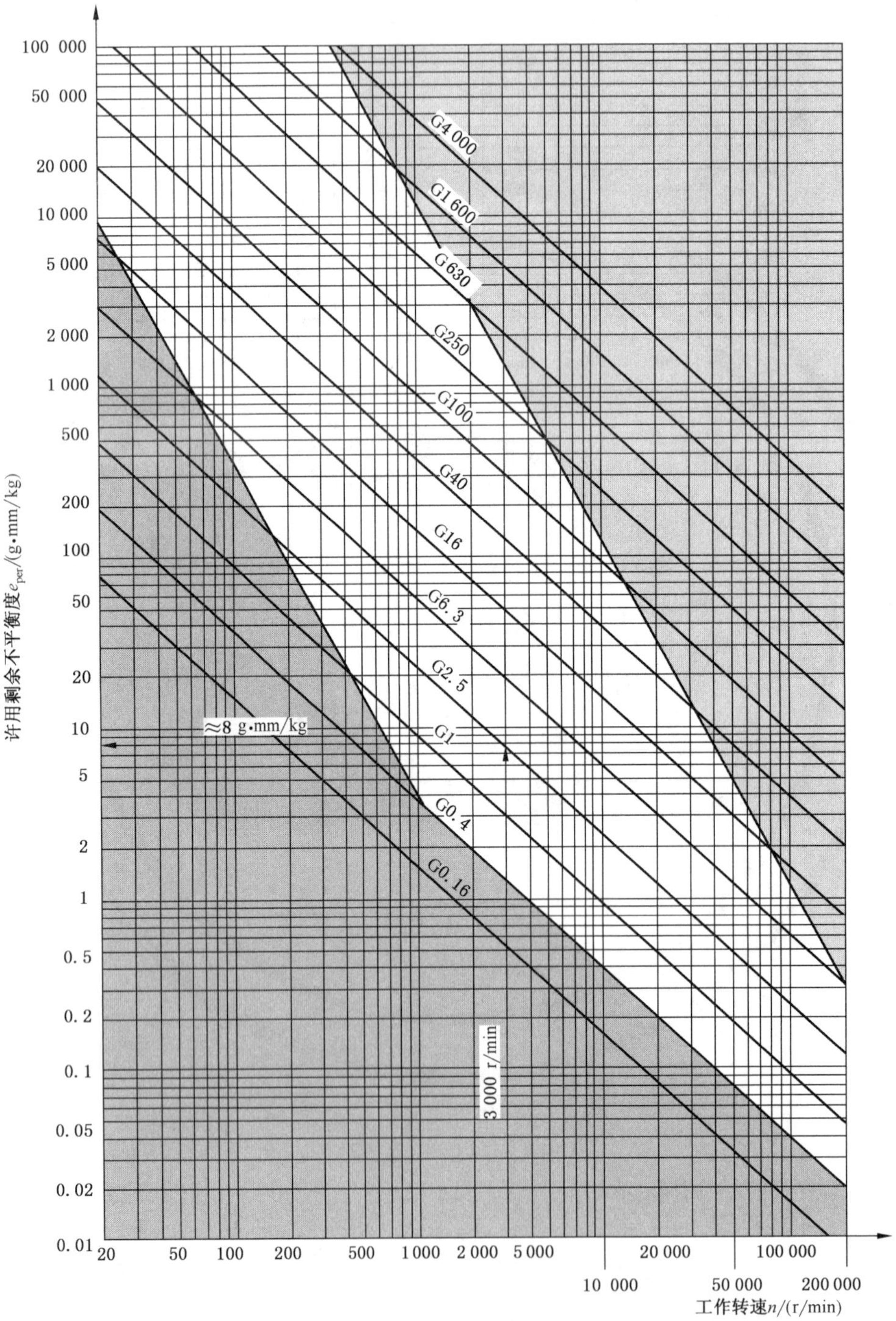

图 B.1　许用剩余不平衡度

ICS 65.060.35
B 91

中华人民共和国国家标准

GB/T 2818—2014
代替 GB/T 2818—2002

井用潜水异步电动机

Submersible motor for deep well

2014-06-09 发布 2015-01-01 实施

中华人民共和国国家质量监督检验检疫总局
中国国家标准化管理委员会 发布

前　言

本标准按照 GB/T 1.1—2009 给出的规则起草。

本标准代替 GB/T 2818—2002《井用潜水异步电动机》。

本标准与 GB/T 2818—2002 相比，除编辑性修改外主要技术差异如下：

——修改了电动机的额定电压(见 3.4，2002 版 3.4)；

——增加了 0.25 kW、250 kW、280 kW、315 kW、355 kW、400 kW、450 kW、500 kW 8 个功率等级(见 3.5)；

——增加了机座号和相应的功率等级(见表 1)；

——修改了电动机与潜水泵的连接尺寸及公差(见表 2，2002 版表 2)；

——增加了铸铝转子电动机额定负载杂散损耗 P_s 的推荐值(见表 8)；

——取消了 E 级绝缘(见 4.4，2002 版 4.4)；

——修改了电动机堵转转矩对额定转矩之比的保证值(见表 9，2002 版表 9)；

——修改了电动机最大转矩的保证值(见 4.7，2002 版 4.7)；

——修改了电气性能保证值的容差表(见表 12，2002 版表 11)；

——增加了聚丙烯型，取消了聚氯乙烯型(见表 13，2002 版表 12)；

——修改了定子绕组的热态绝缘电阻(见 4.12，2002 版 4.12)；

——增加了对批量生产的 200 kW 及以下电动机的常规耐电压试验，按 GB 755—2008 中 9.2 的规定(见 4.13)；

——增加了三相电动机匝间冲击耐电压试验冲击电压峰值的规定(见表 14)；

——增加了止推轴承向下的承载力(见表 15)；

——增加了干式电动机进行 40 ℃交变湿热试验的规定(见 4.15、5.2.2.2)；

——修改了电动机引出电缆长度的规定(见 4.26，2002 版 4.25)；

——删除了电动机的基本安全要求应符合 GB 10395.8 的规定(见 2002 版 4.21)；

——增加了电动机的安全要求应符合 GB 14711 的规定(4.29)；

——增加了旋转方向的检查(见 4.27、5.2.1.2)。

本标准由中国机械工业联合会提出。

本标准由全国农业机械标准化技术委员会(SAC/TC 201)归口。

本标准主要起草单位：中国农业机械化科学研究院、上海电器科学研究所(集团)有限公司、江苏大学流体机械工程技术研究中心、新界泵业集团股份有限公司、利欧集团股份有限公司、合肥恒大江海泵业股份有限公司、天津甘泉集团有限公司、江苏新格灌排设备有限公司。

本标准主要起草人：钱一超、岳文法、张咸胜、李圣年、王洋、赵丽伟、顾德军、侯永胜、高江永、许敏田、毛剑云、朱庆龙、柴秀强、韩有军。

本标准所代替标准的历次版本发布情况为：

——GB/T 2818—1981、GB/T 2818—1991、GB/T 2818—2002。

井用潜水异步电动机

1 范围

本标准规定了井用潜水三相、单相异步电动机(以下简称电动机)的型式、基本参数、技术要求、试验方法、检验规则、标志和包装等。

本标准适用于与井用潜水泵连成一体,潜入水中立式运行的充水式、充油式、干式和屏蔽式等结构型式的电动机。

2 规范性引用文件

下列文件对于本文件的应用是必不可少的。凡是注日期的引用文件,仅注日期的版本适用于本文件。凡是不注日期的引用文件,其最新版本(包括所有的修改单)适用于本文件。

GB/T 191 包装储运图示标志

GB 755—2008 旋转电机 定额和性能

GB/T 997—2008 旋转电机结构型式、安装型式及接线盒位置的分类(IM 代码)

GB/T 2423.4—2008 电工电子产品环境试验 第2部分:试验方法 试验 Db:交变湿热(12 h+12 h 循环)

GB/T 9239.1—2006 机械振动 恒态(刚性)转子平衡品质要求 第1部分:规范与平衡允差的检验

GB/T 12785 潜水电泵 试验方法

GB/T 13384 机电产品包装通用技术条件

GB 14711 中小型旋转电机通用安全要求

GB/T 22719.1 交流低压电机散嵌绕组匝间绝缘 第1部分:试验方法

3 型号、基本参数与尺寸

3.1 型号

3.1.1 型号表示方法

型号由汉语拼音大写字母和阿拉伯数字组成,具体如下:

Y QS □ □ □-□

- □(最后) —— 功率,单位为千瓦(kW)
- □ —— 机座号
- □ —— 结构型式:Y—充油式;P—屏蔽式;G—干式;充水式不标注
- □ —— 电动机类型:D—单相电动机;三相不标注
- QS —— 潜水运行
- Y —— 异步电动机

3.1.2 标记示例

示例 1:机座号为 200,功率为 15 kW 的井用充水式潜水三相异步电动机,其标记为 YQS200-15

示例 2:机座号为 250,功率为 37 kW 的井用充油式潜水三相异步电动机,其标记为 YQSY250-37

示例 3：机座号为 100，功率为 2.2 kW 的井用屏蔽式潜水单相异步电动机，其标记为 YQSDP100-2.2

3.2 电动机的结构及安装型式为 GB/T 997—2008 规定的 IMV3。

3.3 电动机的定额是以连续工作制(S1)为基准的连续定额。

3.4 电动机的额定频率为 50 Hz，三相额定电压为 380 V 或 660 V，单相额定电压为 220 V。

3.5 电动机的额定功率应按如下规定：

0.25 kW、0.37 kW、0.55 kW、0.75 kW、1.1 kW、1.5 kW、2.2 kW、3 kW、4 kW、5.5 kW、7.5 kW、9.2 kW、11 kW、13 kW、15 kW、18.5 kW、22 kW、25 kW、30 kW、37 kW、45 kW、55 kW、63 kW、75 kW、90 kW、100 kW、110 kW、125 kW、140 kW、160 kW、185 kW、220 kW、250 kW、280 kW、315 kW、355 kW、400 kW、450 kW、500 kW。

3.6 电动机的机座号、最大外径、同步转速与额定功率的对应关系应符合表 1 的规定。

表 1 电动机的机座号、最大外径、同步转速与额定功率的对应关系

机座号	最大外径/mm	同步转速/(r/min)	额定功率/kW
75	71	3 000	0.25,0.37,0.55,0.75,1.1,1.5,2.2
100	96		0.25,0.37,0.55,0.75,1.1,1.5,2.2,3,4,5.5,7.5
125	120		1.5,2.2,3,4,5.5,7.5,9.2,11,13,15,18.5,22
150	143		3,4,5.5,7.5,9.2,11,13,15,18.5,22,25,30,37,45
175	168		3,4,5.5,7.5,9.2,11,13,15,18.5,22,25,30,37,45,55,63
200	190		3,4,5.5,7.5,9.2,11,13,15,18.5,22,25,30,37,45,55,63,75,90,100,110
225	213		7.5,9.2,11,13,15,18.5,22,25,30,37,45,55,63,75,90,100,110,125
250	236		11,13,15,18.5,22,25,30,37,45,55,63,75,90,100,110,125,140,160,185,220
		1 500	11,13,15,18.5,22,25,30,37,45,55,63,75,90,100,110,125,140,160
300	281	3 000	18.5,22,25,30,37,45,55,63,75,90,100,110,125,140,160,185,220,250,280,315,355
		1 500	30,37,45,55,63,75,90,100,110,125,140,160,185,220,250,280,315,355
350	330	3 000	25,30,37,45,55,63,75,90,100,110,125,140,160,185,220,250,280,315,355,400,450
		1 500	30,37,45,55,63,75,90,100,110,125,140,160,185,220,250,280,315,355
		1 000	
400	377	3 000	37,45,55,63,75,90,100,110,125,140,160,185,220,250,280,315,355,400,450,500
		1 500	55,63,75,90,100,110,125,140,160,185,220,250,280,315,355,400,450,500
		1 000	90,100,110,125,140,160,185,220,250,280,315,355,400,450,500
450	410	3 000	55,75,90,100,110,125,140,160,185,220,250,280,315,355,400,450,500
		1 500	110,125,140,160,185,220,250,280,315,355,400,450,500
		1 000	160,185,220,250,280,315,355,400,450,500
500	460	1 500	125,140,160,185,220,250,280,315,335,400,450,500
		1 000	160,185,220,250,280,315,355,400,450,500
		750	220,250,280,315,355,400,450,500

3.7 电动机与潜水泵的连接尺寸及公差应符合图1和表2的规定。

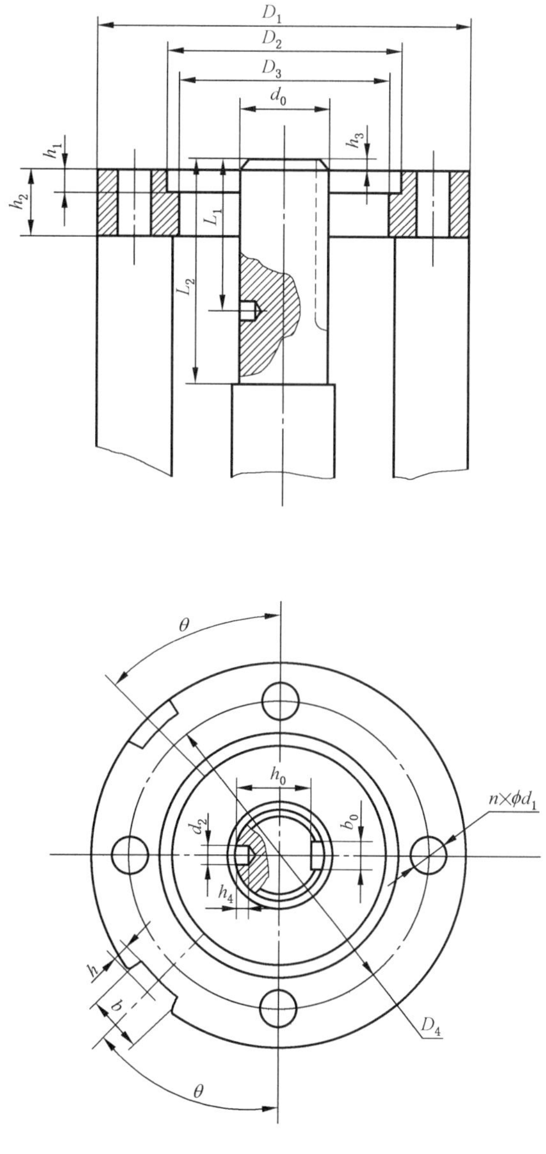

图1 电动机与潜水泵的连接尺寸

表 2 电动机与潜水泵的连接尺寸及公差

单位为毫米

机座号	最大径向尺寸	凸缘尺寸 D_1	凸缘尺寸 D_2	凸缘尺寸 D_3 ≥	凸缘尺寸 D_4	凸缘尺寸 h_1	凸缘尺寸 h_2 ≤	凸缘尺寸 h_3	凸缘尺寸 $n\times\phi d_1$	凸缘尺寸 θ/(°)	同步转速 r/min	功率 kW	轴伸尺寸 d_0 基本尺寸	轴伸尺寸 d_0 极限偏差	轴伸尺寸 d_2	轴伸尺寸 h_4	轴伸尺寸 h_0 基本尺寸	轴伸尺寸 h_0 极限偏差	轴伸尺寸 b_0 基本尺寸	轴伸尺寸 b_0 极限偏差	轴伸尺寸 L_1	轴伸尺寸 L_2 ≥	电缆尺寸 b	电缆尺寸 h
75	71	70	$42^{+0.030}_{0}$	40	56	5.0	10	±0.5	4×φ9	45	3 000	≤7.5	14	−0.016 −0.027	5	4	11.0	0 −0.10	5	0 −0.030	20	30	12	6
100	96	90	$60^{+0.030}_{0}$	50	75								14(16)										14	8
125	120	110	$70^{+0.030}_{0}$	60	90		12						18				14.5		6			35	22	10
												>7.5	25	−0.020 −0.033	6	5	21.0	0 −0.20	8	0 −0.036				
150	143	135	$90^{+0.035}_{0}$	80	110	6.5	15		4×φ12			≤7.5	18	−0.016 −0.027			14.5	0 −0.10	6	0 −0.030			32	13
												>7.5	25	−0.020 −0.033	7.5	6	21.0	0 −0.20	8	0 −0.036	25	45		
175	168	160	$95^{+0.035}_{0}$		130				4×φ14.5			≤15												
												>15	28				24.0				30	55		
200	190	180			150		20					≤45											44	49
												>45	38	−0.025 −0.041	9.5	7	33.0		10		35	70		
225	213	200	$100^{+0.035}_{0}$	90	165		25		4×φ18.5			≤45	28	−0.020 −0.033	7.5	6	24.0		8		30	55		
												>45～75	38	−0.025 −0.041	9.5	7	33.0		10		35	70		
												>75	50		12.5	8	44.5		14	0 −0.043	40	85	50	22
250	236	210	$110^{+0.035}_{0}$									≤45	28	−0.020 −0.033	7.5	6	24.0		8	0 −0.036	30	55	44	19
												>45～75	38	−0.025 −0.041	9.5	7	33.0		10		35	70		
												>75	50		12.5	8	44.5		14	0 −0.043	40	85	50	22

表 2（续）

单位为毫米

机座号	最大径向尺寸	凸缘尺寸									同步转速 r/min	功率 kW	轴伸尺寸										电缆尺寸	
		D_1	D_2	D_3 ≥	D_4	h_1	h_2 ≤	h_3	$n\times\phi d_1$	θ /(°)			d_0 基本尺寸	d_0 极限偏差	d_2	h_4	h_0 基本尺寸	h_0 极限偏差	b_0 基本尺寸	b_0 极限偏差	L_1	L_2 ≥	b	h
250	236	210	$110^{+0.035}_{0}$	90	165	6.5	25	±0.5	4×ϕ18.5	45	1 500	≤63	38	−0.025 −0.041	9.5	7	33.0	0 −0.20	10	0 −0.036	35	70	44	19
												>63	50		12.5	8	44.5		14	0 −0.043	40	85	50	22
300	281	265	$130^{+0.040}_{0}$	100	215		30		4×ϕ24	45	3 000	≤90	38		9.5	7	33.3		10	0 −0.036	35	70	50	22
												>90～220	50		12.5	8	44.5		14	0 −0.043	40	85		
												>220	60	−0.030 −0.049	16.0	10	53.0		18		50	100	60	25
											1 500	≤90	50	−0.025 −0.041	12.5	8	44.5		14		40	85	50	22
												>90～220	60	−0.030 −0.049	16.0	10	53.0		18		50	100		
												>220	70		20.0	12	62.5		20	0 −0.052	60		60	25
350	330	310	$190^{+0.046}_{0}$	170	250						3 000	≤220	50	−0.025 −0.041	12.5	8	44.5		14	0 −0.043	40	85	50	22
												>220	60	−0.030 −0.049	16.0	10	53.0		18		50	100	60	25
											≤ 1 500	≤90	50	−0.025 −0.041	12.5	8	44.5		14		40	85	50	22
												>90～160	60		16.0	10	53.0		18		50	100		
												>160	70	−0.030 −0.049	20.0	12	62.5		20	0 −0.052	60		60	25
400	377	360			310		35		8×ϕ24	22.5	≥ 1 000	≤160	60		16.0	10	53.0		18	0 −0.043	50			

表 2（续）

单位为毫米

机座号	最大径向尺寸	凸缘尺寸									同步转速 r/min	功率 kW	轴伸尺寸										电缆尺寸	
		D_1	D_2	D_3 ≥	D_4	h_1	h_2 ≤	h_3	$n\times\phi d_1$	θ /(°)			d_0 基本尺寸	d_0 极限偏差	d_2	h_4	h_0 基本尺寸	h_0 极限偏差	b_0 基本尺寸	b_0 极限偏差	L_1	L_2 ≥	b	h
400	377	360	$190^{+0.046}_{0}$	170	310	6.5	35	±0.5	8×ϕ24	22.5	≥1 000	>160～220	70	−0.030 −0.049	20.0	12	62.5	0 −0.20	20	0 −0.052	60	100	60	25
												>220	80	−0.036 −0.058			71.0		22		70	140	70	30
450	410	400	$220^{+0.046}_{0}$	190	340	10	40		8×ϕ26		≥1 000	≤355		−0.030 −0.049										
												>355	90	−0.036 −0.058			81.0		25		80	160	75	35
500	460	450	$250^{+0.046}_{0}$	220	380		45				≥750	≤355												
												>355	100											

注 1：未注尺寸公差，轴按 h14，孔按 H14，长度按 js14 级制造。

注 2：电缆槽按需要可采用 1 或 2 个，b、h 值也可按所选电缆截面尺寸修改，并与潜水泵配套厂协商确定。

注 3：允许电动机与潜水泵同轴，允许采用花键连接。

注 4：按潜水泵配套需要可采用括号内尺寸。

3.8 电动机轴伸接合部分中点的圆周面在轴转动时的径向跳动应不大于表 3 的规定。

表 3 轴伸接合部分中点的圆周面在轴转动时的径向跳动

单位为毫米

轴伸直径	径向跳动限值	
	滚动轴承支承	滑动轴承支承
≤30	0.04	0.07
>30～50	0.05	0.08
>50～80	0.06	0.10
>80	0.07	0.11
注：滑动轴承支承时，径向跳动限值不包括轴承的双面间隙。		

3.9 电动机与泵连接凸缘止口对轴中心线的径向跳动及端面跳动：对滚动轴承支承者应不大于 0.08 mm，对滑动轴承支承者应不大于轴承的双面间隙加上 0.1 mm。

4 技术要求

4.1 电动机应符合本标准的要求，并按照经规定程序批准的图样及技术文件制造。

4.2 在下列使用条件下，电动机应能正常运行：

a) 电动机完全潜入水中，其潜入深度不大于 70 m；

b) 水温不高于 20 ℃；

c) 水中固体物含量(按质量计)不大于 0.01%；

d) 水的酸碱度 pH 值 6.5～8.5；

e) 水中氯离子的含量不超过 400 mg/L；

f) 水中硫化氢的含量不大于 1.5 mg/L；

g) 充水式电动机内腔应充满清水或其他按制造厂规定配置的水溶液。

注：当使用条件不符合上述规定时，用户应与制造厂协议。

4.3 电动机运行期间，电源电压和频率对额定值的变化及其对电动机性能和温升的影响应符合 GB 755—2008 的规定。

4.4 电动机在功率、电压及频率为额定时，三相电动机的效率和功率因数的保证值应符合表 4(充水式)、表 5(充油式)和表 6(屏蔽式)的规定，单相电动机的效率和功率因数的保证值应符合表 7 的规定。

效率 η 以额定电压负载法间接测定时，额定负载杂散损耗对铜条转子按额定功率的 1.2%，对铸铝转子按表 8 确定。

电动机的基准工作温度对聚乙烯型、聚丙烯型、交联聚乙烯型绕组为 50 ℃，对 130(B)级绝缘为 95 ℃，对 155(F)级绝缘为 115 ℃，对 180(H)级绝缘为 130 ℃。

型式检验时电动机引出电缆长度为 5 m。

表 4　充水式三相电动机的效率和功率因数的保证值

机座号	100		125		150		175		200		225	
同步转速 r/min	3 000											
额定功率/kW	效率 η/%	功率因数 $\cos\varphi$	效率 η/%	功率因数 $\cos\varphi$	效率 η/%	功率因数 $\cos\varphi$	效率 η/%	功率因数 $\cos\varphi$	效率 η/%	功率因数 $\cos\varphi$	效率 η/%	功率因数 $\cos\varphi$
0.25	51.0	0.68	—	—	—	—	—	—	—	—	—	—
0.37	53.0											
0.55	56.0	0.70										
0.75	58.0	0.72										
1.1	61.0	0.73										
1.5	63.0	0.74	67.0	0.74								
2.2	65.0	0.75	69.0									
3	67.0		71.0	0.75	74.5	0.78	75.0	0.79	76.0	0.78		
4	69.0	0.76	73.0		76.0	0.79	76.5		77.0	0.79		
5.5	70.0		74.0	0.76	76.5	0.80	77.5	0.80	77.5	0.80		
7.5	71.0		75.0		77.0		78.0		78.0	0.81	78.5	0.81
9.2	—	—		0.77	78.0	0.81	79.0	0.81	79.0		79.5	
11	—	—	76.0		78.5		80.0		79.5	0.82	80.0	0.82
13	—	—		0.78	79.5		80.5	0.82	80.0		81.0	
15	—	—	77.0		80.5		81.0		81.0		82.0	
18.5	—	—	78.0	0.78		0.82			82.0	0.83	83.0	0.83
22	—	—			81.0		81.5	0.83	83.0		83.5	
25	—	—	—	—					84.0		84.0	
30	—	—	—	—	81.5	0.83	82.0				84.5	0.84
37	—	—	—	—				0.84	85.0	0.84	85.0	
45	—	—	—	—			82.5				85.5	
55	—	—	—	—	—	—			85.5			0.85
63	—	—	—	—	—	—					86.0	
75	—	—	—	—	—	—	—	—		0.85		
90	—	—	—	—	—	—	—	—	86.0		86.5	0.86
100	—	—	—	—	—	—	—	—			87.0	
110	—	—	—	—	—	—	—	—				
125	—	—	—	—	—	—	—	—	—	—	87.5	

表 4(续)

机座号	250				300				350					
同步转速 r/min	3 000		1 500		3 000		1 500		3 000		1 500		1 000	
额定功率 kW	效率 η %	功率因数 cosφ	效率 η %	功率因数 cosφ	效率 η %	功率因数 cosφ	效率 η %	功率因数 cosφ	效率 η %	功率因数 cosφ	效率 η %	功率因数 cosφ	效率 η %	功率因数 cosφ
11	80.0	0.82	78.0	0.80	—	—	—	—	—	—	—	—	—	—
13	80.5		79.0											
15	81.5	0.83	80.5	0.81										
18.5	82.5		81.0		82.5	0.83								
22	84.0	0.84	82.0	0.82	83.5									
25	84.5		83.0		84.0				84.5	0.82				
30	85.0		84.0		85.0	0.84	85.0	0.82			84.5	0.82	84.0	0.80
37	86.0				85.5		85.5		85.0	0.83			84.5	
45	86.0	0.85	84.5	0.83							85.0			
55					86.0	0.85	86.0	0.83	86.0			0.83	85.0	0.81
63	87.0		85.0							0.84	86.0		86.0	
75				0.84	86.5		86.5							
90		0.86							87.0		87.0		87.0	
100	87.5		86.0		87.0	0.86	87.0	0.84				0.84		0.82
110				0.85					88.0	0.85	87.5		87.5	
125	88.0				87.5									
140		0.87	87.0				87.5				88.0		88.0	
160	88.5				88.0				88.5					
185			—	—		0.87	88.0	0.85		0.86	88.5	0.85	88.5	0.83
220														
250	—	—									89.0		88.0	
280					88.5		88.5		89.0					
315										0.87	89.0		89.0	
355														
400					—	—	—	—			—	—	—	—
450														

表 4（续）

机座号	400						450						500					
同步转速 r/min	3 000		1 500		1 000		3 000		1 500		1 000		1 500		1 000		750	
额定功率 kW	效率 η %	功率因数 cosφ	效率 η %	功率因数 cosφ	效率 η %	功率因数 cosφ	效率 η %	功率因数 cosφ	效率 η %	功率因数 cosφ	效率 η %	功率因数 cosφ	效率 η %	功率因数 cosφ	效率 η %	功率因数 cosφ	效率 η %	功率因数 cosφ
37	85.0	0.83	—	—	—	—	—	—	—	—	—	—	—	—	—	—	—	—
45			—	—	—	—	—	—	—	—	—	—	—	—	—	—	—	—
55			86.5	0.81	—	—	85.5	0.83	—	—	—	—	—	—	—	—	—	—
63	86.0				—	—			—	—	—	—	—	—	—	—	—	—
75		0.84	87.0		—	—			—	—	—	—	—	—	—	—	—	—
90				0.82	85.0	0.80	86.0	0.84	—	—	—	—	—	—	—	—	—	—
100	87.0		87.5						—	—	—	—	—	—	—	—	—	—
110				0.83		0.81			85.0	0.82	—	—	—	—	—	—	—	—
125		0.85	88.0		86.0		87.0	0.85			—	—	85.0	0.82	—	—	—	—
140	87.5								85.5		—	—			—	—	—	—
160			88.5							0.83	85.0	0.81			85.0	0.80	—	—
185				0.84	86.5		87.5	0.86					85.5	0.83			—	—
220	88.0	0.86				0.82			86.0	0.84	86.0				86.0	0.80	85.0	0.78
250			88.8									0.82	86.0					
280					87.0		88.0		86.5		86.5			0.84	86.5	0.81	86.0	0.79
315	88.5		89.0	0.85									86.5					
355		0.87				0.83		0.87	87.0	0.85	87.0	0.83			87.0	0.82	86.5	0.80
400	89.0		89.5		88.0		89.0						87.0	0.85				
450									88.0		88.0				88.0	0.83	87.0	0.81
500																		

表 5　同步转速 3 000 r/min 充油式三相电动机的效率和功率因数的保证值

机座号	75		100		150		175		200		250		300	
额定功率/kW	效率 η/%	功率因数 cosφ	效率 η/%	功率因数 cosφ	效率 η/%	功率因数 cosφ	效率 η/%	功率因数 cosφ	效率 η/%	功率因数 cosφ	效率 η/%	功率因数 cosφ	效率 η/%	功率因数 cosφ
0.25	53.0	0.69	55.0	0.70	—	—	—	—	—	—	—	—	—	—
0.37	56.0	0.70	58.0	0.72										
0.55	58.0	0.72	61.0	0.74										
0.75	62.0	0.73	64.0	0.75										
1.1	65.0	0.74	67.0	0.76										
1.5	67.0	0.75	69.0	0.77										
2.2	70.0	0.76	71.0	0.78										
3	—	—	72.0	0.79	74.0	0.80								
4	—	—	74.0		75.0		76.0	0.81	77.0	0.81				
5.5	—	—	75.0	0.80	76.0		77.0		78.0					
7.5	—	—	76.0		76.5	0.81	78.0	0.82	79.0	0.82				
9.2	—	—	—	—	77.0						79.0	0.83		
11	—	—	—	—	78.0	0.82	79.0		80.0		80.0			
13	—	—	—	—				0.83	81.0	0.83	80.5	0.84		
15	—	—	—	—	79.0	0.83	80.0				81.0			
18.5	—	—	—	—					82.0		82.0			
22	—	—	—	—	80.0		81.0	0.84	83.0	0.84	83.0	0.85		
25	—	—	—	—		0.84			84.0		84.0			
30	—	—	—	—	81.0		82.0				84.5			
37	—	—	—	—	82.0			0.85	85.0	0.85	85.0	0.86		
45	—	—	—	—			83.0				85.5		86.0	0.85
55	—	—	—	—	—	—			85.5		86.0			
63	—	—	—	—	—	—	84.0				86.5		86.5	0.86
75	—	—	—	—	—	—	—	—		0.86	87.0	0.87		
90	—	—	—	—	—	—	—	—	86.0				87.0	
100	—	—	—	—	—	—	—	—			87.5			0.87
110	—	—	—	—	—	—	—	—				0.88	87.5	
125	—	—	—	—	—	—	—	—	—	—	88.0			
140	—	—	—	—	—	—	—	—	—	—			88.0	0.88
160	—	—	—	—	—	—	—	—	—	—				
185	—	—	—	—	—	—	—	—	—	—	—	—	89.0	
220	—	—	—	—	—	—	—	—	—	—	—	—		
250	—	—	—	—	—	—	—	—	—	—	—	—		

表 6　同步转速 3 000 r/min 屏蔽式三相电动机的效率和功率因数的保证值

机座号	100											
额定功率/kW	0.37	0.55	0.75	1.1	1.5	2.2	3	4	5.5	7.5		
效率 η/%	67.0	69.0	70.0	71.0	72.0	73.0		74.0	75.0	76.0		
功率因数 cosφ	0.70	0.71	0.72	0.73	0.74	0.75	0.76	0.77	0.78			
机座号	125											
额定功率/kW	1.5	2.2	3	4	5.5	7.5	9.2	11	13	15	18.5	22
效率 η/%	73.0	74.0	75.0	76.0	77.0		78.0		79.0		80.0	
功率因数 cosφ	0.74	0.75	0.76	0.77	0.78		0.79		0.80		0.81	
机座号	150											
额定功率/kW	3	4	5.5	7.5	9.2	11	13	15	18.5	22	25	30
效率 η/%	76.0	77.0	78.0	79.0	80.0		81.0		82.0		83.0	
功率因数 cosφ	0.78	0.79	0.80		0.81		0.82		0.83		0.84	

表 7　同步转速 3 000 r/min 单相电动机的效率和功率因数的保证值

额定功率/kW	干式		屏蔽式		充油式		充水式	
	效率 η/%	功率因数 cosφ	效率 η/%	功率因数 cosφ	效率 η/%	功率因数 cosφ	效率 η/%	功率因数 cosφ
0.25	56.0	0.76	52.0	0.67	52.0	0.68	43.0	0.65
0.37	59.0	0.77	53.0	0.68	54.0	0.69	46.0	0.66
0.55	62.0	0.78	56.0	0.71	57.0	0.72	50.0	0.69
0.75	64.0	0.80	59.0	0.73	60.0	0.74	53.0	0.70
1.1	66.0	0.81	63.0	0.75	63.0	0.76	56.0	0.72
1.5	68.0	0.82	65.0	0.77	65.0	0.78	59.0	0.73
2.2	69.0	0.83	66.0	0.77	66.0	0.79	61.0	0.74
3	71.0	0.84	67.0	0.78	67.0	0.81	63.0	0.75
4	72.0	0.85	68.0	0.78	68.0	0.82	65.0	0.75
注：单相电容运转电动机的效率比表列值提高 3%，功率因数为 0.93。								

表 8　额定负载杂散损耗 P_s 的推荐值

电动机轴承类型	功率等级/kW	$(P_s/P_N)\times100\%$
滑动轴承	$P_N<1$	2.0
	$1\leqslant P_N\leqslant 90$	1.6
	$90<P_N\leqslant 375$	1.4
	$P_N>375$	1.2
滚动轴承	$P_N<1$	2.5
	$1\leqslant P_N\leqslant 90$	1.8
	$90<P_N\leqslant 375$	1.5
	$P_N>375$	1.2

4.5　在额定电压下，三相电动机堵转转矩对额定转矩之比的保证值应符合表 9 的规定，单相电动机堵转转矩对额定转矩之比的保证值应符合表 10 的规定。

表 9　三相电动机堵转转矩对额定转矩之比的保证值

额定功率/kW	≤13	15～30	37～220	>220
堵转转矩/额定转矩	1.2	1.1	1.0	0.8

表 10　单相电动机堵转转矩对额定转矩之比的保证值

型式	电容运转	电阻启动	其他
堵转转矩/额定转矩	0.5	1.1	1.2

4.6　在额定电压下，电动机起动过程中的最小转矩，对额定功率小于 100 kW 者应不低于 0.8 倍额定转矩；对 100 kW 及以上者应不低于 0.5 倍额定转矩。

4.7　在额定电压下，电动机的最大转矩的保证值对额定功率小于 100 kW 者为 2 倍额定转矩，对 100 kW 及以上者为 1.8 倍额定转矩。

4.8　在额定电压下，电动机堵转电流对额定电流之比的保证值对单相电阻启动电动机应不超过 10 倍，其他类型电动机应符合表 11 的规定。

表 11　三相电动机堵转电流对额定电流之比的保证值

额定功率/kW	≤37	>37
堵转电流/额定电流	7	6.5
注：额定电流值应按额定功率、额定电压及效率和功率因数的保证值(不计及容差)求得。		

4.9　电动机电气性能保证值的容差应符合表 12 的规定。

表 12 电气性能保证值的容差

序号	电气性能名称	容差
1	效率(η) 额定功率在 150 kW 及以下 额定功率在 150 kW 以上	 $-0.15(1-\eta)$ $-0.10(1-\eta)$
2	功率因数($\cos\varphi$)	$-(1-\cos\varphi)/6$,最少-0.02,最多-0.07
3	堵转转矩	转矩保证值的-15%,$+25\%$(经协议可超过$+25\%$)
4	最小转矩	转矩保证值的-15%
5	最大转矩	转矩保证值的-10%
6	堵转电流	电流保证值的$+20\%$
7	转差率(在满载和工作温度下) 额定功率在 1 kW 以下 额定功率在 1 kW 及以上	 转差率保证值的$\pm30\%$ 转差率保证值的$\pm20\%$
注:转差率保证值=[同步转速-额定转速(标牌明示值)]/同步转速。		

4.10 当水温不高于 20 ℃时,电动机定子绕组的温升限值(电阻法)应不超过表 13 的规定。

表 13 定子绕组的温升限值

绝缘材料或热分级	温升限值/K
聚乙烯型	45
聚丙烯型	52
交联聚乙烯型	60
130(B)	100
155(F)	120
180(H)	140

4.11 充水式电动机浸于接近室温的水中 12 h 后,定子绕组对机壳的绝缘电阻,对聚乙烯型、聚丙烯型和交联聚乙烯型绕组应不低于 150 MΩ。

浸于接近室温水中的充油式、干式和屏蔽式电动机的定子绕组(含信号线)对机壳的绝缘电阻应不低于 100 MΩ。

4.12 接近工作温度时,定子绕组的热态绝缘电阻应不低于 1 MΩ。

4.13 电动机的定子绕组(含信号线)应能承受历时 1 min 的耐电压试验而不发生击穿。试验电压的频率为 50 Hz,并尽可能为正弦波形。三相电动机,对额定电压为 380 V 者,试验电压的有效值为 1 760 V;对额定电压为 660 V 者,试验电压的有效值为 2 320 V;单相电动机试验电压的有效值为 1 500 V。试验前,充水式电动机应浸于接近室温的水中 12 h。电动机的耐电压试验不应重复进行,确有必要时试验电压应为规定值的 80%。

对批量生产的 200 kW 及以下电动机,按 GB 755—2008 中 9.2 的规定。

型式检验时,定子绕组的耐电压试验应在绕组接近工作温度时进行。

4.14 电动机的定子绕组(导线直接浸水的除外)应能承受匝间冲击耐电压试验而不发生击穿,单相电动机试验电压(峰值)为 1 800 V,三相电动机试验冲击电压峰值按表 14 的规定。

表 14　三相电动机试验冲击电压峰值

额定电压/V	380	660
试验冲击电压峰值/V	3 000	3 900

4.15　干式电动机按 GB/T 2423.4—2008 中规定的 40 ℃交变湿热试验方法进行，经 12 周期试验后，测量电动机定子绕组的绝缘电阻对额定电压 380 V 应不低于 1.14 MΩ，对额定电压 660 V 应不低于 1.98 MΩ，并应能承受历时 1 min 的耐电压试验而不发生击穿，试验电压的有效值对额定电压 380 V 为 1 500 V，对额定电压 660 V 为 1 970 V。电动机的耐电压试验不应重复进行，如有必要，其试验电压为规定值的 80%。重复试验前应将电动机烘干后进行。

4.16　当三相电源平衡时，电动机三相空载电流中任何一相与三相平均值的偏差应不大于三相平均值的 10%。

4.17　在出厂检验时，电动机的空载与堵转的电流和损耗，应在某一数据范围内，该数据范围能保证电动机性能符合 4.4～4.9 的规定。

4.18　充水式或屏蔽式电动机组装后，内腔应能承受 0.05 MPa 的耐压力试验，历时 5 min 而无渗漏现象。当轴伸处油封唇口朝外安装时，允许轴伸表面有微量渗漏，但这种渗漏应不影响试验的正常进行。干式电动机及充油式电动机总装注油后，内腔应能承受 0.2 MPa 的耐压力试验，历时 5 min 而无渗漏现象。

4.19　电动机转子应做动平衡试验，其精度为 GB/T 9239.1—2006 规定的 G6.3 级。

4.20　电动机止推轴承所能承受的潜水泵向下推力应不低于表 15 规定的数值，所能承受的潜水泵起动时产生的短时向上拉力为向下推力的 40%。

表 15　止推轴承所能承受的潜水泵向下推力

机座号		75	100	125	150	175	200	225	250	300～400	450～500
推力 kN	普通型	0.8	1.5	4	6	8	10	12	15	22	28
	高推力型	1.3	2.5	6	10	13	18	22	25	36	45

高推力型轴承需特殊订货，采用高推力型轴承的电动机性能由用户与制造厂协议。当潜水泵的轴向力超过上述规定时，用户应与制造厂协议。

4.21　电动机应采取有效的防腐蚀措施，并安装防砂密封装置。

4.22　充油式、干式电动机应有可靠的机械密封。在规定条件下使用时，机械密封的泄漏量以 24 h 计，应不大于 2.4 mL。密封油室一次充油后，应能连续运行不少于 3 000 h。

4.23　在规定的使用条件下，电动机平均首次故障前工作时间(MTTFF)应不少于 2 500 h。

4.24　电动机优先采用全电压直接起动。如用户的电源容量不够，也可采用降压起动。两次起动应有足够的时间间隔。

4.25　电动机的装配应完整正确，电动机应转动自如，运转平稳轻快，无卡住停滞等现象，铭牌、标志齐全，表面涂漆应干燥完整，无污损、碰伤及裂痕等。

4.26　电动机引出电缆的长度自水泵出水口测量应不少于 2 m，并能保证潜水电泵正常安装使用。

4.27　在出线端标志的字母顺序与三相电源的电压相序方向相同时，从轴伸端视之，电动机一般为逆时针方向旋转。但与潜水泵和扬水管的连接结构上有需要时，亦允许为顺时针方向旋转。

4.28　电动机的轴伸平键、使用维护说明书和产品合格证应随同每台电动机供给用户。每台电动机应供应必须的备品备件。

4.29 电动机的安全要求应符合 GB 14711 的规定。

5 试验方法与检验规则

5.1 试验方法

电动机性能试验方法和试验结果的分析计算应符合 GB/T 12785 和 GB/T 22719.1 的规定。

5.2 检验规则

产品检验分为出厂检验和型式检验。

5.2.1 出厂检验

5.2.1.1 每台电动机应经检验合格后方可出厂,并应附有产品合格证。

5.2.1.2 每台电动机应经过出厂检验,出厂检验项目包括:

a) 机械检查:装配、转动、外观、径向跳动、端面跳动与潜水泵的连接尺寸检查;

注:径向跳动、端面跳动检查可以抽查。抽查办法由制造厂规定。

b) 内腔耐压力试验;

c) 油量检查(充油式电动机空运转前应检查油量);

d) 定子绕组在实际冷状态下各相直流电阻的测定;

e) 定子绕组、信号线和机壳相互间的冷态绝缘电阻测定;

注:型式检验时测取定子绕组、信号线和机壳相互间的热态绝缘电阻。

f) 定子绕组、信号线和机壳相互间的耐电压试验;

g) 空载电流和空载损耗的测定;

注:型式检验时需测取空载特性曲线。

h) 堵转电流和堵转损耗的测定;

注:型式检验时需测定堵转特性曲线。

i) 定子绕组匝间绝缘试验;

j) 安全检查;

k) 旋转方向的检查。

5.2.2 型式检验

5.2.2.1 凡遇下列情况之一者,应进行型式检验:

a) 新产品或老产品转厂生产的试制定型鉴定;

b) 正式生产后,如结构、材料、工艺有较大改变,可能影响产品性能时;

c) 成批生产的电动机定期的抽检,其抽检一般每年进行一次;

d) 产品长期停产后,恢复生产时;

e) 检验结果与上次型式检验结果有较大差异时;

f) 国家质量监督机构提出进行型式检验的要求时。

5.2.2.2 电动机的型式检验项目包括:

a) 出厂检验的全部项目;

b) 热试验;

c) 效率、功率因数及转差率的测定;

d) 最大转矩的测定;

e) 起动过程中最小转矩的测定(仅在新产品鉴定时进行);

f) 干式电动机的 40 ℃交变湿热试验；

g) 产品平均首次故障前运行时间(MTTFF)的检查(仅在新产品鉴定定型时进行)。

6 标志、包装

6.1 标牌应固定在电动机机壳的明显部位，标牌材料及标牌上刻划的数据应保证其字迹在电动机有效使用期内不易磨灭。标牌上应至少标明如下内容：

a) 制造厂名称；

b) 电动机名称、型号及规格；

c) 额定功率，单位为千瓦(kW)；

d) 额定频率，单位为赫兹(Hz)；

e) 额定电压，单位为伏(V)；

f) 额定电流，单位为安(A)；

g) 额定转速，单位为转每分钟(r/min)；

h) 热分级[130(B)、155(F)、180(H)]或温升限值；

i) 接线方式；

j) 出厂编号及出厂日期；

k) 质量，单位为千克(kg)；

l) 执行标准。

6.2 充水式电动机的注水孔和放水孔处应有明显的"注水"和"放水"标志。

6.3 电动机定子绕组应有 3 个或 6 个出线端，其上应有明显的标志，并应保证其字迹在电动机有效使用期内不易磨灭。其标志按表 16 的规定。充油式电动机的贫油信号应有相应的"信"字标志。

表 16 出线端标志

定子绕组名称	6 个出线端		3 个出线端
	始端	末端	
第一组	U1	U2	U
第二组	V1	V2	V
第三组	W1	W2	W

6.4 电动机的轴伸平键应绑扎在轴上。轴伸、平键及凸缘的加工面应加防锈及保护措施。

6.5 电动机的包装应能保证在正常的储运条件下，产品交付用户时包装的产品或文件不致遗失或损坏，产品的包装应符合 GB/T 13384 的规定。其图形应符合 GB/T 191 的规定。充水式电动机包装前应将机内液体放净，如需要保留则应加以说明。

ICS 29.045
H 81

中华人民共和国国家标准

GB/T 2881—2014
代替 GB/T 2881—2008

工 业 硅

Silicon metal

2014-12-05 发布 2015-08-01 实施

中华人民共和国国家质量监督检验检疫总局
中国国家标准化管理委员会 发布

前　言

本标准按照 GB/T 1.1—2009 给出的规则起草。

本标准代替 GB/T 2881—2008《工业硅》。

本标准与 GB/T 2881—2008 相比，主要变化如下：

——规范了工业硅的牌号编号原则，统一按照四位数字进行编写，并在附录中给出了编号原则；

——对工业硅的牌号重新进行了定义，列出了 8 个牌号，并对牌号中的硅、铁、铝、钙等元素含量进行了规定；

——增加了不同用途产品微量元素含量控制的要求；

——修改了粒度要求，增加了粒度检验方法和取样规定；

——批重修改为“宜为 60 t”；

——正文中仅规定了仲裁取样和制样，增加了取样铲的图示要求。将修改后的“生产过程取样和制样方法”作为附录供参考。

本标准由全国有色金属标准化技术委员会(SAC/TC 243)归口。

本标准负责起草单位：云南永昌硅业股份有限公司、包头铝业有限公司、浙江合盛硅业有限公司、云南硅储物流有限公司、蓝星硅材料有限公司、阿坝州顺鑫冶炼有限公司、昆明冶金研究院、昆明冶研新材料股份有限公司、通标标准技术服务有限公司、云南出入境检验检疫局、都江堰市天兴硅业有限责任公司、怒江宏盛锦盟硅业有限公司、中国有色金属工业标准计量质量研究所、中国有色金属工业协会硅业分会。

本标准主要起草人：李宗有、高珺、赵洪生、苏杰、周杰、谢洪、聂长虹、刘汉士、周强、杨毅、亢若谷、胡智弢、王云舟、廖良、丁卫民、程志武、张晓平、包崇军、王存亭。

本标准所代替标准的历次版本发布情况为：

——GB/T 2881—1981；GB/T 2881—1991；GB/T 2881—2008。

工　业　硅

1　范围

本标准规定了工业硅的要求、试验方法、检验规则、标志、包装、运输、贮存和订货单（或合同）的内容。

本标准适用于矿热炉内炭质还原剂与硅石熔炼所生产的工业硅，主要用于配制合金、制取多晶硅和生产有机硅等。

2　规范性引用文件

下列文件对于本文件的应用是必不可少的。凡是注日期的引用文件，仅注日期的版本适用于本文件。凡是不注日期的引用文件，其最新版本（包括所有的修改单）适用于本文件。

GB/T 8170　数值修约规则与极限数值的表示和判定

GB/T 14849（所有部分）　工业硅化学分析方法

3　要求

3.1　牌号

工业硅按化学成分分为8个牌号。牌号按照硅元素符号与4位数字相结合的形式表示，表示方法见附录A。

3.2　化学成分

3.2.1　常规检测元素含量

需常规检测的元素含量应符合表1的规定。需方需要其他牌号时，可参见附录B或由供需双方协商确定后在订货单（或合同）中具体注明。

表 1

牌号	化学成分（质量分数）/%			
	名义硅含量[a]，不小于	主要杂质元素含量，不大于		
		Fe	Al	Ca
Si1101	99.79	0.10	0.10	0.01
Si2202	99.58	0.20	0.20	0.02
Si3303	99.37	0.30	0.30	0.03
Si4110	99.40	0.40	0.10	0.10
Si4210	99.30	0.40	0.20	0.10
Si4410	99.10	0.40	0.40	0.10

表 1(续)

牌号	化学成分(质量分数)/%			
	名义硅含量[a],不小于	主要杂质元素含量,不大于		
		Fe	Al	Ca
Si5210	99.20	0.50	0.20	0.10
Si5530	98.70	0.50	0.50	0.30

注:分析结果的判定采用修约比较法,数值修约规则按 GB/T 8170 的规定进行,修约数位与表中所列极限值数位一致。

[a] 名义硅含量应不低于 100%减去铁、铝、钙元素含量总和的值。

3.2.2 微量元素含量

需方对工业硅中的微量元素含量有要求时,应在订货单(或合同)中注明"要求微量元素含量",具体要求应符合表 2 的规定。供需双方对微量元素含量有其他要求时,由供需双方协商确定后在订货单(或合同)中具体注明。

表 2

用途		类别	微量元素含量(质量分数),不大于 $\times 10^{-6}$								
			Ni	Ti	P	B	C	Pb	Cd	Hg	Cr^{6+}
化学用硅	多晶用硅	高精级	—	400	50	30	400	—	—	—	—
		普精级	—	600	80	60	600	—	—	—	—
	有机用硅	高精级	100	400	—	—	—	—	—	—	—
		普精级	150	500	—	—	—	—	—	—	—
冶金用硅		—	—	—	—	—	—	1 000	100	1 000	1 000

3.3 粒度

工业硅粒度范围及允许偏差应符合表 3 的规定,需方对粒度有特殊要求时,由供需双方协商确定后在订货单(或合同)中具体注明。

表 3

粒度范围/mm	上层筛筛上物(质量分数)/%	下层筛筛下物(质量分数)/%
10~100	≤5	≤5

3.4 外观

工业硅以块状或粒状供货,其表面和断面应洁净,不允许有夹渣、粉状硅粘结以及其他异物。

4 试验方法

4.1 化学成分分析

工业硅的化学成分分析按 GB/T 14849(所有部分)的规定进行。Hg 元素和 Cr^{6+} 元素含量的检测方法由供需双方协商。

4.2 粒度检验

采用孔径为 10 mm 和 100 mm 的筛具进行粒度检验。对于筛上物,可采用手工分检法,将试样的方向或位置改变,让所有合适粒度的试样能通过筛孔。

4.3 外观检验

在自然散射光下,目视检查外观质量。

5 检验规则

5.1 检查和验收

5.1.1 供方应对产品进行检验,保证产品质量符合本标准及订货单(或合同)的规定,并填写质量证明书。

5.1.2 需方应对收到的产品,按本标准的规定进行检验,如检验结果与本标准及订货合同的规定不符时,应以书面形式向供方提出,由供需双方协商解决。属于粒度、外观的异议,应在收到产品之日起十日内提出;属于化学成分的异议,应在收到产品之日起 30 日内提出。如需仲裁,供需双方共同进行仲裁取样。

5.2 组批

工业硅应成批提交检验,每批应由同一牌号的产品组成,批重宜为 60 t。

5.3 计重

工业硅应检斤计重。

5.4 检验项目

每批工业硅均应进行铁、铝、钙元素含量及粒度、外观质量检验。当订货单(或合同)有要求时,还应对微量元素含量等特殊要求的项目进行检验。

5.5 化学成分取样和制样

5.5.1 仲裁取样和制样

5.5.1.1 取样量

每批随机抽取不少于 25%的包装件,从每个包装件中取出不少于 0.3%重量的小样。

5.5.1.2 取制样方法

用符合图 1 要求的取样铲从包装件的上、中、下位置进行取样,将样品破碎到粒度不大于 5 mm 后用二分器缩分，缩分后的试样不少于3 000 g，然后将其破碎到1 mm后用二分器缩分至400 g，作为分析样品。将分析样品用磁铁吸去铁粉后用碳化钨磨盒制样，制样后的试样应全部通过0.149 mm标准筛，然后将试样平均分成三份，一份供方保存，一份需方保存，一份封存供仲裁用。

单位为毫米

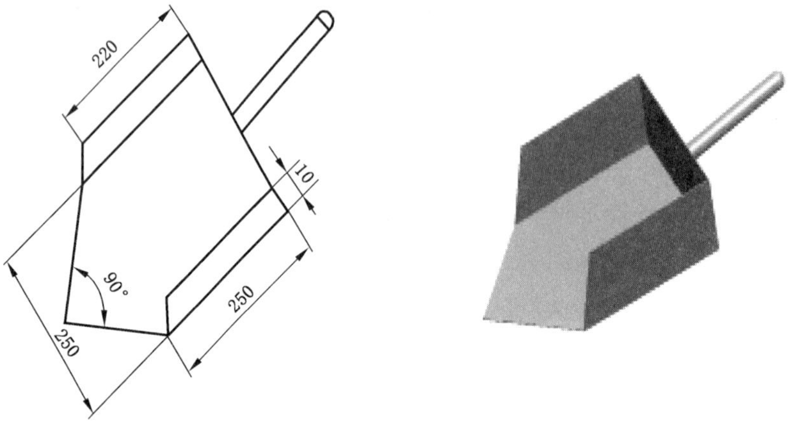

图1 取样铲示意图

5.5.2 其他取样和制样

其他取样和制样方法可参照附录C的方法进行。

5.6 粒度取样

每批抽取不少于5%的包装件全检，但不少于1袋。

5.7 外观取样

由供需双方协商确定后在订货单(或合同)中具体注明。

5.8 检验结果判定

5.8.1 化学成分不合格时，判该批产品不合格。

5.8.2 粒度不合格时，判该批产品不合格。

5.8.3 外观质量不合格时，可由供需双方协商处理。

6 标志、包装、运输、贮存及质量证明书

6.1 标志

每件包装应有如下标志：

a) 产品名称；

b) 供方名称；

c) 牌号；

d) 本标准编号；

e) 批号；

f) 净重。

6.2 包装、运输、贮存

工业硅包装物应能防潮，一般用塑料编织袋包装，每件净重宜为 1 000 kg。如需其他形式包装时，可由供需双方协商确定后在订货单(或合同)中具体注明。产品在运输贮存过程中应防止雨淋或受潮。

6.3 质量证明书

每批产品应附产品质量说明书，其中注明：

a) 产品名称；

b) 供方名称；

c) 牌号；

d) 批号；

e) 重量和件数；

f) 分析检验结果和技术监督部门印记；

g) 本标准编号；

h) 出厂日期或包装日期。

6.4 订货单(或合同)内容

a) 产品名称；

b) 牌号；

c) 重量；

d) 需要在合同中注明的其他特殊要求；

e) 本标准编号。

附 录 A
（规范性附录）
工业硅四位数字牌号表示方法

工业硅牌号由硅元素符号和4位数字表示，4位数字依次分别表示产品中主要杂质元素铁、铝、钙的最高含量要求，其中铁含量和铝含量取小数点后的一位数字，钙含量取小数点后的两位数字。示例如下：

示例1：Si2202

	Si	2	2	02
	硅元素符号	铁含量	铝含量	钙含量
表示：工业硅		铁含量≤0.20%	铝含量≤0.20%	钙含量≤0.02%。

示例2：Si3303

	Si	3	3	03
	硅元素符号	铁含量	铝含量	钙含量
表示：工业硅		铁含量≤0.30%	铝含量≤0.30%	钙含量≤0.03%。

示例3：Si4210

	Si	4	2	10
	硅元素符号	铁含量	铝含量	钙含量
表示：工业硅		铁含量≤0.40%	铝含量≤0.20%	钙含量≤0.10%。

附　录　B
（资料性附录）
其他工业硅牌号及化学成分

表B.1中给出了除表1以外的其他常见牌号及化学成分要求。

表 B.1

牌号	化学成分(质量分数)/%			
	名义硅含量[a]，不小于	主要杂质含量，不大于		
		Fe	Al	Ca
Si1501	99.39	0.10	0.50	0.01
Si2101	99.69	0.20	0.10	0.01
Si3103	99.57	0.30	0.10	0.03
Si3205	99.45	0.30	0.20	0.05
Si3203	99.47	0.30	0.20	0.03
Si3210	99.40	0.30	0.20	0.10
Si3305	99.35	0.30	0.30	0.05
Si3310	99.30	0.30	0.30	0.10
Si4105	99.45	0.40	0.10	0.05
Si4305	99.25	0.40	0.30	0.05
Si4405	99.15	0.40	0.40	0.05
Si5510	98.90	0.50	0.50	0.10
Si6210	99.10	0.60	0.20	0.10
Si6630	98.50	0.60	0.60	0.30
Si7750	98.10	0.70	0.70	0.50
注：分析结果的判定采用修约比较法，数值修约规则按GB/T 8170的规定进行，修约数位与表中所列极限值数位一致。				
[a] 名义硅含量应不低于100%减去铁、铝、钙元素含量总和的值。				

附 录 C
（资料性附录）
生产过程取样和制样方法

C.1 取样

C.1.1 熔体取样

当铝、钙精炼完成后，将氧气流量调节至最小，关闭空气 5 min 后，将取样器取样口朝上，倾斜 60°～65°插入硅液深度 350 mm～400 mm 中，4 s～6 s 后取出，稍冷后轻轻敲击，使硅样脱出。

C.1.2 铸锭取样

在铸锭中心和两条对角线 1/6、5/6 处的 5 个点上，分别取不少于 200 g 的块状样品，样品应贯穿该点整个产品厚度。

C.1.3 精整后取样

在破碎后的工业硅上，于不少于 5 个对称点分别取不少于 1 000 g 的样品。

C.2 制样

将取出的样品破碎到粒度不大于 5 mm 后采用二分器缩分，缩分后的试样不少于 200 g，按以下两种方法之一进行制样，作为分析样品。

a） 将分析样品用磁铁吸去铁粉后用碳化钨磨盒制样，制样后的试样全部通过 0.149 mm 标准筛。

b） 用普通制样机制成粒度为 0.600 mm 的试样后，用磁铁吸去铁粉，用玛瑙球磨机或用玛瑙研钵研磨，研磨后的试样应全部通过 0.149 mm 标准筛。

ICS 59.080.30
W 13

中华人民共和国国家标准

GB/T 2909—2014
代替 GB/T 2909—1994

橡胶工业用棉本色帆布

Cotton grey canvas for rubber industry

2014-12-31 发布 2015-08-01 实施

中华人民共和国国家质量监督检验检疫总局
中国国家标准化管理委员会 发布

前　言

本标准按照 GB/T 1.1—2009 给出的规则起草。

本标准是对 GB/T 2909—1994《橡胶工业用棉帆布》的修订，主要修改了以下内容：

——标准名称调整为《橡胶工业用棉本色帆布》；

——新增织物组织、纤维含量考核项目，调整幅宽偏差率、断裂强力偏差率考核指标；

——布面疵点总评分由分/m 改为分/m^2，取消幅宽分类，修改了布面疵点评分规定，将疵点名称说明移到附录 B；

——检验规则按 FZ/T 10004 执行；

——附录 A、附录 B、附录 C 为规范性附录，修改了附录 B、附录 C 部分疵点名称及说明；

——附录 D 为资料性附录，断裂强力的修正系数按 FZ/T 10013.2 执行。

本标准由中国纺织工业联合会提出。

本标准由全国纺织品标准化技术委员会棉纺织印染技术委员分会(SAC/TC 209/SC 2)归口。

本标准起草单位：青岛橡六集团有限公司、安徽出入境检验检疫局检验检疫技术中心、山东立昌纺织科技有限公司、上海市纺织工业技术监督所、中国棉纺织行业协会。

本标准主要起草人：张墩、张燕晖、孟毅祥、郭玉凤、刘建敏、张宝庆、叶戬春。

本标准所代替标准的历次版本发布情况为：

——GB 2909—1982、GB/T 2909—1994。

橡胶工业用棉本色帆布

1 范围

本标准规定了橡胶工业用棉本色帆布的术语和定义、分类、要求、布面疵点的评分、试验方法、检验规则、标志、包装、贮存和运输。

本标准适用于有梭和无梭织机生产的橡胶工业用棉本色帆布。有梭和无梭织机生产的橡胶工业用涤棉本色帆布可参照执行。

2 规范性引用文件

下列文件对于本文件的应用是必不可少的。凡是注日期的引用文件，仅注日期的版本适用于本文件。凡是不注日期的引用文件，其最新版本(包括所有的修改单)适用于本文件。

GB/T 406—2008 棉本色布

GB/T 2910.11 纺织品 定量化学分析 第11部分:纤维素纤维与聚酯纤维的混合物(硫酸法)

GB/T 8170 数值修约规则与极限数值的表示和判定

GB/T 29862 纺织品 纤维含量的标识

FZ/T 10003 帆布织物试验方法

FZ/T 10004 棉及化纤纯纺、混纺本色布检验规则

FZ/T 10009 棉及化纤纯纺、混纺本色布标志与包装

3 术语和定义

下列术语和定义适用于本文件。

3.1

橡胶工业用棉本色帆布 cotton grey canvas for rubber industry

经纬纱使用全棉多股线，制成较粗厚的机织物。主要用于制作橡胶工业用制品。

3.2

橡胶工业用涤棉本色帆布 cotton grey canvas for rubber industry

经纱为涤棉多股线，纬纱为涤纶多股线，制成较粗厚的机织物。主要用于制作橡胶工业用制品。

4 分类

橡胶工业用棉本色帆布的产品品种、规格分类根据用户需要，按附录A制定。

5 要求

5.1 项目

橡胶工业用棉本色帆布要求分为理化性能和外观质量两个方面。理化性能包括织物组织、幅宽偏差率、纤维含量偏差、密度偏差率、断裂强力偏差率、断裂伸长率偏差、单位面积干燥质量偏差七项。外

观质量为布面疵点一项。

5.2 分等规定

5.2.1 橡胶工业用棉本色帆布的评等分为优等品、一等品、合格品，低于合格品为不合格品。

5.2.2 橡胶工业用棉本色帆布的评等以匹为单位，织物组织、幅宽偏差率、布面疵点按匹评等，纤维含量偏差、密度偏差率、断裂强力偏差率、断裂伸长率偏差、单位面积干燥质量按批评等，综合评等以其中最低一项品等作为该布匹的品等。

5.2.3 橡胶工业用棉本色帆布的分等规定按表1、表2。

表1 理化性能分等规定

<table>
<tr><td colspan="4">项 目</td><td>优等品</td><td>一等品</td><td>合格品</td></tr>
<tr><td colspan="3">织物组织</td><td>按设计规定</td><td colspan="3">符合设计要求</td></tr>
<tr><td colspan="3">幅宽偏差率/%</td><td>按产品规格</td><td>−0.6～+1.0</td><td>−1.0～+1.5</td><td>−1.5～+2.0</td></tr>
<tr><td colspan="4">纤维含量偏差/%</td><td colspan="3">按 GB/T 29862 要求考核</td></tr>
<tr><td rowspan="2">密度偏差率/%</td><td colspan="2">经向</td><td>按产品规格</td><td>±2.0</td><td>±2.0</td><td><−2.0,>+2.0</td></tr>
<tr><td colspan="2">纬向</td><td>按产品规格</td><td>±2.5</td><td>±2.5</td><td><−2.5,>+2.5</td></tr>
<tr><td rowspan="3">断裂强力偏差率/%</td><td rowspan="2">经向</td><td>重型</td><td rowspan="3">按产品规格</td><td>≥+10.0</td><td>≥+5.0</td><td rowspan="2">符合设计要求</td></tr>
<tr><td>轻型</td><td>≥+8.0</td><td>≥+4.0</td></tr>
<tr><td colspan="2">纬向</td><td>符合设计要求</td><td>符合设计要求</td><td>符合设计要求</td></tr>
<tr><td rowspan="2">断裂伸长率偏差/%</td><td colspan="2">重型</td><td rowspan="2">按设计规定</td><td>±3.5</td><td>±3.5</td><td>>±3.5,≤±4.5</td></tr>
<tr><td colspan="2">轻型</td><td>±3.0</td><td>±3.0</td><td>>±3.0,≤±4.0</td></tr>
<tr><td rowspan="2">单位面积干燥质量偏差/(g/m²)</td><td colspan="2">重型</td><td rowspan="2">按设计规定</td><td>±40</td><td>±40</td><td><−40,>+40</td></tr>
<tr><td colspan="2">轻型</td><td>±20</td><td>±20</td><td><−20,>+20</td></tr>
</table>

表2 布面疵点评分限度分等规定 单位为平均分每平方米

优 等 品	一 等 品	合 格 品
0.2	0.3	0.6

5.2.4 布面疵点评等规定：一匹布中所有疵点评分加合累计超过允许总评分为降等品，1 m内严重疵点评4分为降等品，每百米内不允许有超过3个难以修织的评4分的疵点。每匹布允许总评分按式(1)计算，按GB/T 8170修约成整数。

$$A = a \times L \times W \quad \cdots\cdots (1)$$

式中：

A ——每匹允许总评分，单位为分；

a ——每平方米允许评分数，单位为分每平方米(分/m^2)；

L ——匹长，单位为米(m)；

W ——幅宽，单位为米(m)。

5.2.5 成包后橡胶工业用棉本色帆布的长度按双方协议规定执行。

6 布面疵点的评分

6.1 布面疵点的检验

6.1.1 布面疵点检验时的照度为 400 lx±100 lx，验布机的线速度不大于 20 m/min。

6.1.2 布面疵点评分以布的正面为准，平纹织物以交班印一面为正面，破损性疵点以严重一面为正面，也可按客户要求确认织物正面。

6.1.3 检验时，应将布平放在工作台上，检验人员站在工作台前，以能清楚看出的为明显疵点。

6.2 布面疵点的评分规定

布面疵点的评分规定按表 3。

表 3 布面疵点评分规定

疵点分类		评分数			
		1	2	3	4
经向明显疵点		8 cm 及以下	8 cm 以上～16 cm	16 cm 以上～24 cm	24 cm 以上～100 cm
纬向明显疵点		8 cm 及以下	8 cm 以上～16 cm	16 cm 以上～24 cm	24 cm 以上
横档		—	—	半幅及以下	半幅以上
严重疵点	根数评分	—	—	3 根～4 根	5 根及以上
	长度评分	—	—	1 cm 以下	1 cm 及以上

注 1：布面疵点具体内容见附录 B，疵点名称说明见附录 C。

注 2：严重疵点在根数和长度评分矛盾时，从严评分。

注 3：不影响后道质量的横档疵点评分，由供需双方协定。

6.3 1 m 中累计评分

1 m 中累计评分最多评 4 分。

6.4 布面疵点的量计

6.4.1 测量疵点长度以经向或纬向最大长度量计。

6.4.2 经向明显疵点及严重疵点，长度超过 1 m 的，其超过部分按表 3 再行评分。

6.4.3 在一条内断续发生的疵点，在经（纬）向 8 cm 内有两个及以上的，则按连续长度累计评分。

6.4.4 共断或并列（包括正反面）是包括隔开 1 根或 2 根好纱，隔开 3 根及以上好纱的，不作共断或并列。

6.5 疵点评分的说明

6.5.1 疵点的评分起点和规定

6.5.1.1 有两种疵点混合在一起，以严重一项评分。

6.5.1.2 边组织及距边 1 cm 内的疵点（包括边组织）不评分，但毛边、拖纱、猫耳朵、凹边、烂边、豁边、深油锈疵及评 4 分的破洞、跳花要评分，如疵点延伸在距边 1 cm 以外时应加合评分，无梭织造布布边，绞边的毛须伸出长度规定为 0.3 cm～0.8 cm。边组织有特殊要求的则按要求评分。

6.5.1.3 布面拖纱长 1 cm 以上每根评 2 分，一进一出作一根计。
6.5.1.4 0.3 cm 以下的杂物每个评 1 分，0.3 cm 及以上杂物和金属杂物（包括瓷器）评 4 分（测量杂物粗度）。
6.5.1.5 轧梭分股结头 2 个或 3 个作一个计，结头每个评 2 分。
6.5.1.6 优等品不允许有松紧边。

6.5.2 对疵点处理的规定

6.5.2.1 距布头 5 cm 内的疵点不评分（但六大疵点必须开剪）。
6.5.2.2 0.5 cm 以上的豁边，1 cm 及以上的破洞、烂边、稀弄，不对接轧梭，2 cm 以上的跳花等六大疵点，应在织布厂剪去。
6.5.2.3 金属杂物织入，应在织布厂挑除。
6.5.2.4 凡在织布厂能修好的疵点应修好后出厂。
6.5.2.5 帆布一律不得用水洗，否则作降等处理。

6.5.3 假开剪和拼件的规定

6.5.3.1 假开剪的疵点应是评为 4 分或 3 分不可修织的疵点，假开剪后各段布都应是一等品。
6.5.3.2 凡用户允许假开剪和拼件的，可实行假开剪和拼件。
6.5.3.3 假开剪布应另行成包，包内附假开剪段长记录单，外包注明“假开剪”字样。

7 试验方法

7.1 试验条件：各项试验应在各方法标准规定的标准条件下进行。由于生产需要，要求迅速检验产品的质量，可采用快速试验的方法，见附录 D。
7.2 棉、涤纤维含量测定按 GB/T 2910.11 执行。
7.3 长度、幅宽、密度、断裂强力、断裂伸长率、单位面积干燥质量测定按 FZ/T 10003 执行。

8 检验规则

按 FZ/T 10004 执行。

9 标志、包装、贮存和运输

9.1 标志和包装：按 FZ/T 10009 执行，其中，包内说明书增加经纬向断裂强力、经纬向断裂伸长率、单位面积干燥质量项目。
9.2 贮存和运输：贮存帆布的仓库应干燥、通风，注意做到先进先出，避免贮存时间过长而霉烂变质。运输车应保持清洁，切忌与各油类混装，以免沾污。

10 其他

用户对产品有特殊要求者，可由供需双方另订协议。

附　录　A
（规范性附录）
技术条件制定规定

A.1　橡胶工业用棉本色帆布的技术条件的制定，除下列规定外，均按 GB/T 406—2008 附录 A 执行。

A.2　原料代号：棉为 C，棉本色纱线的公制公定回潮率为 8.5%。棉本色纱线的公英制线密度按式（A.1）换算，按 GB/T 8170 修约至小数点后一位。

$$T_t = \frac{590.5}{N_e} \quad \cdots\cdots\cdots\cdots (A.1)$$

式中：

T_t ——棉本色纱线线密度，单位为特克斯(tex)；

N_e ——棉本色纱线的英制支数，单位为支(^s)。

A.3　橡胶工业用棉本色帆布代表性品种技术条件见表 A.1。

表 A.1　橡胶工业用棉帆布代表性品种技术条件

编号	纱线号数 tex		密度 根/10 cm		断裂强力 N		断裂伸长率 %		厚度 mm	单位面积干燥质量 g/m²
	经向	纬向	经向	纬向	经向	纬向	经向	纬向		
CCQ-450	28×2	28×2	152	150	450	510	12	12	0.50±0.05	170
CCQ-490	28×2	28×2	163	170	490	585	14	13	0.50±0.05	185
CCQ-630	28×3	28×3	136	126	635	685	17	13	0.65±0.05	220
CCQ-680	28×2	28×2	196.5	157.5	685	585	17	10	0.50±0.05	195
CCQ-820	28×6	28×6	71	71	830	880	12	11	0.90±0.10	205
CCQ-830	28×3	28×3	150	160	830	880	25	14	0.68±0.05	265
CCQ-850	28×4	28×4	122	132	880	1 075	24	15	0.75±0.07	270
CCQ-880	28×8	28×8	70	70	880	930	27	14	0.82±0.10	300
CCQ-930	58×5	28×5	105	100	930	980	23	15	0.82±0.07	300
CCQ-980	28×4	28×4	134	126	980	1 030	26	16	0.75±0.07	320
CCQ-1030	28×5	28×5	115	110	1 030	1 125	21	17	0.85±0.07	325
CCQ-1070	28×5	28×5	116	120	1 075	1 175	30	15	0.82±0.07	340
CCQ-1150	28×4	29×4	155	135	1 175	1 075	28	15	0.75±0.07	325
CCQ-1270	28×8	28×8	88	88	1 275	1 370	28	14	1.05±0.10	420
CCQ-1370	28×6	28×6	115	120	1 370	1 520	31	16	0.92±0.09	420
CCQ-1450	28×3	28×4	260	98	1 470	880	30	10	0.90±0.10	364
CCQ-1470	28×8	28×8	98	102	1 470	1 665	20	14	1.02±0.10	480
CCQ-1550	28×5	28×5	157	123	1 570	1 370	32	17	0.90±0.09	420
CCQ-1570	28×8	28×8	100	105	1 570	1 765	34	14	1.05±0.10	490
CCQ-1660	28×8	28×8	110	106	1 665	1 765	31	14	1.05±0.10	520

表 A.1（续）

编号	纱线号数 tex		密度 根/10 cm		断裂强力 N		断裂伸长率 %		厚度 mm	单位面积干燥质量 g/m^2
	经向	纬向	经向	纬向	经向	纬向	经向	纬向		
CCQ-1910	28×8	28×8	138	110	1 910	1 570	30	14	1.10±0.10	560
CCZ-1960	28×10	28×10	93	86	1 960	1 960	30	12	1.20±0.10	670
CCZ-2050	28×12	28×12	85	90	2 055	2 255	31	15	1.25±0.10	640
CCZ-2450	28×10	28×10	132	92	2 450	2 255	30	12	1.20±0.10	700
CCZ-3430	58×9	58×6	100	62	3 430	1 570	32	11	1.70±0.10	790
CCZ-3500	28×18	28×12	98	62	3 530	1 615	32	11	1.70±0.10	790
CCZ-3530	58×9	58×8	102	56	3 530	1 860	32	11	1.75±0.10	850
注：产品编号表示，原料代号＋类别－断裂强力标准值，CC——棉；Z——重型帆布；Q——轻型帆布。										

附 录 B
（规范性附录）
各类布面疵点的具体内容

B.1 经向明显疵点

竹节、粗经、错线密度、综穿错、筘路、筘穿错、多股经、双经、并线松紧、松经、紧经、吊经、经缩波纹、断经、断疵、沉纱、星跳、跳纱、棉球、结头、边撑疵、拖纱、修整不良、错纤维、油渍、油经、锈经、锈渍、不褪色色经、不褪色色渍、水渍、污渍、布开花、油花纱、猫耳朵、凹边、烂边、松紧边、花经、长条影、极光、针路、磨痕、绞边不良。

B.2 纬向明显疵点

错纬（包括粗、细、紧、松）、条干不匀、脱纬、双纬、纬缩、毛边、云织、杂物织入、花纬、油纬、锈纬、不褪色色纬、煤灰纱、百脚、开车经缩（印）。

B.3 横档

拆痕、稀纬、密路。

B.4 严重疵点

破洞、豁边、跳花、稀弄、经缩浪纹（三楞起算）、并列 3 根吊经、松经（包括隔开 1 根～2 根好纱的）、不对接轧梭、1 cm 及以上的烂边、金属杂物织入、影响组织的浆斑、霉斑、损伤布底的修整不良、经向 8 cm内整幅中满 10 个结头或边撑疵。

B.5 其他

B.5.1 经向疵点及纬向疵点中，有些疵点是这二类共同性的，在分类中只列入了经向明显疵点一类，这些疵点如在纬向出现时，则按纬向明显疵点评分。
B.5.2 如在布面上出现上述未包括的疵点，按相似疵点评分。

附　录　C
（规范性附录）
疵点名称的说明

C.1　竹节:纱线上短片段的粗节。

C.2　粗经:直径偏粗长 5 cm 及以上的经纱织入布内。

C.3　错线密度:线密度用错工艺标准。

C.4　综穿错:没有按工艺要求穿综,而造成布面组织错乱。

C.5　筘路:织物经向呈现条状稀密不匀。

C.6　筘穿错:没有按工艺要求穿筘,造成布面上经纱排列不匀。

C.7　多股经:两根以上单纱合股者。

C.8　双经:单纱(线)织物中有 2 根经纱并列织入。

C.9　并线松紧:单纱加捻为股线时张力不匀。

C.10　松经:部分经纱张力松弛织入布内。

C.11　紧经:部分经纱捻度过大。

C.12　吊经:部分经纱在织物中张力过大。

C.13　经缩波纹:部分经纱受意外张力后松驰,使织物表面呈波纹状起伏不平。

C.14　断经:织物内经纱断缺。

C.15　断疵:经纱断头纱尾织入布内。

C.16　沉纱:由于提综不良,造成经纱浮在布面。

C.17　星跳:1 根经纱或纬纱跳过 2 根～4 根形成星点状的。

C.18　跳纱:1 根～2 根经纱或纬纱跳过 5 根及以上的。

C.19　棉球:纱线上的纤维呈球状。

C.20　结头:影响后工序质量的结头,包括 28 tex 10 股以上、58 tex 5 股以上的经线未分股打结的结头,以及正反面脱结、扢结、不结。

C.21　边撑疵:边撑或刺毛辊使织物中纱线起毛或轧断。

C.22　拖纱:拖在布面或布边上未剪去的纱头。

C.23　修整不良:布面被刮起毛,起皱不平,经、纬纱交叉不匀或只修不整。

C.24　错纤维:异纤维纱线织入。

C.25　油渍:织物沾油后留下的痕迹。

C.26　油经:经纱沾油后留下的痕迹。

C.27　锈经:被锈渍沾污的经纱痕迹。

C.28　锈渍:织物沾锈后留下的痕迹。

C.29　不褪色色经:被沾污而洗不清的有色经纱。

C.30　不褪色色渍:被沾污而洗不清的污渍。

C.31　水渍:织物沾水后留下的痕迹。

C.32　污渍:织物沾污后留下的痕迹。

C.33　布开花:异纤维或色纤维混入纱线中织入布内。

C.34　油花纱:在纺纱过程中沾污油渍的纤维附入纱线。

C.35　猫耳朵:凸出布边 0.5 cm 及以上。

C.36　凹边:凹进布边 0.5 cm 及以上。

C.37　烂边:边组织内单断纬纱,一处断 3 根及以上的。

C.38　松紧边：指布边长度与布身长度平均每米相差 1.5 cm 及以上的布边（每匹布平均测量 5 处～8 处。平均达到 1.5 cm 以上的要降等）。

C.39　花经：由于配棉成分变化，使布面经向呈条状色泽不同。

C.40　长条影：由于不同批次纱的混入或其他因素，造成布面经向间隔的条痕。

C.41　极光：由于机械造成布面摩擦而留下的痕迹。

C.42　针路：由于点啄式断纬自停装置不良，造成经向密集的针痕。

C.43　磨痕：布面经向形成一直条的痕迹。

C.44　绞边不良：因绞边装置不良或绞边纱张力不匀，造成 2 根及以上绞边纱不交织或交织不良。

C.45　错纬：直径偏粗、偏细，长 5 cm 及以上的纬纱、紧捻、松捻纱织入布内。

C.46　条干不匀：指叠起来看前后都能与正常纱线明显划分得开的较差的纬纱条干。

C.47　脱纬：一梭口内有 3 根及以上的纬纱织入布内（包括连续双纬和长 5 cm 及以上的纬缩）。

C.48　双纬：单纬织物一梭口内有 2 根纬纱织入布内。

C.49　纬缩：纬纱扭结织入布内或起圈现于布面（包括经纱起圈及松纬缩三楞起算）。

C.50　毛边：由于边剪作用不良或其他原因，使纬纱不正常被带入织物内（包括距边 5 cm 以下的双纬和脱纬）。

C.51　云织：纬纱密度稀密相间呈规律性段稀段密。

C.52　杂物织入：飞花、回丝、油花、皮质、木质、金属（包括瓷器）等杂物织入。

C.53　花纬：由于配棉成分或陈旧的纬纱，使布面色泽不同，且有 1 个～2 个分界线。

C.54　油纬：纬纱沾油或被污染。

C.55　锈纬：被锈渍沾污的纬纱痕迹。

C.56　不褪色色纬：被沾污而洗不净的有色纬纱。

C.57　煤灰纱：被空气中煤灰污染的纱（单层检验为准，对深色油卡）。

C.58　百脚：斜纹或缎纹织物一个完全组织内缺 1 根～2 根纬纱（包括多头百脚）。

C.59　开车经缩（印）：开车时部分经纱受意外张力后松弛，使织物表面呈现块状或条状的起伏不平的开车痕迹。

C.60　拆痕：拆布后布面上留下的起毛痕迹和布面揩浆抹水。

C.61　稀纬：经向 1 cm 内少 2 根纬纱。

C.62　密路：经向 0.5 cm 内纬密多 25%以上（纬纱紧度 40%以下多 20%及以上的）。

C.63　破洞：3 根及以上经纬纱共断或单断经、纬纱（包括隔开 1 根～2 根好纱的），经纬纱起圈高出布面 0.3 cm，反面形似破洞。

C.64　豁边：边组织内 3 根及以上经、纬纱共断或单断经纱（包括隔开 1 根～2 根好纱）。双边纱 2 根作一根计，3 根及以上的有 1 根算 1 根。

C.65　跳花：3 根及以上经纬纱相互脱离组织，包括隔开一个完全组织。

C.66　稀弄：纬密少于工艺标准较大，呈“弄”现象。

C.67　不对接轧梭：轧梭后的经纱未经对接。

C.68　霉斑：受潮后布面出现霉点（斑）。

附 录 D
（资料性附录）
用于快速测定织物断裂强力的修正

D.1 在常规试验及工厂内部质量控制检验时，可用在普通大气条件下进行快速试验，然后按标准温度和回潮率的办法进行换算修正，但检验地点的温湿度必须保持稳定。

D.2 断裂强力修正按式(D.1)计算，按 GB/T 8170 修约为整数。

$$P_0 = K \times P \qquad (D.1)$$

式中：

P_0——橡胶工业用棉本色帆布的修正断裂强力，单位为牛顿(N)；

P ——在非标准大气条件下测得的橡胶工业用棉本色帆布断裂强力，单位为牛顿(N)；

K ——橡胶工业用棉本色帆布断裂强力的修正系数，按 FZ/T 10013.2 执行。

ICS 71.100.01;87.060.10
G 56

GB

中华人民共和国国家标准

GB/T 2961—2014
代替 GB 2961—2006

苯胺

Aniline

2014-07-08 发布 2014-12-01 实施

中华人民共和国国家质量监督检验检疫总局
中国国家标准化管理委员会 发布

前　言

本标准按照 GB/T 1.1—2009 给出的规则起草。

本标准代替 GB 2961—2006《苯胺》。

本标准与 GB 2961—2006 相比主要技术变化如下：

——修改了标准属性，由强制性修改为推荐性；

——增加了 CAS RN（见第 1 章）；

——修改了低沸物的指标要求（见第 3 章，2006 年版的第 3 章）；

——删除了干品结晶点指标要求（见第 3 章，2006 年版的第 3 章）；

——增加了安全信息（见第 4 章）；

——修改了纯度及有机杂质测定方法中使用的色谱柱型号（见 6.3，2006 年版的 5.5）；

——修改了纯度及有机杂质测定方法中气相色谱的操作条件（见 6.3，2006 年版的 5.5）；

——修改了纯度及有机杂质测定方法中的定量方法（见 6.3，2006 年版的 5.5）；

——修改了水分测定方法中气相色谱的型号（见 6.4.2，2006 年版的 5.3.2）；

——修改了水分测定方法中气相色谱的操作条件（见 6.4.2，2006 年版的 5.3.2）；

——修改了水分测定方法中气相色谱法的计算公式（见 6.4.2，2006 年版的 5.3.2）；

——增加了标签（见 8.2）。

本标准由中国石油和化学工业联合会提出。

本标准由全国染料标准化技术委员会（SAC/TC 134）归口。

本标准起草单位：中国石化集团南京化学工业有限公司、天脊煤化工集团股份有限公司、康乃尔化学工业股份有限公司、沈阳化工研究院有限公司。

本标准主要起草人：杜建国、季浩、王百文、张守军、吕咏梅、杨建强。

本标准所代替标准的历次版本发布情况为：

——GB 2961—1982、GB 2961—1990、GB 2961—2006。

苯　胺

警告：使用本标准的人员应有实验室工作的实践经验。本标准并未指出所有的安全问题。使用者有责任采取适当的安全和健康措施，并保证符合国家有关法规规定的条件。

1　范围

本标准规定了苯胺的要求、安全信息、采样、试验方法、检验规则以及标志、标签、包装、运输和贮存。

本标准适用于苯胺的产品质量控制。

结构式：

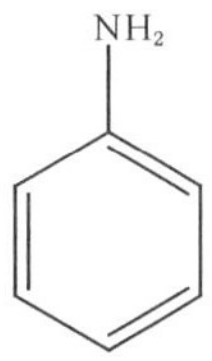

分子式：C_6H_7N

相对分子质量：93.13(按2011年国际相对原子质量)

CAS RN：62-53-3

2　规范性引用文件

下列文件对于本文件的应用是必不可少的。凡是注日期的引用文件，仅注日期的版本适用于本文件。凡是不注日期的引用文件，其最新版本(包括所有的修改单)适用于本文件。

GB 190　危险货物包装标志

GB/T 191　包装储运图示标志

GB/T 2386—2006　染料及染料中间体　水分的测定

GB/T 6678—2003　化工产品采样总则

GB/T 6682—2008　分析实验室用水规格和试验方法

GB/T 8170—2008　数值修约规则与极限数值的表示和判定

GB/T 9722—2006　化学试剂　气相色谱法通则

GB 12268—2012　危险货物品名表

GB 12463　危险货物运输包装通用技术条件

GB 15258　化学品安全标签编写规定

GB 15603　常用化学危险品贮存通则

GB/T 16483　化学品安全技术说明书　内容和项目顺序

3　要求

苯胺的质量应符合表1的要求。

表 1 苯胺的质量要求

项目		指标			试验方法
		优等品	一等品	合格品	
外观		无色至浅黄色透明液体,贮存时允许颜色变深			6.2
苯胺纯度/%	≥	99.80	99.60	99.40	6.3
硝基苯含量/%	≤	0.002	0.010	0.015	6.3
低沸物含量/%	≤	0.008	0.010	0.015	6.3
高沸物含量/%	≤	0.01	0.03	0.05	6.3
水分含量/%	≤	0.10	0.30	0.50	6.4

4 安全信息

4.1 安全

根据 GB 12268—2012 规定,苯胺属于 6.1 类毒性物质,UN 号:1547。本品主要引起高铁血红蛋白血症、溶血性贫血和肝、肾损害。苯胺遇明火、高热可燃,与酸类、卤素、醇类、胺类能够发生强烈反应,会引起燃烧。本品在使用及搬运过程中应采取必要的防护措施,严格注意安全。

4.2 安全技术说明书

按 GB/T 16483,苯胺出厂应提供详细的安全技术说明书。安全技术说明书应包括如下内容:

a) 本产品的危险性信息;

b) 安全使用方法;

c) 运输、储存要求;

d) 防护措施;

e) 应急处理措施等。

5 采样

以批为单位采样,生产厂以均匀产品为一批。每批采样数应符合 GB/T 6678—2003 中 7.6 的规定,所采样品的包装应完好,采样时勿使外界杂质落入产品中。采样时用探管采取包括上、中、下三部分的样品;苯胺用槽车运输时从上、中、下三部(上部离液面 1/10 液层,下部离底部 1/10 液层)取出等量样品,采样总量不得少于 500mL。将采取的样品充分混匀后,分装于两个清洁、干燥、密封良好的容器中,其上粘贴标签。注明:产品名称、批号、生产厂名称、取样日期、地点。一个供检验,一个保存备查。

6 试验方法

6.1 一般规定

除非另有规定,仅使用确认为分析纯的试剂和 GB/T 6682—2008 中规定的三级水。检验结果的判定按 GB/T 8170—2008 中的 4.3.3 修约值比较法进行。

6.2 外观的评定

在自然光线下采用目视评定。

6.3 苯胺纯度及有机杂质的测定

6.3.1 方法提要

采用毛细管柱气相色谱法，用峰面积归一化法求得苯胺纯度及有机杂质的含量。

6.3.2 试剂

硝基苯。

6.3.3 仪器设备

6.3.3.1 气相色谱仪：仪器灵敏度和稳定性应符合 GB/T 9722—2006 中 6.3 和 6.4 的规定。

6.3.3.2 检测器：氢火焰离子化检测器(FID)。

6.3.3.3 色谱柱：长 30 m，内径 0.32 mm，膜厚 1.50 μm 的毛细管色谱柱，固定相为(5%苯基)甲基聚硅氧烷或能达到同等分离效果的其他毛细管柱。

6.3.3.4 微量注射器。

6.3.3.5 色谱工作站或积分仪。

6.3.4 色谱操作条件

色谱操作条件如表 2 所示。

表 2 色谱操作条件

控制参数	操作条件
载气	氮气
载气流量/(mL/min)	0.8
检测器温度/℃	300
汽化室温度/℃	280
燃烧气(氢气)流量/(mL/min)	30
助燃气(空气)流量/(mL/min)	300
补偿气	氮气
补偿气流量/(mL/min)	29
分流比	20∶1
柱温/℃	165
进样量/μL	0.2
定量方法	峰面积归一化法
注：可根据仪器设备不同，选择最佳分析条件。	

6.3.5 测定步骤

6.3.5.1 测定

开启色谱仪。待仪器各项操作条件稳定后，用微量注射器吸取 0.2 μL 样品进样。待出峰完毕后，用色谱工作站或积分仪进行结果处理。硝基苯的峰位置用标准样品保留时间确定。苯胺色谱峰之前的杂质为低沸物，苯胺之后除硝基苯外的杂质为高沸物。

6.3.6 结果计算

苯胺的纯度以及低沸物和高沸物含量以 w_i 计，数值用%表示，按式(1)计算：

$$w_i = \frac{A_i}{\sum A_i} \times (100 - w)\% \qquad \cdots\cdots(1)$$

式中：

A_i ——各组分的峰面积数值；

$\sum A_i$ ——各组分的峰面积数值的总和；

w ——水分的质量分数数值。

6.3.7 允许差

苯胺纯度平行测定结果之差应不大于 0.10%，有机杂质平行测定结果相对误差应不大于 20%，取其算术平均值作为测定结果。

6.3.8 色谱图

色谱图见图 1。

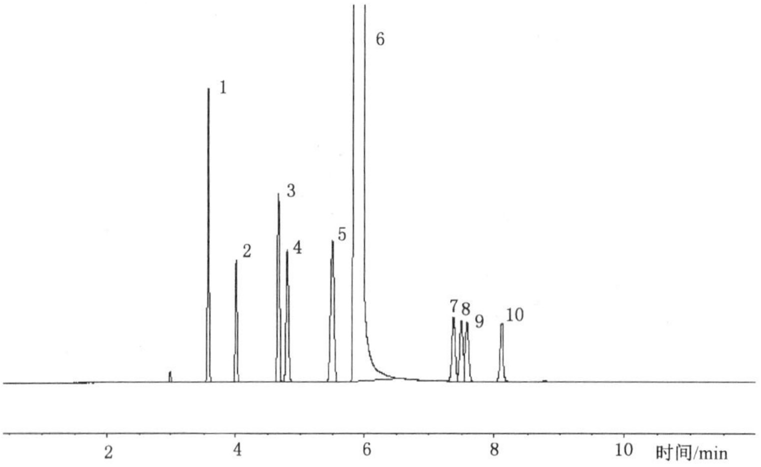

说明：

1 ——苯；

2 ——甲苯；

3 ——环己胺；

4 ——环己醇；

5 ——苯酚；

6 ——苯胺；

7 ——*N*-甲基苯胺；

8 ——邻甲基苯胺；

9 ——对甲基苯胺；

10——硝基苯。

图 1 苯胺气相色谱示意图

6.4 水分的测定

6.4.1 卡尔费休法(仲裁法)

按 GB/T 2386—2006 中 3.4 的规定进行测定。苯胺进样量为 5 mL。苯胺密度为 1.02 g/mL。

6.4.2 气相色谱法

6.4.2.1 仪器和试剂

6.4.2.1.1 气相色谱仪:仪器灵敏度及稳定性应符合 GB/T 9722 的规定。

6.4.2.1.2 检测器:热导检测器。

6.4.2.1.3 色谱柱:内径 0.25 mm,长 30 m,膜厚 0.25 μm 毛细管柱,固定相为5%苯基-95%甲基聚硅氧烷或其他能够达到分离要求的色谱柱。

6.4.2.1.4 微量注射器:10 μL。

6.4.2.1.5 载气:氢气(经干燥净化处理)。

6.4.2.2 色谱操作条件

色谱操作条件如表 3 所示。

表 3 色谱操作条件

控制参数	操作条件
载气	氢气
载气流量/(mL/min)	1.5
检测器温度/℃	260
汽化室温度/℃	260
参比气(氢气)流量/(mL/min)	15
尾吹气(氢气)流量/(mL/min)	7
进样类型	不分流进样
柱温	120 ℃保持 3 min,然后以 50 ℃/min 的速度升温至 260 ℃,保持 5 min
注:可根据仪器设备不同,选择最佳分析条件。	

6.4.2.3 标样水分的配制

在清洁干燥的小玻璃瓶内,以苯胺为底液加水(用微量注射器注入)用重量法准确配制所需浓度的标样,充分混匀,用橡皮塞盖紧,并用石蜡封口,放置 3 h 后与底液同时在色谱仪上进样,准确测量底液中水的峰高和标样中水的峰高。

标样中水分含量以质量分数 w_{js} 计,数值用%表示,按式(2)计算:

$$w_{js}=\frac{w_j\times h_s}{h_s-h} \qquad \cdots\cdots(2)$$

式中:

w_j ——配加水的质量分数,%;

h_s ——标样水的峰高数值;

h ——底液水的峰高数值。

苯胺底液中的水分要求小于0.1%(质量分数);标样的保存期为半个月。

6.4.2.4 测定步骤

启动仪器,待条件稳定后,用注射器吸取1.0 μL苯胺试样进样,同时取和被测试样水分相接近的标样进样,准确测量试样和标样的峰高。

苯胺中水分以质量分数 w_k 计,数值用%表示,按式(3)计算:

$$w_k = \frac{w_{js} \times h_k}{h_s} \quad \cdots\cdots(3)$$

式中:

w_{js}——标样中水分的质量分数,%;

h_s ——标样水的峰高数值;

h_k ——苯胺试样中水的峰高数值。

6.4.2.5 色谱图

苯胺中水分测定气相色谱图见图2。

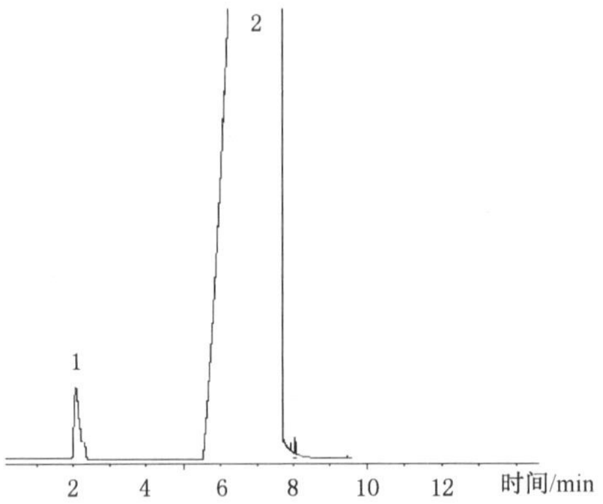

说明:

1——水;

2——苯胺。

图2 苯胺中水分测定气相色谱图

6.4.2.6 允许差

平行测定结果的相对误差不大于10%,以算术平均值作为分析结果。计算结果保留至小数点后两位。

7 检验规则

7.1 检验分类

表1中规定的所有项目为出厂检验项目。

7.2 出厂检验

苯胺应由生产厂的质量检验部门进行检验。生产厂应保证所有出厂的苯胺均符合本标准的要求。

7.3 复检

检验结果中若有1项指标不符合本标准要求时，应重新自两倍量的包装中取样进行检验，重新检验的结果即使只有1项指标不符合本标准要求，则整批产品检验结果为不合格。

8 标志、标签、包装、运输和贮存

8.1 标志

苯胺的每个包装容器上都应按GB 190和GB/T 191中的有关规定涂印耐久、清晰的标志，标志内容至少应有：

a) 产品名称；

b) 生产厂名称、地址；

c) 生产日期；

d) 生产许可证编号和标志；

e) 净含量；

f) 警示标志(毒性物质)。

槽车装运时，可在发货单上写明并将以上各项印刷在牛皮纸上，装入塑料夹中，牢固地拴在槽车的特定位置上。

8.2 标签

产品应有标签，标签上应注明产品生产日期、合格证明、执行标准编号、批号和等级。

标签的编写应符合GB 15258的规定。

8.3 包装

苯胺用铁桶包装或用槽车装运。用铁桶包装时，铁皮厚度不小于1.25 mm，每桶净含量200 kg±2 kg。

产品的包装应符合GB 12463的有关规定。

8.4 运输

运输时应轻取轻放，防止日晒雨淋，不得接近火源。接触或搬运苯胺时，应使用防护用品，防止直接接触皮肤或吸入体内。

8.5 贮存

贮存应符合GB 15603的有关规定。贮存时应远离火源，放置阴凉干燥处。
